Innovationsstrategien

Markt- und Innovationsmanagement

Herausgegeben von Wolfgang Müller / Jan-Philipp Büchler / Axel Faix

Band 12

PETER LANG

Axel Faix / Jan-Philipp Büchler (Hrsg.)

Innovationsstrategien

Grundlagen, Gestaltungsansätze und Handlungsbedingungen

PETER LANG

Bibliografische Information der Deutschen Nationalbibliothek
Die Deutsche Nationalbibliothek verzeichnet diese Publikation in der Deutschen Nationalbibliografie; detaillierte bibliografische Daten sind im Internet über http://dnb.d-nb.de abrufbar.

Logo auf dem Umschlag von Wolfgang Müller

ISSN 2197-828X
ISBN 978-3-631-76222-6 (Print)
E-ISBN 978-3-631-76321-6 (E-PDF)
E-ISBN 978-3-631-76320-9 (EPUB)
E-ISBN 978-3-631-76319-3 (MOBI)
DOI 10.3726/b14459

Peter Lang – Berlin · Bern · Bruxelles · New York · Oxford · Warszawa · Wien

Diese Publikation wurde begutachtet.

www.peterlang.com

Inhalt

Vorwort der Herausgeber

Treffsicher und vorausschauend angelegte Innovationsstrategien sind in einem Marktumfeld, das durch Volatilität, Komplexität und Mehrdeutigkeit gekennzeichnet ist, wichtiger denn je. Aus unserer angewandten Forschungsarbeit mit dem Mittelstand in unserer Region wissen wir, dass die wahrgenommene Dynamik des Wandels zugenommen und dadurch die Gültigkeit von etablierten Annahmen über die Spielregeln in bekannten Märkten abgenommen hat. Während Dynamik und Vernetzung steigen und neue Handlungsoptionen eröffnen, wird deren Beurteilung zunehmend unsicher. Die bekannten Ursache-Wirkungs-Zusammenhänge und Erfahrungen taugen immer weniger als Grundlage zur Bestimmung der Richtung künftigen Handelns – Missdeutungen und Fehlinterpretationen von Erscheinungen und Entwicklungen in der Umwelt nehmen zu. Linear geprägte Denkmuster im Management und in der Strategieentwicklung sind in einer volatilen, veränderungsstarken und mehrdeutigen Welt keine Lösung, sondern ein Problem.

Soll Strategie zur Antizipation von Veränderungen, zum systematischen Verstehen der Informationsflut ("Big Data"), zur rechtzeitigen Erfassung frühester Signale und zur Ableitung von Konsequenzen für die Gestaltung von Innovationen beitragen, sind besondere Fähigkeiten erforderlich. Wir unternehmen mit dem vorliegenden Werk „Innovationsstrategien. Grundlagen, Gestaltungsoptionen und Handlungsbedingungen" den Versuch, die Spielräume für die Entwicklung von Innovationsstrategien unter den beschriebenen Umweltbedingungen aus wissenschaftlicher, unternehmerischer und institutioneller Perspektive zu beleuchten und dazu in einen regionalen Kontext zu stellen. Insofern gliedert sich das Werk in drei nachfolgend näher charakterisierte Teile, die innovationsstrategisch relevante Grundlagen, die maßgeblichen Gestaltungsoptionen und unternehmensexterne wie -interne Handlungsbedingungen betreffen und jeweils Beiträge unterschiedlicher Autoren beinhalten.

I Innovationsstrategische Grundlagen

Im ersten Teil dieses Buches werden die grundlegenden Voraussetzungen für das Verständnis der Entstehung und Ausarbeitung von Innovationsstrategien erläutert, die wir in erster Linie in den Ressourcen und Fähigkeiten eines Unternehmens, multiple und diffuse Signale eines volatilen Marktumfeldes zu erkennen und zu analysieren und schließlich in strategische Handlungsweisen zu überführen, verorten.

Die zentrale Bedeutung von Ressourcen und Fähigkeiten im Unternehmen für das erfolgreiche Hervorbringen von Innovationen greifen Axel Faix und Jan-Philipp Büchler (Forschungsgruppe Innovationsexzellenz, FH Dortmund) in ihrem einführenden Beitrag „Strategische Antizipationsfähigkeit von Unternehmen" auf. Fähigkeiten werden darin als aktuelles Handlungspotenzial auf organisationaler Ebene eines Unternehmens zur Zielerreichung verstanden. Eine entscheidende Rolle für das Erzielen nachdrücklicher Innovationserfolge spielt mit der Strategischen Antizipationsfähigkeit ein besonderes Wahrnehmungs- und Handlungsmuster von Unternehmen, dessen Existenz und Weiterentwicklung an spezifische Aktivitäten und Voraussetzungen geknüpft ist. Nach einer Definition und Charakterisierung dieses Konstrukts stehen Überlegungen im Mittelpunkt, die das systematische Fördern dieser Eigenschaft betreffen. Die Aussagen stützen sich auf empirische Befunde aus dem IHK-InnoMonitor.

Der fähigkeitsorientierten Perspektive folgend schließt der Beitrag „Entwicklung von organisationaler Anpassungs- und Innovationsfähigkeit" von Tessa Flatten (TU Dortmund) mit einer Untersuchung der sog. Absorptive Capacity von Unternehmen an. Diese Fähigkeit, welche die Offenheit gegenüber neuen Informationen und das kreative Denken im Unternehmen fördert, kann Unternehmen (besser) in die Lage versetzen, sich unter veränderten Umständen strategisch flexibel umzuorientieren. Der Beitrag untersucht die Zusammenhänge zwischen organisationaler Absorptionsfähigkeit und Unternehmenskultur sowie Führungsstilen und greift dabei auf eine Vielzahl an empirischen Studien zurück.

Inwieweit sich die Informationsgewinnung und -verarbeitung systematisch gestalten lassen, um die strategische Vorausschau von Unternehmen zu verbessern und Anpassungserfordernisse zu erfüllen, stellen Gaby Kepper und Frank Wermeyer (FW Consulting) in ihrem Beitrag „Qualitative Marktforschung im Innovationsmanagement" dar. Sie konzentrieren sich auf Forschungsansätze, die geeignet sind, den auf Kundenorientierung und marktliche Akzeptanz zielenden Informationsbedarf im Innovationsprozess, der in hohem Maße auf Entdeckung, Strukturierung, Offenlegung und Verstehen von unternehmensexternen wie -internen Phänomenen ausgerichtet ist, durch suchende und erklärende Fragestellungen zu erfassen und geeignete Methoden zur Beantwortung einzusetzen. Sie entwickeln ein tiefes Verständnis darüber, was qualitative Marktforschung leisten kann und will sowie welcher Art die unterschiedlichen Einsatzfelder qualitativer Forschung sind. So zeigen sie die Chancen für eine werthaltige Unterstützung der Informationsbedarfe im Innovationsmanagement anschaulich auf.

Die Transformation von geistes- und sozialwissenschaftlichen Informationen in neues Wissen und dessen Transfer in die Gesellschaft beleuchten Christoph Köller (G&K GmbH), Mario Dompke (DLR e.V.) und Jennifer Görgen (G&K GmbH) in ihrem Beitrag „Entdecken der Möglichkeiten – Wissenstransfer aus den Geistes- und Sozialwissenschaften". Der Beitrag stellt zunächst die – gegenwärtig vielfach sicherlich noch unterschätzten – Potenziale dar, die für Unternehmen im Wissenstransfer aus den Geistes- und Sozialwissenschaften liegen und diskutiert Anforderungen, die sich im Rahmen ihrer Nutzung ergeben. Anschließend wird mit Blick auf verschiedene Barrieren ein systematischer Ansatz zur Förderung des Wissenstransfers aus den Geistes- und Sozialwissenschaften vorgestellt.

II Gestaltung von Innovationsstrategien

Um ein Gesamtbild zu erzielen, das der Vielfalt der realen Erscheinungsformen innovationsstrategischen Agierens gerecht werden kann, wird die Entwicklung von Innovationsstrategien im zweiten Teil des Werkes sowohl aus übergreifend-wissenschaftlicher Perspektive (auf Basis quantitativer empirischer Untersuchungen mit dem IHK-InnoMonitor) als auch aus unternehmerischer Perspektive (auf Basis qualitativer Fallstudien aus dem gehobenen Mittelstand) behandelt. Die hohe Bedeutung der digitalen Transformation für die Gestaltung von Innovationsstrategien spielt dabei in den Beiträgen dieses Teils fortlaufend eine entscheidende Rolle – sie übt durch eine entsprechende Markt- und Kundenorientierung Einfluss auf die Strategieentwicklung aus, treibt massiv die Technologieentwicklung voran und führt zu neuen Geschäftsmodellen, sie ermöglicht die dezentrale und vernetzte Arbeitsteilung im weltweiten Maßstab in Bezug auf innovationsorientierte (und andere unternehmerische) Aktivitäten z.B. durch Offshoring und ist ein “Enabler” für Soziale Innovationen.

Der in den zweiten Teil einführende Beitrag „Konsistente Gestaltung marktorientierter Innovationsstrategien" von Axel Faix (Forschungsgruppe Innovationsexzellenz, FH Dortmund) untersucht die unternehmensinternen und -externen Bedingungen für ein erfolgreiches innovationsstrategisches Vorgehen, das unter primär zeitbezogenem Blickwinkel (Pionier- versus Folgerstrategie) verschiedene marktorientierte Variablen in die an der Stimmigkeitsanforderung ausgerichteten Gestaltungsüberlegungen einbezieht. Der Beitrag stützt sich als wesentliche Informationsgrundlage der Argumentation auf die empirischen Befunde des IHK-InnoMonitor im Westfälischen Ruhrgebiet.

Ergänzend zur angeführten zeitbezogenen Perspektive von Innovationsstrategien beschreiben Armin Tietjen und Manfred Weidlich (GEA Group AG) in ihrem

Beitrag „Konsistente Technologie- und Innovationsstrategien“ die vermeintlich gegensätzlich wirkenden markt- und technologiebezogenen Treiber von Innovationen. Sie zeigen – im Hinblick auf das im M-DAX notierte Unternehmen GEA Group AG aus dem Maschinen- und Anlagenbau – strategische Maßnahmen zum Ausgleich von “Market-Pull” und “Technology-Push” auf. Wesentlich ist hierbei ihr Ansatz, Technologie- und Innovationsprozesse des Unternehmens konzeptionell zu integrieren und das Ziel, technologische Neuerungen in marktfähige Anwendungen und Produkte zu überführen, durch Einsatz eines abgestimmten, situativ angelegten Instrumentenmix zu erreichen.

Die Bedeutung von digitalen Innovationen als Technologietreiber ersten Ranges unterstreichen Myriam Jahn (TISC AG) und Michael Marhofer (ifm Stiftung & Co. KG) in ihrem Beitrag „Digitale Innovationen – Strategien, Geschäftsmodelle und Voraussetzungen“ am Beispiel des als Stiftung geführten Familienunternehmens ifm, einem klassischen Hidden Champion und Pionier im Internet der Dinge. Der Beitrag zeigt konkrete unternehmerische Gestaltungsparamater im Kontext der digitalen Transformation auf und leitet Implikationen für die Strategie und das Geschäftsmodell ab. Dabei differenzieren die Autoren technologische, betriebswirtschaftliche und verhaltensbezogene Gestaltungsparameter. Die Autoren schlussfolgern, dass eine Integration dieser drei Dimensionen für die erfolgreiche Gestaltung der digitalen Transformation erforderlich ist.

Die Auswirkungen der digitalen Transformation auf die Innovationsstrategien in der Finanz- und Versicherungsbranche untersucht Matthias Beenken (FH Dortmund) in seinem Beitrag „Innovationsstrategien im InsurTech-Bereich“. Dabei geht er auf die seit mehreren Jahren aktiven digitalen Start-Ups im Finanzbereich und die neuerdings entstehenden InsurTechs im Versicherungsgewerbe ein. Anhand der Wertschöpfungskette im Versicherungsbereich und der Angriffspunkte, die sich für InsurTechs bieten, erklärt der Autor die Geschäftsmodelle der InsurTechs, wobei er disruptive und inkrementelle Innovationen zu Grunde legt, die die Wertschöpfung sowohl von Versicherungs- als auch von Vermittlerunternehmen verändern. Ein empirischer Überblick über die fraglichen Akteure sowie eine Bewertung und Ausblick runden die Darstellung ab.

Grundsätzlichere Fragen der strategischen Neuorientierung von Unternehmen im Spannungsfeld zwischen “Exploration” und “Exploitation” untersuchen Axel Faix und Werner Frese (Forschungsgruppe Innovationsexzellenz, FH Dortmund) im Research Case “BioGenius”. Sie untersuchen interviewbasiert am Beispiel eines forschungsintensiven und innovativen Dienstleisters für die chemische und biotechnologische Industrie, wie ein Unternehmen die künftige Entwicklung auf Basis einer angepassten strategischen Ausrichtung erfolgreich gestalten kann, ohne die aktuelle Konstellation der Erfolgsfaktoren zu gefährden und aus dieser im günstigsten Fall nachdrückliche Vorteile für die weitere Entwicklung des Unternehmens abzuleiten. Das damit angesprochene Spannungsverhältnis wird in der Managementwissenschaft gegenwärtig intensiv unter dem Begriff der „Ambidextrie“ erörtert und von den Autoren anschaulich ausgeführt.

Eine bislang noch eher wenig im Blickfeld stehende Strategieoption zur Steigerung der Innovationsleistung besteht für Unternehmen im Offshoring, wie Fabian Kreutzer und Rüdiger Hamm (Niederrhein Institut für Regional- und Strukturforschung, HS Niederrhein) im Beitrag „Auslandsverlagerungen von kleinen und mittleren Unternehmen – Effekte auf die Innovationsfähigkeit“ erläutern. Um die positiven Konsequenzen eines zunehmenden Cross-Border-Wissensaustauschs zu realisieren, dürfen jedoch die besonders innovativen, produktiven und Offshoring orientierten KMU nicht durch Barrieren an der Realisierung eines solchen Ansatzes gehindert werden. Zur Unterstützung der Offshoring-Aktivitäten von KMU halten die Autoren staatliche Subventionen allerdings für ein weniger probates Mittel als z.B. die Bereitstellung von Informationen, die den Zugang zu neuen Märkten erleichtern.

Inwieweit Soziale Innovationen zielsicher gestaltet werden können und welche Bedeutung solche Innovationen für die Gesellschaft und die Unternehmensentwicklung haben können, führt Christoph Zacharias (Institut für Soziale Innovationen, HS Bonn-Rhein-Sieg) in seinem Beitrag „Soziale Innovationen: Eine Einführung in Theorie und Praxis“ aus. Sein Aufsatz stellt ein soziologisch fundiertes Konzept zur Theorie Sozialer Innovationen vor, das die Nachahmung von Neuheiten als Antrieb der Veränderung sozialer Praktiken betont. Relevanz und praktischer Nutzen des Ansatzes werden anhand von ausgewählten Fallbeispielen aufgezeigt, wobei verschiedene Arten von Sozialen Innovationen bedeutsam sind.

Auf diesen Überlegungen aufbauend entwickeln Jan-Philipp Büchler (Forschungsgruppe Innovationsexzellenz, FH Dortmund) und Jennifer Decker (Leuphana Universität Lüneburg) in ihrem Beitrag „Strategische Logik zur Durchsetzung Sozialer Innovationen“ eine ressourcen- und fähigkeitsbasierte Bewertungssystematik zur näheren Prüfung der Frage, ob bzw. inwieweit bestimmte Neuheitsphänomene den Anforderungen und Mechanismen Sozialer Innovationen genügen. Der Ansatz versteht sich als konzeptionelle Grundlage für Sozialunternehmer, um Ressourcen und Fähigkeiten zur erfolgreichen Durchsetzung Sozialer Innovation gezielt aufzubauen, zu gestalten und messbaren Social Impact zu realisieren. Er bietet ferner mit seiner umgreifenden

Prüflogik vielfältige Anregungen für die weitere Theoriebildung in diesem sich rasch entwickelnden Feld.

III Innovationsstrategische Handlungsbedingungen

Die anspruchsvolle Aufgabe der erfolgreichen Entwicklung und Durchsetzung von Innovationen setzt regelmäßig voraus, dass die maßgeblichen Akteure über ein tief greifendes Verständnis der relevanten Handlungsbedingungen verfügen – und auf diese Bedingungen zudem im Rahmen ihrer gegebenen Möglichkeiten zielorientiert einwirken. Im dritten Teil des Werkes erfolgt zunächst eine markt- und wettbewerbsorientierte Betrachtung der prozessualen, organisatorischen und kulturellen Handlungsbedingungen, die das Innovationsmanagement im günstigen Fall systematisch auf Kundenwünsche ausrichten helfen. Daran schließt sich eine regionalökonomische und institutionelle Perspektive an, die auf die Relevanz von „harten" und „weichen" Standortfaktoren für Unternehmen und deren Gestaltung aus Sicht von Wirtschaftsförderung und Technologiezentren eingeht und mit den konkreten Bedingungen für die Finanzierung von innovativen Start-Ups endet.

Der Beitrag „Differenzierung im Wettbewerb durch systematisches Innovationsmanagement" von Axel Faix und Jan-Philipp Büchler (Forschungsgruppe Innovationsexzellenz, FH Dortmund) konzentriert sich auf die Beantwortung der Frage, welche Bedingungen für den Erfolg innovierender Unternehmen im spezifischen Kontext der Wirtschaftsregion Westfälisches Ruhrgebiet verantwortlich sind. Auf Basis der Daten des IHK-InnoMonitor werden die signifikant erfolgswirksamen unternehmensinternen (z.B. Maßnahmen zur Kundenintegration in Innovationsprozesse, organisatorische Maßnahmen zur effektiven Zusammenarbeit der an der Innovationsentstehung beteiligten Funktionen) wie -externen Faktoren (z.B. Merkmale der anvisierten Märkte und Kooperationsnetzwerke) analysiert und in den Mittelpunkt von Gestaltungsüberlegungen zu einem Innovationsmanagement gerückt, durch das Unternehmen letztlich treffsichere Innovationen für ihre Kunden und Vorteilspositionen im Wettbewerb erreichen können.

Eine wesentliche Voraussetzung für marktfähige Innovationen ist ein leistungsfähiges Innovationsmanagement der Unternehmen, das sicherstellt, dass Entscheidungen systematisch und mit angemessener methodischer sowie organisatorisch-kultureller Unterstützung getroffen werden. Im Zeichen geänderter Bedingungslagen ist das Innovationsmanagement selbst regelmäßig daraufhin zu überprüfen, ob die richtigen Maßnahmen und Aktivitäten mit den richtigen Prioritäten vollzogen werden oder ob nicht etwa zu wenig Wert auf die

Förderung der tatsächlich erfolgskritischen Aktionsbereiche gelegt wird. Axel Faix (Forschungsgruppe Innovationsexzellenz, FH Dortmund) zeigt in seinem Beitrag „Zielgerichtete Stärkung des unternehmerischen Innovationsmanagements", wie dieses – etwa ja auch im Rahmen von "Innovations-Audits" verfolgte – Anliegen unter direktem Rückgriff auf die empirischen Informationen aus dem IHK-InnoMonitor verfolgt werden kann. Neben der Case-Study artigen Nutzung der Unternehmensprofile, die allen den Teilnehmern des IHK-InnoMonitor zur Einschätzung der Lage in ihren Unternehmen zur Verfügung gestellt werden, wird die sog. InnoMonitor-Matrix entwickelt. Mit Hilfe dieses Werkzeugs können Unternehmen gesamthaft die maßgeblichen Faktoren ihres Innovationsmanagements unter dem Blickwinkel der (1) angestrebten Ausprägungen wie auch der (2) gegenwärtig realisierten Zustände erfassen und diesbezüglich prioritätengerechte Maßnahmenpläne ableiten.

Die strategisch bedeutsame Rolle der organisatorischen Gestaltungsvariablen eines Unternehmens erörtert Axel Faix (Forschungsgruppe Innovationsexzellenz, FH Dortmund) im anschließenden Kapitel „Der Beitrag der Organisation zur Ausrichtung des Innovationsmanagements auf die Erzielung von Wettbewerbsvorteilen". Die Kalibrierung der Innovationsentwicklung auf die Erreichung überlegener Wettbewerbspositionen stellt eine Anforderung dar, an der grundsätzlich viele Aktionsfelder des Managements (z.B. Personalführung, strategische Planung, Informationsbereitstellung durch Marktforschung) beteiligt sind. Der Beitrag erörtert unter Rückgriff auf die Koordinations- und die Orientierungsfunktion die Rolle, die die Organisation im Zusammenspiel mit den oben angeführten Faktoren bei der angeführten Aufgabe einnehmen kann. Die empirischen Analysen auf Basis der Erhebungsergebnisse des IHK-InnoMonitor 2015 betreffen organisatorische Gestaltungsvariablen, die die auf Dauer angelegte Organisation des Unternehmens charakterisieren (z.B. Spezialisierung, Zahl der Hierarchieebenen) wie auch vorübergehende, unmittelbar innovationsbezogene Organisationsregelungen (Nutzung der Projektorganisation, Einsatz von Projektmanagern u.a.). Die verwendete Kausalanalyse erlaubt die differenzierte Einschätzung der Wirksamkeit der angeführten Variablen unter Beachtung ihrer Wechselwirkungen und verdeutlicht insbesondere den hohen Stellenwert prozessorganisatorischer und funktionsübergreifender Regelungen.

Eine regionalökonomische Perspektive nimmt der Beitrag „Standortanforderungen innovativer und wissensintensiver Unternehmen" von Fabian Kreutzer und Rüdiger Hamm (Niederrhein Institut für Regional- und Strukturforschung, HS Niederrhein) ein. Die Autoren untersuchen unter Rückgriff auf eine umfassende Unternehmensbefragung im IHK Bezirk Mittlerer Niederrhein den – im

Regelfall interdependenten – Zusammenhang von Entscheidungen von Unternehmen und ihrem Standort, wobei sie auf „harte“ (z.B. Qualität der Verkehrsinfrastruktur) und „weiche“ (z.B. Image eines Standortes) Standortfaktoren eingehen. Die Analysen und konkreten Empfehlungen berücksichtigen die Perspektive der Unternehmen aus der Wissenswirtschaft wie auch aus innovativen Industrien und adressieren Wirtschaftsförderer, Wirtschaftspolitik sowie die Unternehmen selbst.

Die konkrete Umsetzung von standortspezifischen Handlungsempfehlungen stellt Guido Baranowski (TechnologieZentrumDortmund) in seinem Beitrag „Regionale Innovationsstrategien – Impulse durch Kompetenzzentren für den Innovationsstandort Dortmund“ anschaulich vor dem Hintergrund des spezifischen regionalen Strukturwandels von der Montan- zur Wissensindustrie im Westfälischen Ruhrgebiet dar. Die Rolle des Technologiezentrums als aktiver Gestalter von regionalen Handlungsbedingungen, die den Innovationsstandort Dortmund nachhaltig prägen, wird detailliert ausgearbeitet. Dabei geht der Autor dezidiert auf die strategische Ausrichtung, die Definition und Entwicklung von Kompetenzfeldern, die Realisierung effizienten Technologietransfers zwischen Unternehmen und Wissenschaft, das Netzwerkmanagement und das Schaffen einer innovationsoffenen Kultur, die insbesondere Gründungen (Start-Ups, Ausgründungen etc.) fördert und stimuliert, ein. Hierdurch werden zahlreiche Anregungen für Akteure geliefert, die vergleichbare Aufgaben bearbeiten.

Mit den grundsätzlichen Bewertungsfragen von innovativen Start-Ups, deren Wert zunächst vor allem in Wissen, Managementfähigkeiten und nicht-materiellen Vermögensgegenständen besteht, beschäftigt sich der Beitrag „Bestimmungsfaktoren und Methoden der Pre-Money-Valuation innovativer Start-Ups“ von Fabian Dittrich (FH Dortmund). Der Autor differenziert in seiner Untersuchung markt-, unternehmens-, investoren- und umfeldspezifische Bestimmungsfaktoren, die vielfach unmittelbar an Erfolgsmerkmale und -mechanismen im innovativen Wettbewerb anknüpfen und abgewogen werden müssen, bevor es zu einer begründeten Bewertung neuer Unternehmen kommen kann. Für diese Zwecksetzung werden sodann allgemeinere wie auch Start-Up-spezifische Methoden problembezogen vorgestellt, sodass Entscheider im fraglichen Feld diesbezüglich eine Auswahl treffen können.

Nach diesen einführenden Skizzen zu den Beiträgen in diesem Band bleibt uns noch, allen Autoren einen herzlichen Dank für die Zusammenarbeit auszusprechen. Das Erzielen wissenschaftlicher Fortschritte – die in unserem Verständnis in erheblichem Maße anwendungsorientierte Fortschritte sind – lebt stark von der intensiven, offenen Interaktion zwischen allen Beteiligten mit ihren unterschiedlichen Domänen und Sichtweisen, die letztlich neue Einsichten und Ideen erbringt.

Die im gesamten Entstehungsprozess des Werkes geführten Gespräche und der vollzogene Gedankenaustausch waren sehr anregend und haben aus unserer Sicht zu äußerst gehaltvollen Ergebnissen geführt, von denen wir uns wünschen, dass sie möglichst vielfältig aufgegriffen werden. Außerdem danken wir Herrn Gültekin Cakir, der als wissenschaftlicher Mitarbeiter am CASEM den Veröffentlichungsprozess und die Lektoratsarbeit sehr gewissenhaft unterstützt hat.

Abschließend sei auf unsere Internetpräsenz www.innovationsexzellenz.de verwiesen, über die Sie direkt mit uns in Kontakt treten und sich über aktuelle Veröffentlichungen, Konferenzen oder Workshops informieren können.

Unseren Lesern wünschen wir eine anregende Lektüre und viel Erfolg beim erfolgreichen Gestalten von Innovationsstrategien. Lassen Sie uns gerne an ihren Einsichten teilhaben – wir freuen uns auf einen weiterhin regen Erfahrungsaustausch mit Ihnen!

Dortmund, im Dezember 2017

Axel Faix
Jan-Philipp Büchler

I. Innovationsstrategische Grundlagen

Axel Faix, Jan-Philipp Büchler

FH Dortmund,
Forschungsgruppe Innovationsexzellenz

Strategische Antizipationsfähigkeit von Unternehmen - Konstrukt und Determinanten im Planungskontext von Unternehmen

1 Fähigkeiten als Basis für Innovationserfolg

Das regelmäßige Hervorbringen und Durchsetzen von Innovationen stellt für Unternehmen in vielen Branchen eine zentrale Voraussetzung dar, um dauerhaft hohe Markt- und Unternehmenserfolge zu erzielen.[1] Insbesondere zur Bewältigung innovationsgerichteter Aufgaben wird eine Reihe von besonderen Fähigkeiten benötigt, um unter Unsicherheit für das Unternehmen die richtigen Entscheidungen über Neuproduktmerkmale, strategische Vorgehensweisen bei der Vermarktung und anzusprechende Zielgruppen zu treffen.[2] Dies ist unter volatilen, unsicheren und komplexen Umweltbedingungen umso wichtiger.[3] So sind innovationsfähige Unternehmen versiert in der Gewinnung von Anregungen für innovative Vorstöße, der Schaffung (gedanklicher) Verbindungen zwischen technologischen Problemlösungspotenzialen und nachfragerseitigen Bedarfen, der stringenten Durchsetzung der erzeugten Innovationskonzepte oder auch der Koordination der vielfältigen Aktivitäten innerhalb und außerhalb des Unternehmens (z.B. die Abstimmung mit Logistikpartnern) im Rahmen der Einführung und Etablierung des Neuprodukts. In diesem Sinne werden *Fähigkeiten* in diesem Beitrag als aktuelles Handlungspotenzial auf organisationaler Ebene eines Unternehmens zur Zielerreichung, das die kontinuierliche Koordination, (Re-)Konfiguration und Neugestaltung von Ressourcen und Handlungen im Unternehmen und vor allem im Austausch mit seiner Umwelt umfasst, verstanden.[4] Eine entscheidende Rolle für das Erzielen von Innovationserfolgen spielt die *Strategische Antizipationsfähigkeit* von Unternehmen, die in diesem Beitrag näher erörtert wird. Nach

1 Vgl. Abernathy (1978), S. 173; Rodriguez/Ricart/Sanchez (2002), S. 143.
2 Vgl. Christensen (1997), S. 161 ff.; Sammerl/Wirtz/Schilke (2008), S. 132.
3 Vgl. Sarkar (2003), S. 9.
4 Vgl. Amit/Shoemaker (1993), S. 33 ff.

einer Definition und Charakterisierung dieses Konstrukts stehen Überlegungen im Mittelpunkt, die das systematische Fördern dieser Eigenschaft betreffen. Die Aussagen stützen sich auf Informationen aus dem IHK-InnoMonitor.

2 Strategische Antizipationsfähigkeit: Definition und Kennzeichnung

Das Konstrukt „Strategische Antizipationsfähigkeit" bezeichnet zusammenfassend die Fähigkeit eines Unternehmens, *strategisch bedeutsame Ereignisse und Entwicklungen in seinen aktuellen und künftigen Aktionsräumen* (auch in Abweichung von etablierten Denkbahnen und Fortschreibungen bekannter Verläufe von Variablen der Unternehmensführung) *vorherzusehen und zutreffend als Chance oder Risiko für das Unternehmen zu bewerten.* In diesem Zusammenhang wird insbesondere im angloamerikanischen Sprachraum auch der Begriff *Corporate Foresight* verwendet, um den über traditionelle Prognoseverfahren hinausgehenden Leistungsanspruch derartiger Ansätze der Zukunftsforschung im Sinne einer allgemeinen Unternehmensfunktion zu verdeutlichen.[5]

Die Strategische Antizipationsfähigkeit ergibt sich aus dem Zusammenwirken individueller und kollektiver Fähigkeiten im Unternehmen. Sie schafft die Grundlage für den Entwurf und die Durchsetzung von Maßnahmen, mit denen das Unternehmen im Sinne eines *Strategic Issue Managements* auf die erkannten Veränderungen im Markt- und Wettbewerbsumfeld vorausschauend eingeht. Die Stärkung der Strategischen Antizipationsfähigkeit ordnet sich als Baustein der Früherkennung des Unternehmens in die Bemühungen um die Verbesserung der *Agilität* und *Resilienz* des Unternehmens gegenüber strategisch bedeutsamen Veränderungen in seiner Umwelt ein.[6] Während im Prinzip inhaltlich vielfältige Ereignisse und Entwicklungen mit unterschiedlichen Konsequenzen (z.B. Modifikation der Geschäftsfeldstrategie des Unternehmens, wenn ersichtlich wird, dass sich die Spielregeln des Wettbewerbs in einer Branche ändern) Gegenstand dieser Voraussicht sein können, fokussiert der vorliegende Beitrag die Antizipationsfähigkeit im Kontext jener Faktoren, welche die Entwicklung und Realisierung von Innovationen betreffen.

5 Vgl. Müller/Müller-Stewens (2009), S. 8, zur Differenzierung des Foresight-Begriffs, sowie Gruber/Venter (2006), S. 958 ff., die dazu auch auf empirische Befunde aus deutschen Großunternehmen eingehen.

6 Vgl. Büchler (2015), S. 73 ff. zu den Anforderungen an agile und resiliente Innovationsprozesse.

Inhaltlich nimmt diese Fähigkeit auf traditionell bedeutsame Größen der Unternehmensführung Bezug wie z.B. das Verhalten der aktuellen und potenziellen Kunden und Wettbewerber des Unternehmens oder Einflussgrößen auf ihre Verhaltensweisen im Markt- und Wettbewerbsumfeld. Die Gewinnung, Verarbeitung und Bewertung der Informationen in einem Foresight-Prozess[7] erfolgt aber aufgrund überlegener individueller (z.B. in Bezug auf das Aufspüren künftiger Trends, die eine qualitative Auseinandersetzung mit Wechselwirkungen von Markt- und Umweltfaktoren und nicht-linearen Entwicklungen oder eine zutreffende Beurteilung von Konvergenztendenzen verschiedener Technologien verlangen) und gruppenbezogener Leistungsfähigkeiten der Mitarbeiter (z.B. zu einem verstärkenden Diskurs bezüglich zunächst nur undeutlich erkennbarer Trendentwicklungen) auf einem erhöhten Qualitätsniveau, das von systematisierten Lernprozessen[8] angetrieben wird. Hierbei interagieren die Fähigkeiten von Individuen und Gruppen in der Regel, wobei koordinierende Handlungen im Unternehmen auf das Erreichen des besten Verhältnisses zwischen den angesprochenen Fähigkeiten zielen. Insofern sind die vorliegenden Ausführungen als Beitrag zum *Dynamic Capabilities-Ansatz*[9] zu verstehen.

Der Beitrag folgt der grundlegenden Hypothese, dass die Strategische Antizipationsfähigkeit über die Verbesserung der Effektivität des Unternehmenshandelns in Bezug auf *Newstream Activities*[10] die Grundlage für künftige Unternehmenserfolge verstärkt und dabei in ihrem Ausmaß von einer Reihe unternehmensinterner (z.B. organisatorische Regeln zur funktionsübergreifenden Zusammenarbeit, eingesetzte Analyse-, Planungs- und Kontrollmethoden, Schulungsprogramme und Anreizsysteme zur Förderung der innovationsorientierten Fähigkeiten von Mitarbeitern) und -externer Ursachenfaktoren abhängt (vgl. Abbildung 1).

Abbildung 1: Bezugsrahmen zur Analyse der Strategischen Antizipationsfähigkeit.

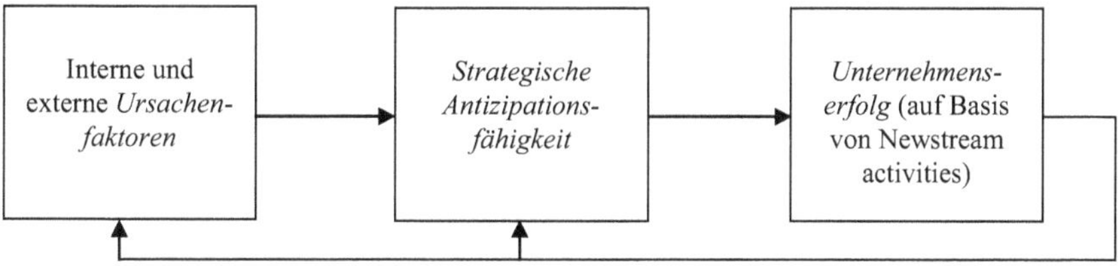

7 Vgl. Voros (2003), S. 14.
8 Vgl. Nonaka/Takeuchi (1997), S. 68 ff.
9 Vgl. Teece/Pisano/Shuen (1997), S. 517.
10 Vgl. Kanter (1989), S. 46.

Der vorliegende Beitrag konzentriert sich auf die Untersuchung der Determinanten des Konstrukts im Planungskontext der Innovationsaktivitäten von Unternehmen, beleuchtet also einen Teil der internen Einflussgrößen.

3 Empirische Analyse der Determinanten der Strategischen Antizipationsfähigkeit im Innovationsplanungskontext von Unternehmen

Die Analyse der Einflussfaktoren der Strategischen Antizipationsfähigkeit, die den Planungszusammenhang des Unternehmens betreffen, greift auf Erhebungsergebnisse des IHK-InnoMonitor 2014 zurück.

3.1 IHK-InnoMonitor: Methodische Aspekte und Kennzeichnung der Stichprobe

Der IHK-InnoMonitor ist eine regelmäßige Datenerhebung zu Strategien, Maßnahmen und Bedingungsfaktoren des Innovationsmanagements bei Unternehmen im Westfälischen Ruhrgebiet. Er findet seine konzeptionelle Basis im House of Innovation Excellence, welches die verschiedenen Aktivitäten, die in Unternehmen bei der Hervorbringung und Durchsetzung von Innovationen vollzogen werden, strukturiert und sie mit den beeinflussenden Situationsfaktoren verbindet.[11]

Das House of Innovation Excellence umfasst die drei Ebenen Innovationserfolg, Innovationsprozess und Innovationsbedingungen: Das Fundament bilden die Innovationsbedingungen, welche die maßgeblich bestimmenden internen und externen situativen Gegebenheiten inklusive regionaler Standortfaktoren erfassen. Die Ressourcenausstattung ermöglicht den auf der nächsten Ebene ablaufenden Innovationsprozess, welcher aus den Phasen Ideenmanagement, Innovationsentwicklung und Innovationsvermarktung besteht. Der Innovationserfolg stellt das Ergebnis der zugrundeliegenden Aktivitäten im Innovationsprozess, den genutzten Ressourcen und Umweltbedingungen dar und gleichzeitig die Grundlage für die nachhaltige Realisierung von Wachstumszielen.

Das Erhebungsinstrument des InnoMonitor 2014 umfasst insgesamt 58 Fragen bzw. Items, die systematisch die Ebenen des House of Innovation Excellence aufgreifen. Die Antworten sehen in der Regel Angaben zur Zustimmung oder Ablehnung der Auskunftspersonen zu einem Item auf einer fünfstufigen Ratingskala (1 = „gar nicht“; 2 = „in geringem Ausmaß“; 3 = „in mittlerem Ausmaß“;

11 Vgl. ausführlich Büchler/Faix (2015a), S. 22 ff.

4 = „in hohem Ausmaß"; 5 „in sehr hohem Ausmaß". Zudem: 6 = „keine Angabe möglich") vor.

Für den IHK-InnoMonitor 2014 wurden die Daten im Mai/Juni 2014 erhoben.[12] Hierzu wurden ca. 5.000 Mitgliedsunternehmen der IHK zu Dortmund schriftlich zur Teilnahme eingeladen, zudem erfolgte eine E-Mail-Kontaktierung von ca. 600 Unternehmen, die dem Netzwerk DER INNOVATIONSSTANDORT e.V. angehören. Um die Beteiligung zu verstärken, wurden (unter anderem) verschiedene IHK-Mitgliedsunternehmen telefonisch angesprochen sowie ein Unternehmens-Panel eines in der fraglichen Region tätigen Marktforschungsinstituts genutzt. Bis Ende Juni 2014 beteiligten sich 155 Unternehmen am IHK-InnoMonitor 2014.

Die Stichprobe des InnoMonitor 2014 wird branchenbezogen durch folgende Zuordnung der teilnehmenden Unternehmen zu Branchen näher beschrieben: Dienstleistungen (57 Unternehmen); Verarbeitendes Gewerbe (30); Handel (29); Medien, Telekommunikation und Informationstechnologie (19); Kredit- und Versicherungsgewerbe (10); Gastgewerbe, Transport und Verkehr (8); Land-/Forstwirtschaft, Fischerei, Rohstoffgewinnung (2). Diese Struktur der Stichprobe entspricht im Grundsatz der sektoralen Verteilung der Unternehmen in der Region, wobei die für Innovationen besonders bedeutsamen Sektoren (z.B. Verarbeitendes Gewerbe; Medien, Telekommunikation und Informationstechnologie) relativ etwas stärker vertreten sind.

Die teilnehmenden Unternehmen gehören unterschiedlichen Größenklassen an. Die in der folgenden Tabelle gezeigte Einordung der Unternehmen basiert auf den Empfehlungen der EU-Kommission zur Größenbestimmung von Unternehmen (vgl. Tabelle 1):

Tabelle 1: Größenverteilung der Unternehmen des IHK-InnoMonitor 2014.

Größenklasse	**Häufigkeit**	**Prozent**	**Kumulative Prozent**
Kleinstunternehmen	57	36,8	36,8
Kleines Unternehmen	42	27,1	63,9
Mittleres Unternehmen	34	21,9	85,8
Großunternehmen	22	14,2	100,0
Gesamtsumme	155	100,0	

12 Vgl. dazu und zu weiteren Einzelfragen der Erhebung und ihren Ergebnissen Büchler/Faix (2015b).

Im Verhältnis zur Grundgesamtheit sind größere Unternehmen in der Untersuchung leicht überrepräsentiert. Es ist bei größenbezogenen Interpretationen der weiteren Auswertungen zu beachten, dass die Größen- und Branchenverteilungen der Unternehmen der Stichprobe nicht voneinander unabhängig sind. So sind z.B. die Unternehmen des Verarbeitenden Gewerbes eher mittlere und große Unternehmen, während die Unternehmen aus den Bereichen Medien, Telekommunikation und Informationstechnologie eher Kleinst- und kleine Unternehmen sind. Ein Chi-Quadrat-Test der Hypothese der Unabhängigkeit der Verteilungen bietet deutliche Unterstützung für die Abhängigkeitsüberlegung (Signifikanzniveau = 0,000; Kontingenzkoeffizient = 0,481).

3.2 Aufstellung und Überprüfung von Hypothesen zu den planungsbezogenen Determinanten der Strategischen Antizipationsfähigkeit

Das Konstrukt „Strategische Antizipationsfähigkeit“ wird anhand der Reaktionen der Auskunftspersonen auf das Statement: „Wir erkennen frühzeitig, wenn sich die Gegebenheiten auf unseren Absatzmärkten ändern“ operationalisiert (Mittelwert = 3,73; Standardabweichung = 0,860 (siehe oben zur Skala); n = 123). Diese recht fokussierte, die gegenwärtigen Absatzbeziehungen des Unternehmens adressierende Messung des Konstrukts sollte den Auskunftspersonen ein besseres Anknüpfen an ihre tatsächlichen Markterfahrungen erlauben.

Die Strategische Antizipationsfähigkeit hängt von einer Reihe individueller und kollektiver Eigenschaften von Mitarbeitern im Unternehmen ab, die z.B. durch organisatorische Regelungen, aber auch durch Merkmale der Unternehmenskultur und das Führungsverhalten gefördert (oder gehemmt) werden können. Die nachfolgenden untersuchten Hypothesen konzentrieren sich auf Gesichtspunkte der Planung in Unternehmen, die als Aktionsbereich im Verhältnis zu anderen Gestaltungsfeldern des Managements (z.B. Unternehmenskultur) vergleichsweise einfach beeinflusst werden kann.

Im Einzelnen werden folgende Variablen in die Betrachtung einbezogen:

- *Ermittlung von Zielgruppen und ihren Bedürfnissen* (Operationalisierung über die Reaktionen der Auskunftspersonen auf das Item: „In unserem Unternehmen werden bei der Innovationsplanung die Zielgruppen in den verschiedenen möglichen Märkten mit ihren jeweiligen Bedürfnissen sorgfältig ermittelt“ (Mittelwert = 3,14; Standardabweichung = 1,051 (siehe oben zur Skala); n = 123))
- *Prognose von Konkurrenzreaktionen auf Innovationen* („Wir sind in der Lage, die Konkurrenzreaktionen auf unsere Innovationsmaßnahmen gut vorherzusehen“ (Mittelwert = 3,09; Standardabweichung = 0,896 (siehe oben zur Skala); n = 123))

- *Ausrichtung der Innovationsentwicklung auf Wettbewerbsvorteile* („Bei der Innovationsentwicklung streben alle Beteiligten klar definierte Wettbewerbsvorteile (Vorteile gegenüber Konkurrenten, die aus Sicht der Kunden bestehen) an“ (Mittelwert = 3,67; Standardabweichung = 0,996 (siehe oben zur Skala); n = 123))
- *Ermittlung von Marktpotenzialen und Marktvolumina für Innovationen* („Marktpotenziale und Marktvolumina für Innovationen werden als Grundlage für ihre erfolgsorientierte Vermarktung regelmäßig ermittelt und ausgewertet“ (Mittelwert = 2,71; Standardabweichung = 1,113 (siehe oben zur Skala); n = 123)).

Die Zusammenhänge dieser Variablen zur Strategischen Antizipationsfähigkeit werden durch die folgenden Hypothesen H 1 bis H 4 ausgedrückt:

H 1: Das frühzeitige Erkennen von Marktveränderungen wird durch eine Ermittlung von Zielgruppen und ihrer jeweiligen Bedürfnisse im Rahmen der Planung gefördert.

Eine ausdrückliche und genaue, auf die dezidierte *Abgrenzung unterschiedlicher Zielgruppen* und die *Analyse ihrer Motive und Verhaltensweisen* (insbesondere Bedürfnisse) gerichtete Erkenntnisgewinnung unterstützt die Entwicklung eines eingehenden Verständnisses im Unternehmen für die Marktakteure und ihre Verhaltensmuster und begünstigt, dass Änderungen von Verhaltensweisen (z.B. ein nachdrücklicheres Fordern von Datensicherheit durch Kunden gegenüber Anbietern im Rahmen von digitalen Dienstleistungen) im Kontext sich ändernder Bedingungsfaktoren früher erkannt werden. Wird im Rahmen der Innovationsentwicklung (wie nicht selten bei „technologiegetriebenen“ Innovationsprozessen) lediglich pauschal „der Markt“ ohne differenzierende, ursachenorientierte Analysen betrachtet, nimmt die Gefahr von Überraschungen aufgrund geänderter, aber nicht erkannter oder ausreichend verstandener Bedingungslagen zu.

Da ein in diesem Sinne sensiblerer Blick auf die Veränderung von Marktfaktoren wiederum die treffsichere Ermittlung von Zielgruppen und ihrer Verhaltenseinflüsse (z.B. aufgrund besser festzulegender Prioritäten) unterstützt, ist insgesamt von einer wechselseitigen Beeinflussung zwischen den in H 1 angeführten Größen auszugehen.

H 2: Das frühzeitige Erkennen von Marktveränderungen wird durch die Prognose von Konkurrenzreaktionen auf Innovationen im Rahmen der Planung gefördert.

Die differenzierte *Voraussage der Konsequenzen*, die sich für (aktuelle und potenzielle) Konkurrenten aus der Innovationseinführung durch ein Unternehmen ergeben und die Ableitung ihrer möglichen Reaktionen hierauf trägt dazu bei, dass Unternehmen früher, genauer und besser begründet mögliche Veränderungen auf ihren Märkten vorhersehen können. Für diesen Zweck hervorragende geeignete Analyseansätze sind die Erarbeitung sog. *Reaktionsprofile* oder die darauf aufbauende Durchführung von *Business Wargames*. Reaktionsprofile erfassen und bewerten diejenigen Faktoren, welche die Fähigkeiten von Konkurrenten zu Reaktionen auf Änderungen im Wettbewerbsumfeld bestimmen (Ressourcenpotenziale und gegenwärtig verfolgte Strategien) sowie die Einflüsse auf ihre Motivation hierzu (Annahmen eines Konkurrenten über sich selbst und seine Stellung in der Branche sowie verfolgte Ziele) erklären.[13] Business Wargames sind eine besondere Form der strategischen Wirkungssimulation, die unterschiedliche Elemente von Szenario- und Simulationstechnik sowie Wettbewerbs- und Pfadanalyse umfasst und entscheidungsrundenbasiert die Interdependenzen im Marktverhalten von Unternehmen zu erkennen und zu bewerten hilft.[14]

Das Durchdringen der Situationen der Konkurrenten, die von einer Innovation des Unternehmens eventuell negativ (z.B. durch den Wegfall eigener Kundenbeziehungen) oder auch positiv (z.B. durch die Entstehung von Chancen in Marktsegmenten, die der Innovator selbst nicht bedienen kann) berührt werden, erhöht das Verständnis für die Marktprozesse und z.B. auch gegebenenfalls eintretende Verschiebungen von Marktgrenzen und fördert somit die Qualität der Voraussicht des Unternehmens auf sich ergebende Marktveränderungen, die auch Kunden und z.B. Handelspartner betreffen. Weil dieser Umstand wiederum die Prognosefähigkeiten im oben beschriebenen Sinn verbessert, ist auch hier von einer wechselwirkenden Beziehung auszugehen.

H 3: Das frühzeitige Erkennen von Marktveränderungen wird durch die Ausrichtung der Innovationsentwicklung auf Wettbewerbsvorteile im Rahmen der Planung gefördert.

Die Ausrichtung einer Innovation auf die *Erzielung von Wettbewerbsvorteilen* bedeutet, die Gestaltung des neuen Produktes konsequent an der Erreichung von Überlegenheitsstellungen gegenüber relevanten Wettbewerbsangeboten aus Sicht der Konsumenten zu orientieren. Dies kann zur Realisierung einer vorher nicht existierenden Produktlösung für ein bekanntes Problem, zur erstmaligen Lösung eines Problems oder auch zum Angebot eines zum Marktangebot vergleichbaren Produktes zu geringeren Kosten führen.

13 Vgl. Porter (2013), S. 90.
14 Vgl. Büchler (2016), S. 50.

Zur Entwicklung solcher Innovationen ist regelmäßig eine *umfassende, integrierende Sicht marktlicher (nachfragerbezogener) Bedürfnisse* sowie leistungsfähiger technologischer Möglichkeiten günstig, deren Abstimmung durch das innovierende Unternehmen dazu führt, dass das Fundament künftiger Erfolge breit und Einzigartigkeitspositionen schwieriger zu übertreffen werden. Cooper identifiziert in einer empirischen Studie als erfolgreichstes Unternehmenscluster die "Balanced Strategy Firm", die im Konkurrenzvergleich qualitativ überlegene Innovationen erzeugte, die – unter anderem – eine Kombination technologischer Vorteile und starker Marktorientierung aufwiesen.[15] Hierbei verzahnen erfolgreiche Unternehmen die Erfassung und Analyse der verschiedenen Quellen von Wettbewerbsvorteilen innerhalb und außerhalb des Unternehmens (vgl. Abbildung 2):

Abbildung 2: Interne und externe Quellen von Wettbewerbsvorteilen.

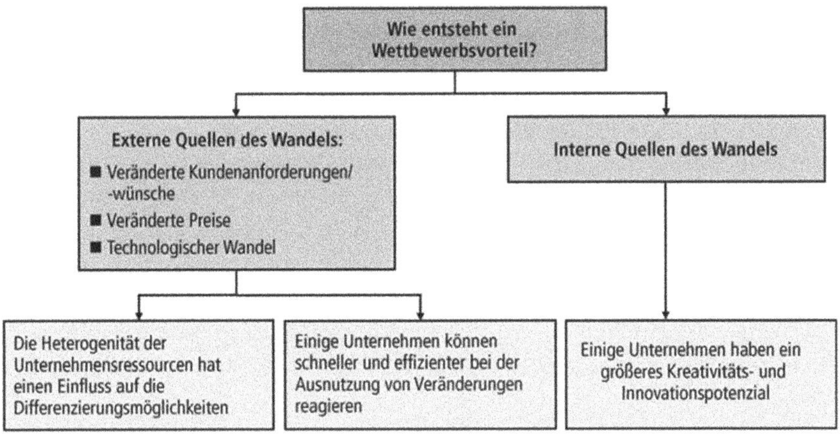

Quelle: Grant/Nippa (2006), S. 290.

Die Erzielung eines besseren Verständnisses der vielfältigen Vernetzungen, die zur Hervorbringung und Aufrechterhaltung von Wettbewerbsvorteilen bedeutsam sind, erhöht die Fähigkeit zur frühzeitigen Erkennung von Marktveränderungen, die wiederum die Voraussetzungen von vorausschauend verstandenen Überlegenheitspositionen im Wettbewerb stärkt.

15 Vgl. Cooper (1984), S. 151 ff.

H 4: Das frühzeitige Erkennen von Marktveränderungen wird durch eine Ermittlung von Marktpotenzialen und -volumina für angestrebte Innovationen im Rahmen der Planung gefördert.

Eine genaue Bestimmung der Marktpotenziale und -volumina für Innovationen setzt jeweils voraus, dass im Unternehmen eine *präzise Vorstellung von den anvisierten Zielgruppen* und ihren Beweggründen zu bestimmten Verhaltensweisen sowie von den mutmaßlichen Konkurrentenreaktionen vor dem Hintergrund der angestrebten wettbewerblichen Positionierung erarbeitet wird, ohne die eine nähere Bestimmung der (aktuellen und künftigen) Absatzmengen und -preise als Bezugsbasis für diese Aufgabe nicht gelingen kann. So erfordert z.B. die Bestimmung des Marktpotenzials die Ermittlung der Zahl der prinzipiell existierenden Bedarfsträger und ihrer jeweiligen Bedarfsintensitäten (auch unter Berücksichtigung zeitlicher Merkmale) in den verschiedenen Marktsegmenten, in denen die Innovation angeboten werden soll; die Errechnung des Marktvolumens analysiert hierauf aufbauend die voraussichtliche Erreichbarkeit und Durchdringung der Marktsegmente im Zeitablauf, wobei die geplanten Merkmale des Marketing-Mix (etwa die zur Verfügung stehenden Distributionskanäle, die Höhe des Werbedrucks in der Einführungsphase der Innovation) wie auch das Verhalten der Wettbewerber (jeweils im Hinblick auf alternative Szenarien) in einschlägige Planungsrechnungen einzubeziehen sind.

Die Erarbeitung dieser Informationen fördert – analog zu den oben geführten Argumentationen – aufgrund der notwendigerweise tiefgreifenden, differenzierten Erkenntnisprozesse in Bezug auf die Marktteilnehmer die Fähigkeit zur frühzeitigen Erkennung von Marktveränderungen (aus der wiederum verbesserte Grundlagen für die Bestimmung einschlägiger Marktkenngrößen resultieren können).

Da sich somit in Bezug auf die fraglichen Variablen jeweils wechselwirkende Beziehungen ergeben, wird zur Überprüfung der Hypothesen H 1 bis H 4 auf Korrelationsanalysen zurückgegriffen. Die entsprechenden Zusammenhänge zwischen den Variablen auf der Grundlage der Informationen aus dem IHK-InnoMonitor 2014 verdeutlicht Tabelle 2.

Die Tabelle zeigt, dass die Ermittlung von Zielgruppen und ihren Bedürfnissen sowie die Prognose von Konkurrenzreaktionen mit (jeweils hochsignifikanten) Korrelationskoeffizienten von 0,450 und 0,468 in sehr enger Beziehung zur Fähigkeit stehen, Marktveränderungen frühzeitig zu erkennen. Diese Aussage gilt auch für die Ausrichtung der Innovationsentwicklung auf Wettbewerbsvorteile sowie die Ermittlung von Marktpotenzialen und -volumina für Innovationen – dort sind die (wiederum hochsignifikanten) Zusammenhänge allerdings etwas schwächer (r = 0,347 und r = 0,348). Gleichwohl kann festgehalten werden, dass *alle der oben formulierten Hypothesen durch die empirische Analyse Unterstützung finden.* Zu beachten sind allerdings die Interkorrelationen zwischen den einzelnen Faktoren, die in den Hypothesen untersucht werden: So bestehen hohe Korrelationen zwischen der Ermittlung von Marktpotenzialen und -volumina für Innovationen sowie der Ermittlung von Zielgruppen und Bedürfnissen, der Prognose von Konkurrenzreaktionen und der Ausrichtung der Innovation auf Wettbewerbsvorteile. Demnach ist z.B. die dezidierte Bestimmung von Marktpotenzialen und -volumina für Innovationen als sehr eng mit der Ermittlung von Zielgruppen und Bedürfnissen in der Planung verbunden anzusehen.

Tabelle 2: Korrelationsmatrix bezüglich der planungsbezogenen Variablen.

	Frühzeitige Erkennung von Marktveränderungen	**Ermittlung von Zielgruppen und Bedürfnissen in der Planung**	**Prognose von Konkurrenzreaktionen auf Innovationen**	**Ausrichtung der Innovationsentwicklung auf Wettbewerbsvorteile**	**Ermittlung von Marktpotenzialen und -volumina für Innovationen**
Frühzeitige Erkennung von Marktveränderungen	1,000	**0,450*****	**0,468*****	0,347***	0,348***
Ermittlung von Zielgruppen und Bedürfnissen in der Planung		1,000	0,570***	0,482***	0,651***
Prognose von Konkurrenzreaktionen auf Innovationen			1,000	0,538***	0,576***
Ausrichtung der Innovationsentwicklung auf Wettbewerbsvorteile				1,000	0,448***
Ermittlung von Marktpotenzialen und -volumina für Innovationen					1,000

*Legende: *** = Korrelation auf dem 1 %-Niveau (zweiseitig) signifikant (n beträgt jeweils 123).*

3.3 Methodische Ansätze zur Förderung Strategischer Antizipationsfähigkeit

Vor dem Hintergrund der obigen Befunde stellt sich die Frage, inwieweit Unternehmen die Strategische Antizipationsfähigkeit systematisch beeinflussen können, um letztlich die in Abbildung 1 angeführte positive Wirkung zu erzielen. Die weitere Analyse ist auf die beiden Faktoren begrenzt, die in Kapitel 3 die stärksten Zusammenhänge zur Antizipationsfähigkeit aufwiesen (Ermittlung von Zielgruppen und Bedürfnissen in der Planung und Prognose von Konkurrenzreaktionen auf Innovationen). Hierzu werden verschiedene planungsbezogene bzw. organisationsbezogene Variablen in Beziehung gesetzt, die in erster Linie den Methodeneinsatz im Unternehmen berücksichtigen:

- *Verwendung von Kreativitätstechniken* (Operationalisierung über die Reaktionen der Auskunftspersonen auf das Item: „Wir verwenden regelmäßig Kreativitätstechniken zur Unterstützung der Ideengenerierung und Technologieentwicklung (z.B. Suchfeldanalysen, Mind Mapping)“ (Mittelwert = 2,19; Standardabweichung = 1,126 (siehe oben zur Skala); n = 123))
- *Verwendung marktorientierter Entwicklungsmethoden* („Wir verwenden in der Innovationsentwicklung marktorientierte Entwicklungsmethoden (z.B. Conjoint-Methode, Target Costing, Produktpositionierung, Means-End-Analyse)“ (Mittelwert = 1,80; Standardabweichung = 1,116 (siehe oben zur Skala); n = 123))
- *Verwendung marktorientierter Analysen* („Wir basieren unsere Entscheidungen zur Entwicklung von Innovationen auf Erkenntnisse aus regelmäßig eingesetzten marktorientierten Analysen (z.B. Lebenszyklusanalyse, Stärken-Schwächen-Analyse, SWOT, Benchmarking, Wettbewerber-Analysen etc.)“ (Mittelwert = 2,48; Standardabweichung = 1,244 (siehe oben zur Skala); n = 123))
- *Steuerung der Marketinginstrumente mit Marktcontrolling* („Wir steuern unsere Vermarktungsinstrumente nach der Markteinführung mit einem systematischen Marktcontrolling (z.B. Umsatz, Marktanteil, Deckungsbeitrag, Bekanntheit, Kundenzufriedenheit)“ (Mittelwert = 2,76; Standardabweichung = 1,263 (siehe oben zur Skala); n = 123))
- *Einsatz von Markttests zur Abstimmung des Marketing-Mix* („Wir verwenden Markterprobungsmethoden (z.B. Akzeptanz- oder Markttests, Produktkliniken) zur Abstimmung der Vermarktungsinstrumente“ (Mittelwert = 1,93; Standardabweichung = 1,088 (siehe oben zur Skala); n = 123)).

Die folgende Tabelle zeigt die Korrelationen zwischen den angeführten Variablen sowie der zielgruppen- und der konkurrenzbezogenen Größe (vgl. Tabelle 3):

Tabelle 3: Korrelationsmatrix bezüglich der methodenorientierten Variablen.

	Verwendung von Kreativitätstechniken	**Marktorientierte Entwicklungsmethoden zur Innovationsentwicklung**	**Marktorientierte Analysen zur Innovationsentwicklung**	**Steuerung der Marketinginstrumente mit Marktcontrolling**	**Einsatz von Markttests zur Abstimmung des Marketings**
Ermittlung von Zielgruppen und Bedürfnissen in der Planung	0,380***	0,290***	**0,454*****	0,537***	**0,421*****
Prognose von Konkurrenzreaktionen auf Innovationen	0,304***	0,202**	0,321***	**0,417*****	**0,435*****

*Legende: *** = Korrelation auf dem 1 %-Niveau (zweiseitig) signifikant; ** = Korrelation auf dem 5 %-Niveau (zweiseitig) signifikant (n beträgt jeweils 123).*

Die Übersicht verdeutlicht, dass der Einsatz von marktorientierten Analysen zur Innovationsentwicklung (z.B. Lebenszyklusanalyse, Stärken-Schwächen-Analyse, SWOT, Benchmarking) und die Steuerung der Marketinginstrumente mit einem Marktcontrolling (etwa in Bezug auf Größen wie Umsatz, Marktanteil, Deckungsbeitrag, Bekanntheit, Kundenzufriedenheit) eine starke Beziehung zur Ermittlung von Zielgruppen und Bedürfnissen aufweisen, aber auch der Einsatz von Markttests erweist sich in dieser Hinsicht als günstig. Wie die oben angegebenen Mittelwerte bezüglich der Nutzungsintensität unterstreichen, stellen marktorientierte Analysen zur Innovationsentwicklung und ein Marktcontrolling in dieser Hinsicht „traditionelle" Verfahrensansätze für die Unternehmen im Rahmen des Innovationsmanagements dar, die durch ihre Nutzung systematisch mit Einzelfragen ihrer Zielgruppen und ihren verhaltenssteuernden Merkmalen konfrontiert werden. Kreativitätstechniken und Entwicklungsmethoden wie z.B. das Target Costing[16] wirken sich in dieser Hinsicht schwächer aus, werden allerdings auch in geringerem Umfang genutzt.

Für die Stärkung der Prognosefähigkeit in Bezug auf Konkurrentenreaktionen sind vor allem Markttests förderlich, deren grundsätzliches Anliegen eben in der Vorhersage der mutmaßlichen Reaktionen der Marktteilnehmer auf eine Maßnahme und ihre adäquate Berücksichtigung in der Konzeption des Unternehmens besteht.

---

16 Einschränkend ist zu beachten, dass sich der Innovationsbegriff beim Target Costing auf das Hervorbringen von Produktvarianten in kleinen und mittleren Serien konzentriert und somit ein grundsätzlich niedriger Innovationsgrad realisiert wird, vgl. Littkemann (2005), S. 137–138.

Aber auch die ganzheitliche Sicht eines strategischen Marktcontrollings ist in dieser Hinsicht vorteilhaft zu bewerten, da die Vielfalt der systematisch erfassten Größen (z.B. Umsatz, Marktanteil, Deckungsbeitrag, Kundenzufriedenheit) mehr oder weniger direkte Konkurrenzbezüge aufweist und so die Auseinandersetzung mit den Wettbewerbskonstellationen fördert. Kreativitätstechniken, marktorientierte Entwicklungsmethoden und Analysen schneiden in dieser Hinsicht etwas schwächer ab.

4 Förderung der Strategischen Antizipationsfähigkeit als ganzheitliche Aufgabe

Die Strategische Antizipationsfähigkeit als Fähigkeit eines Unternehmens, strategisch bedeutsame Ereignisse und Entwicklungen in seinen aktuellen und künftigen Aktionsräumen vorherzusehen und zutreffend als Chance oder Risiko für das Unternehmen zu bewerten, spielt insbesondere in Zeiten volatiler, unsicherer und komplexer Umweltsituationen eine wichtige Rolle für eine erfolgreiche, vorausschauend angelegte Unternehmensführung.

Vor dem Hintergrund der Datenanalysen des IHK-InnoMonitor wird deutlich, dass sich die *Strategische Antizipationsfähigkeit* im Unternehmen keineswegs „zufällig" ergibt, sondern *wirkungsvoll und systematisch erzielt oder verstärkt* werden kann. Die folgende Abbildung ordnet die hierfür maßgeblichen und eng miteinander verbundenen organisationalen Stellhebel in einer regelkreisartigen Struktur an, die im Rahmen der Innovationsplanung mehrfach durchlaufen werden sollte, um über fortwährende Verfeinerungen und Reflexionen der gewonnenen Erkenntnisse letztlich eine treffsichere Innovationsgestaltung zu fördern (vgl. Abbildung 3):

Abbildung 3: Regelkreis zur systematischen Innovationsplanung.

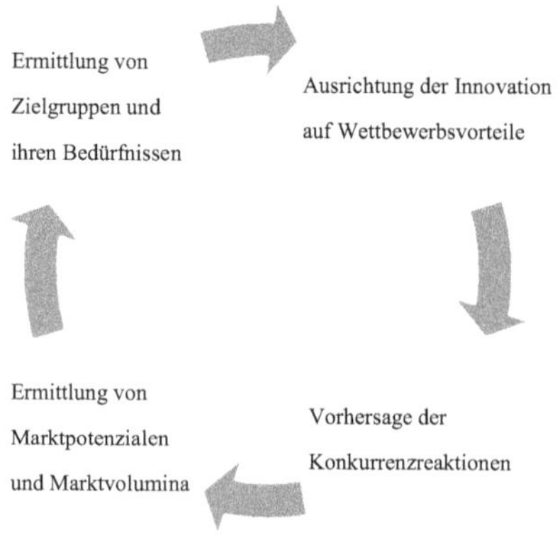

Während die Analyse und Bestimmung von Zielgruppen und ihrer maßgeblichen Bedürfnisse (mit dem bewirkten Verständnis für die Situationen in den fraglichen Marktsegmenten) eine wesentliche, umfassende Erkenntnisgrundlage für die strategische Orientierung des Innovationsprojekts des Unternehmens schaffen, rückt die darauf aufbauende Suche nach konkreten Gestaltungsmerkmalen, die in der Lage sind, Wettbewerbsvorteile zu erzielen, die Möglichkeiten überlegener Nutzenstiftungsoptionen aus Abnehmersicht in den Mittelpunkt der Schritte zur Innovationsplanung, die insbesondere in dieser Stufe des Vorgehens eine enge Abstimmung zwischen markt- und technikorientierten Organisationseinheiten des Unternehmen verlangt.[17] Vor diesem Hintergrund bietet die von qualitativen und quantitativen Ansätzen getragene Ermittlung der Konsequenzen im Wettbewerbsumfeld die Gelegenheit zur Schärfung der entstehenden Innovationskonzeption (unter Berücksichtigung der mutmaßlichen Konkurrenzmaßnahmen), bevor die Berechnung der voraussichtlich erzielbaren Marktpotenziale und -volumina die Grundlage für die Analyse der ökonomischen Ergiebigkeit der Innovation erzeugt (Wirtschaftlichkeits-, Rentabilitätsanalysen etc.). Etwaig noch nicht als zufriedenstellend bewertete Ergebnisse regen dann im Unternehmen gegebenenfalls zu einem Neueinstieg in die Definition der Zielgruppen ein usw.

Im Unterschied zur ebenfalls für den Innovationserfolg wichtigen Absorptionsfähigkeit[18] (*Absorptive Capacity*), die als die Fähigkeit von Unternehmen, relevante, unternehmensexterne Informationen zu erkennen, zu sammeln, zu verarbeiten und diese Informationen letztendlich in neues organisationales Wissen umzuwandeln, welches schließlich kommerziell vermarktet werden kann, beschrieben wird und damit in starkem Maße eine informationsbasierte Outside-In-Perspektive aufweist, zeichnet sich die Strategische Antizipationsfähigkeit durch einen konkreten organisationsgestalterischen Ansatz aus, der die Wechselwirkungen externer Impulse (wahrgenommen und verarbeitet durch absorptive Fähigkeiten) und interner organisatorischer Anpassungen mit kontinuierlichen Rückkopplungen im Markt berücksichtigt und für das Management konfigurierbar macht.

Erfahrungen aus der Implementierungspraxis[19] unterstützen im Kontext der Verankerung gedanklicher Konzeptionen die Haltung, dass weniger eine appellierende Rolle der Unternehmensleitung (die z.B. einem stärker visionären, antizipativen Blick der Mitarbeiter oder auch einer Verstärkung ihrer Markt- und

---

17 Vgl. hierzu im Einzelnen Faix (2015), S. 223 ff.

18 Vgl. Christensen (1997), S. 171 ff.; Flatten (2018), in diesem Band.

19 Siehe hierzu ausführlicher Faix (2001), S. 182 ff.

Kundenorientierung das Wort redet („Prediger Approach")) als vielmehr die Schaffung konkreter Problemlösungskontexte mit klar formulierten Aufgaben für die Mitarbeiter (z.B.: Ermittlung der Vorteilspositionen des Unternehmens im Wettbewerbsvergleich im Rahmen einer Stärken-Schwächen-Analyse) die Keimzelle für nachdrückliche, in der Regel auch erst mittelfristig erzielbare Einstellungs- und Verhaltensänderungen der Mitarbeiter bildet. Die wichtige Funktion der oben diskutierten Verfahrensansätze (Lebenszyklusanalysen, SWOT etc.) zur letztlichen Verstärkung der Strategischen Antizipationsfähigkeit steht aufgrund der Befunde des IHK-Monitor, die in Kapitel 3.3 dieses Beitrags gezeigt wurden, außer Frage.

Literaturverzeichnis

Abernathy, W. J. (1978): The Productivity Dilemma, Baltimore.

Amit, R. / Shoemaker, P. (1993): Strategic Assets and Organizational Rents, in: Strategic Management Journal, Vol. 14, No. 1, S. 33–46.

Büchler, J.-P. (2015): Agile und resiliente Innovationsprozesse – Anforderungen an das Innovationsmanagement in einem dynamischen Marktumfeld, in: Büchler, J.-P. / Faix, A. (Hrsg.): Innovationserfolg. Management und Ressourcen systematisch gestalten, Frankfurt am Main, S. 59–84.

Büchler, J.-P. (2016): Ein Blick in die Zukunft mit Business Wargaming, in: Controlling & Management Review, Heft 1 / 2016, S. 48–53.

Büchler, J.-P. / Faix, A. (2015a): House of Innovation Excellence als Bezugsrahmen zur systematischen Analyse und Steuerung des Innovationserfolges von Unternehmen, in: Büchler, J.-P. / Faix, A. (Hrsg.): Innovationserfolg. Management und Ressourcen systematisch gestalten, Frankfurt am Main, S. 13–26.

Büchler, J.-P. / Faix, A. (2015b): Erfolgsfaktor Innovationsmanagement – Ergebnisse des IHK-InnoMonitor 2014, in: Büchler, J.-P. / Faix, A. (Hrsg.): Innovationserfolg. Management und Ressourcen systematisch gestalten, Frankfurt am Main, S. 27–57.

Christensen, C. (1997): The Innovator's Dilemma: When New Technologies Cause Great Firms to Fail, Boston.

Cooper, R. G. (1984): New Product Strategies: What Distinguishes the Top Performers, in: Journal of Product Innovation Management, Vol. 1, No. 3, S. 151–164.

Faix, A. (2001): Verankerung der Marktorientierung in neuen Unternehmen als Aufgabe des Gründungsmanagements, in: Klandt, H. / Weihe, H. (Hrsg.): Gründungsforschungs-Forum 2001. Dokumentation des 5. G-Forums, Lüneburg, 4./5. Oktober 2001, Lohmar – Köln 2002, Band 32 der Reihe FGF Entrepreneurship-Research Monographien, S. 177–191.

Faix, A. (2015): Koordination zwischen Marketing und F&E – Empirische Analyse auf Basis der Erhebungen des IHK-InnoMonitor 2014, in: Büchler, J.-P. / Faix, A. (Hrsg.): Innovationserfolg. Management und Ressourcen systematisch gestalten, Frankfurt am Main, S. 223–240.

Flatten, T. C. (2018): Entwicklung von organisationaler Anpassungs- und Innovationsfähigkeit, in: Faix, A. / Büchler, J.-P. (Hrsg.): Innovationsstrategien – Grundlagen, Gestaltungsansätze und Handlungsbedingungen, Frankfurt am Main (in diesem Band).

Grant, R. M. / Nippa, M. (2006): Strategisches Management, München.

Gruber, M. / Venter, C. (2006): „Die Kunst, die Zukunft zu erfinden" – Theoretische Erkenntnisse und empirische Befunde zum Einsatz des Corporate Foresight in deutschen Großunternehmen, in: Zeitschrift für betriebswirtschaftliche Forschung (ZfbF), Jg. 58, Nr. 7, S. 958–984.

Kanter, R. M. (1989): Swimming in Newstreams: Mastering Innovation Dilemmas, in: California Management Review, Vol. 32, No. 4, S. 45–69.

Littkemann, J. (2005): Innovationscontrolling, München.

Müller, A. / Müller-Stewens, G. (2009): Strategic Foresight: Trend- und Zukunftsforschung in Unternehmen – Instrumente, Prozesse, Fallstudien, Stuttgart.

Nonaka, I. / Takeuchi, H. (1997): Die Organisation des Wissens. Wie japanische Unternehmen eine brachliegende Ressource nutzbar machen, Frankfurt am Main.

Porter, M. E. (2013): Wettbewerbsstrategie: Methoden zur Analyse von Branchen und Konkurrenten, 12. Auflage, Frankfurt am Main.

Rodriguez, M. A. / Ricart, J. E. / Sanchez, P. (2002): Sustainable Development and the Sustainability of Competitive Advantage: A Dynamic and Sustainable View of the Firm, in: Creativity & Innovation Management, Vol. 11, No. 3, S. 135–146.

Sammerl, N. / Wirtz, B. W. / Schilke, O. (2008): Innovationsfähigkeit von Unternehmen, in: Die Betriebswirtschaft (DBW), Jg. 68, Nr. 2, S. 131–158.

Sarkar, A. (2003): We Live in a VUCA World: The Importance of Responsible Leadership, in: Development and Learning in Organizations: An International Journal, Vol. 30, No. 3, S. 9–12.

Teece, D. J. / Pisano, G. / Shuen, A. (1997): Dynamic Capabilities and Strategic Management, in: Strategic Management Journal, Vol. 18, No. 7, S. 509–533.

Voros, J. (2003): A Generic Foresight Process Framework, in: Foresight, Vol. 5, No. 3, S. 10–21.

Gaby Kepper, Frank Wermeyer

FW Consulting

Qualitative Marktforschung im Innovationsmanagement – Ein systematischer Ansatz

1 Informationsbedarf im Innovationsmanagement

Die Bedeutung der Innovation für die Weiterentwicklung von Märkten und Unternehmen ist spätestens seit *Schumpeter* (1912) unumstritten.[1] Die zielgerichtete Erforschung der Erfolgsfaktoren von Innovationen im Hinblick auf Überlebenssicherung, Wachstum und Erfolg von Unternehmen im Wettbewerb stellt seit Jahrzehnten einen Forschungsschwerpunkt dar.[2]

Es darf vermutet werden, dass die Geschwindigkeit, mit der innovative Lösungen gefunden werden müssen, in den letzten Jahren gestiegen ist. Dafür hat der mit der Globalisierung und jüngst der Digitalisierung einhergehende Veränderungsdruck bei vielen Unternehmen gesorgt. *Büchler/Faix* (2015) verweisen treffend auf die „Wertkettendekonstruktion", die auch über traditionelle Branchengrenzen hinweg stattfindet und stetige sowie schnelle Innovation allein zur Überlebenssicherung erfordert.[3] Insbesondere die Digitalisierung führt dazu, dass immer häufiger neue Dienste und Services von vorher nicht als Wettbewerber wahrgenommenen Unternehmen etablierte Anbieter gefährden und zu innovativem Handeln zwingen.

Vor diesem Hintergrund ist es für Unternehmen von entscheidender Bedeutung, die Voraussetzungen für die eigene Innovationsfähigkeit zu schaffen und einen systematischen Innovationsprozess einzuführen (vgl. Abbildung 1).[4] Darüber hinaus ist jeder erforderliche Schritt zu neuen Angeboten und Lösungen so zu gestalten, dass die Innovation maximal erfolgreich wird.

---

1 Vgl. Schumpeter (1912) bzw. Schumpeter (2006).

2 Vgl. stellvertretend die Studien von Cooper et al. in Cooper/Kleinschmidt (1987) und (1990). Eine Übersicht gibt u.a. Köhler (1993).

3 Vgl. Büchler/Faix (2015a), S. 7.

4 Vgl. Büchler/Faix (2015b), S. 13 sowie näher Faix (1998), S. 78 ff.

Die Erfolgsfaktorenforschung betont und bestätigt die enorme Bedeutung einer *konsequenten Kundenorientierung* im Innovationsprozess. Erfolgreiche Unternehmen richten die Entwicklung im Gegensatz zu weniger erfolgreichen auf die von Nachfragern wertgeschätzte Überlegenheit der Lösung gegenüber den Wettbewerbsangeboten aus, nutzen die Anregungen von Kunden deutlich intensiver, integrieren den Kunden stärker in ihre Innovationsaktivitäten und fokussieren in der Vermarktung mehr auf die *Zielgruppenbedürfnisse*.[5]

Abbildung 1: Innovationsprozess.[6]

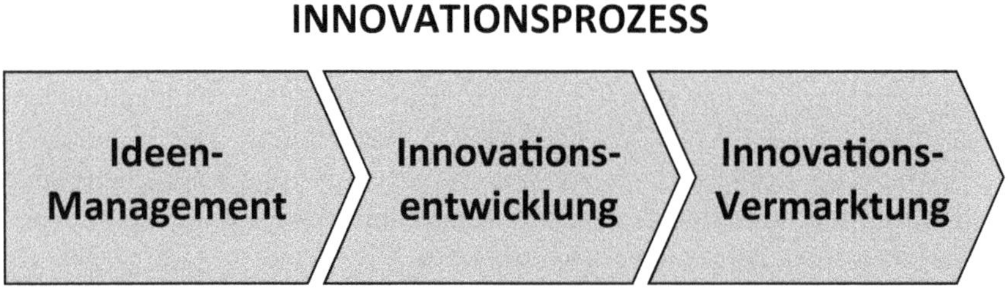

Quelle: In Anlehnung an Büchler/Faix (2015b), S. 19.

Gerade die Einbindung des Kunden *in den frühen Phasen des Innovationsprozesses* scheint eine wesentliche Erfolgsvoraussetzung zu sein; sind neu entstehende Bedürfnisse bereits vor der Entwicklung erster Prototypen bekannt, steigen Chancen auf eine spätere *Marktakzeptanz* deutlich an.[7]

Schlicksupp/Dagneaud/Garnier-Coester (2011) stellen wie viele andere Forscher allerdings fest, dass eine der Hauptursachen für ausbleibende Markterfolge von Neuerungen gerade in der *Nichterfüllung von Kundenbedürfnissen* liegt.[8] Dies legt den Schluss nahe, dass in der Praxis die Kundenorientierung im Innovationsprozess häufig nicht ausreichend gegeben ist oder die Umsetzung der Kundenorientierung in konkrete Forschungs- und Planungsaktivitäten schwerfällt.

In Anbetracht der Forschungs- und Planungsumstände gerade in der frühesten Phase des Ideenmanagements verwundern diese Schwierigkeiten nicht.

5 Vgl. dazu u.a. Büchler/Faix (2015c), S. 32 ff. Vgl. auch Lüthje (2007), S. 41 ff.

6 Der Innovationsprozess lässt sich als strukturierter Ablauf von Planungs-, Entscheidungs- und Umsetzungsaktivitäten beschreiben, den Unternehmen zur gezielten Hervorbringung von neuen Produkten und Lösungen durchlaufen. Vgl. dazu Büchler/Faix (2015b), S. 19, Faix (1998), S. 78 ff. sowie u.a. Cooper (1988), S. 237 ff.

7 Vgl. Lüthje (2007), S. 42.

8 Vgl. dazu Schlicksupp/Dagneaud/Garnier-Coester (2011), S. 439.

Die jüngere Forschung zu den Frühphasen im Innovationsprozess spricht mit Blick auf diese Umstände hier bewusst vom "fuzzy front end". Der Begriff "fuzzy" spiegelt dabei die zu diesem Zeitpunkt vorherrschende hohe Unsicherheit, die Unstrukturiertheit sowie die Dynamik der Informationsprozesse wider.[9]

Grundsätzlich zielt die Kundenorientierung in den entscheidenden konzeptionellen Phasen des Innovationsprozesses darauf, jene Faktoren zu entdecken und erkennen, die eine möglichst hohe künftige *Akzeptanz* der Neuheit durch den potenziellen Kunden sicherstellen.[10] Der Begriff Akzeptanz verdeutlicht den Zielzustand, der anzustreben ist. Er reicht von der positiven Einstellung der potenziellen Kunden zu einer Neuheit bis hin zu den konkreten Handlungen des Kaufes und der Nutzung.[11] Es geht im Innovationsprozess also um die Ermittlung und das Verstehen der Faktoren, die die künftige Einstellung potenzieller Kunden zum geplanten Angebot prägen werden und ebenso um die Faktoren, die eine konkrete Kaufhandlung und anschließende Nutzung wahrscheinlich machen.

Ein entscheidender Faktor dabei ist der Nutzen oder *Mehrwert der Neuheit*; wird er als hoch eingeschätzt, d.h. trifft die Neuheit ein echtes Bedürfnis, steigt die Erfolgswahrscheinlichkeit (positive Einstellung, Kauf, Nutzung).[12] Ein hoher Produktnutzen wird aber nur dann zum Kauf und damit zum künftigen Erfolg der Innovation führen, wenn er im Vergleich zu möglichen alternativen Lösungen und Wettbewerbsprodukten als höher eingeschätzt wird. Die Neuheit muss deshalb diejenigen Nutzenkomponenten mitbringen, die sie in der Wahrnehmung der künftigen Kunden so positionieren, dass sie im Vergleich mit möglichen Wettbewerbsangeboten den Vorzug erhält.[13] Die Nutzenkomponenten neuer Produkte sind somit immer die vom potenziellen Kunden subjektiv wahrgenommenen Bestandteile, d.h. es geht um den *subjektiven Mehrwert*. Es handelt sich dabei neben den *objektiven* Eigenschaften, die Produkten zugeschrieben werden, auch um *subjektiv-gedachte* Elemente (z.B. die "coolness" eines Angebotes oder „Vorzeigbarkeit" in der Bezugsgruppe).

In den Köpfen der künftigen Kunden existiert also eine Vielfalt von individuellen Mehrwerten, die geprägt sind von Einstellungen, Denkmustern, Motivationen, Emotionen, Gruppenzugehörigkeiten und Gruppeninteraktionen.

---

9 Vgl. dazu die Ausführungen von Verworn/Herstatt (2007), S. 12 ff.

10 Vgl. stellvertretend Königstorfer/Gröppel-Klein (2009), S. 849.

11 Hier wird der Begriff in Übereinstimmung mit der aktuellen Akzeptanzforschung weit gefasst. Vgl. zu dem gesamten Komplex die Ausführungen von Königstorfer/Gröppel-Klein (2009), S. 849.

12 Vgl. dazu u.a. Lüthje (2007), S. 40.

13 Zur Positionierung vgl. ausführlich Urban/Hauser (1993).

Um die künftige Akzeptanz sicherzustellen, entscheidende Hinweise für die Produktentwicklung zu erhalten und neue Produkte in den Wahrnehmungsräumen der potenziellen Kunden richtig zu positionieren, müssen diese Konstrukte in den frühen Phasen des Innovationsprozesses aufgedeckt und in sinnvolle Zusammenhänge gebracht werden.

Zusammenfassend lässt sich feststellen, dass der auf Kundenorientierung und Akzeptanz zielende Informationsbedarf im Innovationsprozess in hohem Maße auf *Entdeckung, Strukturierung, Offenlegung* und *Verstehen* ausgerichtet ist; es werden hier tendenziell keine *testenden*, sondern *suchende* und *erklärende* Fragestellungen verfolgt.[14] Kundenorientierung und Akzeptanzsicherung im Innovationsprozess bedürfen deshalb geeigneter Forschungsansätze, die die beschriebene Qualität des Informationsbedarfes in geeigneter Weise zu erheben vermögen.

2 Die Relevanz qualitativer Marktforschung für das Management von Innovationen

Qualitative Marktforschungsmethoden gelten gemeinhin als gutes Instrumentarium zur Erfassung wichtiger Themen aus Kundensicht. Die Bedeutung qualitativer Marktforschung für das Innovationsmanagement liegt aber nicht nur in der Anwendung einzelner derartiger Methoden, sondern umfasst auch die Kennzeichen und Ziele des *qualitativen Forschungsansatzes insgesamt*. Mit dem Verständnis darüber, was qualitative Marktforschung leisten kann und will und welcher Art die unterschiedlichen Einsatzfelder qualitativer Forschung sind, lassen sich die Chancen für eine wertige Unterstützung der Informationsbedarfe im Innovationsmanagement gut aufzeigen.

2.1 Kennzeichen qualitativer Marktforschung

Qualitative Marktforschung ist grundsätzlich subjektbezogen und widmet sich dem Erkennen, Beschreiben und Verstehen psychologischer und soziologischer Zusammenhänge. Dabei zielt sie auf eine möglichst vollständige Erfassung und Analyse problemrelevanter Inhalte ab, um Einblick in die Denk-, Bewertungs- und Entscheidungsstrukturen der Untersuchungspersonen zu erhalten. Der Fokus liegt dabei im Erkunden von Wahrnehmungsdimensionen, deren komplexen individuellen Entstehungsprozessen und deren spezifischen sozialen Kontexten.[15]

14 Vgl. Lüthje (2007), S. 40 und die dort zitierte Literatur.
15 Vgl. Naderer (2011), S. 32 f., Kepper (1996), S. 18 sowie Kepper (2008), S. 177.

Qualitative Marktforschung zeichnet sich aus durch:[16]

- *Offenheit*
- *Kommunikativität*
- *Typisierung.*

Offen ist qualitative Marktforschung, da sie auf eine Vorstrukturierung des Untersuchungsgegenstandes weitestgehend verzichtet und dem zu untersuchenden Problem mit höchstmöglicher Unvoreingenommenheit und Flexibilität begegnet. Erst im Laufe der Untersuchung kommt es zu weiterer Präzisierung und fortschreitender Erkenntnisbildung. Dem müssen Forschungsdesign, Methoden und Analyse durch inhaltliche und organisatorische Offenheit Rechnung tragen: Flexibler Untersuchungsaufbau, wenig bis gar nicht standardisierte Methoden und interpretative Datenauswertung statt quantitativer Datenreduktion sollen ein maximal-relevantes Informationsspektrum liefern.[17]

Kommunikativ ist qualitative Marktforschung aufgrund der konsequenten Ausrichtung der Marktforschungsmethoden auf den situativen Kontext und auf die kommunikativen Fähigkeiten der Auskunftspersonen. Ziel ist es, möglichst alle problemrelevanten Informationen zu erheben und einen Datenverlust durch inhaltsreduzierende Transformationen (z.B. vorgegebene Antwortkataloge), wie sie in standardisierten Verfahren oft in Kauf genommen werden, zu vermeiden. Dazu werden Methoden herangezogen, die in ganz unterschiedlicher Art und Weise die Untersuchungspersonen ermutigen, mündlich oder auch schriftlich, durch Malen, Rollenspiel oder Beobachtung ihre Sicht der Dinge auf ihre Art und Weise, in ihren Worten und in ihrer Reihenfolge oder Ausführlichkeit darzulegen. Kommunikativität bedeutet aber auch eine enge und intensive Kommunikation zwischen allen Beteiligten des Forschungsprozesses „auf Augenhöhe“ – nicht nur bei Erhebung der Daten, sondern auch in der Vorbereitungsphase und der Analyse. Dieses Vorgehen stellt insbesondere an die durchführenden Personen hohe Ansprüche, da ein sehr viel reflektierteres Verhalten während der Erhebungsphase gefordert wird als z.B. beim Ablesen eines standardisierten Fragebogens. Gewonnen wird dafür ein umfängliches und authentisches Bild aus Sicht der Auskunftspersonen, eingebettet in ihren subjektiven Kontext.[18]

Typisierend ist qualitative Marktforschung vor allem dadurch, dass sie innerhalb des Forschungsprozesses charakteristische oder eben „typisierende“

---

16 Vgl. hierzu auch Kepper (1996), S. 23 ff. und Lamnek (1988), S. 21 ff.

17 Vgl. Kepper (1996), S. 23 ff.

18 Vgl. Kepper (2008), S. 177 und Naderer (2011), S. 31.

Ergebniskategorien wählt und keine statistisch-repräsentativen Überlegungen in den Vordergrund rückt: Bei der Sample-Bildung etwa wird das "purposive sampling" bevorzugt, bei dem das Auswahlkriterium nicht eine bestimmte Anzahl von Fällen mit demographischen Merkmalen ist, sondern der für die vorliegende Fragestellung *inhaltlich relevante Fall.* Damit wird dem typischen und charakteristischen Merkmal einer Untersuchung ein ebenso großer Stellenwert zur Beurteilung eines Untersuchungsproblems beigemessen wie der statistischen Repräsentanz quantitativer Ergebnisse.[19] Auch in der Auswertungsphase besitzt das Merkmal der Typisierung deutlichen Zielcharakter: Die erhobenen Informationen werden derart systematisiert und kategorisiert, dass die Inhalte einer interpretativen Analyse offenstehen. Nach einer ersten Beschreibung dieser auf den Einzelfall bezogenen Kategorien wird in der anschließenden generalisierenden Analyse eine Betrachtung der relevanten Inhalte über alle Untersuchungsfälle hinweg vorgenommen. Ein zu starker Verdichtungsmechanismus wird vermieden, ein inhaltlicher Informationsverlust durch Datenreduktion soll hier ausgeschlossen werden.[20]

2.2 Qualitative Marktforschung im Innovationsprozess

Betrachtet man vor dem Hintergrund dieser Kennzeichnung qualitativer Marktforschung die Charakteristika der Informationsbedarfe von Innovationen, so lässt sich unmittelbar Folgendes erkennen:

Offenheit im Untersuchungsaufbau und in der Durchführung tragen dem Umstand Rechnung, dass im Innovationsprozess neue Lösungen gedacht, Grenzen verlassen und unbekannte Richtungen verfolgt werden sollen. Vorzeitige Fokussierungen auf Produktmerkmale ohne Marktsicht führen dabei häufig in Sackgassen, da technische Machbarkeit nicht unbedingt auch einen Mehrwert aus Kundensicht darstellt. Der offene Ansatz qualitativer Marktforschung bietet hier Vorteile, da die gesamte Breite relevanter Werthaltungen und Wahrnehmungsdimensionen aus Kundensicht erfasst und analysiert wird. So werden bereits in frühen Phasen des Innovationsprozesses relevante Kriterien für die Akzeptanz von Produktmerkmalen berücksichtigt.[21]

19 Vgl. Meyer/Reutterer (2009), S. 240 ff., Kepper (1996), S. 26 f. sowie Naderer (2011), S. 32 f.

20 Vgl. Taylor/Bogdan (1984), S. 131 ff. sowie Kepper (1996), S. 32.

21 Vgl. z.B. zum Einsatz qualitativer Methoden zur Akzeptanz von Internetanwendungen und deren Vorteil Königstorfer/Gröppel-Klein (2009), S. 849 ff.

Dies wird unterstützt durch den *kommunikativen Charakter* der Untersuchungsmethoden, der zu jeder Zeit sicherstellt, dass das Spektrum aller interessierender Details aus Kundensicht in vollem Umfang eingefangen und aus ihrem persönlichen Kontext heraus verstanden wird. Die potenziellen Innovationen erfahren so eine Diskussion aus Kundensicht, in deren Worten bzw. in deren Ausdrucksformen. Dies kann als wichtige Rückmeldung in den Phasen der Produktentwicklung und der Produktpositionierung genutzt werden. Der offene und kommunikative Untersuchungsaufbau gewährleistet auch die so wichtige Kommunikation aller am Innovationsprozess Beteiligten untereinander (Nachfrager, F&E, Marketing, Untersuchungsleiter, Auftraggeber etc.). *Büchler/Faix* (2015c) konnten in ihrem IHK-InnoMonitor 2014 bei den Erfolgsfaktoren innovierender Unternehmen u.a. solche Faktoren identifizieren, die auf eine starke kommunikative Einbindung von Kunden/potenziellen Nachfragern, aber auch von Mitarbeitern aus F&E, Marketing oder von Zulieferern setzten.[22]

Die *typisierende* und interpretative Datenanalyse liefert zudem eine detaillierte Entscheidungsbasis für die Kommunikation zwischen allen am Forschungsprozess Beteiligten. Qualitative Analyseergebnisse sind in der Regel ausführlich und sehr informativ, so dass im Idealfall ein echtes Verständnis für die Wahrnehmungsdimensionen und Entscheidungsstrukturen der potenziellen Nachfrager geschaffen wird und in jede Stufe des Innovationsprozesses einfließen kann.

Insgesamt ist an dieser Stelle bereits zu erkennen, dass Unsicherheit, Neuheitsgrad, wechselseitige Kommunikationsflüsse und die Notwendigkeit eines tiefergehenden Verständnisses der Entscheidungsstrukturen potenzieller Nachfrager als wichtige Determinanten im Innovationsprozess von Unternehmen zugleich auch wichtige Determinanten für den Einsatz qualitativer Marktforschung darstellen. Dabei ist es auch der Grad des (Vor-)Wissens, welcher maßgeblich über die Forschungsmethodik mit entscheidet.[23] Betrifft der Informationsbedarf demnach vor allem neuartige, komplexe Fragestellungen und ist das Wissen darüber von Unsicherheit geprägt, dann erlaubt der qualitative Forschungsansatz eine offene und umfassende Analyse der relevanten Einflussfaktoren und entspricht so in hohem Maße der Forderung, *valide* Ergebnisse zu produzieren, was heißt, den im Forschungskontext definierten Untersuchungsgegenstand *auch wirklich zu erfassen*. Bei Angemessenheit der Methoden und konsequenter Offenheit im Erhebungs- und Analyseprozess kann demnach Validität nicht nur als Gütekriterium, sondern gar als „immanentes Resultat" qualitativer Forschung angesehen

22 Vgl. Büchler/Faix (2015c).
23 Vgl. Auer-Srnka (2009), S. 162 ff.

werden.[24] Insofern kann qualitative Marktforschung gerade im Innovationsprozess eine herausragende Bedeutung einnehmen.

3 Qualitative Marktforschungsmethoden – ein systematischer Überblick

Die Zahl qualitativer Erhebungsmethoden scheint unüberschaubar groß. Neben „Klassikern" wie der Gruppendiskussion oder dem Tiefeninterview ist von neuen Methoden die Rede, wie vom Online-Laddering, von der Netnography, oder von Online-Diaries, allesamt genannt im Zusammenhang mit dem Begriff „qualitative Online-Marktforschung".[25] Die Vielzahl qualitativer Methoden kann übersichtlicher gestaltet werden, wenn sie einer systematischen Zuordnung folgen. Innerhalb einer solchen Systematik kann man qualitative Methoden grundsätzlich in die Befragung und die Beobachtung einteilen. Im Rahmen der Befragung lassen sich wiederum drei methodische Vorgehensweisen trennen: Das qualitative Interview, die Gruppendiskussion und die projektiven Verfahren.

3.1 Das qualitative Interview

Das qualitative Interview ist ursprünglich eine persönliche und direkte Form der Befragung mit Hilfe eines nicht oder nur wenig standardisierten Gesprächsleitfadens. Die Antwortmöglichkeiten der Befragten sind möglichst wenig beschränkt, so dass eigene Themenschwerpunkte gewählt werden können und das Antworten in eigener Syntax und Wortwahl möglich ist. So wird versucht, die gesamte inhaltliche Bandbreite dessen, was die Person mitzuteilen hat, aus ihrer Sicht zu erfassen. Die Gesprächsführung verlangt dabei eine höhere Kompetenz der Interviewer als bei standardisierten Fragekatalogen. Es werden meist Video- oder Tonaufzeichnungen angefertigt, die man für die interpretative Auswertung z.B. mit Hilfe einer qualitativen Inhaltsanalyse benötigt.[26]

Die sog. *explorativen Interviews* (kommend aus der Soziologie und der Sozialforschung) pflegen einen eher erzählenden bzw. berichtenden Charakter und dienen der Ermittlung subjektiv relevanter Informationen und Stellungnahmen der Befragten (vgl. Abbildung 2). Neben den klassischen *Experteninterviews*[27] zählen

24 Vgl. Naderer (2011), S. 37. Vgl. zu den verschiedenen Ansätzen der Validität qualitativer Marktforschung Kepper (1996), S. 216 ff.

25 Vgl. z.B. Paluch/Wittkopp (2015) oder auch Theobald/Neundorfer (2010).

26 Vgl. Kepper (2008), S. 180 f.

27 Vgl. Mey/Mruck (2011), S. 264 f. oder auch Pfadenhauer (2009), S. 451 ff.

hierzu auch *ethnographische Interviews* (die den gesamten kulturellen Kontext einer Person miterfassen) und Interviews, die sich spezieller erzählgenerierender Techniken bedienen, wie das *narrative* oder das *problemzentrierte Interview*. Weiter findet man hier auch die *Sequenzielle Ereignismethode* bzw. die *Critical Incident Technique*, teilstandardisierte Interviewformen, die erfolgsfördernde und erfolgsmindernde „Ereignisse“ bzw. „kritische Ereignisse“ vom Kunden z.B. bei Inanspruchnahme einer Dienstleistung, identifizieren.[28]

Abbildung 2: Das qualitative Interview.

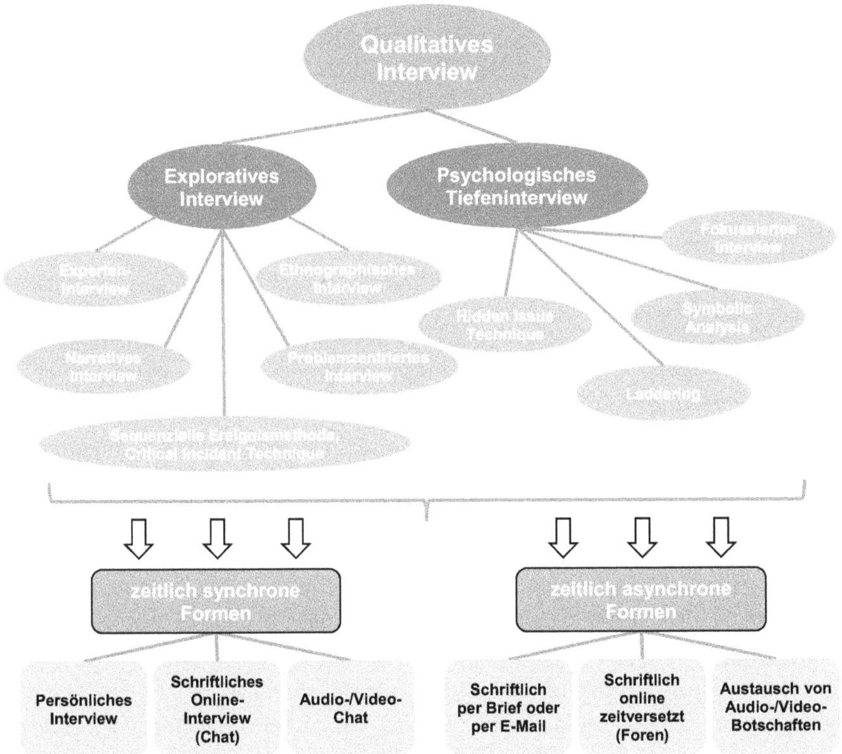

Quelle: Eigene Darstellung.

28 Siehe zu diesen und den folgenden Techniken ausführlich Aghamanoukjan/Buber/Meyer (2009) sowie Kepper (1996).

Ein Beispiel für den Einsatz problemzentrierter Interviews und der Sequenziellen Ereignismethode findet sich bei *Lobin/Maindok* (2009). Hier galt es herauszufinden, inwieweit die „Disneyisierung" von Erlebniswelten als potenzieller Erfolgsfaktor für die Gestaltung von Skihallen eine Rolle spielen kann. Die problemzentrierten Interviews lieferten hier bspw. wichtige Erlebnisdimensionen in favorisierten „echten" Skiorten. Die Sequenzielle Ereignismethode diente der Analyse der persönlichen Zufriedenheit mit der besuchten Skihalle, auch im Hinblick auf die Faktoren der „Disneyisierung".[29]

Im Unterschied zu den explorativen Interviews konzentrieren sich die Varianten des *psychologischen Tiefeninterviews* (kommend aus der Psychologie und der Motivforschung) auf die Untersuchung unbewusster, verborgener oder schwer erfassbarer Motive und Einstellungen. Hier wird also nicht nur das Gesagte aus Sicht der Befragten erfasst, sondern der psychologische Gehalt der Kommunikationsinhalte einer nachträglichen Bedeutungsanalyse unterzogen. Neben den Techniken wie z.B. den *Hidden Issues*, dem *Laddering* oder der *Symbolic Analysis* zählt dazu auch das *fokussierte Interview* als Sonderform des psychologischen Interviews. Hier werden vor dem eigentlichen Tiefeninterview bestimmte Stimuli präsentiert, z.B. Produktvideos, Werbeanzeigen oder Imagefilme.

Ein Beispiel für das Laddering findet sich ebenfalls in der oben beschriebenen Studie zur „Disneyisierung" von Skihallen: Die zentralen Produkteigenschaften einer idealen künstlichen Skiwelt wurden Bestandteil des Laddering (also einer Kette von Fragen wie „Warum ist dies für Sie wichtig?" u. ä.), um zu tieferliegenden Motivationen und Bedürfnissen zu gelangen.[30]

Wird eine solche mündliche Befragung online durchgeführt, bedient man sich hierzu webbasierter Chats oder Instant-Messenger-Systeme.

Ein Beispiel für das Online-Laddering findet sich in einer Studie über die gewünschten Eigenschaften von Apples MP3-Player „iPod" bei *Gruber et al.* (2009).[31] Hier wurden per Online-Chat zunächst wichtige Attribute eines MP3-Players erhoben und anschließend mittels der typischen Warum-Frageketten in ihrer persönlichen Bedeutung für den Befragten untersucht.

Diese (fast) synchrone Kommunikationssituation scheint auf den ersten Blick nur Vorteile zu bieten: Zeit- und Kostenersparnis, z.T. größere Offenheit der Befragten

29 Vgl. Lobin/Maindok (2009), S. 931 ff. Disneyisierung umfasst dabei die Faktoren Theming (übergeordnetes Thema), Dedifferentiation of Consumption (erweitertes Leistungsangebot), Emotional Labor (herausragender Fokus auf die Dienstleistungsqualität) sowie Merchandising.

30 Vgl. Lobin/Maindok (2009), S. 937 ff.

31 Vgl. Gruber et al. (2009), S. 572 ff.

aufgrund der (räumlichen) Anonymität, größere Offenheit auch bei sensiblen Themen, bessere Erreichbarkeit spezieller Populationen.[32] Dem steht eine oft geringere Spontanität der Befragten gegenüber, eine fehlende „echte“ Kommunikationsbeziehung mangels nonverbaler Kommunikation, eine schlechtere Kontrolle der tatsächlichen Aufmerksamkeit in der konkreten Antwortsituation, mögliche Fehlinterpretationen aufgrund der anonymen Kommunikation, sowie mögliche Probleme mit der technischen Infrastruktur.[33]

Das zeitlich asynchrone qualitative Interview, z.B. schriftlich oder per E-Mail, erlangt bei offenen Fragestellungen schnell einen umständlichen Charakter und verlangt eine hohe Aufmerksamkeitsspanne seitens der Befragten. Während sich auf der technischen Seite eine Kommunikation hier eher unproblematisch darstellt, fallen alle Nachteile einer fehlenden direkten Befragungssituation stärker ins Gewicht. Inwieweit die Vorteile bezüglich schwer erreichbarer Zielgruppen und sensibler Untersuchungsinhalte hier stärker wiegen als die Nachteile bezüglich Konzentration, Aufmerksamkeit, Interpretierbarkeit und Interviewsteuerung, muss dann im Einzelnen betrachtet werden.[34] Während komplexe psychologische Untersuchungen dabei vielleicht an ihre Grenzen stoßen, wird das Experteninterview aufgrund des Fachwissens der Befragten und des Sammelns von Meinungen hier ein unproblematisches Einsatzfeld finden.

Insgesamt werden mit der Online-Marktforschung in der Praxis bereits hohe Erwartungen verknüpft. Allerdings muss eine reine 1:1-Übertragung herkömmlicher Methoden auf ihre Online-Varianten kritisch gesehen werden. Es bedarf hier weiterer Forschung und der Entwicklung und Evaluation angemessener Methodenkonzepte. Auch die Besonderheiten angemessener Sampling- und Auswertungsansätze dürfen nicht zugunsten kosten- und zeitsparender „Quick-&-Dirty-Studien“ unbeachtet bleiben.[35]

3.2 Die Gruppendiskussion

Die *Gruppendiskussion* ist die sicherlich am weitesten verbreitete qualitative Marktforschungsmethode. Ursprünglich entstammend der klinischen Psychologie und Gruppentherapie, fand die Gruppendiskussion (oft auch: *Focus Group*

---

32 Beispiel hierfür sind sensible Themen z.B. zur Sexualität unter Teenagern oder länderübergreifende Studien über spezielle Krankheiten. Vgl. weitere Beispiele bei Theobald/Neundorfer (2010), S. 69 ff.

33 Vgl. Gnambs/Batinic (2011), S. 388 ff.

34 Vgl. ausführlich Theobald/Neundorfer (2010), S. 59 ff.

35 Vgl. ausführlich hierzu Balzer/Naderer (2011), S. 7 f. sowie Naderer (2011), S. 33.

Interview)[36] bereits in den 50er Jahren Eingang in die Marktforschung. Qualitative Gruppendiskussionen sind ein- oder mehrstündige offene Diskussionen im Rahmen einer Kleingruppe unter der Leitung eines Moderators, in der mit Hilfe eines möglichst offenen Leitfadens und evtl. besonderer Fragetechniken versucht wird, zu einem bestimmten Thema viele Wortbeiträge zu stimulieren.

Im Unterschied zum Einzelinterview stehen in einer Gruppendiskussion Prozesse der Meinungsbildung und -änderung, das Sammeln von Argumenten und Gegenargumenten und weitere kreative und gruppendynamische Prozesse im Mittelpunkt. Auch der Interpretation nonverbaler Kommunikation wird große Beachtung geschenkt. Bei einer fallübergreifenden Analyse mehrerer Gruppendiskussionen können zusätzliche Erkenntnisse zwischen verschiedenen Segmenten herausgearbeitet werden, wenn die einzelnen Diskussionsrunden mit unterschiedlichen Befragtengruppen besetzt wurden (z.B. Verwender/Nichtverwender).

> Einen guten Überblick über erfolgreiche Projekte mit Hilfe von Fokusgruppeninterviews gibt *Mayerhofer* (2009), unter anderem betreffend die Einführung des BMW Z3 und dabei festgestellte Unterschiede in der erwarteten Zusatzausstattung für die USA bzw. Europa. Den Einsatz von Fokusgruppen für die Analyse von Erlebnis- und Wohlfühlkomponenten beim Wohnen in Passivhäusern beschreiben ausführlich *Buber/Gadner/Höld* (2009).[37]

Insgesamt können mit dieser Methode wichtige Aspekte der Beeinflussung von Meinungen und Einstellungen herausgearbeitet werden, die später wiederum Kauf- und Nutzungsverhalten bestimmen. Die folgende Abbildung zeigt verschiedene Formen und Ausprägungen von Gruppendiskussionen in der Marktforschungspraxis: Die allgemeine Gruppendiskussion kann verschieden variiert werden, z.B. in mehrere aufeinanderfolgende Diskussionsrunden mit jeweils anderen Teilnehmern in Form einer *kumulativen Gruppendiskussion*: Hier fließen die vorhergehenden Ergebnisse in den Diskussionsverlauf mit ein und erweitern so das finale Meinungsspektrum. Zugleich können Tragfähigkeit, Attraktivität und Durchsetzungsfähigkeit einzelner Argumente und Ideen überprüft werden.[38]

Dagegen werden sog. *Mini-Groups* mit nur geringer Teilnehmerzahl vor allem bei sehr sensiblen Themen, bei Kindern oder auch als Expertenrunde eingesetzt. Gerade die Diskussion mit Experten hat durch die zunehmende Verbreitung der Online-Forschung an Bedeutung gewonnen.

---

36 Vgl. zur Historie und Abgrenzung dieser Begriffe Kepper (1996), S. 64 ff.

37 Vgl. Mayerhofer (2009), S. 480 f. sowie Buber/Gadner/Höld (2009), S. 825 ff.

38 Vgl. Kepper (1996), S. 68 ff.

Abbildung 3: Die Gruppendiskussion.

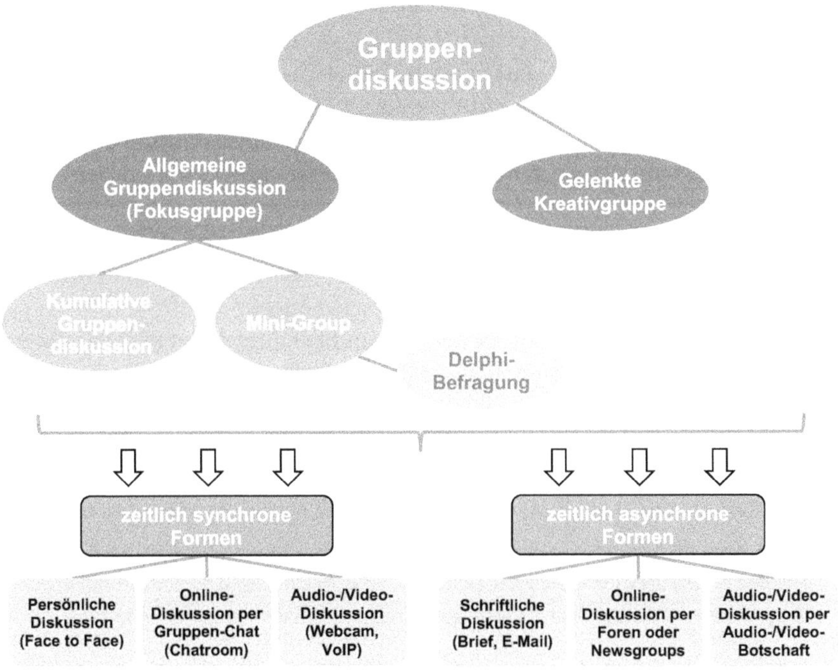

Quelle: Eigene Darstellung.

Eine besondere Variante des Expertengesprächs ist die sog. *Delphi-Befragung*. Methodisch gesehen ist dies eine Mischung aus anonymisierter Gruppenbefragung und standardisierter Einzelinterviews, die zu Prognosezwecken im technologischen Bereich entwickelt wurde. In mehreren Befragungsrunden werden hier Meinungen und Einschätzungen von Fachleuten erhoben, die sich vorrangig auf einer Sachebene befinden.[39]

Schließlich kann an dieser Stelle noch auf die *gelenkte Kreativgruppe* verwiesen werden, die die Gruppendiskussion mit verschiedenen Kreativitätstechniken kombiniert. Durch die Vermittlung dieser Techniken soll die inhaltliche Leistung und das Kreativitätspotenzial der Auskunftspersonen gesteigert werden,

39 Somit geht es vorrangig um Drittmeinungen und um einen Wissens- und Erfahrungsaustausch. Allerdings können auch hier Diskussionsablauf und Analyse offen, unstrukturiert und maximal kommunikativ organisiert werden und so qualitativen Aspekten genügen, vgl. Kepper (2008), S. 190 f.

die Bedeutung einer alltagsnahen Gesprächssituation und subjektiver Entscheidungsstrukturen tritt hier in den Hintergrund.[40]

Auch die verschiedenen Formen der Gruppendiskussion lassen sich in der Marktforschungspraxis vermehrt in ihren Online-Varianten wiederfinden. Dabei gelten z.B. bei den mittlerweile recht populären Chat- oder Messenger-basierten Gruppendiskussionen die schon angeführten Vorteile einer synchronen Online-Befragung: Zeitvorteile, Kostenvorteile, bessere Erreichbarkeit spezieller Personengruppen, zum Teil größere Offenheit wegen der anonymen Gesprächssituation oder bei sehr sensiblen Themen. Die entsprechenden Nachteile bzgl. der fehlenden echten Kommunikationssituation werden um die Tatsache verstärkt, dass hiervon auch gruppendynamische Prozesse betroffen sein können.[41]

Wird die Gruppendiskussion asynchron durchgeführt, also per E-Mail, online in Foren oder per Video-/Audiobotschaft, wird die als positiv empfundene Freiheit der Auskunftspersonen, wann und in welcher Situation und Geschwindigkeit sie antworten, mit der geringeren bzw. fehlenden Kontrolle über die Kommunikationssituation und der Befindlichkeit bzw. Aufmerksamkeit des Befragten sowie einem Verzicht auf direkt gelebte gruppendynamische Momente erkauft.[42]

Als Beispiel für eine erfolgreiche asynchrone Gruppendiskussion kann die Studie von *Rezabek* (2000) über die Motive zur Teilnahme an Fernlehrgängen dienen, die mit über die gesamten USA verstreut lebenden Auskunftspersonen durchgeführt wurde.[43]

3.3 Die indirekte Befragung mittels projektiver und assoziativer Verfahren

Die indirekte Form der Befragung, die oft ergänzend zum qualitativen Interview oder zur Gruppendiskussion verwendet wird, konfrontiert den Befragten mit ablenkenden Fragestellungen, die den wahren Zweck der Untersuchung schwer erkennbar machen. Diese Vorgehensweise entstammt den psychologischen Testverfahren und lässt den Befragten sich auf Umwegen zu Sachverhalten äußern, um innere

---

40 Vgl. Kepper (2008), S. 189 f.

41 Welche Konsequenzen dies auf methodische Anforderungen wie Gruppengröße, Gruppenzusammensetzung und technisches Know-how u.a.m. hat, wird bei Theobald/Neundorfer (2010), S. 87 ff. umfassend betrachtet.

42 Über die Vor- und Nachteile hierzu vgl. auch Theobald/Neundorfer (2010), S. 100 ff.

43 Vgl. Rezabek (2000) sowie die Ausführungen zur Studie bei Gnambs/Batinic (2011), S. 394 f.

Widerstände oder unbewusste Vorurteile sichtbar zu machen.[44] Vorrangig werden hierbei projektive und assoziative Verfahren unterschieden (vgl. Abbildung 4).

Projektive Verfahren arbeiten meist mit der Präsentation mehrdeutiger Stimuli und ungewohnten und neuartigen Aufgabenstellungen, die nicht unmittelbar auf das dahinterliegende Untersuchungsproblem verweisen. Über den Mechanismus der Projektion werden so verborgene oder unbewusste Einstellungen, Vorurteile, Denk- und Handlungsschemata erfasst und einer Analyse zugänglich gemacht. Hierzu bedient man sich verschiedener Reizmaterialien: Bei den *Ergänzungstechniken* sind dies Sätze bzw. Geschichten, die vollendet werden sollen, bei den *Konstruktionstechniken* werden Produktpersonifizierungen oder Analogienbildung (Drittpersonentechnik) genutzt, das Ausfüllen von Sprechblasen (Cartoon-Technik) oder das Erzählen ganzer Geschichten in eigenen Worten anhand vorgegebener Bildfolgen (Bilder- erzähltest). Die Projektion der eigenen Gefühlswelt bei den *expressiven Verfahren* wird durch verschiedene Rollenspiele oder durch das Anfertigen von Bildern oder Zeichnungen beim Psychodrawing oder durch das Anfertigen von Collagen angeregt.[45]

Abbildung 4: Indirekte projektive Verfahren.

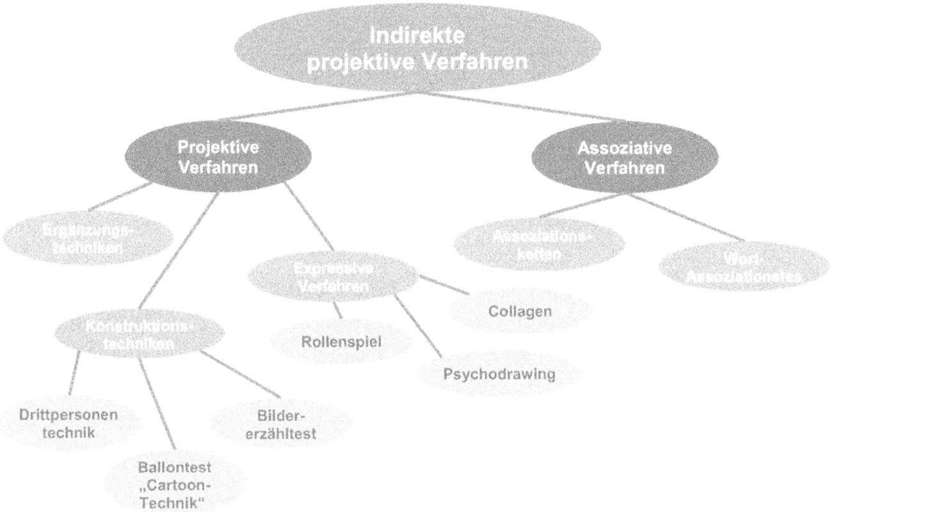

Quelle: Eigene Darstellung.

---

44 Vgl. Kepper (2008), S. 181 ff.

45 Vgl. hierzu Kepper (2008), S. 181 ff. oder auch Gröppel-Klein/Königstorfer (2009), S. 539 ff.

Ein Beispiel für die Anwendung von Cartoon-Tests findet sich in der Studie von *Königstorfer/Gröppel-Klein* (2009), in der die Akzeptanz unterschiedlicher Internetanwendungen auf mobilen Endgeräten untersucht wurde. Die Äußerungen der Auskunftspersonen in den Cartoons ließen vielfältige Rückschlüsse auf relevante Akzeptanzfaktoren solcher Internetanwendungen zu und führten zu weiteren Studien über die konkrete, als positiv bewertete Anwendung "Mobile Parking".[46]

Die *assoziativen Verfahren* versuchen, Verknüpfungen durch die Förderung spontaner Reaktionen (Assoziationen) auf bestimmte Reizworte oder Stimuli offenzulegen. Dabei bedient man sich fortlaufender *Assoziationsketten* oder einzelner Assoziationen im *Wortassoziationstest*. Die Untersuchung von solchen Assoziationen dient dabei vor allem der Erforschung des spontanen, unreflektierten Erlebnisumfeldes eines Meinungsgegenstandes oder dem Überprüfen des Anmutungsgehalts einzelner Worte oder Inhalte für nachfolgende Untersuchungen. Da projektive und assoziative Verfahren häufig in größere Untersuchungen eingebettet sind, haben sie eher einen unterstützenden Charakter gerade für Interviews oder auch Gruppendiskussionen. Es gibt mittlerweile eine ganze Reihe von Möglichkeiten, diese auch online einzusetzen. Wichtig für die Qualität solcher Onlineverfahren ist dabei die Möglichkeit des Downloads bzw. Uploads von Bildmaterial.

Bereits verfügbare Webanwendungen bieten so z.B. die Möglichkeit kollaborativ Kurzgeschichten zu schreiben (Ficly.com), bieten Werkzeuge zum Online-Malen von Bildern (Queeky.com) oder zum Erstellen von E-Collagen (BuzzBack.com) bzw. dem Nutzen eines Sprechblasentests (BuzzBack.com).[47]

Die Zuordnung von projektiven und assoziativen Verfahren zur qualitativen Marktforschung wird damit begründet, dass den Befragten maximal große Freiheitsgrade bei der Beantwortung bzw. Bearbeitung der gestellten Aufgaben eingeräumt werden. Wenn auch das wahre Untersuchungsziel nicht offenliegt, so richtet sich der Antwort- bzw. Gestaltungsspielraum immer an den kommunikativen Fähigkeiten der Befragten aus. Auch die Analyse soll maximal offen und typisierend erfolgen. Werden diese Gestaltungsparameter in Richtung stärker standardisierter Vorgaben eingeschränkt, bewegt man sich mit diesen Verfahren schnell auch in Richtung klassischer psychologischer Testverfahren quantitativer Prägung.

---

46 Vgl. Königstorfer/Gröppel-Klein (2009), S. 852 ff.

47 Vgl. hierzu Theobald/Neundorfer (2010), S. 153 ff.

3.4 Die qualitative Beobachtung

Unter qualitativer Beobachtung wird üblicherweise die systematische Erfassung physischer Aktivitäten zum Zeitpunkt ihres Auftretens mit Hilfe eines wenig strukturierten Beobachtungsleitfadens verstanden. Im Gegensatz zur Befragung wird so tatsächliches Verhalten erfasst, anstatt sich auf die verbalen Aussagen der Auskunftspersonen verlassen zu müssen. Die hinter diesen Verhaltensweisen stehenden Einstellungen und Motivationen sind damit allerdings nicht unmittelbar ersichtlich, hier bedarf es einer nachträglichen Deutung. Verfahren der Beobachtung entstammen der Soziologie und Ethnologie und stellen die Erfassung sozialer Realitäten für das Verständnis von Verhaltensmustern in den Vordergrund. Durch die neuen Entwicklungen in der Online-Forschung und durch eine stärker ganzheitlich geprägte Betrachtung von (potenziellen) Kunden in ihrem realen Lebensumfeld hat gerade die qualitative Beobachtung an aktueller Bedeutung gewonnen.[48]

Rein formal lassen sich zunächst, je nach Partizipationsgrad des Forschers, die teilnehmende bzw. nicht-teilnehmende Beobachtung und, je nach Transparenz der Untersuchungssituation, die offene oder verdeckte Form unterscheiden (vgl. Abbildung 5). Die Dokumentenanalyse als mögliche Sonderform der Beobachtung wird ebenfalls betrachtet.

Bei der *teilnehmenden Beobachtung* kann der Beobachter echte Nähe und damit authentisches Verständnis für die konkrete soziale Situation entwickeln. Umgekehrt kann er als aktiver Teilnehmer konkret Einfluss auf die Situation nehmen und diese somit auch verändern (Interviewereinfluss), sowie zugleich, grade bei länger währenden Untersuchungen, seine Distanz zum Untersuchungsgeschehen verlieren ("going native").

---

48 Vgl. hierzu und im folgenden Kepper (1996), S. 113 ff. Vgl. zur Bedeutung der Ethnographie für die Marktforschung Mathews/Kaltenbach (2011).

Abbildung 5: Die qualitative Beobachtung.

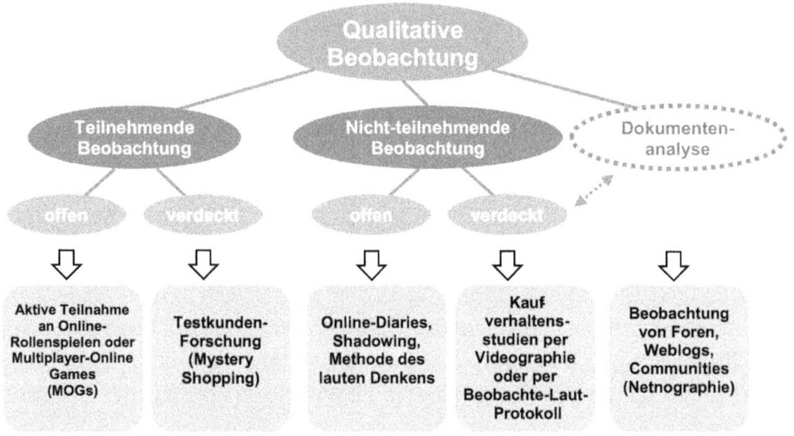

Quelle: Eigene Darstellung.

Die *offene teilnehmende Beobachtung*, in der Soziologie und Ethnologie gerne gewählt, um durch das "being there" in die soziale Realität der beobachteten Personen einzutauchen, erfordert vom Beobachter ein sehr professionelles Verhalten, um die Balance zwischen Teilnahme, Distanz und reflektierter Datensammlung zu wahren. Darüber hinaus erfordert diese Teilnahme auch erst einmal die Zustimmung aller Beteiligten, was sich häufig als schwierig erweist. Gerade bei offener, teilnehmender Beobachtung in Chats, Foren oder Spielewelten fühlen sich die Teilnehmer oft durch ein solches Forschungsvorhaben gestört und verweigern die Erlaubnis. Andererseits kann hier die aktive Teilnahme auch als vertrauensbildende Maßnahme gewertet werden. Die zunehmende Hinwendung der Marktforschung zum Verständnis ganzer Lebenswelten von (potenziellen) Nachfragern und das damit einhergehende stärkere Interesse an ethnographischen Methoden lässt gerade die teilnehmende Beobachtung wieder in den Fokus rücken.

Beispiele für die Teilnahme von Forschern an unterschiedlichen Online-Rollenspielen in virtuellen Räumen (wie z.B. World-of-Warcraft, Second Life, Counter Strike u.a.) und ihre Erkenntnisgewinne über Denk- und Verhaltensstrukturen der Spieler finden sich in *Theobald/Neundorfer* (2010) und *Gnambs/Batinic* (2011).[49]

Wird im o.a. Fall die *verdeckte teilnehmende Beobachtung* gewählt, so stößt diese Art der Marktforschung gegebenenfalls an ethische oder auch rechtliche Grenzen.

49 Vgl. Theobald/Neundorfer (2010), S. 123 ff. sowie die Beispiele bei Gnambs/Batinic (2011), S. 397 f.

Befindet sich der Untersuchungsort an einem stark frequentierten, öffentlichen oder allen zugänglichen Raum, an dem davon ausgegangen wird, dass hier die Regeln der sozialen Kontrolle wirksam sind, dann finden sich auch eher vertretbare Einsatzmöglichkeiten für die verdeckte teilnehmende Beobachtung. Eine verbreitete Variante ist in diesem Zusammenhang die Testkundenforschung (Mystery Shopping), in der Forscher in Einkaufsstätten, Dienstleistungsbetrieben oder auch in Internet-Shops als Kunden auftreten. Die, zumindest zunächst, verdeckte Form verhindert dann, anders als bei der offenen Beobachtung, den unerwünschten Beobachtungseffekt.[50]

Die *nicht-teilnehmende Beobachtung* besitzt den Vorteil, dass vom Beobachter selbst keinerlei Beeinflussungen auf das soziale Geschehen vorgenommen werden. Er bleibt distanzierter, kann sich dadurch aber besser auf die Erfassung verschiedenster Inhalte konzentrieren. Wird die *nicht-teilnehmende Beobachtung offen* organisiert, kann sie entweder technisch aufgezeichnet oder konkret vor Ort durchgeführt werden, wie beim Shadowing, der (passiven) Begleitung der Untersuchungsperson bei bestimmten produktrelevanten Alltagshandlungen.[51] Eine zunehmend beliebte Alternative besteht auch darin, dass die zu beobachteten Personen gebeten werden, Online-Diaries zu bestimmten Themen über längere Zeit hinweg zu führen.[52]

> Beispiele für die offene nicht-teilnehmende Beobachtung finden sich in der Usability-Forschung, wo die Nutzerfreundlichkeit von Internetauftritten vorrangig durch Beobachtung analysiert wird, entweder persönlich vor Ort oder auch durch picture-in-picture-recording. Beobachtet wird hier die technische Interaktion zwischen Nutzer und Nutzungsoberfläche. Dieses Vorgehen kann durch nachfolgende qualitative Interviews oder aber durch „Protokolle lauten Denkens" ergänzt werden. Möglich ist auch eine nachträgliche Analyse der User-Erfahrung über einen längeren Zeitraum hinweg durch die Auswertung angefertigter Tagebücher, online oder schriftlich.[53]

Die *verdeckte nicht-teilnehmende* Beobachtung, die dem Beobachter keine weitere Rolle mehr zuweist, ist eigentlich nur an öffentlich zugänglichen Orten in der Realität (Kaufverhaltensbeobachtungen) oder im (öffentlichen) Netz möglich. Aufgezeichnet werden können die beobachteten Inhalte z.B. mittels „Beobachte-Laut-Protokolle" oder per Videographie.

---

50 Vgl. zu dieser Diskussion auch Gnambs/Batinic (2011), S. 395 ff.

51 Vgl. zum Ablauf des Shadowing und der damit verbundenen Kundenpfadanalyse beim Autokauf Müller/David/Straatmann (2011), S. 337 ff.

52 Vgl. Theobald/Neundorfer (2010), S. 136 f.

53 Vgl. Hahn (2011), S. 514 f. und Sontheimer (2016), S. 12 ff. Vgl. zu weiteren Beispielen nicht-teilnehmender Beobachtung auch Gnambs/Batinic (2011), S. 396 f.

Ein Beispiel für die verdeckte nicht-teilnehmende Beobachtung liefern *Buber/Ruso/Gadner* (2009), die mittels Videographie und „Beobachte-Laut-Protokolle" die Nutzung von Ruhezonen in Einkaufszentren analysieren. Im weiteren Verlauf wurde hier auch der Einfluss gestaltender Stimuli, wie z.B. Wasser, Pflanzen, Tiere und Sichtschutz näher untersucht.[54]

Die unzähligen Datenquellen und Datenbestände, die sich als produktrelevante Beiträge in Foren, Communities und Usergruppen finden lassen, scheinen auf den ersten Blick ein weites Feld für qualitative Beobachtung zu bieten, allerdings beginnt an dieser Stelle die Grenze zur *Sekundärforschung* zu verschwimmen: Je nachdem, ob die Inhalte exklusiv für eine Untersuchung erhoben wurden oder nicht bzw. ob es als eine Form sozialer Interaktion bewertet wird, ist es *noch* verdeckte Beobachtung oder *schon* Dokumentenanalyse[55]: Die *Dokumentenanalyse* widmet sich ja vorrangig solchen Aufzeichnungen, die ursprünglich ganz anderen Zwecken dienen, aber gut verfügbar sind und die Lebenswelten interessierender Zielgruppen abbilden.[56] Hierbei geht es vor allem um die *Auswertung von Forenbeiträgen, Chatdiskussionen oder Weblogs*[57], ein Vorgehen, das auch als *Netnographie*[58] beschrieben wird. Geschieht dies ohne das Wissen und die Zustimmung der Erforschten, betritt der Forscher wiederum einen ethischen und rechtlichen Graubereich.[59]

4 Im qualitativen Fokus: Forschungsdesign und Method-Mixing

Die Besonderheiten der Methoden qualitativer Befragung und Beobachtung haben gezeigt, dass qualitative Marktforschung einen wertvollen Beitrag für das

---

54 Vgl. zur Videographie (auch: Videography) Buber/Ruso/Gadner (2009), S. 889 ff.

55 In der Literatur werden die verdeckte nicht-teilnehmende Beobachtung und die Dokumentenanalyse oft gemeinsam abgehandelt, die Abgrenzungsversuche fallen jedoch unterschiedlich aus. Hierauf soll an dieser Stelle jedoch nicht näher eingegangen werden. Vgl. ausführlich Theobald/Neundorfer (2010), S. 119 ff., Gnambs/Batinic (2011), S. 395 ff. und Beckmann/Langer (2009), S. 221 ff.

56 Vgl. Gnambs/Batinic (2011), S. 398 ff.

57 Vgl. zu Weblogs in der Marktforschung Hoffmann (2009).

58 Vgl. zur Netnographie (auch: Netnography) Beckmann/Langer (2009), S. 221 ff. sowie Kozinets (2002). Beispiele für die Anwendung von Netnographie in der Marktforschung finden sich bei Gnambs/Batinic (2011), S. 396 ff.

59 Vgl. zu dieser Problematik auch Theobald/Neundorfer (2010), S. 120 und S. 127 f. sowie Beckmann/Langer (2009), S. 225 f.

Management von Innovationen liefern kann. Ihre Aufgabenschwerpunkte liegen vornehmlich

- im besseren Verständnis der Akzeptanz- und Handlungsdimensionen von Nachfragern,
- in der Strukturierung neuartiger Denkräume,
- in der Einbindung (potenzieller) Kunden in kreative Prozesse, sowie
- in der Möglichkeit, diese Methoden auch bei anderen Prozessbeteiligten wie z.B. bei Fachleuten im Rahmen der qualitativen Prognose einzusetzen.

Allerdings besitzt jede einzelne qualitative Methode auch ihren eigenen Fokus auf das zu untersuchende Thema: Das offene explorative Interview oder eine Beobachtung sammeln eher beschreibende Daten und können somit z.B. der ersten Strukturierung eines Untersuchungsfeldes dienen. Kreative Gruppensitzungen werden die Ideengenerierung vorantreiben, bei Fokusgruppen stehen u.a. Meinungsbildungs- und Meinungsänderungsprozesse im Mittelpunkt und mit Hilfe projektiver Verfahren können z.B. verborgene Vorurteile aufgedeckt werden. Hier wird deutlich, dass die *Auswahl geeigneter Methoden* einen zentralen Stellenwert im Marktforschungsprozess einnimmt. Damit rückt *eine frühe Phase in der Planung von Marktforschungsprojekten* in den Mittelpunkt: Die *Gestaltung des sog. Forschungsdesigns* bildet das entscheidende Fundament für die nachfolgende Erhebung und Auswertung.[60]

Das *Forschungsdesign* konzentriert sich dabei auf zwei wichtige Punkte: Zum einen geht es um die *Konkretisierung von Fragestellung, Forschungsziel und Zweck der Untersuchung.* Je genauer hier bereits gearbeitet wird, desto zwingender schließen sich die nachfolgenden Schritte an. Zum anderen geht es dann um die *Auswahl eines angemessenen Forschungsansatzes*, es wird also festgelegt, auf welche Art und mittels welcher Methoden und Konzepte man dem Forschungsziel gerecht werden kann.[61] Sind die vorliegenden Fragestellungen, wie z.B. im Innovationsprozess, so umfangreich und komplex, dass eine einzelne Methode dem Untersuchungsproblem eventuell nur teilweise gerecht wird, muss auch über die Möglichkeit angemessener *Methodenkombinationen* entschieden werden. Einen hilfreichen Rahmen, wie und weshalb die unterschiedlichen Methoden eingesetzt werden, findet man dann in *Forschungsansätzen*, die zur vorliegenden Fragestellung passen. Forschungsansätze, die bereits erfolgreich für die Marktforschung in Innovationsprozessen genutzt wurden, sind z.B. Open-Innovation-Ansätze

60 Vgl. hierzu auch Foscht/Angerer/Swoboda (2009), S. 249 ff.
61 Vgl. Kepper (1996), S. 20 ff.

und Lead User-Modelle[62], das Means-End-Chain-Modell und die Motivations-StrukturAnalyse[63] oder auch User-Experience-Ansätze (UX-Forschung) und die qualitative Usability-Forschung[64].

Mit Hilfe solcher Forschungsansätze können dann Methoden oder Methodenkombinationen in inhaltlicher, organisatorischer und zeitlicher Hinsicht festgelegt werden. Unter dem Begriff des *Method-Mixing* werden gerade in neuerer Zeit die Vorteile solcher Kombinationen diskutiert, sowohl im Hinblick auf einen ergiebigeren Erkenntnisgewinn, als auch im Hinblick auf eine Verbesserung der Objektivität und Verlässlichkeit der Ergebnisse.[65] Insgesamt wird der Gestaltung des *Forschungsdesigns* in der Praxis vielleicht nicht immer die Aufmerksamkeit gewidmet, die notwendig wäre. Gerade beim Management von Innovationen, wo z.B. die Einbindung von Kunden über mehrere Prozessphasen hinweg gefordert wird und komplexe Fragestellungen unvermeidbar sind, entwickelt sich die *Qualität des Forschungsdesigns* vielleicht sogar zum eigenen Erfolgsfaktor.

Zur Verdeutlichung der Rolle des Forschungsdesigns bei komplexen Fragestellungen in Innovationsprozessen soll ein Beispiel aus der Automobilindustrie dienen, in dem gezeigt wird, wie auf Basis von *Open-Innovation-Ansätzen* mit Hilfe des *Lead User-Modells* unterschiedliche qualitative Methoden kombiniert werden können:[66]

> Ziel ist eine kundenintegrierte Produktentwicklung in den frühesten Phasen des Innovationsprozesses und eine weiterführende Einbindung der (potenziellen) Kunden in den Phasen der Konzept- und Strategieentwicklung sowie der Produkttestung. Lead User

---

62 Diese Ansätze basieren auf kundenintegrierenden Maßnahmen in Innovationsprozessen, sowohl in kreativer als auch in verhaltenspsychologischer Sicht, vgl. Spiegel (2011), S. 593 ff.

63 Das Means-End-Chain-Modell und auch die MotivationsStrukturAnalyse beschäftigen sich mit dem Zusammenhang zwischen erlebten Produkteigenschaften, erwarteten Konsequenzen nach Produktnutzung und allgemeinen Wertevorstellungen der Nachfrager, vgl. z.B. Liebel (2011), S. 474 ff.

64 User-Experience- und Usability-Forschung beschäftigen sich mit der Nutzungserfahrung bzw. dem Nutzungserlebnis während der Interaktion mit einem System, z.B. mit einer Software, Website oder Applikation.
Im Mittelpunkt stehen neben der Gebrauchstauglichkeit auch Faktoren wie Vertrauen, Ästhetik, Innovationsgrad und Spaß bei der Nutzung, vgl. die Bsp. bei Hahn (2011), S. 507 ff. sowie Sontheimer (2016), S. 3 ff.

65 Vgl. hierzu ausführlich Foscht/Angerer/Swoboda (2009), S. 249 ff. und auch Steinke (2009), S. 268 ff.

66 Vgl. zu diesem Beispiel ausführlich Spiegel (2011), S. 593 ff. sowie Reichwald/Piller (2009), S. 115 ff.

sind dabei produkterfahrene Personen, die mit dem bisherigen Marktangebot unzufrieden sind, ein hohes Problemverständnis für das Thema besitzen und hohen eigenen Nutzen aus der Innovation ziehen. Die Einbindung der Lead User geschieht dabei vor allem mittels qualitativer Methoden. So können Lead User-Workshops (in Form gelenkter Kreativgruppen) bereits zur Ideengenerierung herangezogen werden, ergänzt um Gruppendiskussionen und Innovationsworkshops mit verschiedenen User-Gruppen (z.B. Heavy User oder Early Adopter). Für die Strategieentwicklung werden dann qualitative Interviews, z.B. in Form ethnographischer Interviews geführt, um Entscheidungen zur Produktpositionierung mit der Lebenswelt potenzieller Kunden abzustimmen. Ergänzend hierzu können auch Formen der Beobachtung zum Einsatz kommen, so z.B. mittels des Shadowing: Ein Moderator-Kameramann-Team besucht Autofahrer in ihrem persönlichen Alltagsumfeld, beobachtet und filmt sie bei wahrgenommenen Terminen (z.B. Kinder von der Schule abholen). Zusätzlich kann die Beobachtung in Form angelegter (Online-) Tagebücher (Drivers Diaries) ergänzt werden. Schließlich wird ein letztes Feedback der Kunden am fertig entwickelten Prototyp eingeholt, z.B. in sog. Car-Clinics. Dies sind herstellerneutrale Orte wie Hotels oder Messehallen, wo der (potenzielle) Kunde erstmalig mit den Vorserienfahrzeugen, oft zusammen mit am Markt befindlichen Wettbewerbsmodellen, konfrontiert wird. Per Beobachtung, z.B. mittels der Methode des lauten Denkens oder mittels qualitativer Interviews, wird dieser Produktkontakt im Hinblick auf Gedanken, Gefühle und Meinungen erfasst und analysiert. Dieses Vorgehen kann zu verschiedenen Zeitpunkten um qualitativ geführte Expertengespräche bzw. Delphi-Runden ergänzt werden.

Diese Herangehensweise mag verdeutlichen, wie perfekt sich qualitative Methoden in einen Innovationsprozess integrieren lassen, um eine maximale Kundenorientierung herbeizuführen. Gerade das Method-Mixing ermöglicht auch die Bewältigung komplexer Forschungsthemen und erhöht die Güte der erhobenen Ergebnisse; eine Tatsache, die umso schwerer wiegt, je länger der Entwicklungszeitraum der Innovation ist.[67]

Bleibt abschließend noch die Frage, ob denn grundsätzlich aus qualitativer Sicht nur qualitative Forschungsmethoden miteinander kombiniert werden sollten, d.h. ob ausschließlich innerhalb eines qualitativen Forschungsparadigmas gedacht werden darf. Aber auch hier gilt die bereits oben angeführte Forderung nach der Angemessenheit der Methodenwahl in Abhängigkeit vom Untersuchungsproblem. Die grundsätzliche Vereinbarkeit qualitativer und quantitativer Methoden muss vor dem Hintergrund ihrer unterschiedlichen Beiträge zu Marktforschungsprojekten nicht mehr infrage gestellt werden, der übergroße Anteil an quantitativen Studien in der Praxis aber schon. Vielleicht wird hier das Wissen darüber, *was*

67 Nicht zuletzt aus diesem Grund finden sich viele umfängliche Marktforschungsprojekte in der Automobilindustrie, vgl. zu weiteren Beispielen auch Ranfagni/Guercini/Camiciottoli (2014), S. 724 ff.

quantitativ überprüft wird, zu schnell vorausgesetzt. Viele (nicht zum gewünschten Erfolg führende) quantitative Untersuchungen z.B. im boomenden Markt der quantitativen Online-Forschung, erliegen vielleicht mehr dem Charme der schier endlos zur Verfügung stehenden Datenmenge im Netz oder auch nur einfachen Kostenüberlegungen. Besser wäre es sicher, im Rahmen des Forschungsdesigns Untersuchungsziel und Untersuchungsaufbau sorgfältig einander anzupassen. Die sich daraus ergebenden Untersuchungsdesigns, ob rein qualitativ oder eben qualitativ-quantitativ kombiniert im Sinne des Method-Mixing, bilden so in jedem Fall eine fundierte Grundlage für die nachfolgende Erhebungsphase. Aus Sicht qualitativer Marktforschung kann ein sorgfältiger Fokus auf die Phase des Forschungsdesigns, insbesondere bei komplexen Forschungsanliegen wie Innovationsprojekten, nur wünschenswert sein.

Literaturverzeichnis

Aghamanoukjan, A. / Buber, R. / Meyer, M. (2009): Qualitative Interviews, in: Buber, R. / Holzmüller, H. (Hrsg.): Qualitative Marktforschung. Konzepte, Methoden, Analysen, Wiesbaden, S. 415–436.

Auer-Srnka, K. J. (2009): Hypothesen und Vorwissen in der qualitativen Marktforschung, in: Buber, R. / Holzmüller, H. (Hrsg.): Qualitative Marktforschung. Konzepte, Methoden, Analysen, Wiesbaden, S. 159–172.

Balzer, E. / Naderer, G. (2011): Standortbestimmung einer Branche im Umbruch, in: Naderer, G. / Balzer, E. (Hrsg.): Qualitative Marktforschung in Theorie und Praxis. Grundlagen, Methoden und Anwendungen, Wiesbaden, S. 3–12.

Beckmann, S. C. / Langer, R. (2009): Netnographie, in: Buber, R. / Holzmüller, H. (Hrsg.): Qualitative Marktforschung. Konzepte, Methoden, Analysen, Wiesbaden, S. 219–228.

Buber, R. / Gadner, J. / Höld, R. (2009): Wohnen in Passivhäusern. Der Einsatz des Fokusgruppeninterviews zur Identifikation von Wohlfühlkomponenten, in: Buber, R. / Holzmüller, H. (Hrsg.): Qualitative Marktforschung. Konzepte, Methoden, Analysen, Wiesbaden, S. 823–845.

Buber, R. / Ruso, B. / Gadner, J. (2009): Mixed-Model-Design. Die Nutzung von Ruhezonen in Einkaufszentren, in: Buber, R. / Holzmüller, H. (Hrsg.): Qualitative Marktforschung. Konzepte, Methoden, Analysen, Wiesbaden, S. 883–902.

Büchler, J.-P. / Faix, A. (2015a): Vorwort der Herausgeber, in: Büchler, J.-P. / Faix, A. (Hrsg.): Innovationserfolg. Management und Ressourcen systematisch gestalten, Frankfurt am Main, S. 7–12.

Büchler, J.-P. / Faix, A. (2015b): Unternehmenserfolg durch Innovationsexzellenz – das House of Innovation Excellence als Analyse- und Entscheidungsinstrument für ein systematisches Innovationsmanagement, in: Büchler, J.-P. / Faix, A. (Hrsg.): Innovationserfolg. Management und Ressourcen systematisch gestalten, Frankfurt am Main, S. 13–26.

Büchler, J.-P. / Faix, A. (2015c): Erfolgsfaktor Innovationsmanagement – Ergebnisse des IHK-InnoMonitor 2014, in: Büchler, J.-P. / Faix, A. (Hrsg.): Innovationserfolg. Management und Ressourcen systematisch gestalten, Frankfurt am Main, S. 27–57.

Cooper, R. G. / Kleinschmidt, E. J. (1987): Success factors in product innovation, in: Industrial Marketing Management, Vol. 16, No. 3, S. 215–223.

Cooper, R. G. (1988): Predevelopment activities determine new product success, in: Industrial Marketing Management, Vol. 17, No. 2, S. 237–248.

Cooper, R. G. / Kleinschmidt E. J. (1990): New products – the key factors in success, Chicago.

Faix, A. (1998): Patente im strategischen Marketing. Sicherung der Wettbewerbsfähigkeit durch systematische Patentanalyse und Patentnutzung, Berlin.

Foscht, Th. / Angerer, Th. / Swoboda, B. (2009): Mixed Methods. Systematisierung von Untersuchungsdesigns, in: Buber, R. / Holzmüller, H. (Hrsg.): Qualitative Marktforschung. Konzepte, Methoden, Analysen, Wiesbaden, S. 247–260.

Gnambs, T. / Batinic, B. (2011): Qualitative Online-Forschung, in: Naderer, G. / Balzer, E. (Hrsg.): Qualitative Marktforschung in Theorie und Praxis. Grundlagen, Methoden und Anwendungen, Wiesbaden, S. 385–404.

Gröppel-Klein, A. / Königstorfer, J. (2009): Projektive Verfahren in der Marktforschung, in: Buber, R. / Holzmüller, H. (Hrsg.): Qualitative Marktforschung. Konzepte, Methoden, Analysen, Wiesbaden, S. 537–554.

Gruber, T. / Voss, R. / Balderjahn, I. / Reppel, A. (2009): Online Laddering, in: Buber, R. / Holzmüller, H. (Hrsg.): Qualitative Marktforschung. Konzepte, Methoden, Analysen, Wiesbaden, S. 569–581.

Hahn, G. M. (2011): Usability-Forschung: Nutzerfreundlichkeit – eine methodische Herausforderung, in: Naderer, G. / Balzer, E. (Hrsg.): Qualitative Marktforschung in Theorie und Praxis. Grundlagen, Methoden und Anwendungen, Wiesbaden, S. 505–518.

Hoffmann, N. (2009): Weblogs als Medium der qualitativen Marktbeobachtung und -forschung, in: Buber, R. / Holzmüller, H. (Hrsg.): Qualitative Marktforschung. Konzepte, Methoden, Analysen, Wiesbaden, S. 601–616.

Kepper, G. (1996): Qualitative Marktforschung. Methoden, Einsatzmöglichkeiten und Beurteilungskriterien, 2., überarbeitete Auflage, Wiesbaden.

Kepper, G. (2008): Methoden der qualitativen Marktforschung, in: Herrmann, A. / Homburg, Chr. / Klarmann, M. (Hrsg.): Handbuch Marktforschung. Methoden, Anwendungen, Praxisbeispiele, 3. Auflage, Wiesbaden, S. 175–212.

Köhler, R. (1993): Beiträge zum Marketing-Management, 3. Auflage, Stuttgart.

Königstorfer, J. / Gröppel-Klein, A. (2009): Projektive Verfahren zur Ermittlung der Akzeptanz technologischer Innovationen, in: Buber, R. / Holzmüller, H. (Hrsg.): Qualitative Marktforschung. Konzepte, Methoden, Analysen, Wiesbaden, S. 847–862.

Kozinets, R. V. (2002): The Field behind the Screen: Using Netnography for Marketing Research in Online Communities, in: Journal of Marketing Research, Vol. 39, No. 1, S. 61–72.

Lamnek, S. (1988): Qualitative Sozialforschung, Band 1: Methodologie, München.

Liebel, F. (2011): Motivforschung: Eine kognitionspsychologische Perspektive, in: Naderer, G. / Balzer, E. (Hrsg.): Qualitative Marktforschung in Theorie und Praxis. Grundlagen, Methoden und Anwendungen, Wiesbaden, S. 473–490.

Lobin, D. / Maindok, H. (2009): Künstliche Erlebniswelten. Die Bedeutung der Disneyization für Skihallen, in: Buber, R. / Holzmüller, H. (Hrsg.): Qualitative Marktforschung. Konzepte, Methoden, Analysen, Wiesbaden, S. 929–950.

Lüthje, C. (2007): Methoden zur Sicherstellung von Kundenorientierung in den frühen Phasen des Innovationsprozesses, in: Herstatt, C. / Verworn, B. (Hrsg.): Management der frühen Innovationsphasen, Wiesbaden, S. 39–60.

Mathews, P. / Kaltenbach, E. (2011): Ethnographie: Auf den Spuren des täglichen Verhaltens, in: Naderer, G. / Balzer, E. (Hrsg.): Qualitative Marktforschung in Theorie und Praxis. Grundlagen, Methoden und Anwendungen, Wiesbaden, S. 147–162.

Mayerhofer, W. (2009): Das Fokusgruppeninterview, in Buber, R. / Holzmüller, H. (Hrsg.): Qualitative Marktforschung. Konzepte, Methoden, Analysen, Wiesbaden, S. 477–490.

Mey, G. / Mruck, K. (2011): Qualitative Interviews, in: Naderer, G. / Balzer, E. (Hrsg.): Qualitative Marktforschung in Theorie und Praxis. Grundlagen, Methoden und Anwendungen, Wiesbaden, S. 257–288.

Meyer, M. / Reutterer, T. (2009): Sampling-Methoden in der Marktforschung, in: Buber, R. / Holzmüller, H. (Hrsg.): Qualitative Marktforschung. Konzepte, Methoden, Analysen, Wiesbaden, S. 229–248.

Müller, K. / David, J. / Straatmann, T. (2011): Qualitative Beobachtungsverfahren, in: Naderer, G. / Balzer, E. (Hrsg.): Qualitative Marktforschung in Theorie und Praxis. Grundlagen, Methoden und Anwendungen, Wiesbaden, S. 313–344.

Naderer, G. (2011): Standortbestimmung aus theoretischer Perspektive, in: Naderer, G. / Balzer, E. (Hrsg.): Qualitative Marktforschung in Theorie und Praxis. Grundlagen, Methoden und Anwendungen, Wiesbaden, S. 25–40.

Paluch, S. / Wittkop, T. (2015): Instrumente der qualitativen Marktforschung als Werkzeuge des Innovationsmanagements, in: Büchler, J.-P. / Faix, A. (Hrsg.):

Innovationserfolg. Management und Ressourcen systematisch gestalten, Frankfurt am Main, S. 105–130.

Pfadenhauer, M. (2009): Das Experteninterview, in: Buber, R. / Holzmüller, H. (Hrsg.): Qualitative Marktforschung. Konzepte, Methoden, Analysen, Wiesbaden, S. 449–462.

Ranfagni, S. / Guercini, S. / Camiciottoli, B. C. (2014): An interdisciplinary method for brand association research, in: Management Decision, Vol. 52, No. 4, S. 724–736.

Reichwald, R. / Piller, F. (2009): Interaktive Wertschöpfung – Open Innovation, Individualisierung und neue Formen der Arbeitsteilung, Wiesbaden.

Rezabek, R. J. (2000): Online Focusgroups: Electronic Discussions for Research, in: Forum Qualitative Sozialforschung, Vol. 1, No. 1, Art. 18; URL: http://www.qualitative-research.net/index.php/fqs/article/viewArticle/1128/2509, [Zugriff: 10.11.2016].

Schlicksupp, H. / Dagneaud, N. / Garnier-Coester, C. (2011): Innovationsforschung – Produktinnovation durch Kreativität, in: Naderer, G. / Balzer, E. (Hrsg.): Qualitative Marktforschung in Theorie und Praxis. Grundlagen, Methoden und Anwendungen, Wiesbaden, S. 438–457.

Schumpeter, J. (1912): Theorie der wirtschaftlichen Entwicklung, Leipzig.

Schumpeter, J. (2006): Theorie der wirtschaftlichen Entwicklung. Nachdruck der 1. Auflage von 1912, Berlin.

Sontheimer. R. (2016): User Experience und User Experience Design – Eine Übersicht zum aktuellen Stand der User Experience Research, Arbeitspapier, Universität der Bundeswehr, München; URL: https://www.researchgate.net/publication/290391409_Arbeitspapier_User_Experience_und_User_Experience_Design_-_Eine_Ubersicht_zum_aktuellen_Stand_der_User_Experience_Research, [Zugriff: 13.11.2016].

Spiegel, U. (2011): Die Automobilbranche: Mit dem Kunden im Fokus Produktinnovationen entwickeln, in: Naderer, G. / Balzer, E. (Hrsg.): Qualitative Marktforschung in Theorie und Praxis. Grundlagen, Methoden und Anwendungen, Wiesbaden, S. 591–604.

Steinke, I. (2009): Die Güte qualitativer Marktforschung, in: Buber, R. / Holzmüller, H. (Hrsg.): Qualitative Marktforschung. Konzepte, Methoden, Analysen, Wiesbaden, S. 261–284.

Taylor, S. / Bogdan, R. (1984): Introduction to Qualitative Research Methods: The Search for Meaning, New York.

Theobald, E. / Neundorfer, L. (2010): Qualitative Online-Marktforschung. Grundlagen, Methoden und Anwendungen, Baden-Baden.

Urban, G. / Hauser, J. R. (1993): Design and marketing of new products, Englewood Cliff, New Jersey.

Verworn, B. / Herstatt, C. (2007): Einleitung: Die frühen Phasen des Innovationsprozesses, in: Herstatt, C. / Verworn, B. (Hrsg.): Management der frühen Innovationsphasen, 2. Auflage, Wiesbaden, S. 3–12.

Tessa Christina Flatten

TU Dortmund,
Lehrstuhl für Technologie & Management

Entwicklung von organisationaler Anpassungs- und Innovationsfähigkeit

1 Relevanz organisationaler Anpassungs- und Innovationsfähigkeit

Die organisationale Anpassungs- und Innovationsfähigkeit ist der Schlüssel, um das Wachstum von Firmen auf Dauer zu erhalten, insbesondere in dynamischen Umfeldern. Bekannte Unternehmen wie bspw. Amazon, Target oder 3M verwandeln auf Basis ihrer organisationalen Anpassungs- und Innovationsfähigkeit regelmäßig externe Unsicherheiten in Geschäftsmöglichkeiten, welche das nachhaltige Unternehmenswachstum bspw. durch neue Produkte oder Services ermöglichen.[1] In der Organisationsforschung hat sich das Konstrukt *Absorptive Capacity* (ACAP) etabliert, um diese organisationalen Anpassungsfähigkeiten mittels Innovationen widerzuspiegeln.[2] ACAP beschreibt die Fähigkeiten von Unternehmen, relevante, unternehmensexterne Informationen zu erkennen, zu sammeln, zu verarbeiten und diese Informationen letztendlich in neues organisationales Wissen umzuwandeln, welches schließlich kommerziell vermarktet werden kann. Eine Studie von *Christensen* (1997) zeigt, warum ACAP eine für Unternehmen außerordentlich relevante Fähigkeit ist.[3] In einer Untersuchung über die Gründe des Scheiterns etablierter Unternehmen konnte empirisch belegt werden, dass Organisationen meist nicht in der Lage sind, ihre anfängliche Fähigkeit, Wachstum zu kreieren, durch das Erkennen neuer Märkte und/oder Anwendungen für ihre Produkte aufrechtzuerhalten. Genau dieses Aufrechterhalten und Ausdehnen von unternehmensinternen Fähigkeiten sowie die Flexibilität, Marktveränderungen vorherzusehen, ist das Resultat einer hohen organisationalen ACAP.[4]

---

1 Vgl. Reeves/Love/Mathur (2012).
2 Vgl. Cohen/Levinthal (1990).
3 Vgl. Christensen (1997).
4 Vgl. Flatten (2011), S. 3.

Insbesondere vor dem Hintergrund, dass sich grundsätzlich eine Entwicklung von einer Industriegesellschaft hin zu einer Wissensgesellschaft feststellen lässt[5] und die Menge an Wissen exponentiell wächst, wird es immer wichtiger für Unternehmen einen strukturierten Ansatz, wie ACAP, zu etablieren, mit dem Wissen systematisiert und verwertet werden kann. Diese Notwendigkeit ist dem Großteil der Unternehmen seit längerem bekannt, wie verschiedene Untersuchungen zeigen. In einer Umfrage, welche Ressourcen für Unternehmen erfolgskritisch sind, gaben 95 % der befragten Unternehmen die Ressource Wissen und Informationen an.[6] Andere Studien zeigen, dass Wissen in der Rolle als erfolgskritischer Produktionsfaktor mittlerweile sogar die Ressource Kapital ablöst.[7] Auch, wenn viele Unternehmen versuchen, Wissensmanagement in verschiedenen Bereichen zu implementieren, ist die Umsetzung bislang häufig aber noch zu statisch. Um mit diesem Wandel Schritt halten zu können, ist es daher für Unternehmen wichtig, sich der Bedeutung ihrer unternehmensinternen ACAP bewusst zu werden, da gerade diese Kompetenz es dem Unternehmen ermöglicht, sowohl bestehende Kernkompetenzen gegenüber Wettbewerbern auszubauen als auch neue Kompetenzen erfolgreich und schnell zu erlangen.[8]

Um die wirtschaftliche Situation von Unternehmen zu verbessern, kann ACAP also sowohl dazu eingesetzt werden, die Kosten im Unternehmen zu senken oder auch dazu genutzt werden, die Gewinnpotenziale zu erhöhen. Während Kostensenkungen sich auf unterschiedliche Art und Weise erzielen lassen, bspw. durch eine Umstrukturierung, was häufig die Entlassung von Mitarbeitern zur Folge hat, kann ACAP helfen das Unternehmen produktiver zu machen, indem eine Optimierung von Arbeitsabläufen ermöglicht wird oder neue Technologien eingesetzt werden, um Kosten einzusparen. ACAP liefert also einen Stellhebel für die Verbesserung von Prozessen und eingesetzten Technologien (Prozessinnovationen).[9] Der ACAP-Prozess kann jedoch nicht nur die Eindämmung der Kosten im Unternehmen unterstützen, er lässt sich ebenfalls zur Identifizierung und Generierung neuer Gewinnquellen nutzen. Da ACAP die Offenheit gegenüber neuen Informationen und das kreative Denken im Unternehmen fördert, verfügen Unternehmen mit einer hohen ACAP über das Potenzial, sich strategisch flexibel umzuorientieren. Unternehmen mit einer hohen ACAP sind grundsätzlich in der Lage, sich schnell in für das Unternehmen bislang neue Gebiete einzuarbeiten und durch Umstrukturierung

5 Vgl. ILOI (1997).
6 Vgl. Toker (2003).
7 Vgl. Bürgel/Bauer (1997).
8 Vgl. Flatten (2011).
9 Vgl. Flatten (2011).

je nach Unternehmensschwerpunkt zusätzliche Umsätze aus diesen Alternativen zu gewinnen (Produkt- oder Geschäftsmodellinnovationen).[10]

2 ACAP als organisationaler Prozess zur Förderung von Innovationen

Schumpeter (1931) beschreibt Innovation als *„diskontinuierlich [auftretende] [...] Durchsetzung neuer Kombinationen"*.[11] Zahlreiche Wissenschaftler folgen diesem Verständnis und stellen Innovation als eine beispiellose Kombination von Zwecken und Mitteln dar, deren Ergebnis *„qualitativ [neuartige] Produkte oder Verfahren, die sich gegenüber dem vorangegangenen Zustand merklich unterscheiden"* sind.[12] Darüber hinaus stimmen zahlreiche Autoren darin überein, dass die Entwicklung von Innovationen als ein Prozess verschiedenster Funktionen (bspw. Marketing, F&E und Produktion) anzusehen ist, der es Unternehmen ermöglicht, Wettbewerbsvorteile zu erzielen und diese langfristig aufrechtzuhalten. Diese Definitionen umfassen eine große Bandbreite an betriebswirtschaftlichen Funktionen und passen daher gut zu dem funktionsübergreifenden Verständnis von ACAP, welches in Abbildung 1 dargestellt wird.[13]

Abbildung 1: ACAP funktionsübergreifende Sichtweise.

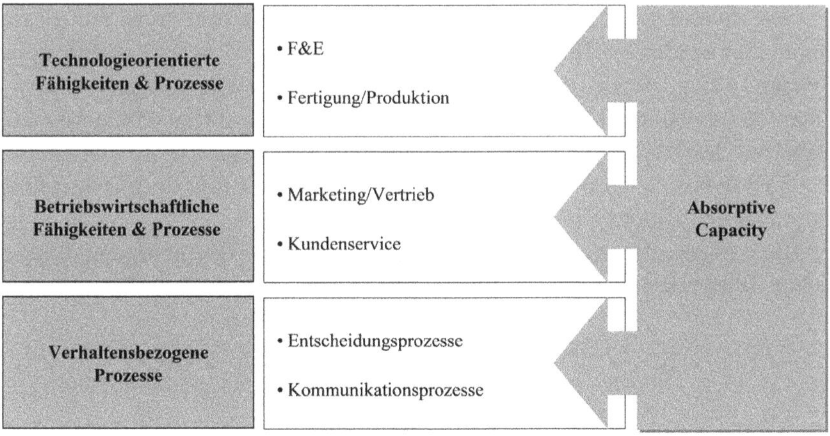

Quelle: Flatten (2011), S. 14.

10 Vgl. Flatten (2011).
11 Schumpeter (1931).
12 Hauschildt (1997), S. 1 sowie Downs/Mohr (1976), S. 701.
13 Vgl. Flatten (2011).

Aufbauend auf verschiedenen Autoren im Bereich des F&E-Managements, wie bspw. *Allen* (1983), *Evenson/Kislev* (1975) und *Tilton* (1971), etablieren *Cohen/Levinthal* (1989) den Begriff ACAP, worunter sie eine organisationale Innovations- und Anpassungsfähigkeit verstehen.[14] In ihrem weiterführenden Artikel definieren *Cohen/Levinthal* (1990) ACAP als die Fähigkeit eines Unternehmens, den Wert von externen Informationen zu erkennen, diese Informationen auf das eigene Unternehmen anzupassen und letztendlich diese Informationen für kommerzielle Zwecke zu nutzen.[15] Das Ziel dieses Prozesses ist die Schaffung von neuem Wissen. Dazu treten im Verlauf der ACAP-Entwicklung drei verschiedene Arten des Lernens auf.[16] Zunächst steht das explorative Lernen, in dem es um die Akquise von neuem Wissen, Fähigkeiten und Technologien für das Unternehmen geht, im Vordergrund.[17] Danach startet ein transformativer Lernprozess, welcher dadurch charakterisiert ist, dass eine qualitative Veränderung der Wissensbasis bzw. der persönlichen Einstellungen erfolgt.[18] Die finale Stufe im Lernprozess basiert auf exploitativem Lernen, welches die Verbesserung und Ausweitung des bestehenden Wissens, der Fähigkeiten sowie der Technologien umfasst.[19] Dieses neue Wissen geht dabei aber auch weit über die Imitation von Produkt- oder Prozessinnovationen anderer Unternehmen hinaus. ACAP beinhaltet nach *Cohen/Levinthal* (1989) "*the firm's ability to exploit outside knowledge of a more intermediate sort, such as basic research findings*".[20]

Laut *Zahra/George* (2002) kann ACAP prinzipiell in zwei grobe Stufen untergliedert werden.[21] Die potenzielle *absorptive capacity* (PACAP) als Fähigkeit, Wissen zu akquirieren und zu assimilieren und die realisierte *absorptive capacity* (RACAP) als Fähigkeit, Wissen zu transformieren und zu nutzen. PACAP besteht dabei aus den Dimensionen der Wissensakquise und -assimilation, wohingegen RACAP durch die Dimensionen der Wissenstransformation und -ausnutzung (kommerziell) beschrieben wird.[22]

Die Wissensakquise bezieht sich auf die Fähigkeit der Unternehmung, Wissen zu identifizieren. Das relevante Wissen wird von externen Quellen, die außerhalb

---

14 Vgl. Allen (1983); Evenson/Kislev (1975); Tilton (1971); Cohen/Levinthal (1989).
15 Vgl. Flatten (2011); Cohen/Levinthal (1990).
16 Vgl. Lane/Koka/Pathak (2006).
17 Vgl. Ennabih/van Riel/Sasovova (2007).
18 Vgl. Gremmler-Fuhr (2006).
19 Vgl. Ennabih/van Riel/Sasovova (2007).
20 Vgl. Flatten (2011), S. 33; Cohen/Levinthal (1989), S. 569.
21 Vgl. Zahra/George (2002).
22 Vgl. Flatten (2011).

des Unternehmens liegen, bezogen und ist ein kritischer Faktor für die Prozesse des Unternehmens. Auf dieser Stufe wird ACAP besonders durch die drei Faktoren Intensität, Geschwindigkeit und Richtung (Pfadabhängigkeiten) beeinflusst.[23] Während die ersten beiden Faktoren den Fähigkeitsgrad zur Wissensakquise im Unternehmen festlegen, übt der letzte Faktor Einfluss auf die vom Unternehmen genutzten Informationsquellen aus.[24] Potenzielle Quellen zur Wissensidentifikation können neben Wettbewerbsunternehmen bspw. auch Kunden, Lieferanten oder öffentliche Einrichtungen wie Universitäten oder Forschungsinstitute sein.[25]

Wissensassimilation als zweite Dimension des ACAP-Konstrukts beschreibt die firmeninternen Prozesse und Routinen der Informationsverarbeitung. Die aus den externen Quellen gewonnenen Informationen werden auf dieser Stufe für den unternehmensspezifischen Kontext aufbereitet und ausgelegt. Eine große Bedeutung in dieser Dimension hat das firmenspezifische und implizite Wissen,[26] wohingegen kontextgebundenes Wissen eine Herausforderung hinsichtlich der Assimilation darstellt.[27] Dieses muss zunächst verarbeitet und mit komplementärem Wissen verknüpft werden. Erst dann ist es für unternehmensinterne Prozesse nutzbar.[28]

Inhalt der Dimension Wissenstransformation ist die Entwicklung und Verbesserung der firmeninternen Routinen mit dem Ziel, die Kombination des bestehenden Wissens mit dem neu akquirierten Wissen zu erleichtern. Innerhalb dieser Dimension findet also bspw. die Interpretation von bestehendem Wissen bei Anwendung auf einen neuen Kontext statt.[29] Entsprechend muss zwischen dem neu angeglichenen Wissen und der bereits bestehenden Wissensbasis eine Verschmelzung stattfinden. Faktisch führt dies dazu, dass neues Wissen in bestehende Wissensstrukturen eingefügt wird oder eine Umdeutung des bestehenden Wissens erfolgt.[30]

Abschließend fokussiert die Dimension der Wissensausnutzung die kommerzielle Anwendbarkeit der verarbeiteten Informationen[31] und ist in Verbindung mit organisationalen Zielen des strategischen Managements zu sehen.[32] Innerhalb

23 Vgl. Flatten (2011).
24 Vgl. Zahra/George (2002).
25 Vgl. Zahra/George (2002); Flatten (2011).
26 Vgl. Cohen/Levinthal (1990).
27 Vgl. Szulanski (1996).
28 Vgl. Teece (1981); Flatten (2011).
29 Vgl. Zahra/George (2002).
30 Vgl. Daghfous (2004); Flatten (2011).
31 Vgl. Cohen/Levinthal (1990).
32 Vgl. Lane/Lubatkin (1998).

dieser Stufe ist die organisationale Fähigkeit entscheidend, die neu erworbenen Erkenntnisse in die unternehmensinternen Prozesse einzuarbeiten. Dazu kann das Unternehmen bestehende Kompetenzen und Technologien verbessern oder ganz neu entwickeln, um neue Produkte, Prozesse oder Dienstleistungen zu schaffen.[33]

Abbildung 2 stellt den ACAP-Prozess mit seinen einzelnen Dimensionen und dazugehörigen Inhalten sowie Beispielen übersichtlich dar.

Abbildung 2: ACAP als vierdimensionaler Innovationsprozess.

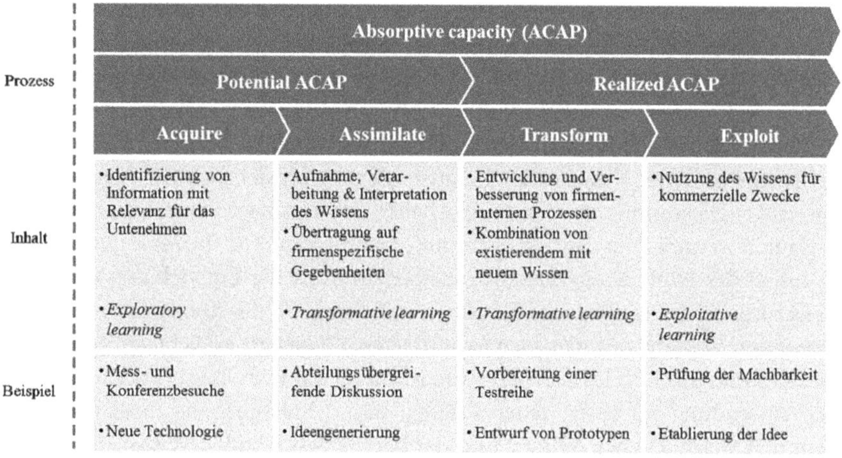

Quelle: Flatten et al. (2011).

Doch welche organisationalen Auswirkungen haben diese beiden ACAP-Dimensionen? Realisierte ACAP fördert hauptsächlich die Entwicklung neuer Produkte[34] und verbessert somit konsequentermaßen maßgeblich den Unternehmenserfolg. Im Gegensatz dazu ist der organisationale Einfluss von potenzieller ACAP deutlich weicher, da auf dieser Dimension potenzielles relevantes Wissen für Innovationen und Entwicklungen ermittelt und auf organisatorische Fähigkeiten angepasst wird. Hieraus resultiert die Vermutung, dass diese Dimension nicht zwingendermaßen zu einer Verbesserung des Unternehmenserfolgs führt, da auf dieser Ebene viele Kosten, bspw. durch die Nutzung von Personal zur Akquise von Wissen, generiert werden.[35] Wenngleich die potenzielle und die realisierte ACAP eher getrennt voneinander entwickelt werden sollten, müssen beide Dimensionen

33 Vgl. Zahra/George (2002); Flatten (2011).
34 Vgl. Flatten et al. (2011).
35 Vgl. Zahra/George (2002).

simultan existieren, um eine optimale Wirkung zu entfalten.[36] Eine wichtige Erweiterung für die ACAP-Theorie ist das Konzept von *Todorova/Durisin* (2007).[37] Die Autoren führen iterative Prozessschleifen zwischen der potenziellen und realisierten ACAP ein. Für Unternehmen stellt sich also die Herausforderung, eine gute Balance zwischen diesen Dimensionen zu finden,[38] um neues Wissen zu generieren und daraus auch verwertbare Innovationen entwickeln zu können.[39]

Damit Unternehmen erfolgreich am Markt agieren können, benötigen sie ein Zusammenspiel aus potenzieller und realisierter ACAP. Folglich müssen Manager über eine adäquate, funktionsübergreifende Implementierung beider Dimensionen in ihrem Unternehmen nachdenken. Anhand des Fragebogens in Tabelle 1 können Manager die Fähigkeiten ihres Unternehmens auf den einzelnen Dimensionen einschätzen, um potenzielle Handlungsbedarfe ableiten zu können.[40] Unternehmen können ihre ACAP mit dem entwickelten ACAP-Fragenkatalog testen, indem sie z.B. eine jährliche Befragung unter den Mitarbeitern verschiedener Abteilungen und Hierarchieebenen durchführen. Die Ergebnisse dieser Befragung sollten ausgewertet werden, um die Entwicklung der unternehmensinternen ACAP im Zeitablauf besser nachvollziehen zu können.[41] Die Ergebnisse der unternehmensinternen Befragung können dem Management darüber hinaus auch als Benchmark mit anderen Unternehmen in der Industrie dienen, um Einblicke in die relative Wettbewerbsfähigkeit zu erhalten.

36 Vgl. Zahra/George (2002).
37 Vgl. Todorova/Durisin (2007).
38 Vgl. March (1991).
39 Vgl. Flatten (2011).
40 Die Einschätzungen erfolgten hierbei auf Basis einer 7-stufigen Ratingskala (von 1 = „Stimme gar nicht zu“ bis 7 = „Stimme voll zu“).
41 Vgl. Flatten (2011).

Tabelle 1: Fragebogen zur Selbsteinschätzung.

Skala zur Erhebung von ACAP
1. Wissensakquise
Bitte geben Sie an, in welchem Ausmaß Ihr Unternehmen externe Ressourcen zur Erlangung von Informationen nutzt (denken Sie dabei bspw. bitte an persönliche Netzwerke, Berater, Seminare, Internet, akademische Publikationen, Marktforschung, Gesetzgebung bezüglich Sicherheit, Umwelt oder Arbeitsrecht, etc.):
Die Suche von relevanten Informationen zu unserer Branche gehört in unserem Unternehmen zum Alltagsgeschäft.
Unsere Unternehmensleitung hält die Mitarbeiter dazu an, Quellen innerhalb unserer Branche zur Informationssuche zu nutzen.
Unsere Unternehmensleitung erwartet, dass sich die Mitarbeiter mit branchenfremden Informationen beschäftigen.
2. Wissensassimilation
Bitte geben Sie an, in welchem Ausmaß die folgenden Aussagen zu Ihrer unternehmensinternen Kommunikation passen:
In unserem Unternehmen werden Ideen und Konzepte abteilungsübergreifend offen kommuniziert.
Unsere Unternehmensleitung legt großen Wert auf eine gegenseitige Unterstützung unterschiedlicher Abteilungen, um Probleme zu lösen.
In unserem Unternehmen ist der Informationsfluss schnell, d.h. wenn eine Geschäftseinheit wichtige Informationen erhält, gibt sie diese sofort an alle anderen Geschäftseinheiten oder Abteilungen weiter.
Unsere Unternehmensleitung besteht auf regelmäßige abteilungsübergreifende Treffen, um sich über neue Entwicklungen, Erfolge und Probleme auszutauschen.
3. Wissenstransformation
Bitte geben Sie an, in welchem Ausmaß die folgenden Aussagen zum Prozess der Wissensverarbeitung in Ihrem Unternehmen passen:
Unsere Mitarbeiter haben die Fähigkeit, gesammeltes Wissen zu nutzen und zu strukturieren.

Unsere Mitarbeiter sind geübt, neues Wissen aufzunehmen und es für zukünftige Zwecke aufzubereiten und verfügbar zu machen.
Unsere Mitarbeiter verknüpfen erfolgreich bestehendes Wissen mit neuen Erkenntnissen.
Unsere Mitarbeiter sind in der Lage, das neu gewonnene Wissen in der Praxis anzuwenden.
4. Wissensausnutzung
Bitte geben Sie an, in welchem Ausmaß die folgenden Aussagen zur kommerziellen Nutzung von neuem Wissen in Ihrem Unternehmen passen (bitte denken Sie dabei an alle Unternehmensbereiche wie bspw. F&E, Produktion, Marketing, Rechnungslegung, etc.):
Unsere Unternehmensleitung unterstützt die Entwicklung von Prototypen.
Unser Unternehmen überdenkt Technologien regelmäßig und passt diese gemäß dem erworbenen Wissen kontinuierlich an.
Unser Unternehmen hat die Fähigkeit, durch die Einführung neuer Technologien effektiver zu arbeiten.

Quelle: Flatten et al. (2011).

3 Entwicklung einer organisationalen ACAP

Die unternehmensweite ACAP entspricht der Funktion des gesamten Wissensniveaus innerhalb einer Organisation. Diese Definition verdeutlicht die Relevanz von unternehmensinternem Vorwissen für die Beurteilung und Anwendung von unternehmensexternen Informationen. Vorwissen umfasst dabei Grundfertigkeiten, gemeinsame Fachsprache und Kenntnisse der aktuellen wissenschaftlichen oder technologischen Entwicklungen in speziellen Themenfeldern. Entsprechend gewährleistet das Vorwissen, dass neue Informationen adäquat auf ihren Mehrwert hin untersucht werden können und stellt die nachgelagerte Anwendbarkeit sowie Kommerzialisierung sicher. Da Vorwissen etwas sehr Personenbezogenes ist, wird die organisationale unternehmensweite ACAP durch die Kumulation der individuellen ACAP der einzelnen Organisationsmitglieder gebildet. Schlüsselelemente für den Aufbau der organisationalen ACAP sind abgesehen von Vorwissen organisationale Faktoren wie bspw. Kommunikationsstruktur und Verteilung des

Wissens.[42] Abbildung 3 skizziert die Entstehung von organisationaler ACAP aus der individuellen ACAP in Abhängigkeit vom jeweiligen Unternehmensumfeld.[43]

Abbildung 3: Entwicklung der organisationalen ACAP.

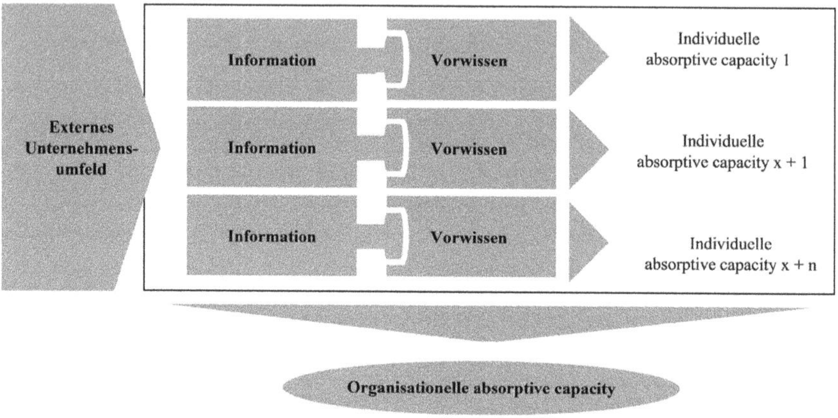

Quelle: Flatten (2011), S. 35.

Die organisationale ACAP ist somit also in hohem Maße vom Wissenstransfer zwischen den verschiedenen Funktionen und Mitgliedern im Unternehmen abhängig. Folglich sind einige Mitarbeiter und Funktionen zum Aufbau organisationalen ACAP besonders relevant. Diese Mitarbeiter oder Funktionen befinden sich an Schnittstellen. Einerseits an unternehmensinternen Schnittstellen zwischen Funktionen wie bspw. Vertrieb sowie Forschung und Entwicklung oder an Schnittstellen, die das Unternehmen mit relevanten Dritten wie bspw. Kunden, Lieferanten oder Forschungseinrichtungen verbinden. Entsprechend werden diese Personen als *gatekeeper* und *boundary spanner* bezeichnet. Dies lässt sich funktionsübergreifend auf alle Funktionen einer Organisation übertragen. Je besser die Verbindungen zwischen Forschung und Entwicklung, Konstruktion, Produktion und Marketing sind, desto größer ist die unternehmensweite ACAP.[44] Manager müssen diesen Mitgliedern entsprechend die Relevanz einer gemeinsamen Sprache und Symbolik nahelegen, da nur so der effiziente und effektive Austausch an Informationen sichergestellt werden kann. Die ACAP einer Organisation hängt folglich zu einem hohen Maß aus der Vernetzung einzelner

42 Vgl. Cohen/Levinthal (1990).
43 Vgl. Flatten (2011).
44 Vgl. Cohen/Levinthal (1990).

Individuen miteinander ab, was eine große Herausforderung für ein strukturiertes Management birgt. Organisationale ACAP muss jedoch nicht immer unbedingt intern erarbeitet werden, sondern kann in speziellen Fällen auch extern eingekauft werden, z.B. durch die Einstellung von neuen Wissenschaftlern. Um das so erworbene technische Wissen erfolgreich in ein Unternehmen zu integrieren, werden allerdings Mitarbeiter benötigt, die einerseits ein hohes Maß an Spezialwissen haben und andererseits in der Lage sind, sich schnell in die Besonderheiten, Prozesse, Routinen und Kernkompetenzen des Unternehmens einzuarbeiten.[45]

4 Das Zusammenspiel zwischen organisationaler ACAP und unternehmerischer Kultur

Die Etablierung einer unternehmerischen Kultur (EO: *entrepreneurial orientation*) wird von vielen Konzernen und Mittelständlern in den letzten Jahren vorangetrieben, um Unternehmen agiler und innovativer zu machen. Primär soll erreicht werden, dass Mitarbeiter in Organisationen befähigt werden, selber unternehmerisch zu denken und zu handeln, um so bspw. Technologien auf neue Industrien zu übertragen oder neue Märkte zu erschließen. In der Theorie ist EO als die gleichzeitige Präsenz von drei Dimensionen konzipiert: Innovationsfähigkeit, Proaktivität und Risikobereitschaft.[46] Innovationsfähigkeit beschreibt die Neigung eines Unternehmens mit neuen Ideen zu experimentieren und so einen Entwicklungsprozess zu initiieren, der neue Produkte, Services oder Technologien hervorbringt.[47] Proaktivität ist durch ein hohes Level an Streben nach und der Schaffung von Möglichkeiten charakterisiert. Diese werden idealerweise vor Hauptwettbewerbern und in Kombination mit der Antizipation von zukünftigen Kundenerwartungen entwickelt. Risikobereitschaft bezieht sich auf mutige aber kalkulierbare Schritte in ungewissen Geschäftsfeldern sowie die Investition von signifikanten Ressourcen in Geschäftsaktivitäten mit einem hohen Level von Unsicherheit.[48] EO wird in Summe also als ein organisationsweites Wertesystem verstanden, welches darauf abzielt, alle Firmenangehörigen an der Implementierung der strategischen Ausrichtung zu beteiligen.[49]

---

45 Vgl. Flatten (2011).
46 Vgl. Wiklund/Shepherd (2005).
47 Vgl. Covin/Slevin (1991).
48 Vgl. Lumpkin/Dess (2001).
49 Vgl. Wales/Monsen/McKelvie (2011).

Wie im vorangegangenen Abschnitt erläutert, werden unter EO "*the processes, practices, and decision making activities that lead to new entry*"[50] verstanden. Zahlreiche Studien belegen, dass EO ein Erfolgstreiber in Unternehmen ist.[51] So zeigt *Miller* (1983), dass Organisationen mit einer hohen EO erfolgreicher sind als Organisationen ohne EO.[52] *Covin/Slevin* (1988) unterstützen diese Annahme und können empirisch belegen, dass Organisationen mit EO ein höheres Umsatzwachstum erreichen im Vergleich zu ihren nicht unternehmerisch ausgerichteten Pendants.[53] Inhaltlich lassen sich diese Ergebnisse dadurch erklären, dass unternehmerisch geprägte Unternehmen dazu neigen, ein hohes Risiko zu tolerieren bzw. es einzugehen. Die Rendite, die sich diese Unternehmen aus dem Eingehen des Risikos versprechen, sind Innovationen, durch welche neues Wachstum generiert werden kann.[54] Um eine solche Kultur zu etablieren, müssen Unternehmen umstrukturiert werden. Der wichtigste Schritt liegt dabei in der Eliminierung von zentralisierten und hierarchischen Strukturen, da diese Barrieren für kollektives und individuelles Lernen und somit auch für die Bildung von organisationaler ACAP darstellen.[55] Entsprechend gewähren Unternehmen mit einem hohen Level an EO sowohl einzelnen Mitarbeitern als auch Arbeitsgruppen die Autonomie, kreative und innovative Ideen zu entwickeln.[56] Typisch für Manager in diesen Unternehmen ist die Ermutigung ihrer Mitarbeiter zu neuer Forschung oder das regelmäßige bilden von Allianzen und Netzwerken. Durch solche Aktivitäten können alle Teammitglieder ihren Erfahrungsschatz erweitern. Dies führt wiederum dazu, dass im Rahmen des Informationsverarbeitungsprozesses neues Wissen erschlossen bzw. bestehendes Wissen neu interpretiert werden kann. Studien wie die von *Costanzo et al.* (2007) belegen, dass die EO eines Unternehmens einen positiven Einfluss auf die ACAP des entsprechenden Unternehmens hat.[57] Abschließend lässt sich festhalten, dass der Grad an unternehmerischer Orientierung sich positiv auf den Grad der organisationalen ACAP auswirkt.[58]

---

50 Lumpkin/Dess (1996), S. 136.
51 Vgl. Huber (1991); Nonaka (1994); Zuboff (1988).
52 Vgl. Miller (1983).
53 Vgl. Covin/Slevin (1988).
54 Vgl. Wang (2008).
55 Vgl. Kuratko/Ireland/Hornsby (2001).
56 Vgl. Lumpkin/Dess (1996).
57 Vgl. Costanzo et al. (2007).
58 Vgl. Flatten (2011), S. 202.

5 Die Förderung von organisationaler ACAP durch transformationale und transaktionale Führung

5.1 Definition von transformationaler und transaktionaler Führung

Nach *Burns* (1978) können zwei verschiedene Führungsstile definiert werden. Der erste Führungsstil wird als transformationale Führung bezeichnet[59] und basiert auf der Umwandlung von Standpunkten und Werten[60]. Manager agieren bei diesem Führungsstil als Vorbild und Mitarbeiter sollen intrinsisch motiviert werden.[61] Aktuelle Forschungsergebnisse zeigen, dass transformationale Führung ein multidimensionales Konstrukt ist, welches durch sechs Verhaltensweisen von Managern wiedergegeben werden kann.[62] Erstens kommuniziert der Manager bei der Suche nach neuen Gelegenheiten deutlich seine Visionen, wodurch seine Mitarbeiter inspiriert werden.[63] Zweitens ist er ein Beispiel für andere und bietet durch den transformierten Führungsstil angemessene Ziele für die Mitarbeiter.[64] Drittens wird der transformationale Führungsstil durch die Förderung und Akzeptanz von Gruppenzielen beschrieben, wodurch die Arbeitsgruppen kollektiv ermutigt werden, das gesetzte Ziel einzuhalten und nicht nur ihre Individualziele zu verfolgen[65]. Die vierte typische Verhaltenseigenschaft ist die hohe Erfolgserwartung.[66] Fünftens bieten die Manager einen hohen Grad an individueller Unterstützung an und gehen dabei besonders auf die jeweiligen Bedürfnisse der Angestellten ein.[67] Die sechste und somit letzte Verhaltensweise von transformationalen Managern ist die konstante intellektuelle Anregung der Mitarbeiter. So sollen Mitarbeiter des Unternehmens bspw. aktiv den Produktionsvorgang oder die Produktionsmethode in Frage stellen, um so bisher unbekannte Lösungen für Probleme zu kreieren.[68]

59 Vgl. Bass (1985); Burns (1978).
60 Vgl. MacKenzie/Podsakoff/Rich (2001); Podsakoff et al. (1990).
61 Vgl. Avolio/Bass/Jung (1999); Vera/Crossan (2004).
62 Vgl. Podsakoff et al. (1990).
63 Vgl. MacKenzie/Podsakoff/Rich (2001).
64 Vgl. Podsakoff et al. (1990).
65 Vgl. MacKenzie/Podsakoff/Rich (2001).
66 Vgl. Podsakoff et al. (1990).
67 Vgl. Bass (1997).
68 Vgl. Avolio/Bass/Jung (1999).

Der zweite Führungsstil ist die transaktionale Führung.[69] Dieser basiert auf Austausch, also auf Transaktionen zwischen Managern und Mitarbeitern.[70] Hiernach wird ein Angestellter für gute Arbeit belohnt und für schlechte Arbeit bestraft.[71] Dieser Führungsstil basiert zudem auf dem Einhalten vordefinierter Ziele und beschreibt Folgen für die Mitarbeiter, falls diese nicht eingehalten werden.[72] Mitarbeiter halten diese Ziele nur ein, da sie für das Erreichen belohnt werden und nicht notwendigerweise, weil sie von den Zielen überzeugt sind.[73]

Bezüglich der Anwendung dieser beiden Führungsmöglichkeiten haben Forscher verschiedene Schlussfolgerungen gezogen.[74] *Burns* (1978) bspw. stellt den transformationalen und transaktionalen Führungsstil als entgegengesetzte und wechselseitige Konzepte dar.[75] Nichtsdestotrotz ist *Bass* (1985) der Meinung, dass diese Führungsstile gleichzeitig betrachtet und veranschaulicht werden müssen.[76] Dementsprechend folgen Manager dem transaktionalen Führungsstil, dem transformationalen Führungsstil, beiden oder keinem.[77] *Vera/Crossan* (2004) schließen sich dieser Sichtweise an: "*the best leaders are those who display both transformational and transactional behaviors*".[78] In diesem Kontext wird der transaktionale Führungsstil als ein Basistyp gesehen, während der transformationale Führungsstil die Effektivität des Managers ergänzen soll.[79] Unter erfolgreicher Verwendung des transformationalen Führungsstils können Manager weitaus mehr erreichen, wozu allein der transaktionale Führungsstil nicht in der Lage wäre.[80] *Bass* (1990) bezeichnet daher den transformationalen Führungsstil als "*superior leadership performance*".[81]

69 Vgl. Bryman (1992).
70 Vgl. Bass (1990).
71 Vgl. MacKenzie/Podsakoff/Rich (2001).
72 Vgl. Avolio/Bass/Jung (1999).
73 Vgl. Kelman (1958).
74 Vgl. Yammarino/Spangler/Bass (1993).
75 Vgl. Burns (1978).
76 Vgl. Bass (1985).
77 Vgl. Vera/Crossan (2004).
78 Vera/Crossan (2004), S. 224.
79 Vgl. Waldman/Bass/Yammarino (1990).
80 Vgl. MacKenzie/Podsakoff/Rich (2001).
81 Bass (1990), S. 21.

5.2 Der Einfluss von transformationalem und transaktionalem Führungsstil auf ACAP

Nach der *Upper Echelons Theory* haben Top Manager eines Unternehmens durch deren Persönlichkeit und Werte einen Einfluss auf "*organizational outcomes — strategic choices and performance levels*".[82] Somit sind Unternehmen Reflektionen der CEOs und Top Manager, was wiederum bedeutet, dass sich deren Werte und Überzeugungen im Verhalten der Mitarbeiter wiederfinden.[83] Im Bezug zu dieser Theorie wurde bewiesen, dass sowohl der transaktionale als auch der transformationale Führungsstil positive Auswirkungen auf den Unternehmenserfolg haben,[84] jedoch variiert der Erfolgsbeitrag der beiden Führungsstile signifikant[85]. Daraus kann gefolgert werden, dass der Effekt auf potenzielle und realisierte ACAP ebenfalls separat betrachtet werden muss.[86]

Tranformationale Manager fordern permanent ihre Angestellten heraus. Die Mitarbeiter sollen über ihre Arbeitsmethoden nachdenken und mit neuen Herangehensweisen intellektuell stimuliert werden.[87] Dadurch fördern Manager die Kreativität und das innovative Denken ihrer Mitarbeiter[88] und schaffen eine Arbeitsatmosphäre, in der Veränderungen als etwas Positives gesehen werden und Wandel stattfinden kann.[89] Dieser Führungsstil bewirkt, dass Mitarbeiter konstant nach Verbesserungen und neuen Informationen suchen. Somit zeigt sich der transformationale Führungsstil unterstützend zu der Identifikation und Analyse von externem Wissen,[90] welches die Dimension potenzielle ACAP abdeckt.[91]

Das Verhalten des transformationalen Managers unterstützt nicht nur die geistige Stimulation der Mitarbeiter und deren Kreativität im Herausfiltern neuer Informationen, sondern fördert ebenfalls die Herangehensweisen an neue Erkenntnisse, die in der Phase der Wissenstransformation erforderlich sind.[92] Mitarbeiter, die durch den Manager ein geeignetes Umfeld erhalten und die aufgezeigt bekommen,

---

82 Hambrick/Mason (1984), S. 193.
83 Vgl. Hambrick/Mason (1984).
84 Vgl. Judge/Piccolo (2004).
85 Vgl. Vera/Crossan (2004).
86 Vgl. Flatten/Adams/Brettel (2014).
87 Vgl. Podsakoff et al. (1990).
88 Vgl. Sun/Anderson (2012).
89 Vgl. Vera/Crossan (2004).
90 Vgl. Sun/Anderson (2012).
91 Vgl. Flatten/Adams/Brettel (2014).
92 Vgl. Flatten et al. (2011).

wie wichtig es ist, die Wissensbasis kontinuierlich zu verbessern sowie regelmäßig intern zu kommunizieren, sind in der Lage, Wissen zu rekonfigurieren. Das Wissen wird also für das Unternehmen verfügbar gemacht und verteilt.[93] Durch eine klare Darstellung bzw. Vorstellung von der Zukunft und Formulierung einer Vision kann der transformationale Manager die Wichtigkeit des Wissenstransfers und der Nutzung von Wissen hervorheben. Dies hilft ebenfalls den Mitarbeitern, ein Verständnis zu entwickeln, wie das neu erworbene und rekonfigurierte Wissen im Sinne der Managervision gewerblich nutzbar gemacht werden kann. Somit wird die Dimension der realisierten ACAP auch positiv durch den transformationalen Führungsstil beeinflusst.[94]

Grundsätzlich wird ein transaktionaler Führungsstil nicht mit der Generierung von neuem Wissen verbunden,[95] sondern wird häufig eher als Hürde hinsichtlich innovativer Ideen und kreativem Denken angesehen.[96] Empirisch konnte jedoch bewiesen werden, dass transaktionale Führung ebenfalls einen positiven Einfluss auf potenzielle ACAP hat. Basierend auf Belohnungen können transaktionale Manager ihren Mitarbeitern anscheinend helfen, zielgerichtet Informationen zu akquirieren und in das Unternehmen zu assimilieren.[97]

Auch die realisierte ACAP kann durch den Einsatz von transaktionalem Management gestärkt werden, sogar mehr als bei potenzieller ACAP, da die Fähigkeit Wissen zu rekonfigurieren und anzuwenden deutlich weniger Zeit in Anspruch nimmt als die Phase des kreativen Erforschens. Ferner kann die Nutzung von Wissen klar durch Prozesse und Regelungen strukturiert und vorgegeben werden.[98] Entsprechende Studien haben so bereits gezeigt, dass transformationale Führung zu Effizienzsteigerungen und Änderungen im Wissensmanagement führt.[99] Weiter bewiesen *Flatten/Adams/Brettel* (2014), dass der transaktionale Führungsstil einen positiven Einfluss auf die Dimension der Wissenstransformation und Wissensausnutzung aufweist.[100]

93 Vgl. Zahra/George (2002).
94 Vgl. Flatten/Adams/Brettel (2014).
95 Vgl. Vera/Crossan (2004).
96 Vgl. Rank et al. (2009).
97 Vgl. Flatten/Adams/Brettel (2014).
98 Vgl. Bass/Avolio (1993).
99 Vgl. Vera/Crossan (2004).
100 Vgl. Flatten/Adams/Brettel (2014).

6 Die Bedeutung von ACAP in strategischen Allianzen

Studien auf dem Gebiet der Kooperationsforschung belegen, dass die Interaktionen zwischen Unternehmen zu einer Verbesserung der innovativen Aktivitäten in den jeweiligen Organisationen führen.[101] So werden strategische Allianzen eingesetzt, um eine Erweiterung des Technologie- und Ressourcenzugangs sowie der Systemkompetenz zu erreichen oder um die Schaffung von Know-how-Vorteilen zu erzielen.[102] Dabei wird der Erfolg einer strategischen Allianz durch den Grad an unternehmensinterner ACAP bestimmt.[103] So belegt eine Studie von *Chung-Jen* (2004) empirisch, dass ACAP beim Wissenstransfer zwischen Allianzpartnern eine wesentliche Rolle spielt und somit einen entscheidenden Einfluss auf den Erfolg der Allianz hat.[104] Damit kann ACAP das Scheitern von strategischen Allianzen, welches in der Praxis häufig beobachtet werden kann, verhindern. Ein häufiger Grund für den Misserfolg von strategischen Allianzen ist die Informationsasymmetrie zwischen den beteiligten Unternehmen. Dies führt dazu, dass Informationen, die von einem Partner bereitgestellt werden, nicht vollständig vom Gegenüber verstanden werden. In diesem Zusammenhang verweist die Literatur auf das sogenannte "*interorganizational learning dilemma*".[105] Das interorganisationale Lernen[106] wird demnach bspw. durch mangelnde kognitive Fähigkeiten, Wissen wechselseitig zu kommunizieren, eingeschränkt.[107] Durch ein hohes Level an organisationaler ACAP kann dieses Problem abgemildert werden, da das Unternehmen eine breitere Wissensbasis mit spezifischem Vorwissen besitzt und außerdem die entsprechenden Wissensdefizite durch das Vorantreiben von Lernprozessen schneller schließen kann.[108] Folglich haben Unternehmen mit einem hohen Level an ACAP prinzipiell ein besseres Verständnis für jegliches Wissen, mit dem die Organisationsteilnehmer in Berührung kommen. Somit kann ACAP helfen, die Ziele von strategischen Allianzen, die häufig im wechselseitigen Lernen und

101 Vgl. bspw. Muscio (2007).
102 Vgl. Müller-Stewens/Hillig (1992); Schäfer (1994); Michel (1994); Bronder (1993); Flatten (2011).
103 Vgl. Larsson et al. (1998).
104 Vgl. Chung-Jen (2004).
105 Larsson et al. (1998), S. 285.
106 Vgl. Hjalager (1999).
107 Vgl. Larsson et al. (1998).
108 Vgl. Brettel et al. (2009).

Akquirieren von Wissen hinsichtlich unterschiedlicher Technologien, Produkte und Fähigkeiten liegen, zu erreichen.[109]

7 Fazit

Bevor ACAP als Anpassungs- und Innovationsfähigkeit in Unternehmen implementiert werden kann, sollten verschiedene Schritte zur Vorbereitung beachtet werden. Im ersten Schritt sollte eine Bestandsaufnahme der aktuell im Unternehmen genutzten Wissensmanagementsysteme erfolgen. Diese Systeme sollten dann in einem zweiten Schritt einer kritischen Würdigung unterzogen werden. Wichtige Faktoren sind die tatsächliche Nutzung bzw. die unternehmensweite Akzeptanz der Systeme sowie der Freiheitsgrad an funktionsübergreifender Kommunikation, der innerhalb der Systeme zugelassen wird. Im dritten Schritt müssen unternehmensspezifische Besonderheiten und deren Einfluss auf die Wissensmanagementsysteme erfasst werden. Im vierten Schritt kann dann eine Optimierung dieser Systeme in Bezug auf den ACAP-Prozess und die unternehmensinternen Besonderheiten stattfinden.[110] Abschließend findet im fünften Schritt ein dimensionsübergreifendes Controlling der eingesetzten Systeme statt. Dies befähigt die Unternehmen die Nutzung konkret messbar zu machen und Verbesserungspotenziale aufzudecken.[111]

Auch auf der Ebene der Führungskräfte kann ACAP aktiv gefördert werden. Studien haben die Wirkung verschiedener Führungsstile untersucht und eine Wirkungsbeziehung zu ACAP nachgewiesen.[112] Es konnte gezeigt werden, dass ein transformationaler Führungsstil durch die Förderung von Kreativität und Schaffung einer entsprechenden Arbeitsatmosphäre[113] sowohl potenzielle als auch realisierte ACAP positiv beeinflusst[114]. Ebenso kann ein transaktionaler Führungsstil potenzielle und realisierte ACAP positiv beeinflussen, vor allem durch klare Regeln und Prozesse, die Veränderungen und die unternehmerische Nutzung von neuem Wissen begünstigen.[115] Übergreifend betrachtet ist die Wirkung des transformationalen Führungsstils jedoch stärker und ist als

109 Vgl. Flatten (2011), S. 78.
110 Vgl. Flatten (2011), S. 203.
111 Vgl. Flatten (2011).
112 Vgl. Vera/Crossan (2004); Flatten (2011).
113 Vgl. Vera/Crossan (2004); Zahra/George (2002).
114 Vgl. Flatten (2011).
115 Vgl. Vera/Crossan (2004).

überlegene Art der Führung zu bevorzugen, wenn ACAP im Unternehmen gefördert werden soll.

Um ACAP auf individueller Ebene zu fördern, haben empirische Studien aufgedeckt, dass eine möglichst intrinsisch motivierte Informationsaufnahme durch die einzelnen Mitarbeiter und die Etablierung einer offenen Kommunikation über alle Hierarchieebenen zentrale Bestandteile von ACAP und des damit verbundenen Erfolges sind. Nicht nur die Manager des Unternehmens sind kritisch für die Entwicklung einer organisationalen ACAP. Der erfolgskritischste Faktor in den Unternehmen sind die Mitarbeiter selber. Als entscheidend stellt sich dabei heraus, ob Mitarbeiter die Eignung und Motivation besitzen, sich privat weiterzubilden und ihre Fähigkeiten auszubauen.[116]

Betrachtet man die organisationale Ebene, so wird die Erfolgswirkung von ACAP durch den Einfluss einer unternehmerischen Orientierung verstärkt. Dementsprechend wirkt sich eine strategische Ausrichtung des Unternehmens hin zu hoher Proaktivität und Bereitschaft der einzelnen Mitarbeiter zur Risikoübernahme positiv auf die ACAP aus.[117] Des Weiteren hilft ACAP auch bei der Zusammenarbeit mit externen Partnern, z.B. in strategischen Allianzen. Werden in diesen Allianzen Mitarbeiter mit den zuvor beschriebenen Kommunikations- und Lernfähigkeiten eingesetzt, ist die Erfolgswahrscheinlichkeit und der Lerneffekt durchschnittlich höher, da durch ACAP die sonst eine Allianz erschwerenden Faktoren, wie bspw. Informationsasymmetrien oder Kommunikationsbarrieren, abgebaut werden.[118]

Abbildung 4 fasst abschließend die praktischen Handlungsempfehlungen für Unternehmen in kurzen Stichpunkten zusammen.

116 Vgl. Flatten (2011).
117 Vgl. Flatten (2011).
118 Vgl. Flatten (2011).

Abbildung 4: Praktische Handlungsempfehlungen zur Implementierung des ACAP-Prozesses.

Praktische Handlungsempfehlungen zur Implementierung des ACAP-Prozesses

Erhebung und kontinuierliche Überwachung der ACAP im Unternehmen
- Befragung ausgewählter Mitarbeiter anhand des ACAP-Fragenkataloges
- Auswertung der ACAP-Ausprägung im Hinblick auf organisationale Besonderheiten
- Institutionalisierung des Reportings der organisationalen ACAP
- Anfertigung eines Benchmarking Reports innerhalb der eigenen Industrie

Auf- und Ausbau von Wissensmanagementsystemen
- Bestandsaufnahme und kritische Würdigung aller bereits implementierten Systeme
- Optimierung und ggf. Einführung von Wissensmanagementsystemen
- Controlling der Wissensmanagementsysteme nach Kosten-Nutzen-Erwägungen

Nutzung von transformationler und transaktionaler Führung zur Unterstützung von ACAP
- Förderung von transformationalen Führungskräften, z.B. durch gezielte Weiterbildungsmaßnahmen
- Schaffung von Arbeitsatmosphären, die Kreativität und Raum für Neues zulassen
- (Potenzielle) Nutzung von transaktionaler Führung, um Veränderungsprozesse zu beschleunigen

Einsatz der Mitarbeiter als ACAP-Katalysator in der Organisation
- Einstellung von Mitarbeitern mit erkennbarer Fortbildungsmotivation im privaten Bereich
- Förderung von Mitarbeitern mit intrinsischer Lernmotivation
- Besetzung von Schnittstellen durch Mitarbeiter mit ausgeprägten Lern- und Kommunikationsfähigkeiten

Ausbau der unternehmerischen Orientierung in der Unternehmenskultur
- Etablierung einer offenen Kommunikation über alle Abteilungen und auf allen Stufen
- Förderung der Proaktivität der Mitarbeiter auf allen Hierarchieebenen
- Ermutigung der Mitarbeiter zur Risikoübernahme innerhalb ihres Verantwortungsbereiches

Ausweitung und Abgleich der ACAP mit strategischen Allianzen
- Erhebung der ACAP-Ausprägung an Schnittstellen zu den jeweiligen strategischen Allianzen
- Anpassung der ACAP auf Besonderheiten der jeweiligen Allianz
- Übertragung der Allianzverantwortung an Mitarbeiter mit ausgeprägten Lern- und Kommunikationsfähigkeiten

Quelle: Flatten (2011).

Literaturverzeichnis

Allen, R. (1983): Collective Innovation, in: Journal of Economic Behavior and Organization, Vol. 4, No. 1, S. 1–24.

Avolio, B. / Bass, B. / Jung, D. (1999): Reexamining the components of transformational and transactional leadership using the multifactor leadership questionnaire, in: Journal of Occupational and Organizational Psychology, Vol. 72, No. 4, S. 441–462.

Bass, B. (1985): Leadership and performance beyond expectations, Free Press, New York.

Bass, B. (1990): From transactional to transformational leadership: Learning to share the vision, in: Organizational Dynamics, Vol. 18, No. 3, S. 19–31.

Bass, B. / Avolio, B. (1993): Transformational leadership and organizational culture, in: Public Administration Quarterly, Vol. 17, No. 1, S. 112–121.

Bass, B. (1997): Does the transactional – transformational leadership paradigm transcend organizational and national boundaries? In: American Psychologist, Vol. 52, No. 2, S. 130–139.

Brettel, M. / Engelen, A. / Flatten, T. / Zahra, S. (2009): A Measure of Absorptive Capacity: Development and Validation, Working Paper.

Bronder, C. (1993): Kooperationsmanagement: Unternehmensdynamik durch strategische Allianzen, München.

Bryman, A. (1992): Charisma and leadership in organizations, Sage, London.

Bürgel, D. / Bauer, R. (1997): Wissensmanagement – eine Herausforderung für Theorie und Praxis; URL: http://osiv.telesis.eu/download/64_wissensmanagement.pdf, [Zugriff: 01.08.2017].

Burns, J. (1978): Leadership, Harper and Row, New York.

Christensen, C. (1997): The Innovator's Dilemma: When New Technologies Cause Great Firms to Fail, Boston.

Chung-Jen, C. (2004): The Effects of Knowledge Attribute, Alliance Characteristics, and Absorptive Capacity on Knowledge Transfer Performance, in: R&D Management, Vol. 34, No. 3, S. 311–321.

Cohen, W. / Levinthal, D. (1989): Innovation and Learning: The two Faces of R&D, in: Economic Journal, Vol. 99, No. 397, S. 569–596.

Cohen, W. / Levinthal, D. (1990): Absorptive Capacity: A new Perspective on Learning and Innovation, in: Administrative Science Quarterly, Vol. 35, No. 1, Special Issue, S. 128–152.

Costanzo, L. A. / Tzoumpa, V. / Özbilgin, M. F. / Malach-Pines, A. (2007): The Engaging Manager and the Role of Knowledge Absorptive Capacity: An Organizational Life-Cycle Perspective, in: Özbilgin, M. F. / Malach-Pines, A. (Hrsg.): Career Choice in Management and Entrepreneurship: A Research Companion, Edward Elgar Publishing, Cornwall, S. 379–396.

Covin, J. / Slevin, D. (1988): The Influence of Organizational Structure on the Utility of an Entrepreneurial Top Management Style, in: Journal of Management Studies, Vol. 25, No. 3, S. 217–234.

Covin, J. / Slevin, D. (1991): A conceptual model of entrepreneurship as firm behavior, in: Entrepreneurship Theory and Practice, Vol. 16, No. 1, S. 7–25.

Daghfous, A. (2004): Absorptive Capacity and the Implementation of Knowledge-Intensive Best Practices, in: SAM Advanced Management Journal, Vol. 69, No. 2, S. 21–27.

Downs, G. / Mohr, L. (1976): Conceptual Issues in the Study of Innovation, in: Administrative Science Quarterly, Vol. 21, No. 4, S. 700–714.

Ennabih, A. / van Riel, A. / Sasovova, Z. (2007): Antecedents of Team Learning in New Product Development Teams, in: EGOS Colloquium 2007, Wien.

Evenson, R. / Kislev, Y. (1975): Investment in Agricultural Research and Extension: A Survey of International Data, in: Economic Development & Cultural Change, Vol. 23, No. 3, S. 507–521.

Flatten, T. (2011): Absorptive Capacity – Skalenentwicklung und Erfolgswirkung, Diss., Technische Hochschule Aachen, Aachen.

Flatten, T. / Engelen, A. / Zahra, S. / Brettel, M. (2011): A measure of absorptive capacity: Scale development and validation, in: European Management Journal, Vol. 29, No. 2, S. 98–116.

Flatten, T. / Adams, D. / Brettel, M. (2014): Fostering absorptive capacity through leadership: A cross-cultural analysis, in: Journal of World Business, Vol. 50, No. 3, S. 519–534.

Gremmler-Fuhr, M. (2006): Transformative Lernprozesse im Erwachsenenalter: Entwicklung eines Orientierungskonzepts für die Anleitung und Unterstützung relationaler Lernprozesse, Kassel.

Hambrick, D. / Mason, P. (1984): Upper echelons: The organization as a reflection of its top managers, in: Academy of Management Review, Vol. 9, No. 2, S. 193–206.

Hauschildt, J. (1997): Innovationsmanagement, 2. Auflage, München.

Hjalager, A.-M. (1999): Interorganizational Learning Systems, in: Human Systems Management, Vol. 18, No. 1, S. 23–33.

Huber, G. (1991): Organizational Learning: The Contributing Processes and the Literatures, in: Organization Science, Vol. 2, No. 1, S. 88–115.

ILOI (1997): Knowledge Management, ein empirisch gestützter Leitfaden zum Management des Produktionsfaktors Wissen, Studienbericht, München.

Judge, T. / Piccolo, R. (2004): Transformational and transactional leadership: A meta-analytic test of their relative validity, in: Journal of Applied Psychology, Vol. 89, No. 5, S. 755–768.

Kelman, H. (1958): Compliance, identification, and internalization: Three processes of attitude change, in: Journal of Conflict Resolution, Vol. 2, No. 1, S. 51–60.

Kuratko, D. F. / Ireland, R. D. / Hornsby, J. S. (2001): Improving Firm Performance through Entrepreneurial Actions: Acordia's Corporate Entrepreneurship Strategy, in: Academy of Management Executive, Vol. 15, No. 4, S. 60–71.

Lane, P. / Koka, B. / Pathak, S. (2006): The Reification of Absorptive Capacity: A Critical Review and Rejuvenation of the Construct, in: Academy of Management Review, Vol. 31, No. 4, S. 833–863.

Lane, P. / Lubatkin, M. (1998): Relative Absorptive Capacity and Interorganizational Learning, in: Strategic Management Journal, Vol. 19, No. 5, S. 461–477.

Larsson, R. / Bengtsson, L. / Henriksson, K. / Sparks, J. (1998): The Interorganizational Learning Dilemma: Collective Knowledge Development in Strategic Alliances, in: Organization Science, Vol. 9, No. 3, S. 285–305.

Lumpkin, G. / Dess, G. (1996): Clarifying the Entrepreneurial Orientation Construct and Linking it to Performance, in: Academy of Management Review, Vol. 21, No. 1, S. 135–172.

Lumpkin, G. / Dess, G. (2001): Linking two dimensions of entrepreneurial orientation to firm performance: the moderating role of environment and industry life cycle, in: Journal of Business Venturing, Vol. 16, No. 5, S. 429–441.

MacKenzie, S. / Podsakoff, P. / Rich, G. (2001): Transformational and transactional leadership and salesperson performance, in: Journal of the Academy of Marketing Science, Vol. 29, No. 2, S. 115–134.

March, J. (1991): Exploitation and Exploration in Organizational Learning, in: Organization Science, Vol. 2, No. 1, S. 71–87.

Michel, U. (1994): Kooperationen mit Konzept – Wertsteigerung durch strategische Allianzen, in: Controlling, Jg. 4, Nr. 1, S 20–28.

Miller, D. (1983): The Correlates of Entrepreneurship in Three Types of Firm, in: Management Science, Vol. 29, No. 7, S. 770–791.

Müller-Stewens, G. / Hillig, A. (1992): Motive zur Bildung Strategischer Allianzen: Die aktivsten Branchen im Vergleich, in: Bronder, C. / Pritzl, R. (Hrsg.): Wegweiser für Strategische Allianzen, Frankfurt und Wiesbaden, S. 64–101.

Muscio, A. (2007): The Impact of Absorptive Capacity on SMEs' Collaboration, in: Economics of Innovation & New Technology, Vol. 16, No. 8, S. 653–668.

Nonaka, I. (1994): A Dynamic Theory of Organizational Knowledge Creation, in: Organization Science, Vol. 5, No. 1, S. 14–31.

Podsakoff, P. / MacKenzie, S. / Moorman, R. / Fetter, R. (1990): Transformational leader behaviors and their effects on followers' trust in leader, satisfaction, and organizational citizenship behaviors, in: Leadership Quarterly, Vol. 1, No. 2, S. 107–142.

Rank, J. / Nelson, N. / Allen, T. / Xu, X. (2009): Leadership predictors of innovation and task performance: Subordinates' self-esteem and self-presentation as moderators, in: Journal of Occupational and Organizational Psychology, Vol. 82, No. 3, S. 465–489.

Reeves, M. / Love, C. / Mathur, N. (2012): The Most Adaptive Companies 2012 – Winning In An Age Of Turbulence, Report, The Boston Consulting Group.

Schäfer, H. (1994): Strategische Allianzen – Erklärung, Motivation und Erfolgskriterien, in: WISU, Jg. 8, Nr. 9, S. 687–692.

Schumpeter, J. (1931): Theorie der wirtschaftlichen Entwicklung – Eine Untersuchung, 3. Auflage, Leipzig.

Sun, P. / Anderson, M. (2012): The combined influence of top and middle management leadership styles on absorptive capacity, in: Management Learning, Vol. 43, No. 1, S. 25–51.

Szulanski, G. (1996): Exploring Internal Stickiness: Impediments to the Transfer of Best Practice within the Firm, in: Strategic Management Journal, Vol. 17, No. S2, Special Issue, S. 27–43.

Teece, D. (1981): The Multinational Enterprise: Market Failure and Market Power Considerations, in: Sloan Management Review, Vol. 22, No. 3, S. 3–17.

Tilton, J. (1971): International Diffusion of Technology: The Case of Semiconductors, Washington D.C.

Todorova, G. / Durisin, B. (2007): Absorptive capacity: Valuing a reconceptualization, in: Academy of Management Review, Vol. 32, No. 3, S. 774–786.

Toker, Z. (2003): Wissensmanagement-Studie 2003, in: LexisNexis, Münster.

Vera, D. / Crossan, M. (2004): Strategic leadership and organizational learning, in: Academy of Management Review, Vol. 29, No. 2, S. 222–240.

Waldman, D. / Bass, B. / Yammarino, F. (1990): Adding to contingent-reward behavior: The augmenting effect of charismatic leadership, in: Group & Organization Studies, Vol. 15, No. 4, S. 381–394.

Wales, W. / Monsen, E. / McKelvie, A. (2011): The organizational pervasiveness of entrepreneurial orientation, in: Entrepreneurship Theory & Practice, Vol. 35, No. 5, S. 895–923.

Wang, C. (2008): Entrepreneurial Orientation, Learning Orientation, and Firm Performance, in: Entrepreneurship Theory and Practice, Vol. 32, No. 4, S. 635–657.

Wiklund, J. / Shepherd, D. (2005): Entrepreneurial orientation and small business performance: a configurational approach, in: Journal of Business Venturing, Vol. 20, No. 1, S. 71–91.

Yammarino, F. / Spangler, W. / Bass, B. (1993): Transformational leadership and performance: A longitudinal investigation, in: Leadership Quarterly, Vol. 4, No. 1, S. 81–102.

Zahra, S. / George, G. (2002): Absorptive Capacity: A Review, Reconceptualization, and Extension, in: Academy of Management Review, Vol. 27, No. 2, S. 185–203.

Zuboff, S. (1988): In the Age of the Smart Machine: The Future of Work and Power, Oxford.

Christoph Köller

Görgen & Köller GmbH (G&K)

Mario Dompke

Deutsches Zentrum für Luft- und Raumfahrt e.V. (DLR)

Jennifer Wockenfuß

Görgen & Köller GmbH (G&K)

Entdecken der Möglichkeiten – Wissenstransfer aus den Geistes- und Sozialwissenschaften

1 Einleitung

In zivilisierten, aufgeklärten und demokratischen Gesellschaften dient die Wissenschaft der Schaffung von Wissen – und nicht der Begründung von Dogmen. Wissenschaft muss also frei sein in ihrer Entscheidungsfähigkeit der wissenschaftlichen Untersuchungsobjekte, in der Anwendung der wissenschaftlichen Methoden und in den Möglichkeiten, auch unkonventionelle Wege zu beschreiten.

Wissen und speziell wissenschaftliche Erkenntnisse sind aber in unseren Gesellschaftsformen kein Selbstzweck, sondern mit der Erwartung verbunden, Erkenntnisse für die Zukunftsgestaltung unserer Gesellschaft zu finden. Die steuerfinanzierte Generierung von Wissen verfolgt so die Absicht, dieses Wissen in nachgelagerten Anwendungsstufen einer gesellschaftlichen Nutzung zur Verfügung zu stellen. War diese Erwartung lange eher immanent in der Wissenschaftsfinanzierung enthalten, wird dieser Transfer des in außeruniversitären Forschungsorganisationen und Hochschulen gewonnenen Wissens in Gesellschaft und Wirtschaft heute immer stärker eingefordert. Der Wissenschaftsrat (WR) stellt in seinem Positionspapier „Wissens- und Technologietransfer als Gegenstand institutioneller Strategien“ fest: „Transfer ist eine Kernaufgabe und mit Forschung, Lehre und wissenschaftlichen Infrastrukturangeboten eine der wesentlichen Leistungsdimensionen wissenschaftlicher Einrichtungen“[1]. Der folgende Beitrag stellt zunächst die im Wissenstransfer aus den Geistes- und Sozialwissenschaften liegenden Potenziale dar und diskutiert

1 Wissenschaftsrat (2016), S. 5.

Anforderungen hierfür. Anschließend werden verschiedene Ansätze zur Förderung des Wissenstransfers in den Geistes- und Sozialwissenschaften beleuchtet.

2 Potenziale von und Anforderungen an Wissenstransfer in den Geistes- und Sozialwissenschaften

Der WR bezieht sich bei seiner Forderung nach einer Wissens- und Technologietransferstrategie keineswegs nur auf den Transfer von Technologien, sondern versteht unter Transfer allgemein ein Übertragen von Wissen.[2] Mit Wissen ist „die Gesamtheit wissenschaftlich erarbeiteter Erkenntnisse gemeint".[3] Um einen Transfer des Wissens zu erreichen, sieht der WR drei übergeordnete Handlungsfelder: Wissenschaft kommunizieren, wissenschaftlich beraten und Wissenschaft anwenden.[4] Der Transferbegriff wird so unmittelbar mit einer Nutzungsdimension verbunden (kommunizieren, beraten, anwenden) und impliziert in dem Transfer eine weitere Stufe der Wertschöpfung im umfassenden Innovationsprozess (von der Idee über die Invention bis zur Innovation). Mit „nutzen" oder häufig auch als „verwerten" bezeichnete Aktivitäten werden so integrierte Elemente der wissenschaftlichen und der ihr nachgelagerten Arbeit. Die Abbildung 1 verdeutlicht diesen Zusammenhang.

Abbildung 1: Aktivitäten im Wissenstransfer.

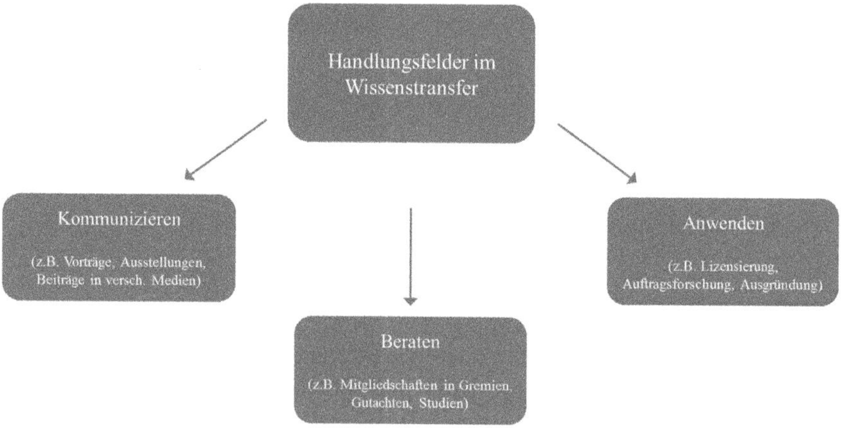

Quelle: Eigene Darstellung in Anlehnung an Wissenschaftsrat (2016).

---

2 Vgl. Wissenschaftsrat (2016), S. 9.

3 Wissenschaftsrat (2016), S. 9.

4 Vgl. Wissenschaftsrat (2016), S. 21.

Ein Blick auf die überwiegend gebräuchliche Transferperspektive zeigt, dass Transfer bislang meist mit Technologien in Verbindung gebracht wird. Die vielfach vorhandene „Idealvorstellung" beschreibt den Umstand, dass aus Technologien Patente werden, die über Lizenzeinnahmen ein Vielfaches der in Forschung und Entwicklung investierten Mittel wieder einbringen. Oder es entstehen auf Basis patentierter Forschungsergebnisse schnell wachsende Ausgründungen, die zahlreiche Arbeitsplätze in der Volkswirtschaft entstehen lassen.[5]

Um diese Vorstellungen zu erreichen, wurde eine umfassende Infrastruktur geschaffen; zahlreiche Technologietransferbüros beschäftigen sich an Universitäten und außeruniversitären Forschungseinrichtungen mit der Suche nach Patenten und patentierbaren Forschungsergebnissen, die Aussichten auf das Erreichen der genannten Zielvorstellungen versprechen. Der Fokus dieser Büros liegt weit überwiegend auf Technologien, die mit technisch-naturwissenschaftlichem Wissen verbunden werden; insbesondere für die Lebenswissenschaften und diesen nahestehende Forschungsfelder gibt es gar ausgewiesene Transferspezialisten wie etwa die Ascenion GmbH oder PROvendis GmbH. Es wird mittlerweile die Forderung laut, spezielles Transferwissen auch für die Geistes- und Sozialwissenschaften bereitzustellen.

Denn: Neue Erkenntnisse aus Forschung gibt es auch in anderen Disziplinen, was bereits in der Definition des Forschungsbegriffs verankert ist: Forschung ist die Suche nach neuen Erkenntnissen unter Anwendung wissenschaftlicher Methoden und in geplanter Form. Selbst das Scheitern eines Forschungsansatzes erbringt durch die Widerlegung der Ausgangshypothese eine neue Erkenntnis, die wissenschaftlich methodisch untermauert ist. Somit liegt in **jedem** wissenschaftlichen Ergebnis ein Erkenntnisgewinn. Heute werden allerdings viele Disziplinen noch kaum bis gar nicht in den Fokus der Nutzenbetrachtung von Forschungserkenntnissen gebracht.

Der Fächersystematik des Statistischen Bundesamts folgend, beginnt das weitgespannte Feld der Geisteswissenschaften etwa bei der Germanistik, reicht über Geschichtswissenschaft und die Erforschung alter Kulturen bis zu Medien-, Theater- und Musikwissenschaften. Die Sozialwissenschaften umfassen neben der Soziologie und den Politikwissenschaften auch Fächer wie Psychologie, Pädagogik und Kommunikationswissenschaften. In Ländern wie etwa Österreich

5 Es sei an dieser Stelle angemerkt, dass Patente und Ausgründungen aus Sicht der Direktoren von Forschungsinstituten vielfach nicht die am besten geeigneten Transferinstrumente darstellen, um gleichzeitig auch noch Drittmittelerlöse zu erzielen. Auftragsforschung und kooperative Forschungsprojekte mit Unternehmen werden häufig als wichtiger erachtet.

oder Großbritannien wird diesem Kanon, der im Übrigen hier keinen Anspruch auf Vollständigkeit erhebt, im Zusammenhang mit Wissenstransfer auch noch die Kunst hinzugerechnet.[6]

Auch in diesen Disziplinen, die sich, genau wie Technik- und Naturwissenschaften, in außeruniversitären Forschungsorganisationen und Hochschulen finden, entsteht Wissen, das – da kein Selbstzweck – transferiert werden kann und zu großen Teilen auch schon wird. So finden psychologische Erkenntnisse etwa Anwendung in Personalauswahl und -entwicklungsverfahren bei Unternehmen, Ergebnisse sprachwissenschaftlicher Forschung gehen in die Kommunikation zwischen Anbietern und Kunden (z.B. Ärzten und Patienten) ein, Religionswissenschaften werden zur Lösung migrationsbedingter Integrationsprobleme genutzt. Allerdings ist ein systematischer, prozessgesteuerter Transfer eher selten zu beobachten.

Eine den Technik- und Naturwissenschaften vergleichbare Transferinfrastruktur findet sich nicht, weder in Deutschland noch in anderen europäischen Ländern.[7] Damit wird Verwertung im Bereich der Geistes- und Sozialwissenschaften weit weniger systematisch angestrebt als im Bereich des naturwissenschaftlich-technischen Wissens. Es gibt sowohl eine Reihe von Gründen, weshalb dies heute nicht systematisch erfolgt, wie auch (bessere) Gründe diese Situation zu verändern.

Entsprechend der Definition von Max Weber von „Soziologie" als Wissenschaft, „welche soziales Handeln deutend verstehen und dadurch in seinem Ablauf und seinen Wirkungen ursächlich erklären will",[8] birgt ein Transferanspruch im Sinne der Anwendung von sozialwissenschaftlichen Erkenntnissen eine hohe Gefahr der ideologischen Nutzung. Das Verstehen von sozialen Prozessen beinhaltet die Möglichkeit, Gesellschaften in gewolltem Sinne zu beeinflussen. Spätestens in totalitären Umgebungen ist dies eine Gefahr – aber auch in demokratischen Gesellschaftsformen ist diese Gefahr nicht auszuschließen. Allerdings liegt hierin in konsensualer Anwendung auch eine große Chance. In einer aufgeklärten Gesellschaft werden Herausforderungen nicht nur gemeinsam erkannt, sondern deren Lösung auch als gesamtgesellschaftlicher Prozess verstanden. Hier ist eine Anwendung soziologischer Erkenntnisse von großer Bedeutung, um Sensibilitäten, Einsichten und gemeinschaftliche Handlungsformen zu entwickeln und

---

6 Vgl. Statistisches Bundesamt (2015).

7 Als Ausnahme kann die französische Initiative CVT Athéna verstanden werden, die unter anderem geistes- und sozialwissenschaftliches Forschungswissen bündelt, um Transfer zu ermöglichen.

8 Weber (1922).

umzusetzen (bspw. Mülltrennung, Energieeinsparung, Gebäudeisolationen oder allgemeiner: der Konsens zum Umweltschutz).

Die Vorteilhaftigkeit einer konsequenten Verwertung geistes- und sozialwissenschaftlichen Wissens lässt sich über zwei Stränge begründen: Nutzen für Wirtschaft und Gesellschaft und Verantwortung für die Erkenntnisse durch die Wissenschaft. Die oben bereits erwähnte Einforderung des Transfers durch den Wissenschaftsrat untermauert dies.

Die Verantwortung der Wissenschaft für die Anwendungen der Erkenntnisse ist auch ein Teil der Anerkennung für die Begründer sozial- und geisteswissenschaftlicher Erkenntnisse. Heute wird diese Anerkennung fast ausschließlich über wissenschaftliche Karrierewege definiert. Die Diskussion, dass die Verantwortung für eine organisierte Nutzung nicht bei den die Erkenntnisse generierenden Wissenschaftlern liegt, basiert ausschließlich auf der Annahme, dass Generierung von Erkenntnissen fremdfinanziert erfolgt (hier in Form von Grund- oder Drittmittelfinanzierungen aus öffentlichen Mitteln). Die Fremdfinanzierung stellt so eine Analogie zur Auftragsforschung dar, bei der die Nutzung der Ergebnisse in den Händen der Auftraggeber liegt.

Wäre die Finanzierung an die Nutzungsdiskussion angekoppelt, würde sich die Verantwortung in anderem Licht zeigen. Es soll hier ausdrücklich betont werden, dass die Verfasser nicht auf eine Einschränkung der Forschung auf wirtschaftlich nutzbare Fragestellungen abheben, jedoch muss die Verantwortung für die Nutzendimension der Forschungsergebnisse gestärkt werden. Nur so wird es auch sinnvoll möglich, angebliche Misserfolge (weil Ausgangshypothesen widerlegt werden) als notwendige Forschungserfolge darzulegen – und ein „falscher" Erfolgsdruck wird von der Wissenschaft weggenommen.

In Großbritannien hat die Einführung des sogenannten Research Excellence Frameworks dazu geführt, dass zahlreiche Fallbeispiele entstanden sind, die zeigen, wie Geistes- und Sozialwissenschaften "impact" in Wirtschaft und Gesellschaft erzeugen. Erkenntnisse soziologischer Studien nehmen Einfluss auf die Gesetzgebung, Linguistik führt in schwierigen Situationen zu verbesserter Kommunikation. Eine Vielzahl von Beispielen findet sich in den sogenannten Impact Case Studies.[9]

Ohne die Geistes- und Sozialwissenschaften auf die Rolle als „Akzeptanzbeschaffer für technologische Innovationen" reduzieren zu wollen, bleibt festzustellen, dass Innovationsfelder wie autonome Fahrzeuge, Robotik für medizinische Anwendungen, aber auch grüne Gentechnologie mit einer Reihe von gesellschafts- und

9 Diese sind unter der URL http://impact.ref.ac.uk/CaseStudies abrufbar.

sozialwissenschaftlichen Fragen zusammenhängen. Diese Felder werden gerne in Zusammenhang mit der künftigen Wettbewerbsfähigkeit Deutschlands gebracht; die Beantwortung der sich stellenden ethischen, rechtlichen, aber auch verhaltensbezogenen Fragen sollte das vorhandene Potenzial der Geistes- und Sozialwissenschaften nutzen.

Auch im Zusammenhang mit „Sozialen Innovationen" werden die Geistes- und Gesellschaftswissenschaften genannt. Wenn es zu Lösungen für existierende Fragestellungen kommt, die Praktiken ganzer Gesellschaften verändern, wird von Sozialen Innovationen gesprochen.[10] Beispiele sind etwa Uber, Airbnb, der Ansatz der "Sharing Economy" im Allgemeinen sowie die Zusammenführung kollektiven Wissens in Wikipedia. Das Förderprogramm „Validierung des technologischen und gesellschaftlichen Innovationspotenzials wissenschaftlicher Forschung -VIP+" des BMBF rückt in einer Handreichung für Antragsteller aus den Geistes- und Sozialwissenschaften diese Disziplinen in die Nähe der Sozialen Innovationen.[11] Allerdings: Eine Reduktion des Transfers der Geistes- und Sozialwissenschaften auf Soziale Innovationen nutzt das vorhandene Potenzial nicht aus, da das Zusammenspiel mit technologischen Innovationen und die Möglichkeit der Geistes- und Sozialwissenschaften, eigenständige Quelle von Innovationen zu sein, unterbelichtet wird.

Eine neue Diskussion ist durch die Anwendungen "alter" Technologien in neuen Kontexten entstanden. Hier werden insbesondere neue Geschäftsmodelle, die auf existierenden Technologien fußen, als Nichttechnische Innovationen bezeichnet (soziale Netzwerke, Kundenplattformen).

Auch werden in Gesellschaften etablierte Formen des Zusammenlebens oder der Zukunftssicherung häufig als gegeben hingenommen, ohne ihren Innovationsgehalt zu sehen. Zum Beispiel sind (waren) das deutsche Schul- und Ausbildungssystem oder das Gesundheitssystem Soziale Innovationen, die aus der Umsetzung von soziologischer und volkswirtschaftlicher Forschung entstanden sind. Dass viele solcher Anwendungserkenntnisse zwar aus sozial- und geisteswissenschaftlicher Forschung resultieren, der auftraggebende Bereich allerdings die Militärforschung ist, sei hier nur am Rande erwähnt, um die Gehaltfülle sozial- und geisteswissenschaftlicher Forschung deutlich zu machen. In der Militärforschung ist die Nutzung solcher Forschung selbstverständlich (Ergonomie, Gruppendynamiken, Hygieneverhalten, Psychologie).

---

10 Siehe hierzu etwa Howaldt (2016).

11 Vgl. Ergänzende Handreichung für VIP+ Antragstellende aus dem Bereich der Geistes-, Sozial- und Kulturwissenschaften (GSK) in der Fassung vom September 2016, S. 2.

Den Geistes- und Sozialwissenschaften wird eine wichtige Rolle zur Lösung der so genannten „großen“ gesellschaftlichen Herausforderungen zugesprochen. Hierzu zählen Themen wie alternde Gesellschaft, Mobilität und Industrie 4.0. Auch – und bedingt durch globale Wirtschaftszusammenhänge – stellen sich Fragen des Miteinanders von Menschen, Gesellschaftsformen oder Religionen. Sind solche Ansätze oben noch im Zusammenhang mit Militärforschung genannt, so erscheinen sie heute in neuem Licht. Abhängigkeiten durch Rohstoffbeschaffung, die heute nicht mehr durch militärische Interventionen aufgelöst werden können, die Veränderung des Klimas und damit einhergehender Entzug von Lebensgrundlagen ganzer Kontinente (z.B. Versteppung Afrikas) sind ebenso Begründungsebenen wie die daraus resultierenden Völkerbewegungen und damit einhergehender Problemsituationen.

In diesem Zusammenhang sei erwähnt, dass in Nordrhein-Westfalen kürzlich das Netzwerk "connectNRW" aufgesetzt wurde, das geistes- und gesellschaftswissenschaftliche Forscher in NRW aktiv zur Bearbeitung gesellschaftlicher Herausforderungen vernetzen soll.[12]

Forschung in außeruniversitären Forschungsorganisationen und Hochschulen wird in erster Linie durch finanzielle Unterstützung des Bundes und der Länder ermöglicht. Erfolgte dies bis zum Milleniumswechsel zwar themen- und kompetenzbezogen in Form von Projektfinanzierungen (als Begründungsebene der Grundfinanzierung), so wird die Finanzierung heute auf einen programmbezogenen Ansatz aufgebaut. Ergänzende Fragestellungen werden darüber hinaus durch Projektförderung als Drittmittelforschung in jedem Einzelfall beantragt und finanziert. Insbesondere diese projektbezogene Forschungsförderung verlangt sogenannte Verwertungspläne, in denen darzustellen ist, wie eine über die Laufzeit des Vorhabens hinausgehende Verwertung der Erkenntnisse erfolgt. Aufgeteilt ist dieser Verwertungsplan in die Pflichtfelder „Wirtschaftlicher Erfolg“, „Wissenschaftlich-technischer Erfolg“ und „Wissenschaftliche und wirtschaftliche Anschlussfähigkeit“. Auch hier zeigt sich, dass die Ausgangsidee sich aus eher technischen Forschungsszenarien entwickelt hat. Trotzdem bleiben diese Erläuterungen und deren Umsetzung Verpflichtung für alle Drittmittel finanzierten Projektförderungen – also auch für sozial- und geisteswissenschaftliche Ansätze.

Damit wird „Transfer und Verwertung“ zu einer Aufgabe, die seitens der Zuwendungsgeber erwartet wird. Für sozial- und geisteswissenschaftliche Forschung stellt sich nun die Frage, wie solche technisch implizierten Begrifflichkeiten ausgefüllt werden können, erschöpft sich doch die Ergebnisverwertung aus diesen

12 Vgl. http://connectnrw.de.

Forschungsdisziplinen heute noch stark in der Zurverfügungstellung der Ergebnisse durch Veröffentlichungen. Ohne irgendeine Aussage zur Qualität der Forschung zu implizieren, erscheint die Forschung sich so selbst auf einen Karriereweg für Wissenschaftler zu reduzieren. Wenn aber die Entwicklung der Forschungsfrage aus der persönlichen oder institutionellen Betroffenheit zu Situationen, Herausforderungen oder gar akuten Problemen resultiert, so wird es selbstverständlich, dass im Ergebnis nicht nur die Darstellung der Erkenntnisse stehen kann, sondern auch eine Verantwortung für deren Umgang in gesellschaftlichem Kontext übernommen wird – also eine Verwertung, eine Nutzung mitbedacht wird. Aus einer Ergebnisdarstellung wird eine Diskussion der Nutzenpotenziale und -strategien und im besten Fall eine Beschreibung der erwarteten oder durch Handlungen begleiteten Wirkung der Erkenntnisanwendung (Impact).

Generell drängen deutsche und europäische Zuwendungsgeber zunehmend darauf, dargelegt zu bekommen, wie auch in geistes- und sozialwissenschaftliche Projekte investierte Fördergelder Nutzen für Gesellschaft und Wirtschaft erbringen. Mit Bezug auf die Geistes- und Sozialwissenschaften fordert in diesem Sinne das europäische Forschungsprogramm „Horizon 2020" explizit ein "embedding" der Geistes- und Sozialwissenschaften, auch und gerade in Technologieprojekte.

Damit stellt der systematische Wissenstransfer aus den Geistes- und Sozialwissenschaften einerseits ein Verwertungspotenzial bereit, dessen Erschließung mit gesellschaftlichem Nutzen verbunden ist; andererseits wird er auch erwartet. Wo stehen wir aber heute bei der Entdeckung und Nutzung dieser Möglichkeiten?

3 Ein systematischer Ansatz zur Förderung des Wissenstransfers aus den Geistes- und Sozialwissenschaften

In den Jahren 2010 bis 2016 koordinierte das Institut für Deutsche Sprache unter Leitung von Prof. Dr. Eichinger das BMBF-geförderte Projekt „Verwertung Geist". Eine wesentliche Aufgabe des Vorhabens war es, herauszuarbeiten, welche Barrieren des Wissenstransfers in den Geistes- und Sozialwissenschaften zu verorten sind. Auf Basis von explorativen Interviews mit Wissenschaftlerinnen und Wissenschaftlern der Geistes- und Sozialwissenschaften konnten mit Bezug auf den Wissenstransfer vier Barrieredimensionen festgestellt werden: „Wissen", „Wollen", „Können" und „Dürfen".

Entstehendes und vorhandenes Wissen in den Geistes- und Sozialwissenschaften ist in höchstem Grade an die Person gebunden – der Wissenstransfer aus den Geistes- und Sozialwissenschaften hängt daher entscheidend mit Wahrnehmungen und Einstellungen der einzelnen Wissenschaftler zusammen.

Mit „Wollen" geht einher, so zeigten es die Interviews, dass die verfassungsrechtlich garantierte Freiheit der Forschung auf keinen Fall gefährdet werden solle. Insofern wird auch jeder externe Einfluss auf die Wahl von Forschungsthemen häufig abgelehnt, was bis hin zur Ablehnung der Kommunikation mit Akteuren außerhalb der Wissenschaft reichte. Dies trifft insbesondere für wirtschaftliche Verwertung zu: „Es ist nicht das wirtschaftliche Verwertungsinteresse, das dominiert, sondern das intellektuelle." Allerdings stellt der Wissenschaftsrat 2016 Folgendes fest: „Transfer setzt meist voraus, dass mit unterschiedlichen Partnern interagiert wird. Daher kann es erforderlich sein, proaktiv gesellschaftliche Akteure als mögliche Partner zu identifizieren, um in einen Austausch über Probleme und Fragestellungen eintreten zu können."[13] Insofern relativiert der Wissenschaftsrat ein striktes „Nicht-Wollen"; die Interviews offenbarten im Übrigen auch Fälle des „Wollens".

Andererseits gab es auch Stimmen, die andeuteten, dass insbesondere wirtschaftlich orientierte Transferanstrengungen nicht sinnvoll seien, weil man dies in grundfinanzierten Einrichtungen, bezogen auf die satzungsgemäße Zweckbindung der Institution, nicht darf. Hierzu gehörte beispielsweise eine vermutete Gefährdung der Gemeinnützigkeit: „Wenn wir in unserem Haushalt einen Überschuss am Jahresende hätten, müssten wir Gelder zurückgeben." Sobald der wirtschaftlich-relevante Transferaspekt verlassen wurde, gab es aber auch Aussagen wie „Ich bin daran interessiert, dass wir unser Tun in die Öffentlichkeit kommunizieren, weil sie uns letztlich finanziert und trägt."

Neben den „Wollen"- und „Dürfen"-Barrieren, gibt es Kategorien, die Ansatzpunkte für die Überwindung bieten. So fehlt es häufig an Wissen über die Verwertbarkeit von Forschungsergebnissen und Kompetenzen außerhalb der wissenschaftlichen Szene. Während in technologisch orientierten Instituten der Einsatz von Technologieportfoliomethoden oder Ansätzen zur Innovationsbewertung durchaus vorkommt, ist die Verwendung solcher oder ähnlicher Verfahren in geistes- und sozialwissenschaftlichen Instituten die absolute Ausnahme. Insofern fand (und findet) eine systematische Suche nach verwertbaren Forschungsergebnissen de facto nicht statt. In diesem Kontext ist auch relevant, dass „Transfer und Verwertung" auf der Prioritätenliste der Geistes- und Sozialwissenschaftler nicht ganz oben stehen. So wird einerseits gefordert, dass Verwertung mit dem Forschungsinteresse Hand in Hand gehen sollte: „Wir machen das nicht wegen des Geldes, sondern es muss aus einer Forschungsperspektive interessant sein". Andererseits fehlt ein – auch und gerade – in der Wissenschaft akzeptiertes Anreiz- und Reputationssystem, das Verwertung und Transfer als erstrebenswert erscheinen lässt.

13 Wissenschaftsrat (2016), S. 37.

Neben fehlendem Wissen und fehlender Aufmerksamkeit für Transfer fehlt es aber nicht selten auch an organisatorischen Verwertungsmöglichkeiten. Aussagen wie „es gibt leider keine Regel", „im Moment machen das meine Kollegin und ich" deuten an, dass es gerade in geistes- und sozialwissenschaftlichen Instituten außeruniversitärer Forschungseinrichtungen keine etablierten Prozesse und aufbauorganisatorische Maßnahmen für den Transfer gibt.

Sicherlich lassen sich ähnliche Einstellungen und Aussagen zum Wissenstransfer auch bei Wissenschaftlern anderer Disziplinen und Anwendungsfelder finden. „Verwertung Geist" hat keine quantitative Erhebung durchgeführt, die empirisch belastbare, repräsentative Aussagen erlauben. Vergleiche mit Erfahrungen zum Wissenstransfer aus den Geistes- und Sozialwissenschaften in anderen Ländern führen jedoch zur Bestätigung der Studienergebnisse. Somit ist dieser Stand der Dinge zu beachten, wenn darüber nachgedacht wird, Möglichkeiten des Wissenstransfers aus den Geistes- und Sozialwissenschaften zu entdecken.

Die skizzierten Einschätzungen mit Bezug auf den Wissenstransfer aus den Geistes- und Sozialwissenschaften lassen sich in anderen Ländern Europas finden. So wurde vor zwei Jahren durch die Görgen & Köller GmbH eine Arbeitsgruppe zur Verwertung aus den Geistes- und Sozialwissenschaften bei ASTP-Proton, dem europaweiten Verband der Wissens- und Technologietransfermanager von Hochschulen und wissenschaftlichen Organisationen, eingerichtet. Dieser Arbeitsgruppe gehören über 30 Mitglieder aus Deutschland, Österreich, England, Niederlande, Belgien, Norwegen, Schweden, Dänemark, Portugal und Großbritannien an. Alle Mitglieder der Special Interest Group berichten über die gleichen Erfahrungen zum Verhältnis von Wissenstransfer und Geistes- und Sozialwissenschaften. Eine Ausnahme bildet mittlerweile lediglich das Vereinigte Königreich, da dort durch das Research of Excellence Framework und die damit verbundene Notwendigkeit, Impact Reports zu schreiben, eine gewisse Annäherung der Wissenschaftler an das Thema erreicht wurde.

Zweifelsfrei sind aber Barrieren auf dem Weg, die Möglichkeiten des Wissenstransfers aus den Geistes- und Sozialwissenschaften zu entdecken und auszuschöpfen, zu überwinden. Welche Optionen bieten sich an?

Die Beschäftigung mit den Barrieren des Wissenstransfers in den Geistes- und Sozialwissenschaften zeigt, dass vier Ansatzpunkte zur Überwindung eben dieser Barrieren nutzbar erscheinen:

1. Aufmerksamkeit schaffen
2. Verständnis und Vertrauen erzeugen
3. Anlaufpunkte schaffen
4. Transferstrategie und Methoden nutzen

Aufmerksamkeit für Wissenstransfer unter den Geistes- und Sozialwissenschaftlern zu erzeugen bedeutet, Beispiele aufzuzeigen, in denen diese Disziplinen zu Problemlösungen eingesetzt wurden. Dabei sollte es in erster Linie (noch) nicht darum gehen, wie geistes- und sozialwissenschaftliche Forschungsergebnisse und Kompetenzen eingesetzt werden, um Umsätze zu erzielen. Es hat sich als hilfreicher herausgestellt, zunächst einmal zu berücksichtigen, welchen Beitrag diese Disziplinen zur Bewältigung der oben angeführten gesellschaftlichen Herausforderungen leisten können (Missionsorientierung), um hier eine Veränderung der Perspektive bei den Wissenschaftlern herzustellen. So kann geistes- und sozialwissenschaftliches Wissen etwa wertvolle Beiträge zum Umgang mit den Themen „autonomes Fahren" und „Lebensende" leisten. Für Aufmerksamkeit sorgen auch gezielte finanzielle Unterstützungsmaßnahmen wie etwa das ehemalige Ignite-Programm der Universität Leeds.

Bei dem Erzeugen von Verständnis und Vertrauen bei den Wissenschaftlern, um auch sie stärker für das Thema Wissenstransfer zu sensibilisieren und die Barriere des Nicht-wollens aufzubrechen, handelt es sich um einen Prozess, dessen Erfolg sich nicht von heute auf morgen einstellt, der aber gleichwohl unabdingbar ist. Die Technologietransferbeauftragten der Hochschulen und wissenschaftlichen Einrichtungen spielen hierfür eine zentrale Rolle. Es wird darum gehen, die Technologietransferbeauftragung in Richtung eines Transfermanagements zu erweitern. So berichtete ein Wissenschaftler einer renommierten bayrischen Universität unlängst über eine Innovationsidee, die erst gar nicht mit dem Technologietransfermanager der Hochschule besprochen wurde, da „… man dort nur in Patenten und Lizenzen denke. Aber das war für mich nicht relevant." Letztlich verschwand die Innovationsidee in der Schublade und wurde nicht weiterverfolgt. An der Universität Helsinki führten Mitarbeiter in einem finnischen Projekt zur Verwertung aus den Geistes- und Sozialwissenschaften Interviews mit Wissenschaftlerinnen dieser Disziplinen durch, um Transferpotenziale zu identifizieren. Es wurde berichtet, dass nach anfänglichen Irritationen darüber, dass sich die Transferabteilung wirklich für sie interessiere, angeregte Diskussionsprozesse in Gang kamen, an deren Ende verwertbare Forschungskompetenzen standen. Transfer durch Beratung fand in diesem Zusammenhang besondere Beachtung. Von ähnlichen Erfahrungen wurde auch im Projekt „Innovationsgeist" der Ludwig-Maximilians-Universität in München berichtet.

Letztlich ist die Maßnahme „Anlaufpunkte schaffen" eine Art organisatorische Umsetzung des Verständnisaufbaus. Studien in Österreich, Finnland und Deutschland zeigten, dass Geistes- und Sozialwissenschaftler sich im Zusammenhang mit Transfer dedizierte Ansprechpartner wünschen, die „ihre Sprache sprechen“. So gibt es in einigen Knowledge Transfer Offices an verschiedenen europäischen Universitäten Personen, die sich auf den Transfer aus den Geistes- und Sozialwissenschaften spezialisiert haben (z.B. Helsinki Innovation Services der Universität Helsinki, Innovation Exchange Amsterdam, einem Zusammenschluss von fünf Forschungseinrichtungen Amsterdams). Für die außeruniversitären Forschungsorganisationen in Deutschland gibt es für die Lebenswissenschaften spezialisierte Transferorganisationen wie etwa die Ascenion GmbH. Die Adaption dieses Modells für die Geistes- und Sozialwissenschaften ist gefordert.

Darüber hinaus gibt es in jüngster Zeit zunehmend die Forderung, gewissermaßen greifbare Orte zu entwickeln, in denen Wissenschaftler der Geistes- und Sozialwissenschaften mit Wissenschaftlern anderer Disziplinen und mit Praxisakteuren zusammentreffen, um ihr Wissen zur Bearbeitung der großen gesellschaftlichen Herausforderungen einzubringen: "Knowledge transfer needs infrastructure". In diesem Sinne haben Adam Price und Rick Delbridge im November 2015 das Papier "Social Science Parks – Society's New Super-Labs" zusammengestellt, in dem sie unter anderem über Social Science Parks in Barcelona und Cardiff berichten.[14] In Deutschland werden Überlegungen zu "Humanities Impact Hubs" diskutiert.

Von besonderer Bedeutung für die Verwertung geistes- und sozialwissenschaftlicher Forschungsergebnisse und Kompetenzen ist jedoch der Einsatz geeigneter Methoden auf dem Weg zur Entwicklung von Wissenstransferstrategien an Hochschulen und außeruniversitären Forschungseinrichtungen. Eine Wissenstransferstrategie beschreibt das geplante Vorgehen eines Forschungsinstituts in Bezug auf den Wissenstransfer von Forschungsinhalten, -methoden und -kompetenzen an Zielgruppen außerhalb des Wissenschaftssystems zur Erreichung gesetzter Wissenstransferziele. Mit der Entwicklung einer Wissenstransferstrategie gehen die Aktivitäten „befähigen, identifizieren, bewerten, entwickeln und verwerten“ einher.

Voraussetzung hierfür ist die Tatsache, dass insbesondere Institute außeruniversitärer Forschungsorganisationen innovationsfähig aufgestellt sind. Hierzu hat das BMBF das Werkzeug "Enabling Innovation" entwickeln lassen. "Enabling Innovation" stellt ein Strategieinstrument dar, das es Forschungsinstituten erlaubt, Innovationsmanagement und Wissenstransfer zielführend zu gestalten. Hierzu wird ein Set von Kriterien angewendet, das dabei hilft, Stärken und Schwächen im Wissenstransfer eines Instituts zu identifizieren. Diese Kriterien wurden im Rahmen eines BMBF-geförderten Projekts entwickelt, in dem in Instituten

14 Vgl. Price/Delbridge (2015).

außeruniversitärer Forschungseinrichtungen in Transfer und Innovation bezogen auf quantitative Kriterien erfolgreiche mit weniger erfolgreichen Instituten verglichen wurden. Der Vergleich der Institute zeigte Unterschiede in verschiedenen Dimensionen auf (z.B. Zielgruppenkenntnis, Forschungsplanung, Kultur); aus diesen Dimensionen wurden die Kriterien für "Enabling Innovation" abgeleitet. In ihrem Zusammenspiel bilden die Kriterien die „Innovationsfähigkeit" eines Instituts ab. Zur Erfassung der Innovationsfähigkeit wird in der Regel ein Workshop durchgeführt.[15]

Zur Identifikation möglicherweise verwertbarer Forschungsergebnisse und Kompetenzen aus den Geistes- und Sozialwissenschaften werden heutzutage überwiegend gesprächsbasierte Verfahren eingesetzt, wie beispielsweise im Projekt Innovationsgeist der LMU, aber auch bei KINO in Helsinki. Um aus dieser Menge von Informationen diejenigen Ansätze herauszuarbeiten, deren Transfer auch wirklich zu einer Verwertung führen kann, sind komparative, allerdings auch möglichst einfach anzuwendende Verfahren einzusetzen. Sicherlich stellen Ansätze wie etwa Innoguide vom DLR, der Stage Gate-Prozess nach Cooper oder Technologieportfolio-Ansätze hierzu grundsätzlich sinnvolle Verfahren dar. Allerdings sind diese für Technologien entwickelt worden und eignen sich daher nur begrenzt für die nicht-technologischen Erkenntnisse aus den Geistes- und Sozialwissenschaften. Außerdem gehen diese zudem mit einem erheblichen Informationsbedarf und Durchführungsaufwand einher, der in vielen Fällen zu einer Nicht-Anwendung führt.

Insbesondere, wenn geistes- und sozialwissenschaftliche Erkenntnisse ohne Anfrage an Unternehmen oder gesellschaftliche Anwender herangeführt werden sollen, sind entsprechende Übersetzungsleistungen notwendig. So schreibt auch der Wissenschaftsrat „Transferprozesse erfordern Übersetzungsleistungen, so dass wissenschaftliches Wissen in den jeweiligen Anwendungszusammenhang und umgekehrt Frage- oder Problemstellungen aus der Gesellschaft in den wissenschaftlichen Kontext einfließen können."[16] Die Herstellung eines Zusammenhangs zwischen wissenschaftlichem Wissen und dem Verwendungszusammenhang erfordert in der Regel ein tief greifendes Verständnis der Anwendung: Was genau macht ein Anwender (in einem spezifischen Kontext)? Wie macht er es heute? Was kann durch den Einsatz des Forschungsergebnisses besser, schneller, günstiger, etc. geschehen? Hierzu hilft ein Denken in den Kategorien von Abell,[17]

15 Vgl. Faix (2017); Gerhards et al. (2012).
16 Wissenschaftsrat (2016), S. 37.
17 Vgl. Abell (1980).

der jede Leistung in die Dimensionen Anwender, "Technologie" und Funktionserfüllung zerlegt. Auf diese Weise wird es möglich, aus einer Kompetenz eine Problemlösung zu identifizieren.

Die 5. Transferwerkstatt des Bundesministeriums für Bildung und Forschung im Rahmen der Förderinitiative „Innovationsorientierung der Forschung" hat sich ebenfalls unter dem Titel „Transfer des Transfers" mit der Notwendigkeit und den Möglichkeiten solcher Übersetzungsleistungen beschäftigt. Neben den Fragen, wie Wissen miteinander kommuniziert wird, stand hierbei auch die Herausforderung, Gesellschaft an Forschung zu beteiligen, im Fokus.

Verwerten bedeutet schließlich die Wahl des geeigneten Transferinstrumentes. Wenn im Technologietransfer gerne auch Patente, Lizenzen und Ausgründungen in den Mittelpunkt der Betrachtung gerückt werden, sind diese Instrumente für die Geistes- und Sozialwissenschaften sicherlich (noch?) nicht am bedeutsamsten. Hier sind vielmehr Auftragsforschung und Beratung Transferwege, die immer wieder erwähnt werden. Das Projekt "Enabling Innovation" zeigte, dass Instrumente nicht beliebig austauschbar oder einsetzbar sind, sondern dass diese sich in eine Einrichtungs- bzw. Institutsstrategie einordnen müssen.[18] Eine Transfer- bzw. Verwertungsstrategie ist hiernach Grundlage für einen stetigen Prozess der Einordnung, Nutzung und Überprüfung geeigneter Transferinstrumente. Allerdings darf hieraus kein Henne-Ei-Problem entstehen, weshalb auf dem Weg zu einer Transferstrategie die Erprobung von Instrumenten betrieben werden muss.

4 Fazit

Wissenstransfer aus den Geistes- und Sozialwissenschaften ist somit in der Tat eine Option, deren Möglichkeiten auf dem Weg sind, entdeckt zu werden. Die Entwicklung ist gestartet, nicht nur in Deutschland, sondern auch in anderen Ländern Europas. So hat sich Frankreich die CNRS-Initiative CVT Athéna als Infrastruktur etabliert, um das Wissen aus den Geistes- und Sozialwissenschaften zusammenzutragen. Alle zwei Jahre veranstaltet das Konsortium eine Art Messe, auf welcher Forschungsergebnisse aus den Geistes- und Sozialwissenschaften der Öffentlichkeit und Unternehmen vorgestellt werden. Die Veranstaltung dient als Plattform, um die Geistes- und Sozialwissenschaftler mit ihren Zielgruppen zusammenzubringen. In Österreich hat das Wissenschaftsministerium die Initiative „Wissenstransferzentren" gestartet. Die Transferstellen der österreichischen Universitäten haben sich in drei regionalen Transferzentren

---

18 Vgl. Gerhards et al. (2012), S. 35 und ausführlich Faix (2017), S. 86 ff.

organisiert; die Aktivitäten werden durch das Ministerium finanziert. Eine Sonderförderung gibt es explizit für Vorhaben, die die Verwertung von Geistes- und Sozialwissenschaften betreffen. Auch in Finnland hat das Projekt „KINO", das generell der Verbesserung der finnischen Wissens- und Technologietransferlandschaft dient, einen eigenen, den Geistes- und Sozialwissenschaften gewidmeten Zweig. In Deutschland ist eine ganze Reihe von Aktivitäten des BMBF auf die Verbesserung des Wissenstransfers aus den Geistes- und Sozialwissenschaften gerichtet. So ist etwa die Ausrichtung des BMBF-Programms „VIP+" explizit auch auf die Förderung von Valorisierungsvorhaben aus den Geistes- und Sozialwissenschaften gerichtet. Eine besondere Stellung, weil querschnitts- und übertragungsorientiert, nimmt hier die Förderung des BMBF zur Entwicklung von Methoden und Instrumenten der Verwertung wissenschaftlicher Erkenntnisse aus außeruniversitären Forschungseinrichtungen ein. Dort wird gezielt in unterschiedlichen Kontexten auf die Entwicklung von Transfermethoden für außeruniversitäre Forschungsorganisationen gesetzt, wobei die Geistes- und Sozialwissenschaften eine eigenständige Rolle einnehmen. Neben der Eigenständigkeit wird jedoch große Sorgfalt auf das gegenseitige Lernen voneinander der technischen, naturwissenschaftlichen und sozial- und geisteswissenschaftlichen Disziplinen gelegt. So werden auch – quasi als Nebenprodukt – neue Zusammenarbeitsformen und neue Wertigkeiten der Einzeldisziplinen in Forschungsfragen zu gesellschaftlichen Herausforderungen geschaffen. Sozialwissenschaft wird nicht nur zum "Enabler" technischer Umsetzungen, sondern zum Bestimmer technischer Anforderungen für gesellschaftliche Veränderungsprozesse. Wissenstransfer und Verwertung bekommen neu (wieder geschaffen) eine zentrale Funktion im Wissenschaftssystem.

Mit Bezug auf den Wissenstransfer aus den Geistes- und Sozialwissenschaften stehen wir im Vergleich zum Technologietransfer am Anfang der Entwicklung; wir sind dabei, die Möglichkeiten zu entdecken. Wir sollten dabei aber nicht vergessen, dass die Selbstverständlichkeit der Verwertung in technischen Disziplinen auch einen langen Weg hinter sich hat – dieser kann durch Berücksichtigung eben dieses Weges für die Sozial- und Geisteswissenschaft verkürzt werden, muss aber unweigerlich beschritten werden.

Literaturverzeichnis

Abell, D. F. (1980): Defining the business: The starting point of strategic planning, Prentice Hall, Englewood Cliffs, New Jersey.

Bundesministerium für Bildung und Forschung – BMBF (2016): VIP+, Ergänzende Handreichung für VIP+ Antragstellende aus dem Bereich der Geistes-,

Sozial- und Kulturwissenschaften (GSK); URL: https://www.bmbf.de/files/20160825-Handreichung-VIP-GSK.pdf, [Zugriff: 08.09.2017].

Connect NRW (2017): Netzwerk Geistes- und Gesellschaftswissenschaften; URL: http://connectnrw.de, [Zugriff: 08.09.2017].

Faix, A. (2017): Befähigung zur Innovation. Grundlagen und Ergebnisse des Projekts "Enabling Innovation" als Ansatz zur Stärkung der Innovationsfähigkeit außeruniversitärer Forschungseinrichtungen, Frankfurt am Main.

Gerhards, U. / Köller, C. / Faix, A. / Volkmann, M. (2012): Enabling Innovation. Wissens- und Technologietransfer – Pflicht und Kür für Forschungseinrichtungen, in: Wissenschaftsmanagement, Jg. 18, Nr. 2, S. 32–37; URL: http://www.wissenschaftsmanagement.de/management/enabling-innovation, [Zugriff: 29.05.2017].

Howaldt, J. (2016): Das Potenzial Sozialer Innovationen entfalten – Trends und Konzepte im internationalen Diskurs, Vortrag auf dem Kongress „Innovationen für die Gesellschaft – Neue Wege und Methoden zur Entfaltung des Potenzials sozialer Innovationen", 20. / 21. September 2016 – Umweltforum in Berlin.

Price, A. / Delbridge, R. (2015): Social Science Parks. Society's New Super-Labs, Nesta; URL: https://www.nesta.org.uk/sites/default/files/social_science_parks_paper.pdf, [Zugriff: 13.09.2017].

Research Excellence Framework (2014): Impact Case Studies; URL: http://impact.ref.ac.uk/CaseStudies, [Zugriff: 21.08.2017].

Statistisches Bundesamt (2015): Bildung und Kultur. Studierende an Hochschulen – Fächersystematik; URL: https://www.destatis.de/DE/Methoden/Klassifikationen/BildungKultur/StudentenPruefungsstatistik.pdf?__blob=publicationFile, [Zugriff: 29.05.2017].

Weber, M. (1922): Wirtschaft und Gesellschaft, Tübingen.

Wissenschaftsrat (2016): Wissens- und Technologietransfer als Gegenstand institutioneller Strategien – Positionspapier; URL: https://www.wissenschaftsrat.de/download/archiv/5665–16.pdf, [Zugriff: 29.05.2017].

II. Gestaltung von Innovationsstrategien

Axel Faix

FH Dortmund,
Forschungsgruppe Innovationsexzellenz

Konsistente Gestaltung marktorientierter Innovationsstrategien

1 Einleitung

Die regelmäßige Hervorbringung und Durchsetzung von Innovationen stellt in vielen Branchen für Unternehmen eine bedeutende Voraussetzung dar, um langfristig die Existenz bzw. überdurchschnittliche Markterfolge zu erzielen.[1] Die vielen fehlgeschlagenen Innovationsprojekte von Unternehmen verdeutlichen allerdings, dass es sich hierbei um eine mit hohen Risiken behaftete, komplexe Aufgabenstellung handelt, die hohe Anforderungen an das gesamte Unternehmen stellt. Die Ausrichtung der Bemühungen durch geeignete strategische Leitlinien, eine klar fokussierte Innovationsstrategie, erhöht die Erfolgswahrscheinlichkeit von Innovationsprojekten in erheblichem Maße.

Der vorliegende Beitrag untersucht nach einer Darstellung einschlägiger Grundlagen und einer näheren Diskussion der Faktoren, die eine Innovationsstrategie kennzeichnen, die Zielkonsequenzen sowie die Bedingungen (in unternehmensinterner und -externer Hinsicht) für ein erfolgreiches innovationsstrategisches Vorgehen, das insbesondere unter einer zeitorientierten Perspektive zwischen einer Pionier- und einer Folgerstrategie gestaltet wird. Eine wesentliche Informationsgrundlage der Argumentation sind die Befunde des IHK-InnoMonitor 2015.

2 Grundlagen

2.1 Innovationen und Innovationsstrategien

Der Begriff "Innovation" knüpft grundsätzlich an das Vorliegen einer Neuheit an.[2] Neuheiten können unterschiedliche *Objekte* verschiedener Akteure und

---

1 Siehe z.B. näher Aaker (2007), S. 8.

2 Vgl. näher zur Diskussion dieses Begriffs Hauschildt/Salomo (2011), S. 3 ff.; Terziovski (2007), S. 1 ff.

Institutionen sein, z.B. Produkte, Organisationsformen oder Formen der Personalentlohnung in Unternehmen, aber auch gesellschaftspolitische Ideen, mathematische Sätze u.a. mehr. Im Mittelpunkt der weiteren Ausführungen stehen Innovationen von Unternehmen, die aus betriebswirtschaftlichen Motiven heraus neue Produkte (*Produktinnovationen*) gestalten und im Markt durchsetzen und gegebenenfalls neue Verfahren (*Verfahrens-* oder *Prozessinnovationen*) realisieren sowie auch organisatorische und/oder personelle Anpassungen an die Innovation vornehmen. In jüngerer Zeit rückt zunehmend die *innovative Gestaltung von Geschäftsmodellen* in den Mittelpunkt, die für etablierte Geschäftsansätze neuartige bzw. veränderte Elemente vorsieht, z.B. einen bislang nicht verwendeten Distributionsweg für ein bekanntes Produkt.[3]

Bei der Beurteilung der *Neuheit* von Gegenständen ist es zweckmäßig, eine subjektive von einer objektiven Sicht zu trennen.[4] Zum Beispiel kann ein Gegenstand für bestimmte Individuen völlig neu sein, obgleich er an anderer Stelle bereits länger verwendet wird oder bekannt ist. In der Regel bietet es sich an, bei Fragen der Neuheit statt eines dichotomen ein graduelles Verständnis zu verwenden, das die in der Realität wahrgenommenen Abstufungen (Neuheitsgrade) von Objekten berücksichtigen kann.[5]

Dic häufig hohen „Flopraten" von Produktinnovationen (die Größenordnungen von bis zu 80 % aller eingeführten Neuprodukte erreichen) belegen das beträchtliche *Risiko* von Innovationsaktivitäten, das sich in der Regel aus mehreren Quellen speist: Während technologische Unsicherheiten das Erreichen einer tragfähigen wissenschaftlich-technologischen Basis und der angestrebten technischen Leistungsmerkmale eines neuartigen Produktes durch das Unternehmen betreffen, bestehen marktliche Unsicherheiten im Hinblick auf die valide Einschätzung der Bedürfnisse und der erreichbaren Akzeptanz der Verwender sowie der Reaktionen von Wettbewerbern und Marktpartnern. Die Festlegung und Umsetzung einer leistungsfähigen *Strategie* kann einen nachdrücklichen Beitrag zur Unsicherheitsbewältigung darstellen: "Strategy determines the configuration of resources, products, processes and systems that firms adopt to deal with the uncertainty existing in their environment. (...) Successful innovation requires

3 Siehe z.B. Müller (2015) und ausführlicher zur begrifflichen Charakterisierung Nemeth (2011), S. 63 ff.

4 Vgl. hierzu Staudt (1985), S. 486.

5 Vgl. dazu ausführlich Büchler/Faix (2015a), S. 173 ff.

a clear articulation of a common vision and the firm expression of the strategic direction."[6]

Grundsätzlich weisen Innovationen Bezüge zu mehreren strategischen Ebenen der Entscheidungsfindung in Unternehmen auf. Die *Unternehmensstrategie* bezieht sich auf die Ausrichtung des gesamten Unternehmens (z.B. in Bezug auf dessen Wachstum oder die Struktur der Geschäftsfelder) und beinhaltet z.B. Aussagen zum Stellenwert, den Innovationen überhaupt für das Unternehmen haben oder die Geschäftsbereiche, in denen Innovationen anzustreben sind. Die *Innovationsstrategie* legt die prinzipielle Vorgehensweise bezüglich eines neuen oder mehrerer neuer (zusammenhängender) Produkte fest und bestimmt z.B. die zu erreichenden Wettbewerbsvorteile und Marktsegmente, das Timing beim Markteintritt oder die zu erarbeitenden technologischen Leistungsmerkmale (wie auch Maßnahmen zur Umsetzung der Entscheidungen im Unternehmen). Beide Strategieebenen sind unter diesem Blickwinkel eng mit der *Technologiestrategie* (Entscheidungen zur Gewinnung und Verwertung technischen Wissens) und der *F&E-Strategie* (Entscheidungen zu Forschungs- und Entwicklungsprojekten zur Erzielung neuen technischen Wissens) abzustimmen.[7]

In inhaltlicher Sicht lässt sich eine Innovationsstrategie auf verschiedene Weise konkretisieren, wobei angesichts ihrer Bedeutung für das Unternehmen in der Regel eine recht enge Anbindung an die Unternehmensstrategie zugrunde gelegt wird: „Die Innovationsstrategie ist Teil der Gesamtstrategie. Sie ist für die zukünftige Positionierung eines Unternehmens im Markt von grundlegender Bedeutung und umfasst die Technologie-, die Produkt-, die Prozess- und die Timingstrategie."[8] *Globocnik/Salomo* (2014) betonen die Rolle der Innovationsstrategie zur Kanalisierung markt- und technologiebezogener Entscheidungen: „Die Innovationsstrategie liefert den Handlungsrahmen für alle taktischen und operativen Maßnahmen zur Implementierung innovativer Vorhaben. Sie zeigt durch strategische Ziele die anzustrebenden Ergebnisse auf und gibt strategische Stoßrichtungen und Leitlinien vor, wie diese zu erreichen sind. Das umfasst einerseits marktbezogene Stoßrichtungen, die die fokussierten Geschäftsfelder, Kundensegmente und territorialen Märkte aufzeigen. Andererseits werden die technologischen Wege zur Zielerreichung vorgezeichnet. Ebenso sind Leitlinien

6 Lawson/Samson (2001), S. 389. Mit Strategien werden Entscheidungen über die Schaffung oder Erneuerung der Erfolgspotenziale des Unternehmens getroffen, die für die nachfolgenden operativen Entscheidungen die Richtung angeben.

7 Siehe zur Integration zwischen Innovations- und Technologiestrategie z.B. den Ansatz bei Gassmann/Wecht (2011), S. 30 ff.

8 Vahs/Brem (2013), S. 104; im Orig. teilweise hervorgehoben.

für die Durchführung von Implementierungsmaßnahmen ein wesentliches Element. Sie beschreiben etwa, ob und mit welcher Intensität Open Innovation betrieben wird, welche grundsätzliche Timingstrategie etc. verfolgt wird oder welche Priorität der Patentierbarkeit von Inventionen beigemessen wird. Die Innovationsstrategie gibt also den Zweck, die Richtung, die Grenzen und die Regeln für innovative Aktivitäten vor."[9]

Die Bedeutung einer treffsicher geplanten und konsequent umgesetzten Innovationsstrategie für den Innovations- und Unternehmenserfolg ist potenziell hoch: *Vahs/Brem* (2013) referieren eine Studie aus dem Jahre 1998: Während erfolgreiche Unternehmen fast in vier von fünf Fällen über eine definierte Innovationsstrategie verfügen, ist diese bei den weniger erfolgreichen nur in jedem zweiten Fall gegeben.[10]

Im Weiteren wird eine marktorientiert geprägte Kombination von Merkmalen zur Erfassung von Innovationsstrategien der Unternehmen gewählt, die wesentliche Faktoren des (mit technologischen und F&E-bezogenen Aspekten zu koordinierenden) Marktverhaltens im Kontext der Gestaltung und Durchsetzung von Neuerungen beinhaltet und auf Basis der Informationen aus der empirischen Erhebung des IHK-InnoMonitor (vgl. Kapitel 2.2) mit multivariaten Datenanalysemethoden näher untersucht wird. Tabelle 1 gibt eine Übersicht über diese Merkmale und die extremen Ausprägungen:

Tabelle 1: Merkmale zur Begründung der Innovationsstrategie.

Merkmal	**Grundsätzliche Ausprägungen**
Timing des Markeintritts	First-to-Market-Strategien für Innovationen oder spätere (nachfolgende) Marktzutritte
Qualitätsstufe	Überlegene Qualitätspositionen oder Qualität auf Marktdurchschnitt
Wettbewerbsvorteile	Ausrichtung der Innovationsentwicklung auf Wettbewerbsvorteile oder Verfolgung eines imitativen Ansatzes

9 Globocnik/Salomo (2014), S. 64; im Orig. z.T. hervorgehoben. In diesem Sinne wird die Innovationsstrategie mit Blick auf die relevanten Funktionen des Unternehmens „als Metastrategie gesehen, die alle Funktionen des Unternehmens umfasst und diese zielgerichtet in den Strategieprozess mit einbezieht. Auf diese Weise lassen sich Synergien entdecken und nutzen", vgl. Vahs/Brem (2013), S. 107; im Orig. z.T. hervorgehoben.

10 Vgl. hierzu Vahs/Brem (2013), S. 95 f.

Merkmal	Grundsätzliche Ausprägungen
Preishöhe	Vermarktung von Innovationen zu relativ hohen Preisen oder Angebot unter (auf) Marktdurchschnitt
Verwendung von Marken	Innovationen in Kombination mit (Einzel-) Marken oder Angebot unmarkierter Produkte
Zahl der Produktvarianten	Breites Angebot an Produktvarianten oder Einzelprodukt

Das *Timing des Markteintritts* ist eine stark beachtete innovationsstrategische Entscheidung, die im Spektrum zwischen einer First-to-Market- bzw. Pionierstrategie und einem späten Marktzutritt getroffen wird. Während für den frühen Eintritt in einen Markt vor allem die Aussicht auf Pioniergewinne (bei früh beginnenden Erfahrungskurven) und nachhaltige Prägung des Marktgeschehens sprechen, verbinden sich mit diesem Ansatz auch weiterreichende Risiken (z.B. Fehleinschätzung der Aufnahmebereitschaft des Marktes oder des Wettbewerbsverhaltens) und Kostenanforderungen (insbesondere F&E, Marketing). Das Chancen-Risiko-Profil von Timingvarianten, die spätere Markteintritte vorsehen, ist hierzu grundsätzlich gegenläufig.[11]

Die mit der Produktinnovation angestrebte *Qualitätsstufe* kann auf eine deutlich überlegene Marktstellung (z.B. besondere Funktionen und Ausstattungsmerkmale des Produkts gegenüber existierenden Lösungen) oder ein Angebot gerichtet sein, das lediglich dem Marktdurchschnitt entspricht (sofern Referenzprodukte existieren). Eng damit verbunden können nachhaltige *Wettbewerbsvorteile* – verstanden als einzigartige, gegenüber Konkurrenzangeboten klar profilierte Leistungen – angestrebt oder Angebote in den Markt eingeführt werden, die Produkte der Wettbewerber im Prinzip imitieren (aber für die einführenden Unternehmen immer noch mit Neuheit einhergehen). Je nachdem bestehen für die *Preispolitik* mal mehr und mal weniger gute Voraussetzungen, um mit einem Premiumpreisansatz die Konsumentenrente bzw. hohe Preisbereitschaften der Verwender abzuschöpfen.[12] Die Etablierung von *Marken* für Innovationen (oder Nutzung bereits

11 Hierbei kann weiter differenziert werden (z.B. Second-to-Market- bzw. Follow-the-Leader-Strategie (als Strategie eines Markteintritts kurz nach dem Pionier bei verringerten Risiken) und Late-to-Market- bzw. Late-Follower-Strategie (die eine Stabilisierung der Marktentwicklung und des Käuferverhaltens abwartet), vgl. Vahs/Brem (2013), S. 109 f. In Bezug auf das Timing ist zu beachten, dass weniger der konkrete Zeitpunkt als die Zeitwahl in Relation zur Konkurrenz eine Rolle spielt, vgl. Fischer/Himme/Albers (2007), S. 540.

12 Dagegen zielen Angebote mit relativ niedrigen Preisen im Regelfall auf eine rasche Penetration des Marktes (und Abschreckung des nachstoßenden Wettbewerbs).

bestehender, passender Familien- oder Dachmarken des Unternehmens) bietet für Unternehmen günstigere Möglichkeiten für eine nachdrückliche Positionierung und Kommunikation eines differenzierten Leistungsangebotes im Markt, die im Falle unmarkierter Neuprodukte ohne zentralen Identifikationsanker auskommen muss.[13] Ein breiteres *Angebot an Produktvarianten* schafft für das Unternehmen strategische Optionen, eine größere Zahl von Marktsegmenten gleichzeitig anzusprechen, während die Unterbreitung eines einzelnen Produktangebotes die Anforderungen lediglich einer Zielgruppe zu berücksichtigen versucht.[14]

Insgesamt bieten *konsistente* Kombinationen der marktgerichteten Entscheidungsausprägungen unterschiedliche qualitative Wege zur Erfolgserzielung (Einführung profilierter Qualitätsangebote in den Markt auf Basis von aufwändigeren Marketing-Mix-Gestaltungen und Premiumpreisen, die schnell Kundenbindung schaffen und gegenüber Nachfolgern hierdurch Marktschranken aufbauen vs. klar auf spezifische Bedürfnisse gerichtete Produkte, die weniger aufwändig vermarktet werden und Eintrittsbarrieren durch eine schnelle Marktdurchdringung auf Basis von Economies of Scale erreichen).

2.2 IHK-InnoMonitor als zentrale Datenbasis der Untersuchung

Die folgenden Analysen zur Ausgestaltung sowie den Wirkungen und Voraussetzungen marktorientierter Innovationsstrategien basieren in erster Linie auf den Befunden des IHK-InnoMonitor, den die *Forschungsgruppe Innovationsexzellenz* regelmäßig in Kooperation mit der *IHK zu Dortmund* zur Untersuchung der Innovationsbedingungen im Westfälischen Ruhrgebiet durchführt.

An der Online-Datengewinnung im Rahmen des IHK-InnoMonitor 2015 beteiligten sich (zwischen März und Mai 2015) insgesamt 166 Unternehmen. Die Angaben von 157 Unternehmen waren vollständig und konnten den weiteren Analysen zugrunde gelegt werden. Die insgesamt 57 erhobenen Fragen (Items) schließen systematisch die Ebenen des House of Innovation Excellence

---

13 Siehe ausführlich zur Erörterung der markenpolitischen Optionen und Effekte bei der Vermarktung von Innovationen Aaker (2007), S. 8 ff.

14 Insgesamt greift die marktorientierte Innovationsstrategie im Sinne dieses Beitrags damit wesentliche Elemente der "product launch strategy" von Unternehmen auf, geht aber über sie hinaus. Diese Strategie umfasst vor allem die "mechanisms through which the organization communicates its value proposition to the chosen target customers", Slater/Mohr/Sengupta (2014), S. 554. Siehe zu einer näheren Diskussion der "product launch strategy" unter dem Blickwinkel der Fähigkeit eines Unternehmens zur radikalen Produktinnovation Slater/Mohr/Sengupta (2014), S. 562 f.

(Innovationserfolg, Innovationsprozess und Innovationsbedingungen) als konzeptionelle Basis zur Erklärung von Innovationserfolgen von Unternehmen ein.[15]

Die Auskunft gebenden Unternehmen gehören verschiedenen *Größenklassen* an, vgl. hierzu die Übersicht in Tabelle 2.

Tabelle 2: Größenverteilung der Unternehmen des InnoMonitor 2015.

Größenklasse	Häufigkeit	Prozent	Kumulative Prozent
Kleinstunternehmen	71	45,2	45,2
Kleines Unternehmen	49	31,2	76,4
Mittleres Unternehmen	25	15,9	92,4
Großunternehmen	12	7,6	100,0
Gesamtsumme	157	100,0	

Zudem teilt sich die Stichprobe des IHK-InnoMonitor 2015 auf folgende *Branchen* auf: Dienstleistungen (64 Unternehmen); Verarbeitendes Gewerbe (43); Handel (21); Medien, Telekommunikation und Informationstechnologie (15); Gastgewerbe, Transport und Verkehr (8); Kredit- und Versicherungsgewerbe (6).

Die Größen- und die Branchenverteilung der Unternehmen der Stichprobe sind nicht voneinander unabhängig. So sind z.B. die Unternehmen, die Dienstleistungen anbieten oder dem Bereich „Medien, Telekommunikation und Informationstechnologie" angehören eher Kleinst- und kleine Unternehmen, während die Unternehmen des Verarbeitenden Gewerbes in stärkerem Maße mittlere und große Unternehmen umfassen.[16]

3 Erfassung und Analyse marktorientierter Innovationsstrategien

3.1 Ableitung von Innovationsstrategien

Die in Tabelle 1 erörterten Merkmale zur Charakterisierung des marktorientierten Innovationsverhaltens sind die Grundlage einer Clusteranalyse zur Gruppierung der Unternehmen unter innovationsstrategischem Blickwinkel. Das Resultat ist die Bildung zweier Cluster, von denen eines im Grundsatz eine *Pionierstrategie*

15 Vgl. hierzu näher Büchler/Faix (2015b).

16 Ein Chi-Quadrat-Test der Hypothese der Unabhängigkeit der Verteilungen bietet deutliche Unterstützung für die Abhängigkeitsüberlegung (Signifikanzniveau (Sig.) = 0,002; Kontingenzkoeffizient = 0,429).

und eines eine *Folgerstrategie* ausdrückt.[17] Die nachfolgende Tabelle zeigt die Skalenwerte[18] in den beiden Gruppen für die einbezogenen Variablen, die gemäß ihrer *Bedeutung für die Clusterbildung absteigend* geordnet sind (vgl. Tabelle 3).

Tabelle 3: Unterscheidung zwischen Pionier- und Folgerstrategie.

Merkmal zur Strategiecharakterisierung	**Cluster Folgerstrategie (n = 63)**	**Cluster Pionierstrategie (n = 60)**
Anstreben von First-to-Market-Strategien für Innovationen	2,30	3,97
Angebot mehrerer Produktvarianten bei der Realisierung von Innovationen	2,05	3,35
Ausrichtung der Innovationsentwicklung auf Wettbewerbsvorteile	2,89	4,20
Anstreben überlegener Qualitätspositionen mit Innovationen	3,38	4,57
Vermarktung von Innovationen zu relativ hohen Preisen	2,46	3,10
Einführung von Innovationen als Marken	2,33	3,05

Eine varianzanalytische Untersuchung[19] der beiden Unternehmensgruppen in Bezug auf die angeführten Variablen erbringt, dass alle Merkmalsunterschiede *statistisch hochsignifikant* sind.[20]

Inhaltlich können die beiden Muster durchweg als in sich *konsistente Strategien* gedeutet werden, da z.B. im Falle der Pionierstrategie die frühe Einführung

17 Die verkürzte Bezeichnung der Strategien als „Folger" und „Pionier" orientiert sich in erster Linie am Timing des Markteintritts, ist inhaltlich allerdings umfassender zu deuten (siehe den Bezug auf Qualitätsvorteile, Preise, Markierung etc.).

18 Die Skalenwerte drücken die Antworten der Unternehmen im IHK-InnoMonitor auf die gestellten Fragen aus, die in der Regel Angaben zur Zustimmung oder Ablehnung der Auskunftspersonen zu einem Item auf einer fünfstufigen Ratingskala (1 = „gar nicht"; 2 = „in geringem Ausmaß"; 3 = „in mittlerem Ausmaß"; 4 = „in hohem Ausmaß"; 5 = „in sehr hohem Ausmaß". Zudem: 6 = „keine Angabe möglich") vorsehen.

19 Vgl. zur Erörterung der Varianzanalyse und der weiteren multivariaten Analysemethoden, die zur Ermittlung der in diesem Beitrag vorgestellten Ergebnisse verwendet werden (Kontingenzanalyse, Diskriminanzanalyse), Böhler (2004), S. 183 ff.

20 Im Weiteren wird eine Aussage mit einem Signifikanzniveau von höchstens 1 % als „hochsignifikant" bezeichnet. Signifikanzniveaus von höchstens 5 % führen zu „signifikanten" und solche von bis zu 10 % zu „schwach signifikanten" Aussagen.

von stärker wettbewerblich profilierten (und häufiger markierten) Produkten mit überlegenen Leistungsqualitäten in mehreren Varianten eine relativ hohe Preisstellung begünstigt – und zugleich erfordert.

3.2 Zielwirkungen von Innovationsstrategien

Im Mittelpunkt der Beurteilung der Angemessenheit von Innovationsstrategien muss für Unternehmen letztlich die Beantwortung der Frage stehen, ob bzw. inwieweit hiermit die jeweils bedeutsamen Ziele erreicht werden. Die folgende Untersuchung der Zielkonsequenzen der beiden Strategietypen geht (auf Basis einer Varianzanalyse) mit einem relativ breiten Ansatz auf verschiedene faktische und zufriedenheitsorientierte (also unter anderem von den jeweiligen Erwartungen abhängige) Zielmaße ein: Absolute *Anzahl der eingeführten Innovationen* in den letzten drei Jahren, *Zielerreichung der Unternehmen im Hinblick auf die Anzahl der realisierten Innovationen*, *Innovationsrate* (verstanden als Umsatzanteil auf Basis von Innovationen, die höchstens drei Jahre alt sind), *Zufriedenheit der Unternehmen mit der Erreichung der finanziellen Innovationsziele* in den letzten drei Jahren, *Zielerreichung bezüglich der Profitabilität des Gesamtunternehmens* in den letzten drei Jahren.[21] Die folgende Tabelle zeigt die Ausprägungen dieser Variablen für die beiden Strategietypen (vgl. Tabelle 4):

Tabelle 4: Zielerreichungen im Rahmen der Pionier- und der Folgerstrategie.

Zielgröße	**Cluster Folgerstrategie (n = 63)**	**Cluster Pionierstrategie (n = 60)**
Zahl der eingeführten Innovationen (absolute Angaben; Bezug: 3 Jahre)	3,95	7,23
Zielerreichung bezüglich der Anzahl der Innovationen (Skalenwerte)	3,11	3,68
Innovationsrate (Angaben in %; Durchschnitte; Bezug: 3 Jahre)	15,02	28,72
Zufriedenheit bezüglich finanzieller Innovationsziele (Skalenwerte)	3,00	3,27
Zielerreichung bezüglich Profitabilität des Gesamtunternehmens (Skalenwerte)	3,26	3,27

21 Die Bezugnahme auf einen Drei-Jahreszeitraum soll eine von den Einflüssen kurzfristiger Ereignisse „befreite“, robustere Einschätzung der fraglichen Zielvariablen erlauben.

Die Unternehmen, die eine Pionierstrategie wählen, sind demnach deutlich aktiver in ihren *Innovationsbemühungen* und erzielen „mengenmäßig" größere Resultate als die Folger und erreichen hochsignifikant höherer Innovationsraten (Sig. = 0,001).[22] Die Zufriedenheiten der Pioniere und der Folger mit den *finanziellen Innovationszielen* bewegen sich dabei mit 3,27 und 3,00 im mittleren Bereich der Bewertungsskala von 1 bis 5. Gleichwohl ist der Unterschied zwischen dem höheren Wert für die Pionierunternehmen und dem Wert für die Folger noch schwach signifikant (Sig. = 0,096), sodass tendenziell eine günstigere finanzielle Erfolgsposition von Innovationen für die Pioniere abgeleitet werden kann.[23] Dagegen ist die Einschätzung der Zielerreichung der *Profitabilität des Gesamtunternehmens* in beiden Gruppen praktisch gleich (3,27 vs. 3,26; Sig. = 0,474). Dies kann allerdings z.B. daran liegen, dass Innovationserfolge (noch) nicht im (Betriebs-) Ergebnis der Unternehmen „ankommen".

In einer kompakteren Analyse der Beziehung zwischen Innovationsstrategien und -erfolg wird untersucht, inwieweit die *Zugehörigkeit von Unternehmen zum Pionier- und zum Folgercluster* die *Zugehörigkeit von Unternehmen zu einem Cluster erfolgreicher und zu einem Cluster wenig erfolgreicher Unternehmen* – die unter Rückgriff auf vier der oben verwendeten Zielgrößen (Zielerreichung der Unternehmen im Hinblick auf die Anzahl der realisierten Innovationen, Innovationsrate, Zufriedenheit der Unternehmen mit der Erreichung der finanziellen Innovationsziele, Zielerreichung bezüglich der Profitabilität des Gesamtunternehmens) ermittelt werden – erklärt. Hiernach treten die Pionierstrategie überproportional häufig im Cluster der erfolgreichen und die Folgerstrategie im Cluster der wenig erfolgreichen Unternehmen auf – der Kontingenzkoeffzient zur Messung der Stärke der beiden Clusterzugehörigkeiten beträgt 0,278 und ist hochsignifikant (Sig. = 0,003). Die folgende Tabelle 5 zeigt die zu dieser *Kontingenzanalyse* gehörige Kreuztabelle.

---

22 Zwar ist der Unterschied in Bezug auf die Zahl der eingeführten Innovationen nur schwach signifikant (Sig. = 0,074). Da jedoch die Zielerreichung im Hinblick auf die Innovationsanzahl bei den Pionieren hochsignifikant höher (Sig. = 0,001) ausfällt, ist von einer Entsprechung mit den Absichten auszugehen.

23 Dieses Ergebnis steht z.B. im Einklang mit den Befunden bei Clement/Litfin/Vanini (1998), S. 205 ff. und Kerin/Varadarajan/Peterson (1992), S. 33 ff.

Tabelle 5: Verteilung von Unternehmen in den strategie- und erfolgsorientierten Clustern.

		Wenig erfolgreiche Unternehmen	**Erfolgreiche Unternehmen**	**Gesamtsumme**
Folger	Anzahl	37	13	50
	Erwartete Anzahl	29,5	20,5	50,0
	%	59,7 %	30,2 %	47,6 %
Pionier	Anzahl	25	30	55
	Erwartete Anzahl	32,5	22,5	55,0
	%	40,3 %	69,8 %	52,4 %
Gesamtsumme	Anzahl	62	43	105
	%	100,0 %	100,0 %	100,0 %

Zusammengefasst ist demnach anzunehmen, dass die *Wahl der Innovationsstrategie maßgeblich auf den Innovationserfolg der Unternehmen einwirkt.* Was unterscheidet nun die beschriebenen Unternehmensgruppen im Hinblick auf ihre *Verhaltensweisen* und *internen und externen Handlungsbedingungen* im Innovationsmanagement? Um diese Frage zu beantworten, werden nachfolgend Schlüsselvariablen des Innovationsgeschehens für beide Gruppen untersucht, um aus den Analysen Hinweise zur erfolgsorientierten Implementierung der Innovationsstrategien geben zu können.

3.3 Anforderungen an die Planung von Innovationsstrategien

Zur konsistenten Gestaltung der unternehmensinternen Bedingungen werden zunächst Aktivitäten und Vorkehrungen der Unternehmen analysiert, die die Entwicklung von Innovationsstrategien im Rahmen der *Planung* betreffen; die diskutierten Faktoren können auf Basis weiterer Erkenntnisse des IHK-InnoMonitor als grundsätzlich bedeutsam für den Innovationserfolg angesehen werden.[24]

So stellt für die Planung und Realisierung neuer Produkte die konsequente Orientierung an den *Markterfordernissen* (vor allem: Ausrichtung der Innovation an Kundenbedürfnissen, Erzielung überlegener Produktangebote im Konkurrenzvergleich) eine wesentliche Erfolgsbedingung dar. Um eine Innovationsstrategie wirksam zu gestalten, ist eine klare *Identifikation und Kenntnis der Zielgruppen* (einschließlich ihrer Eigenschaften wie z.B. Mediennutzungsverhalten, Preisbereitschaft) *und ihrer Bedürfnisse* sowie eine *Prognose der Konkurrenzreaktionen* auf

24 Siehe hierzu ausführlich die Diskussion bei Büchler/Faix (2015c).

die Einführung und Durchsetzung von Innovationen (und ihre Berücksichtigung im Rahmen von Kontingenzplänen) von Bedeutung. Eine systematische *Integration der Kunden in die Innovationsentwicklung* (die z.B. überhaupt die Anregungen für Neuprodukte liefern bzw. Schwachstellen existierender Produktlösungen aufzeigen oder an begleitenden Bewertungen ausgearbeiteter Neuproduktentwürfe etwa im Rahmen von Fokusgruppeninterviews beteiligt sind) unter breiter Einbeziehung der Mitarbeiter unterstützt nachdrücklich die Schaffung einer von den Nachfragern akzeptierten, marktgerechten Produktkonzeption.[25]

Zur Bewältigung der mit der Innovationsentwicklung verbundenen (technologischen und marktlichen) Unsicherheit ist es bedeutsam, die Arbeitsschritte mit einem leistungsfähigen *Modell des Innovationsprozesses* zu steuern. Um ganzheitlich fundierte, hinreichend flexible Entscheidungen zur Innovationsstrategie treffen zu können, sind hierbei technische, betriebswirtschaftliche und marktbezogene Faktoren des Innovationsgeschehens zu berücksichtigen und die Prozessetappen mit klaren Vorgaben zu versehen und ihre Erreichung regelmäßig zu messen.

Für erfolgreiche Innovationsstrategien ist es zudem hilfreich, die Schritte der Innovationsentwicklung durch *Methoden* zu fundieren, die ein zielorientiertes, Rationalitätsanforderungen genügendes Vorgehen unterstützen und die Komplexität des Innovationsgeschehens beherrschen helfen.[26] Der Einsatz *marktorientierter Analysen* (z.B. SWOT-, Branchenstrukturanalysen) und *Entwicklungsmethoden* (Conjoint Measurement, Quality Function Deployment u.a.) fördert eine detaillierte, valide Kenntnis der Chancen und Risiken der Unternehmensumwelt als Grundlage der Innovationsplanung und eine nachfrager- bzw. bedürfnisgerechte Ausarbeitung der Innovationskonzeption. Im Kontext der Innovationsvermarktung untersuchen Unternehmen zunehmend mit unterschiedlichen Formen von (labor- oder feldbezogenen) *Markttests* die Akzeptanz ihrer Neuprodukte bei Verwendern und Handelspartnern sowie auch die Reaktionen der Konkurrenz, um Schlüsse für die Auswahl der Innovationsalternativen und deren Gestaltung zu ziehen. Ein weiterreichendes *Controlling*, das eine begleitende Analyse und Auswertung von Erfolgsgrößen, strategischen und operativen Maßnahmen zur marktgerichteten Innovationssteuerung erlaubt, wird in Unternehmen zunehmend zur ganzheitlichen, vorausschauenden Sicherung des Innovationserfolges etabliert.

---

25 Lawson/Samson (2001), S. 392, stellen fest: "Innovators create an awareness of customers – both internal and external – which extends throughout the organisation. Employees are actively encouraged to search out customer needs and problems, both known and latent, in order to solve them in a value adding manner."

26 Vgl. dazu z.B. Ernst (2002), S. 31 ff.; Sammerl (2006), S. 197 ff.

Als Grundlage für eine Erörterung der angeführten Größen aus Sicht von Pionier- und Folgerstrategien zeigt die folgende Tabelle die Ausprägungen der Skalenwerte der erörterten Faktoren für die beiden Strategietypen (vgl. Tabelle 6):

Die angeführten Unterschiede sind allesamt *statistisch hochsignifikant*; lediglich in Bezug auf den Einsatz marktorientierter Entwicklungsmethoden zur Innovationsentwicklung ergibt sich im Rahmen der Varianzanalyse eine Irrtumswahrscheinlichkeit von „nur" 1,7 %, also immer noch eine deutlich signifikante Aussage zur Differenz der fraglichen Werte.

Inhaltlich zeigt sich für die beiden Strategietypen insgesamt jeweils in weiten Zügen ein grundsätzlich konsistentes Muster: Während die Unternehmen mit einer Pionierstrategie in stärkerem Maße darauf achten (müssen), ihre innovativen Vorstöße auf einem klaren Marktverständnis zu gründen und nachdrücklich Kunden und ihr Wissen sowie ihre Einschätzungen in die Innovationsbemühungen zu integrieren, können Folger – eventuell im Rahmen einer Follow-the-Leader-Strategie – aus der Beobachtung der Pioniere lernen und ihre primären Informationsanstrengungen reduzieren. Es stellt sich allerdings die Frage, inwieweit aus Sicht der Folger eine *Verstärkung* der Marktforschungsaktivitäten zweckmäßig ist, um auf Basis detaillierter, abgesicherter Informationen noch treffsicherer in das Innovationsgeschehen auf den Märkten eingreifen zu können.

Tabelle 6: Planungsaktivitäten im Rahmen der Pionier- und der Folgerstrategie.

Aktivität	**Cluster Folgerstrategie (n = 63)**	**Cluster Pionierstrategie (n = 60)**
Ermittlung von Zielgruppen und Bedürfnissen in der Planung	2,57	3,62
Prognose von Konkurrenzreaktionen auf Innovationen	2,67	3,52
Kundenintegration in die Innovationsentwicklung	2,68	3,53
Vorgaben für die Phasen des Innovationsprozesses	2,65	3,25
Regelmäßige Messung der Erreichung der Innovationsziele	2,46	3,33
Einsatz marktorientierter Entwicklungsmethoden zur Innovationsentwicklung	1,58	2,25
Einsatz marktorientierter Analysen zur Innovationsentwicklung	2,40	2,92

Aktivität	Cluster Folgerstrategie (n = 63)	Cluster Pionierstrategie (n = 60)
Einsatz von Markttests zur Abstimmung des Marketing	1,60	2,17
Steuerung der Marketinginstrumente mit Marktcontrolling	2,29	2,97

Die Steuerung des Innovationsprozesses auf Basis von Zielvorgaben, die eng kontrolliert werden, unterliegt in Pionierunternehmen höchsten Anforderungen, damit rechtzeitig (riskante) Projekte mit nur noch geringen Erfolgsaussichten erkannt und die richtigen Schlüsse zur Lenkung knapper Ressourcen gezogen werden. Die reduzierten Skalenwerte der fraglichen Items für die Folger sollten allerdings nicht wesentlich unter denen der Pioniere liegen, denn auch imitativ angelegte Wettbewerbsstrategien müssen ressourcen- bzw. prioritätengerechten Anforderungen genügen und bedürfen einer systematischen Planung und Umsetzung von Maßnahmen.[27]

Im Hinblick auf die weiteren informationsbezogenen Aktivitäten (Einsatz marktorientierter Analysen und Entwicklungsmethoden, Realisierung von Markttests) greift dagegen die oben geführte Argumentation analog. Nur im Hinblick auf die Verhaltenssteuerung durch ein Marktcontrolling dürften sich wiederum keine systematischen Unterschiede zwischen Pionier- und Folgerunternehmen ergeben.

3.4 Organisatorische und kulturelle Voraussetzungen von Innovationsstrategien

Als weitere Faktoren, die für eine passende Gestaltung der unternehmensinternen Bedingungen von Bedeutung sind, werden in diesem Abschnitt die Ausprägungen der *Organisation* und der *Kultur der Unternehmen* unter dem Aspekt der Umsetzung der beiden Strategietypen erörtert.[28] Die Organisation bezweckt als System von Regeln die Koordination der Aktivitäten in einer arbeitsteiligen Einheit, um so das Erreichen der Gesamtziele zu fördern. Die in einem Unternehmen herrschende Kultur beeinflusst als kurzfristig nur schwerlich zu veränderndes Geflecht von Grundannahmen, Werten, Normen und Artefakten die Denk- und

27 Vgl. ausführlich Schewe (1992).

28 Siehe zum grundsätzlichen Stellenwert dieser Faktoren für das Innovationsgeschehen Smith et al. (2008), S. 663 ff.

Verhaltensweisen der Angehörigen des Unternehmens in der Regel recht stark. Die weiteren Ausführungen konzentrieren sich auf (innovationsspezifische sowie allgemeinere) Organisationsregeln sowie Kulturmerkmale, die aufgrund der vorhandenen empirischen Evidenz grundsätzlich zur Förderung von Innovationen geeignet sind.[29]

In organisatorischer Hinsicht hat sich bewährt, für Innovationsvorhaben in Unternehmen *gesonderte (projektorientierte) Zuständigkeiten* zu etablieren, um Ressourcen und Kompetenzen für Innovationsanstrengungen (besser) zielorientiert bündeln und abstimmen zu können. *Projektmanager*, die mit ausreichender Befugnis und Überzeugungsqualität als „Motoren" des Innovationsprozesses auftreten, können als Promotoren (Macht-, Fach-, Beziehungspromotoren usw.) Widerstände der Beteiligten überwinden helfen und für den Projekterfolg relevante Beziehungen inner- und außerhalb des Unternehmens herstellen. Diese Promotoren wirken oftmals auch auf regelmäßige *funktionsübergreifende Abstimmungen zwischen den von Innovationen berührten Funktionen* (vor allem zwischen F&E und Marketing) hin, die wichtig sind, um der Produktinnovation Wettbewerbsvorteile zu verschaffen, die auf marktlichen wie auch technologiebezogenen Überlegenheiten beruhen.[30]

Im Hinblick auf die Unternehmenskultur stellt die Verankerung einer Grundhaltung der Mitarbeiter, die wirklich die *Schaffung von Neuheiten für Kunden* als Wert verinnerlicht haben, eine strategische Eigenschaft einer Innovationskultur dar, die vielfach eng mit einer starken Neigung der Mitarbeiter zum *konstruktiven Austausch zwischen Funktionen und Bereichen* einhergeht. Beispiele erfolgreicher Innovatoren zeigen, dass *Freiräume für Mitarbeiter*, um jenseits vom betrieblichen Alltag neue Ideen zu entwickeln, wie auch eine hohe *Fehlertoleranz beim Beschreiten neuer Wege* für die Hervorbringung radikalerer Neuheiten wichtig sind.[31] Wird die Schaffung von Innovationen als Wert verstanden, der für den Erfolg des Unternehmens ausschlaggebend ist, begünstigt dies ein Klima, das Mitarbeitern *Freude an der Entwicklung neuer Ideen vermittelt* und ihre Innovationsbereitschaft fördert. Zudem werden in solchen Situationen *neue Ideen gerne ausprobiert*. Für die geschilderten Umstände ist oft auch die Unternehmensleitung

---

29 Vgl. näher Büchler/Faix (2015c).

30 Siehe dazu auch die Erkenntnisse bei Cooper (1984), S. 151 ff., der in einer empirischen Studie als erfolgreichstes Unternehmenscluster die "Balanced Strategy Firm" identifiziert, die im Konkurrenzvergleich qualitativ überlegene Innovationen erzeugte, die – unter anderem – eine Kombination technologischer Vorteile und starker Marktorientierung aufweisen.

31 Vgl. z.B. die Erkenntnisse bei Stern/Jaberg (2007).

mitverantwortlich, die die *Bedeutung von Innovationen* in besonderem Maße und glaubwürdig betont.[32]

Die folgende Tabelle zeigt die Ausprägungen der Skalenwerte der erörterten Größen für die beiden Strategietypen (vgl. Tabelle 7):

Tabelle 7: Organisatorische und kulturelle Voraussetzungen von Pionier- und Folgerstrategie.

Interne Voraussetzungen	**Cluster Folgerstrategie (n = 63)**	**Cluster Pionierstrategie (n = 60)**
Einsatz einer leistungsfähigen Projektorganisation	1,98	2,98
Projektmanager als Motor des Innovationsprozesses	2,72	3,62
Regelmäßige funktionsübergreifende Abstimmungen (Marketing, F&E)	2,19	3,36
Innovation für Kunden schaffen und im Markt durchsetzen	3,53	4,08
Konstruktiver Austausch zwischen Funktionen und Bereichen	3,47	4,22
Mitarbeitern wird Freiraum für neue Ideen gewährt	3,87	4,12
Akzeptieren eines Scheiterns im Falle neuartiger Wege	3,67	3,88
Ausprobieren neuer Ideen erfolgt gerne	3,46	4,02
Unternehmensleitung betont den Stellenwert der Innovation	3,18	3,78

Im Hinblick auf die drei organisatorischen Faktoren (Einsatz einer leistungsfähigen Projektorganisation, Agieren von Projektmanagern als „Motoren" des Innovationsprozesses und Durchführung regelmäßiger funktionsübergreifender Abstimmungen zwischen relevanten Funktionen des Unternehmens) ist festzustellen, dass die gezeigten varianzanalytisch ermittelten Unterschiede – mit jeweils höheren Skalenwerten für die Unternehmen mit einer Pionierstrategie – ausnahmslos *hochsignifikant* sind (die Irrtumswahrscheinlichkeit beträgt jeweils 0,0 %). Dieses Ergebnis lässt sich stringent mit den höheren Planungs- und Umsetzungsanforderungen einer Pionierstrategie begründen: Die fraglichen Unternehmen sind gegenüber den Folgern z.B. stärker darauf angewiesen, durch ein enges Miteinander von F&E und

32 Siehe hierzu z.B. die Diskussion bei Ernst (2003).

Marketing den technischen und marktlichen Unsicherheiten zu begegnen und überlegene Lösungen für Kunden zu erzielen, die zunächst vielfach von der Qualität der Innovation überzeugt werden müssen. Die höheren koordinations- und eventuell auch ressourcenbezogenen Anforderungen verlangen nach einem kraftvoll und umsichtig agierenden Projektmanager, der dabei von einer klar abgegrenzten Projektorganisation profitiert.[33]

Bezüglich der kulturellen Faktoren ergibt sich für die ersten beiden Merkmale (Verankerung der Schaffung von Neuheiten für Kunden als Wert der Mitarbeiter und Bereitschaft zum konstruktiven Austausch zwischen Funktionen und Bereichen) eine vergleichbare Aussage: Die hochsignifikanten Unterschiede (Sig. = 0,003 und 0,000) unterstreichen die höheren internen Anforderungen der Pionierstrategie, bei der z.B. eine breit im Unternehmen etablierte positive Grundhaltung der Mitarbeiter zur Innovation dazu beiträgt, in allen relevanten Funktionsbereichen des Unternehmens die vielfältigen notwendigen Ideen und Unterstützungen zu mobilisieren. Bemerkenswert ist, dass sich für die Schaffung von Freiräumen für Mitarbeiter sowie das Akzeptieren eines Scheiterns im Falle neuartiger Wege *keine* signifikanten Effekte zeigen (Sig. = 0,138 und 0,150), die folglich auch im Falle der Folgerstrategie recht hohe Ausprägungen aufweisen (müssen). In Bezug auf die Bereitschaft, neue Ideen gerne auszuprobieren und die Rolle der Unternehmensleitung finden sich gleichwohl wieder hochsignifikante Unterschiede (Sig. = 0,001 und 0,003), welche die größeren Ansprüche der Pionierstrategien belegen, mit neuen, eventuell „radikalen" Ideen Vorsprünge im Markt zu erzielen.

3.5 Umwelteinflüsse auf Innovationsstrategien

Neben den erörterten internen Konstellationen ist anzunehmen, dass zudem *externe Situationsmerkmale* bei der Formulierung und Implementierung von Innovationsstrategien durch die Unternehmen eine Rolle spielen und ihre Kursbestimmung durch Wahl einer Pionier- oder Folgerstrategien mitbestimmen. So können z.B. anspruchsvolle Kunden, die in kurzen Abständen Neuheiten von den Anbietern in einem Markt verlangen, für die Unternehmen in diesem grundsätzlich nahelegen, mit einem pionierstrategischen Innovationsansatz fortwährend Wettbewerbsvorteile für das Unternehmen zu schaffen bzw. zu erneuern.

---

33 Bei der Interpretation der fraglichen Zusammenhänge ist allerdings zu berücksichtigen, dass die Pionierstrategie überproportional von *größeren Unternehmen* realisiert wird, sodass die geschilderten Effekte teilweise als Größeneffekte zu verstehen sind, vgl. dazu die Analysen in Kapitel 3.5 dieses Beitrags.

Zur Untersuchung des Einflusses *marktlicher bzw. branchenbezogener Faktoren* auf die Wahl zwischen Pionier- und Folgerstrategien werden mit der *Stärke der Forderungen der Kunden nach neuen Produktangeboten* und der – in der Regel damit eng verbundenen – *Intensität des Innovationswettbewerbs*[34] zwei innovationsorientiert grundsätzlich bedeutsame Merkmale ausgewählt, die auch im sog. "Diamond Model" eine zentrale Rolle spielen.[35] Zudem wird erfasst, ob bzw. inwieweit sich auf das innovationsstrategische Verhalten das Ausmaß auswirkt, indem Unternehmen *Geschäftsmodellinnovationen* mit ihren potenziell vielfältigen Handlungsmöglichkeiten als strategische Stoßrichtung beachten.[36] Ein hoher Stellenwert von Geschäftsmodellinnovationen kann die Bereitschaft der Unternehmen zur Anwendung von Pionierstrategien fördern, da die breiteren Handlungsmöglichkeiten vielfältigere Optionen zur Erringung und Durchsetzung innovativer Vorstöße mit sich bringen – allerdings auch Folgern ebensolche Möglichkeiten verschaffen, auf Vorstöße der Pioniere zu reagieren. Schließlich wird untersucht, inwieweit die Stärke der *Digitalisierung von Prozessen als Quelle von Innovationen* in diesem Kontext von Bedeutung ist (die selbstverständlich auch die Verfügbarkeit von Geschäftsmodellinnovationen beeinflusst).

Die folgende Tabelle enthält die Ausprägungen der Skalenwerte der angeführten Faktoren für die beiden Strategietypen (vgl. Tabelle 8):

34 Zwischen den beiden genannten Größen ergibt sich eine (hochsignifikante) positive Korrelation (r = 0,534).

35 Dieses von *Porter* vorgelegte Modell zielt auf die Erklärung branchenbezogener Wettbewerbsvorteile (als Grundlage für wettbewerbsstrategische wie auch wirtschaftspolitische Schlussfolgerungen) im internationalen Maßstab, vgl. hierzu insbesondere die ausführliche Arbeit von Porter (1990).

36 So sieht der Ansatz zur Entwicklung von Geschäftsmodellen von Osterwalder/Pigneur (2011) in diesem Zusammenhang eine umfassende Projektionsfläche ("Canvas") mit insgesamt neun Elementen ("Value propositions", "Key activities", "Key partnerships", "Key resources" etc.) vor, die bei diesbezüglichen Gestaltungsüberlegungen eine Rolle spielen können.

Tabelle 8: Umwelteinflüsse auf Innovationsstrategien.

Aktivität	**Cluster Folgerstrategie (n = 63)**	**Cluster Pionierstrategie (n = 60)**
Kunden verlangen neue Produktangebote	2,66	3,31
Starker Innovationswettbewerb in unserer Branche	2,67	3,29
Geschäftsmodellinnovationen werden in unserer Branche immer wichtiger	2,84	3,43
Digitalisierung von Prozessen als wichtige Quelle für Innovationen	2,78	3,71

Die gezeigten Unterschiede sind ausnahmslos *hochsignifikant* und legen ein Bild nahe, das pionierstrategisch agierende Unternehmen gegenüber Folgern als deutlich mehr unter Kunden- und Wettbewerbsdruck stehend erfasst, sodass permanent innovative Vorstöße unternommen werden (müssen). Pioniere weisen den Möglichkeiten, Elemente ihrer Geschäftsmodelle zu innovieren – und z.B. auf veränderte Kundenanforderungen durch veränderte Beziehungen zu den Marktpartnern oder Variationen der Schlüsselressourcen einzugehen – einen größeren Stellenwert zu; zudem agieren sie in Branchen, in denen die Digitalisierung als Treiber von Innovationen eine stärkere Rolle spielt. Eine *Kontingenzanalyse* zum Zusammenhang zwischen *Branchenzugehörigkeit* und *innovationsstrategischem Grundansatz* ergibt, dass die Pionierstrategie überproportional im Verarbeitenden Gewerbe sowie im Bereich „Medien, Telekommunikation und Informationstechnologie" angewendet wird. Die Folgerstrategie wird über die statistische Erwartung hinausgehend im Handel, im Bereich „Gastgewerbe, Transport und Verkehr", im Kredit- und Versicherungsgewerbe sowie im Bereich der (weiteren) Dienstleistungen bevorzugt.[37]

Um bei der Ausrichtung des Innovationsmanagements von Unternehmen auf Umweltanforderungen die richtigen Prioritäten zu setzen, ist die Frage zu beantworten, welche der angeführten *grundsätzlich* relevanten Einflussfaktoren (Kundenanforderungen, Innovationswettbewerb etc.) für die Erklärung des Verfolgens

37 Der Kontingenzkoeffzient zur Messung der Stärke des Zusammenhangs zwischen Branchenzugehörigkeit und Innovationsstrategie beträgt 0,251 (Sig. = 0,141). Damit kann der Effekt dieser Größe angesichts der vielfältigen – z.T. mit der Branche interagierenden – Einflüsse auf die Abwägung zwischen einer Pionier- und einer Folgerstrategie als recht hoch veranschlagt werden.

einer Pionier- oder einer Folgerstrategie *in besonderem Maße* wichtig sind. Hierzu wird eine *Diskriminanzanalyse* eingesetzt, die untersucht, inwieweit die eingeführten (allesamt metrischen) Variablen geeignet sind, die Zugehörigkeit von Unternehmen zu den Strategieclustern zu erklären und hierbei die relative Bedeutung der genannten Einflüsse ermittelt.[38] Die aufgestellte *Diskriminanzfunktion* hat einen Eigenwert von 0,211 sowie ein Wilks Lambda von 0,826 (Sig. = 0,000).[39] In diese Funktion werden als diskriminierende Faktoren die Stärke der *Digitalisierung von Prozessen als Quelle von Innovationen* und die *Intensität des Innovationswettbewerbs* aufgenommen.[40] Hiernach treibt insbesondere die *Wahrnehmung der Digitalisierung* als Auslöser bzw. Chance zur Entwicklung und Durchsetzung von Innovationen die Unternehmen (auch unter dem Aspekt der Nutzung neuer Geschäftsmodelle) dazu an, die Pionierrolle im Innovationswettbewerb zu übernehmen; mit derartigen Vorstößen gehen diverse Wirkungen und Folgewirkungen in den unterschiedlichsten Branchen einher.[41] Da pionierstrategische Innovationsansätze teilweise erhebliche Ressourcenanforderungen mit sich bringen, ist die Annahme begründet, dass diese Strategien in erster Linie von *größeren Unternehmen* verfolgt werden.

Eine zur Beziehung zwischen *Unternehmensgröße* und *Innovationsstrategie* durchgeführte *Kontingenzanalyse* findet, dass die relative Bedeutung der Pionierstrategie in den beiden oberen Größenklassen[42] (mittlere, große Unternehmen) überproportional – über die grundsätzliche Verteilung dieser Strategieart nach Unternehmensklassen hinausgehend – hoch ist, während Kleinst- und Kleinunternehmen überproportional häufig als Folger auftreten (vgl. Abbildung 1).[43]

38 Vgl. zur Methode Böhler (2004), S. 214 ff.

39 Ferner lassen sich auf Basis der ermittelten Diskriminanzfunktion 72,4 % der ursprünglichen gruppierten Fälle ordnungsgemäß klassifizieren.

40 Die beiden anderen Variablen tragen zwar auch zur Gruppentrennung bei, ihre Aufnahme kann aber definierte Gütemaße nicht entscheidend verbessern.

41 Siehe hierzu z.B. die Beiträge in Keuper et al. (2013).

42 Die Unternehmensgrößenklassen werden in Kapitel 2.2 dieses Beitrags näher erläutert.

43 Der Kontingenzkoeffzient zum Zusammenhang zwischen Größe und Innovationsstrategie beträgt 0,286 und ist signifikant (Sig. = 0,012).

Abbildung 1: Unternehmensgröße und Innovationsstrategien.

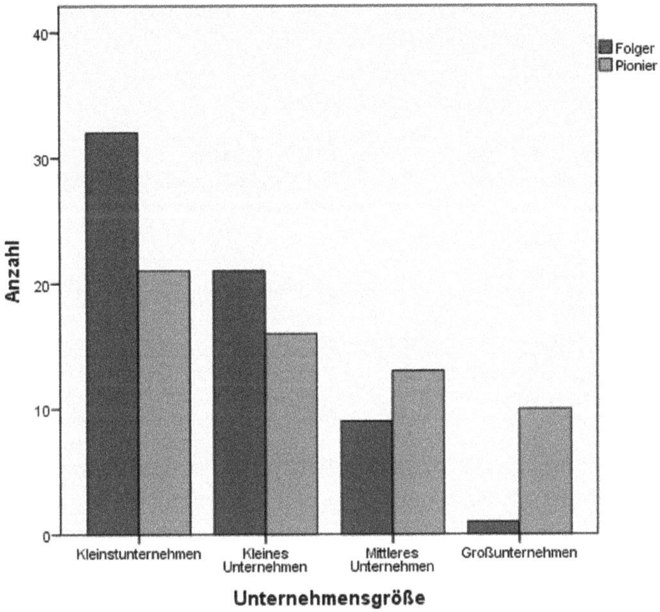

Für das Innovationsmanagement von Unternehmen führen insbesondere *schwierige, dynamische Umweltbedingungen* (aufgrund rascher, kaum vorhersehbarer Änderungen von Märkten und Technologien, z.B. im Kontext der Digitalisierung) zu hohen Anreizen, um – abgesehen von verstärkten eigenen Anstrengungen – durch *Innovationskooperationen* die gegebenen Handlungsoptionen zu ergänzen und eigene Schwachstellen auszumerzen, z.B. durch gemeinsam betriebene F&E oder die Einbeziehung von Spezialwissen Dritter über bestimmte Technologien. Kooperative Arrangements z.B. mit universitären oder außeruniversitären Forschungsinstituten, speziellen Technologietransfereinrichtungen oder auch anderen Unternehmen sind für den Innovationserfolg der Unternehmen oft wesentlich, da sie dazu beitragen, Innovationen treffsicherer, risikoärmer und/oder kostengünstiger zu erzeugen.

Da der (erwartete) Nutzen, den potenzielle Partner aus einer Innovationskooperation ziehen können, als Antrieb für das Eingehen dieser Zusammenarbeit im Falle einer Pionierstrategie (aufgrund der höheren technologischen und marktlichen Anforderungen, die in kürzerer Zeit die nachdrücklichere Beherrschung vielfältiger Kompetenzen bedeuten) tendenziell größer ist als bei der Realisierung von Folgerstrategien, ist anzunehmen, dass sich für *Pioniere ein höherer Stellenwert von Innovationskooperationen* zeigt. Die folgende Tabelle enthält die entsprechenden Skalenwerte für die ersten drei der oben genannten Arten der Kooperation (vgl. Tabelle 9).

Tabelle 9: Kooperationsarten und Innovationsstrategien.

Kooperationsart	**Cluster Folgerstrategie (n = 63)**	**Cluster Pionierstrategie (n = 60)**
Kooperationen mit außeruniversitären Forschungseinrichtungen	1,69	2,28
Kooperationen mit Forschungseinrichtungen von Hochschulen	1,98	2,41
Kooperationen mit wirtschaftsnahen Institutionen (IHK etc.)	1,97	2,07

Während die Merkmalsunterschiede zwischen Pionier- und Folgercluster für die unmittelbar forschungsrelevanten Kooperationsformen (noch) signifikant sind (Kooperationen mit außeruniversitären Forschungseinrichtungen: Sig. = 0,007; Kooperationen mit Forschungseinrichtungen von Hochschulen: Sig. = 0,092), zeigt sich in Bezug auf Partnerschaften mit transferorientierten Einrichtungen (IHK, Wirtschaftsförderungen etc.) kein systematischer Unterschied (Sig. = 0,608) – die vergleichsweise geringe Differenz der Skalenwerte tritt demnach wohl nur in der vorliegenden Stichprobe auf. Insgesamt spielen Forschungseinheiten aus dem universitären oder außeruniversitären Sektor für die wirkungsvolle Realisierung von Innovationsstrategien eine deutlich stärkere Rolle als wirtschaftsnahe Institutionen, die dagegen wohl eher im innovativen „Vorfeld" tätig sind (Vermittlung einschlägiger Kontakte, Netzwerkbeziehungen etc.).

Im Hinblick auf unmittelbar forschungsorientierte Kooperationen mit außeruniversitären oder Hochschuleinheiten ist der Umstand zu beachten, dass diese Zusammenarbeit an *beide* (alle) Partner Anforderungen stellt. So setzt die Nutzung von Forschungsresultaten durch Anwender bei diesen besondere Fähigkeiten voraus, die insgesamt ihre *Absorptive Capacity* – verstanden als "ability of a firm to recognize the value of new, external information, assimilate it, and apply it to commercial ends"[44] – bestimmen.[45] Häufig müssen Nutzer technologischen

44 Cohen/Levinthal (1990), S. 128.

45 *Cohen/Levinthal* verstehen die Absorptive capacity, die z.B. vom Vorwissen und der Pfadentwicklung der potenziell übernehmenden Einheit abhängt, als kritische Komponente in Innovationsprozessen, siehe Cohen/Levinthal (1990), S. 128 ff.

Wissens selbst F&E betreiben, um neue Erkenntnisse verstehen, aufnehmen oder Anforderungen an Technologieentwickler definieren zu können.

Die Erfahrung zeigt, dass vielfach vor allem größere Unternehmen über eine ausreichende Absorptionsfähigkeit verfügen, um Forschungskooperationen eingehen und ihre Ergebnisse nutzen zu können. Allerdings finden sich auch Beispiele kleinerer, hochspezialisierter Unternehmen, die ohne Weiteres über die für ihr (enges) Arbeitsgebiet erforderlichen technologischen Kompetenzen verfügen. Gleichwohl zeigt eine *kontingenzanalytische Untersuchung* des Zusammenhangs zwischen der *Unternehmensgröße* und der *Intensität der Kooperation mit außeruniversitären Forschungseinrichtungen*, dass in erster Linie größere Unternehmen derartige Kooperationen betreiben (der hochsignifikante Kontingenzkoeffzient hierzu beträgt 0,466 (Sig. = 0,000)). In Bezug auf diese Kooperationsart müssten folglich in erster Linie kleinere und mittlere Unternehmen auf die Entwicklung einschlägiger Fähigkeiten hinarbeiten, um aus derartigen Arrangements wettbewerbsrelevante Vorteile ableiten zu können.

4 Fazit

Der vorliegende Artikel behandelt (auf der Grundlage empirischer Informationen des IHK-InnoMonitor 2015) die Frage, welche besonderen Voraussetzungen für die Realisierung von Pionier- und Folgerstrategien im Unternehmen günstig sind, um durch ihre Beachtung eine konsistente Gestaltung bzw. Auswahl der einschlägigen Faktoren als Handlungsgrundlagen betreiben zu können. Vor dem Hintergrund einer mehrdimensionalen Konzeption von Innovationsstrategien wird insbesondere der Pionierstrategie auf Basis der vorliegenden Informationen – und im Einklang mit Resultaten anderer Untersuchungen – eine positive Wirkung auf den Innovationserfolg zugeschrieben.

Zu ihrer Realisierung ist darauf zu achten, dass der Planung der innovativen Vorstöße ein klares Verständnis der Märkte und Marktteilnehmer zugrunde liegt und Kunden systematisch in die – konsequent auf Basis vorgegebener Ziele gesteuerten – Aktivitäten der Innovationsprozesse integriert werden. Hierbei ist eine breite Informationsbasis durch zielorientiert ausgesuchte Analyse- und Entwicklungsmethoden zur Reduzierung der inhärenten Unsicherheiten wichtig. In organisatorischer Hinsicht sind die höheren Planungs- und Umsetzungsanforderungen einer Pionierstrategie durch eine enge innerbetriebliche Kooperation zwischen F&E, Marketing und anderen beteiligten Funktionen, aber auch im Hinblick auf eventuell vorhandene Kooperations- und Netzwerkpartner aufzufangen, um angemessen den technischen und marktlichen Herausforderungen begegnen zu können; als Zentrum der Steuerung hat sich in vielen Unternehmen insbesondere im Falle radikaler Innovationen eine eigens eingerichtete Projektorganisation bewährt. Als Grundlage für diese innovationsstrategische Ausrichtung ist eine breit im Unternehmen verankerte Innovationskultur von Bedeutung, die die Hervorbringung von Innovationen nicht nur zur „Chefsache“, sondern zum wirklichen Anliegen aller Mitarbeiter macht. Vor diesem Hintergrund ist eine Bewältigung der Anforderungen, die etwa die Digitalisierung und der vielfach verschärfte Innovationswettbewerb mit sich bringen, möglich.

Literaturverzeichnis

Aaker, D. (2007): Innovation: Brand it or lose it, in: California Management Review, Vol. 50, No. 1, S. 8–24.

Böhler, H. (2004): Marktforschung, 3. Auflage, Stuttgart.

Büchler, J.-P. / Faix, A. (2015a): Vermarktung von Innovationen – Analyse und Konsequenzen produktbezogener Kontingenzfaktoren, in: Büchler, J.-P. / Faix, A. (Hrsg.): Innovationserfolg. Management und Ressourcen systematisch gestalten, Frankfurt am Main, S. 173–201.

Büchler, J.-P. / Faix, A. (2015b): House of Innovation Excellence als Bezugsrahmen zur systematischen Analyse und Steuerung des Innovationserfolges von Unternehmen, in: Büchler, J.-P. / Faix, A. (Hrsg.): Innovationserfolg. Management und Ressourcen systematisch gestalten, Frankfurt am Main, S. 13–26.

Büchler, J.-P. / Faix, A. (2015c): Erfolgsfaktor Innovationsmanagement – Ergebnisse des IHK-InnoMonitor 2014, in: Büchler, J.-P. / Faix, A. (Hrsg.): Innovationserfolg. Management und Ressourcen systematisch gestalten, Frankfurt am Main, S. 27–57.

Clement, M. / Litfin, T. / Vanini, S. (1998): Ist die Pionierrolle ein Erfolgsfaktor? Eine kritische Analyse der empirischen Forschungsergebnisse, in: Zeitschrift für Betriebswirtschaft, Jg. 68, Nr. 2, S. 205–226.

Cohen, W. M. / Levinthal, D. A. (1990): Absorptive Capacity: A New Perspective on Learning and Innovation, in: Administrative Science Quarterly, Vol. 35, No. 1, Special Issue: Technology, Organizations, and Innovation, S. 128–152.

Cooper, R. G. (1984): New Product Strategies: What Distinguishes the Top Performers, in: Journal of Product Innovation Management, Vol. 1, No. 3, S. 151–164.

Ernst, H. (2002): Success factors of new product development: a review of the empirical literature, in: International Journal of Management Reviews, Vol. 4, No. 1, S. 1–40.

Ernst, H. (2003): Unternehmenskultur und Innovationserfolg – Eine empirische Analyse, in: Zeitschrift für betriebswirtschaftliche Forschung (ZfbF), Jg. 55, Nr. 1, S. 23–44.

Fischer, M. / Himme, A. / Albers, S. (2007): Pionier, Früher Folger oder Später Folger: Welche Strategie verspricht den größten Erfolg? In: Zeitschrift für Betriebswirtschaft, Jg. 77, Nr. 5, S. 539–573.

Gassmann, O. / Wecht, C. H. (2011): Technologiestrategie: Von der Vision zur Aktion, in: Gassmann O. / Sutter P. (Hrsg.): Praxiswissen Innovationsmanagement. Von der Idee zum Markterfolg, München, S. 27–39.

Globocnik, D. / Salomo, S. (2014): Erfolgsfaktoren des strategischen Innovationsmanagements, in: Granig, P. / Hartlieb, E. / Lercher, H. (Hrsg.): Innovationsstrategien, Wiesbaden, S. 55–69.

Hauschildt, J. / Salomo, S. (2011): Innovationsmanagement, 5. Auflage, München.

Kerin, R. A. / Varadarajan, P. R. / Peterson, R. A. (1992): First-Mover Advantage: A Synthesis, Conceptual Framework, and Research Propositions, in: Journal of Marketing, Vol. 56, No. 4, S. 33–52.

Keuper, F. / Hamidian, K. / Verwaayen, E. / Kalinowski, E. / Kraijo, C. (Hrsg.) (2013): Digitalisierung und Innovation, Wiesbaden.

Lawson, B. / Samson, D. (2001): Developing Innovation Capability in Organisations: A Dynamic Capabilities Approach, in: International Journal of Innovation Management, Vol. 5, No. 3, S. 377–400.

Müller, H.-E. (2015): Geschäftsmodell-Innovation: Nicht nur Technologie, in: GfPMagazin, März 2015, S. 4–5.

Nemeth, A. (2011): Geschäftsmodellinnovation – Theorie und Praxis der erfolgreichen Realisierung von strategischen Innovationen in Großunternehmen, Diss., St. Gallen.

Osterwalder, A. / Pigneur, Y. (2011): Business Model Generation, Frankfurt/New York.

Porter, M. E. (1990): The Competitive Advantage of Nations, London.

Sammerl, N. (2006): Innovationsfähigkeit und nachhaltiger Wettbewerbsvorteil, Wiesbaden.

Schewe, G. (1992): Imitationsmanagement, Stuttgart.

Slater, S. F. / Mohr, J. J. / Sengupta, S. (2014): Radical Product Innovation Capability: Literature Review, Synthesis, and Illustrative Research Propositions, in: Journal of Product Innovation Management, Vol. 31, No. 3, S. 552–566.

Smith, M. / Busi, M. / Ball, P. / Van der Meer, R. (2008): Factors Influencing an Organisation's Ability to Manage Innovation: A Structured Literature Review And Conceptual Model, in: International Journal of Innovation Management, Vol. 12, No. 4, S. 655–676.

Staudt, E. (1985): Innovation, in: Die Betriebswirtschaft, Jg. 45, Nr. 4, S. 486–487.

Stern, T. / Jaberg, H. (2007): Erfolgreiches Innovationsmanagement, 3. Auflage, Wiesbaden.

Terziovski, M. (2007): Building Innovation Capability in Organizations: An International Cross-Case Perspective, Imperial College Press.

Vahs, D. / Brem, A. (2013): Innovationsmanagement, 4. Auflage, Stuttgart.

Armin Tietjen, Manfred Weidlich

GEA Group AG

Konsistente Technologie- und Innovationsstrategien – Der Ausgleich von Market Pull und Technology Push durch Integration von Technologie- und Innovationsprozess

1 Strategische Planung

Das Innovations- und Technologiemanagement eines Unternehmens ist nachhaltig nur erfolgreich, wenn es in der strategischen Unternehmensplanung verankert ist und sich aus den übergeordneten strategischen Zielen des Unternehmens ableitet. Es bedarf also einer Innovationsstrategie als Teil der Unternehmensstrategie. Damit ist eine strategische Unternehmensplanung die Voraussetzung für konsistente Technologie- und Innovationsstrategien.

Doch was ist Strategie?

> „Strategie ist richtiges Handeln, wenn wir nicht wissen, wie die Zukunft sein wird, und dennoch handeln müssen, wobei auch nichts zu tun ein Handeln ist."[1]

> „Strategie heißt, bevor man etwas beginnt, von Anfang an so zu handeln, dass man auf Dauer Erfolg hat."[2]

Die Unternehmensstrategie hilft im geschäftsstrategischen Raum, z.B. im Markt einer bestimmten Branche oder in einem bestimmten Industriezweig, zu navigieren. Die Unternehmensvision beschreibt die grobe Entwicklungsrichtung. Die Strategie gibt Orientierung, wie die Vision durch Zielformulierung und Mitteleinsatz realisiert werden soll. Sie beantwortet damit Fragen, wie der Weg zur Vision vorausgedacht ist und gibt die Antworten zu Aspekten, wo das Unternehmen steht, wohin es sich entwickeln will bzw. kann und wie das Unternehmen dorthin kommt. Die strategische Unternehmensplanung ist somit die Festlegung strategischer Unternehmensaktivitäten in einem festgelegten Zeitrahmen.

---

1 Malik (2011), S. 19.

2 Gälweiler (2005), S. 71.

Ausgangspunkt der strategischen Unternehmensplanung ist das Kunden- bzw. Anwenderproblem. Bevor man das „Wie" (die Umsetzungsmethodik) und das „Was" (die Umsetzungsmaßnahmen) strategisch bearbeitet, muss man das „Warum", d.h. das Kunden- oder Anwendungsproblem erkennen, beschreiben und analysieren. Basis dafür sind eine systematische Erfassung und Analyse der Kunden- und Markttrends (vgl. Kapitel 1.2). Die Erkenntnisse aus dieser Analyse bestimmen die Lösungstechnologien. Nach *Malik* (2011) gibt es vier Lösungstechnologien:[3]

- potenzielle neue Lösungstechnologien (Vorentwicklung oder Forschung)
- neue Lösungstechnologien (Entwicklung)
- am Markt vorhandene Lösungstechnologien
- eigene Lösungstechnologien (relative Sortimentsbreite).

Potenzielle und neue Lösungstechnologien sind originärer Bestandteil der Innovationsstrategie. Dabei muss die Innovationsstrategie eine Detailierung anbieten, die das zukünftige Erfolgspotenzial aus beiden Lösungstechnologien solide schätzen lässt.

1.1 Strategiekontext

Ob das Paar „Innovations- und Technologiestrategie" bei der Umsetzung der strategischen Unternehmensplanung eine treibende Kraft darstellt, hängt auch maßgeblich von der Unternehmensvision und dem wirtschaftlichen Handlungsfeld des Unternehmens, d.h. der Geschäftsausrichtung, ab. GEA wendet dabei die Definition für Innovation der Vereinten Nationen an:[4] Innovation ist alles, was einen neuen oder deutlich verbesserten Kundennutzen erzeugt. Diesem generischen Verständnis folgend, können in jeder Branche und jeder kundenrelevanten Unternehmensfunktion Innovationen generiert werden. Die Kombination mit der Technologiestrategie ist für Unternehmen, die technische Produkte / Lösungen anbieten, unabdingbar, da hier die Leitplanken des strategischen Fit gesetzt werden.

Für GEA ist innovatives Handeln Teil der Vision (vgl. Abbildung 1). Somit wird bereits in der Vision deutlich, dass ein aktives Innovationsmanagement bei der

3 Vgl. Malik (2011), S. 148 ff.

4 "An innovation is the implementation of a new or significantly improved product (good or service), or process, a new marketing method, or a new organisational method in business practices, workplace organisation or external relations", UNESCO (2009).

strategischen Umsetzung eine bedeutende Rolle haben muss, um kontinuierlich und nachhaltig „innovative Systemlösungen" bereitzustellen.

Abbildung 1: Die Vision von GEA.

Vision:
GEA leistet mit seinen innovativen Systemlösungen für die Nahrungsmittelverarbeitung und für eine sparsamere Nutzung von knappen Energieressourcen einen Beitrag für die Versorgung der Weltbevölkerung.

GEA ist ein weltweit tätiger Anbieter von Maschinen und Prozesstechnik, der sich sowohl durch anspruchsvolle Technologien, sein Streben nach besten Problemlösungen für seine Kunden als auch durch seine Führungsprinzipien auszeichnet.

Die Bedeutung der GEA-Vision:
- Wir möchten von unseren Kunden als ein Unternehmen wahrgenommen werden, das innovative Lösungen anbietet, die sie bei ihrem Erfolg noch weiter unterstützen
- Wir sind der Ort, an dem motivierte Mitarbeiter ihrer Kreativität und ihrem Geschäftssinn freien Lauf lassen können – das macht unsere Gruppe einzigartig
- Wir konzentrieren uns auf Geschäftsfelder und Märkte, in denen wir eine führende Position einnehmen können
- Durch unseren stetigen Erfolg bleiben wir die Architekten unserer zukünftigen Gruppe

Quelle: Eigene Darstellung.

Die Strategie der GEA soll vier Grundprinzipien folgen:

1. Marktführerschaft und Fokussierung
   - Führende Position in jedem Absatzmarkt weltweit
   - Konzentration auf Kernkompetenzen und Schlüsseltechnologien
2. Technologieführerschaft durch Innovation
   - Technologieführer in den wichtigsten Märkten
   - Differenzierung durch Technologievorsprung
3. Starke Ergebnisorientierung
   - Dezentralisierte Organisationsstruktur mit globaler Verantwortung in jedem Unternehmensbereich
   - Kostenführerschaft durch konsequentes Kostenmanagement
4. Kalkulierte Risiken
   - Stabilität durch Diversifikation innerhalb der Kerngeschäfte über Sektoren und Regionen hinweg
   - Gründliche Risikoprüfung der Projekte.

Besonders der strategische Eckpfeiler „Technologieführerschaft durch Innovation" unterstreicht die Notwendigkeit einer soliden Innovationsstrategie. Um diesem

Eckpfeiler gerecht zu werden, muss die Innovationsstrategie Breakthrough-Innovationen gezielt fördern, um seinen dauerhaften Technologievorsprung gegenüber dem relevanten Markt sicherzustellen.

Die Innovationsstrategie leistet einen maßgeblichen Beitrag zur Erreichung der Wachstumsziele in einem Unternehmen. Für das organische Wachstum ist, neben der Erschließung neuer geografischer Märkte und dem Ausbau des Service- und Dienstleistungsangebotes, das innovative Produkt- und Systemportfolio ein zentraler Wachstumstreiber. Daher ist es für GEA mit einem organischen Wachstumsziel von 4 % bis 6 % p.a. unentbehrlich, Innovation gezielt zu fördern und zu steuern.

Abbildung 2: Strategischer Wachstumsfokus bei GEA.

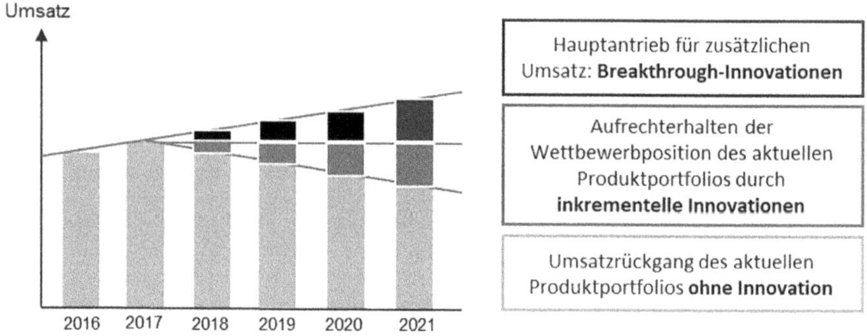

Quelle: Eigene Darstellung.

Die Abbildung 2 zeigt den Beitrag verschiedener Innovationsleistungen zum Umsatzwachstum. Ausgangspunkt bildet die Umsatzentwicklung eines Produktes, das über den Produktlebenszyklus nicht modernisiert oder gar innoviert wird. Die Konsequenz spiegelt sich durch einen stetigen Umsatzrückgang bis zum Ende des Lebenszyklus wider. Produktverbesserung und Modernisierungen ohne innovativen Charakter verlängern den Lebenszyklus, können aber den Umsatzrückgang mittel- und langfristig nicht aufhalten. Inkrementelle Innovationen, die neuen, verbesserten Kundenutzen bieten, helfen die Wettbewerbsposition zu erhalten und eine stabile Umsatzposition zu erreichen. Nachhaltigkeit ist jedoch erst dann gegeben, wenn die inkrementelle Innovationsleistung den spezifischen Produktumsatz real wachsen lässt, also auch inflationsbereinigt eine Umsatzsteigerung gezeigt wird. Allein Durchbruch-Innovationen, die den Kundennutzen signifikant erweitern, erhöhen den Umsatz nachhaltig und sind somit ein maßgeblicher Treiber für organisches Wachstum der Produkte bzw. des Unternehmens. Aus diesem Grund fokussiert sich die Innovationsstrategie der GEA auf inkrementelle und

Durchbruch-Innovationen mit angepasster Kapazitätsintensität, um so viel inkrementelle Innovation wie nötig, und so viel Durchbruch-Innovation wie möglich zu erreichen.

1.2 Kunden- und Markttrends

Wie bereits betont, ist eine systematische Analyse der Kunden- und Markttrends die Basis für ein erfolgreiches Strategiekonzept. Eigentlich wird geprüft, ob das von Unternehmen gelöste Kundenproblem, das „Warum", für den Planungshorizont der Strategie weiterhin wirtschaftlich attraktiv existiert oder sich das Problem durch geänderte Rahmenbedingungen, wie z.B. alternative Lösungsmöglichkeiten, verschiebt oder gar abnimmt. Somit steht die mögliche Veränderung der Bedürfnisstruktur von Kunden durch ein sich änderndes Geschäftsmodell aufgrund sozioökonomischer Trends im Fokus.

Sind die erstellten Leistungen / Produkte, wie bei GEA, nicht direkt für den Endverbraucher bestimmt, so ist es für die eigene Strategie von enormer Bedeutung, die Entwicklung der Bedürfnisse der Kunden des eigenen Kunden zu verstehen. Für GEA bedeutet dies, dass man sich intensiv mit Trends der Konsumenten beschäftigt. Aspekte wie veränderte Ess- und Lebensgewohnheiten, Auswirkungen des demografischen Wandels der Bevölkerung und die Möglichkeiten der Digitalisierung für Erwerb und Verzehr von Lebensmitteln, müssen analysiert werden. Dies erscheint aufwendig, doch nur mit Konsumentenbeobachtung kann das zukünftige Kundenproblem besser abgeschätzt werden, um dann eine systematische und zielgerichtete Innovationsstrategie aufzubauen. Der Aufwand lässt sich durch einen Austausch mit ausgewählten Kunden (Lead Customer), z.B. in sogenannten Innovationszirkeln, deutlich reduzieren. Hier werden gemeinsam mit Kunden, Lieferanten und Wissenschaftlern Trends diskutiert und eventuell gemeinsam Lösungsideen entwickelt.

Neben der Kundenperspektive sind auch die Entwicklungen und Trends für andere Stakeholder wie Lieferanten, Kapitalgeber, der Staat, Arbeitnehmer, Medien und Konkurrenten in Betracht zu ziehen. Die Änderungen bzw. Anpassungen dieser Anspruchsgruppen haben Einfluss auf die Gestaltungsoptionen der eigenen Strategie, weil sie wichtige Konditionen des wirtschaftlichen Erfolges mitbestimmen können. Bei der Erstellung der Kunden- und Markttrends sind deshalb die verschiedenen Unternehmensfunktionen mit einzubeziehen. Die Leitung und Koordination bei GEA übernimmt das Produktmanagement gemeinsam mit dem Expertenteam "Market Intelligence". Zudem sind Einkauf, Entwicklung, Finanzen, Service und Vertrieb aktiv beteiligt und es wird ein gemeinsames Verständnis für die Kunden- und Markttrends abgeleitet. Dies ist sehr wichtig, da die Kunden-und

Markttrends die Grundlage für die verschiedenen Strategiedimensionen, wie Innovations-, Investitions- und Vertriebsstrategie bilden und helfenden Handlungsrahmen abstecken.

2 Strategisches Technologie- und Innovationsmanagement

Das strategische Technologie- und Innovationsmanagement bei GEA ist nicht nur Grundbestandteil der strategischen Planung. Es sind zwei separat ausgewiesene Funktionen in der Organisation, die von Experten geführt werden. Ihre permanente Aufgabe ist es, die Zusammenarbeit und Abstimmung der verschiedenen Unternehmensfunktionen, wie z.B. Produktmanagement, Entwicklung, Produktion, Einkauf, Service und Qualität, zur Erstellung einer einheitlichen Technologie- und Innovationsstrategie sicherzustellen und zudem eine konzertierte Umsetzung zu koordinieren und zu überwachen. Daneben können diese Funktionen bestimmte strategische Initiativen eigenständig vorantreiben. Dabei werden insbesondere Machbarkeitsstudien für bereichsübergreifende Technologie- und Geschäftsideen durchgeführt.

2.1 Innovationsmanagement

Das Innovationsmanagement bei GEA ist als bereichsübergreifende Funktion installiert, da Innovationen im Unternehmen nur erfolgreich umgesetzt werden können, wenn die verschiedenen Funktionen im Innovationsprozess beteiligt sind und somit Verantwortung übernehmen. Die gemeinsame Erfolgsbasis einer Innovation für alle Unternehmensfunktionen sind der generierte Kundenmehrwert und der daraus resultierende nachhaltige Geschäftserfolg.

Das Innovationsmanagement der GEA hat auf Basis der Unternehmensvision eine klare Innovationsvision definiert: „*Wir sind die erste Wahl für unsere Kunden, indem wir innovative Produkte und Dienstleistungen anbieten, bei denen das Verständnis der Bedürfnisse und Zukunftsvisionen unserer Kunden im Fokus unserer Innovationsaktivitäten stehen. Dadurch werden greifbare Vorteile und Breakthrough-Innovationen geschaffen.*"

Die GEA-Maxime drückt sich durch kundenanwendungsgetriebene Innovationen aus. Technologische Innovationen sind somit für GEA "Enabler". Sie erweiterten und/oder generieren zusätzlichen oder gar neuen Kundennutzen. Somit beschäftigt sich das Innovationsmanagement mit allen Formen und Möglichkeiten der Innovation für den GEA-Kunden. Neben technologischen, prozesstechnischen, konstruktiven Innovationen werden auch Neuerungen wie z.B.

im Bereich des Nachmarktgeschäfts, d.h. Dienstleistungen sowie Kunden- und Anwendungsberatung, betreut.

Um das Innovationsmanagement in der Organisation und im Arbeitsalltag zu etablieren werden die Aufgaben des Innovationsmanagements von gemischten Teams aus Mitarbeitern, die sich in Vollzeit Innovationsaufgaben widmen, und solchen, die neben ihrer Arbeit in anderen Unternehmensfunktion Teilzeit im Innovationsmanagement mitwirken, bearbeitet.

2.1.1 Ziele und Aufgaben

Das Innovationsmanagement setzt maßgeblich und systematisch die Unternehmensstrategie mit Hilfe von innovativen Aktivitäten um. Es bearbeitet damit zielgerichtet und strukturiert, definierte und selektierte, für die Kunden heute und zukünftig relevante Anwendungsfelder mit dem Ziel, organisches Unternehmenswachstum zu stimulieren. Daneben werden auch individuelle innovative Ideen, die insbesondere von Mitarbeitern generiert wurden, betreut.

Das Innovationsmanagement steuert das Innovationsportfolio. Damit sorgt es dafür, dass entsprechend der strategischen Notwendigkeiten je Produktgruppe und/oder Anwendungsfeld ein ausgeglichener Mix an risikoreicheren Durchbruch-Innovationen und inkrementellen Innovationen mit geringerem Fehlerrisiko bearbeitet werden.

Operativ sorgt das Innovationsmanagement primär für die Umsetzung, Nutzung, Pflege, Erweiterung und Anpassung des Innovationsprozesses der GEA (vgl. 2.1.2). Dazu ist das Innovationsmanagement für die Bereitstellung einer adäquaten Infrastruktur für die GEA-Organisation verantwortlich. Diese Infrastruktur ist bei GEA die sogenannte Innovationsplattform, die sich derzeit im Aufbau befindet. Alle Innovationsaktivitäten sollen auf dieser Plattform dokumentiert, verwaltet und gemanagt werden. Mit dieser Plattform sorgt das Innovationsmanagement dafür, dass die am Innovationsprozess beteiligten Mitarbeiter folgende Funktionen und Vorteile erhalten:

- einen interaktiven Workflow
- einfache Möglichkeiten der Zusammenarbeit verschiedener Teilnehmer
- Inspiration und Führung für innovative Ideen
- Transparenz der Innovationsaktivitäten für alle im Unternehmen
- Gemeinschaft der Innovationsteams
- Mobilität und Motivation.

Daneben betreut das Innovationsmanagement Werkzeuge, die eine strukturierte Ideenfindung, eine solide Beurteilung der Innovation und eine gezielte und effiziente Umsetzung fördern. Beispiele hierzu sind TRIZ (Theorie des erfinderischen Problemlösens), der morphologische Kasten oder Szenario Planung. Im Alltag vermittelt das Innovationsmanagement Anwendungsexperten für diese Methoden an Innovationsprojekte und stellt somit sicher, dass geeignete Methoden je Innovationsidee eingesetzt werden.

Das Innovationsmanagement pflegt aktiv das interne und externe Innovationsnetzwerk mit dem Ziel, das Innovationsmanagement kontinuierlich zu verbessern und zu erweitern. Unternehmensinterne Erfahrungen, Anregungen und Erkenntnisse Dritter, wie z.B. anderer Unternehmen, Hochschulen, Instituten, Beratern etc., sollen möglichst einfach in die Innovationsaktivitäten der GEA einfließen.

2.1.2 Prozess des Innovationsmanagements

Der GEA-Innovationsprozess kann grob in zwei Phasen unterteilt werden. Im sogenannten "front end" werden die Innovationsideen generiert, getestet und evaluiert. Im zweiten Teil werden diese Ideen dann realisiert, wobei es hier verschiedene Umsetzungsoptionen je nach Ideentyp gibt. Neben dem klassischen Produktentwicklungsprozess (Stage-Gate-Prozess) werden auch Inkubator-Modelle, M&A-Optionen und externe Start-Up-Förderung als Realisierungsmöglichkeiten angeboten (vgl. Abbildung 3).

Ziel im "front end" ist es, zu Problemstellungen des Kunden oder einer Technologie qualifizierte, evaluierte Ideen in ausreichender Anzahl zu generieren. Ideen, deren Potenzial überzeugen, die eine positive Kundenrückmeldung haben und deren Risikoprofil als handhabbar eingeschätzt werden, werden am Ende dieser Phase in Projekte überführt. Innerhalb dieser Projekte werden die Ideen dann z.B. mittels des Produktentwicklungsprozesses zur Marktreife gebracht. Das "front end" ist durch drei Phasen gekennzeichnet, die in verschiedener Reihenfolge und je nach Ideenreife iterativ genutzt werden:

- Ideengenerierung: In dieser Phase wird die allgemeine Kreativität zur Ideengeneration gefördert. Gleichzeitig soll aber auch eine strukturierte, zielgerichtete Ideenfindung möglich sein und innovative Lösungen für identifizierte strategische Fragestellung oder Problemstellungen kreativ erarbeitet werden. Ausgangspunkt sollten bevorzugt "customer pains" sein.[5]
- Ideenqualifizierung: Ziel der Qualifizierung ist es, Ideen in den verschiedenen Phasen des "front ends" zu filtern und zu selektieren. Es wird geklärt, ob die Ideen in die strategische Stoßrichtung, z.B. in die bevorzugten Innovationsfelder,

5 Vgl. Osterwalder et al. (2014).

passen. Auch wird das Innovationspotenzial sowohl wirtschaftlich als auch kundenspezifisch beurteilt. Mit dem Ergebnis der Qualifizierung wird entschieden, ob die Idee weiterverfolgt wird.

- Ideenreifung: Während der Ideenreifung soll so früh wie möglich praktisch und theoretisch geprüft werden, ob die Idee kundengerecht, machbar und umsetzbar ist. Durch praktische Versuche, interne und externe Umsetzungsstudien und Diskussionen reift die Idee. Dabei ist es erwünscht, dass aufgrund von Rückmeldungen eine Idee modifiziert und/oder optimiert wird. Der Reifeprozess soll im Regelfall nicht mehr als einige Wochen dauern.

Der agile und flexible Aufbau des “front end” stellt sicher, dass Innovationspotenziale rechtzeitig erkannt werden und Risiken möglichst früh im Gesamtprozess sicher eingeschätzt werden. Der Prozess ist so gestaltet, dass sich eine positive Fehlerkultur etabliert: Potenzielle Fehler werden so früh wie möglich identifiziert oder gemacht, umgehend korrigiert und nachhaltig aus ihnen gelernt.

Abbildung 3: Innovationsarchitektur von GEA.

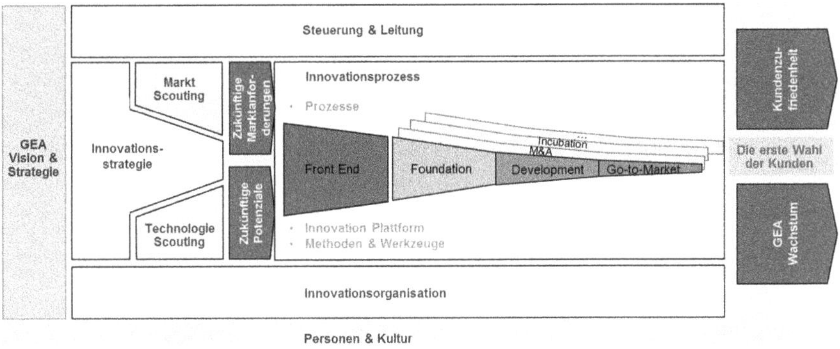

Quelle: Eigene Darstellung.

2.1.3 Innovationsfelder

Die Ableitung von Innovationsfeldern ist von eminenter Bedeutung, da diese die strategischen Stoßrichtungen und damit den Fokus von Innovation für Geschäftsfelder, Produkte und Technologien festlegen. GEA verfolgt dabei den Ansatz einer Strukturanalyse durch interdisziplinäre Workshops, welche Push- und Pull-Faktoren untersuchen, die die Innovationsfelder inhaltlich prägen. Dabei werden Einfluss und zeitliche Relevanz der Faktoren eingeordnet und qualitativ bewertet. Im Ergebnis zeigt die Strukturanalyse potenzielle Innovationsfelder, die inhaltlich neue Produkte und Services, Geschäftsfelder und Modelle, aber auch notwendige Technologieentwicklungen abbilden können. Die gefundenen Innovationsfelder können zudem in einem nachfolgenden Schritt auf Substanz hinsichtlich Attraktivität und eigener Stärke zur Umsetzung evaluiert und damit priorisiert werden. Die ausgewählten Innovationsfelder bieten dann eine Basis für Kennzahlen des Strategiecontrollings, da nicht strategiekonforme Aktivitäten über Scorecards herausgefiltert werden. Die Abbildung 4 zeigt die angewandte Methode der Strukturanalyse in tabellarischer Form.

Abbildung 4: Strukturanalyse potenzieller Innovationsfelder.

Ausprägung / Push & Pull Faktoren	Welche Impulse? • Bedrohung • Trend • Gefahrensignal • Vorgang	Eintritts-wahrschein-lichkeit	Risiko-einschätzung	Auswirkung	Innovations-feld
Markt					
Kunden					
Wertschöpfung					
Technologie					
Normen/Standards					
Soziodemo-graphische Trends					
Ökonomie					

Quelle: Eigene Darstellung in Anlehnung an Cooper/Edgett (2010).

2.2 Technologiemanagement

Das Technologiemanagement nimmt im Geschäftsbereich Equipment der GEA eine sogenannte Exzellenzfunktion wahr, d.h. alle Aktivitäten des Technologiemanagements werden durch definierte Technologiefelder auf eine produktübergreifende Sicht gebündelt. Somit nimmt das Technologiemanagement eine Klammerfunktion ein, die es ermöglicht, Synergien hinsichtlich der Verwertung von technologischen Fähigkeiten und Wissen für unterschiedlichste Produktgruppen zu generieren. Dabei wenden die Technologiemanager einen Technologiemanagementprozess an, der sowohl auf die Umsetzung der strategischen Ziele aus Konzernsicht als auch auf die Einbindung des Technologiemanagements in die Produktentwicklung der Produktgruppen ausgerichtet ist.

2.2.1 Ziele und Aufgaben

Das Primärziel des Technologiemanagements ist das Gewinnen und die Sicherstellung von technologischen Fähigkeiten und Wissen für eine wettbewerbsfähige Produktentwicklung. Die Teilziele für das Technologiemanagement sind dabei so definiert, dass neben dem frühzeitigen Erkennen und Erschließen von Technologien auch technologieorientierte Serviceleistungen für die Entwicklungsabteilungen der GEA angeboten werden. Dadurch kann das Technologiemanagement die in Kapitel 2.2 thematisierte Exzellenzfunktion auch operativ besetzen und stellt so sicher, im engen Kontakt mit den Entwicklungsabteilungen zu bleiben.

Primär- und Teilziele und die korrespondieren Aufgaben werden in Abbildung 5 gezeigt. Dabei stehen die Säulen Technologieimpulse, Technologiekompetenz und Technologienetzwerk für die in die Entwicklungsteams gerichteten technologieorientierten Serviceleistungen.

Abbildung 5: Ziele und Aufgaben im Technologiemanagement.

Quelle: Eigene Darstellung.

Bei der Aufgabendefinition und der mit Interaktion verbundenen Serviceorientierung eines Technologiemanagers wurde darauf Wert gelegt, dass ein mit der Produktentwicklung abgestimmter Arbeitsmodus gelebt wird. Dazu wurden für die in der Abbildung 6 gezeigten Aufgaben, welche die Strategie- und Projektaspekte adressieren, entsprechende Verantwortlichkeiten zugeordnet.

Abbildung 6: Interaktion im Technologiemanagement.

Projekte	Entwicklung	Techn Mgt.
Verantwortung für Produktentwicklung in Übereinstimmung mit Entwicklungsprozess	X	
Technologieeinschätzung Plattformpotenzial	X	X
Technologiedokumentation		X
Roadmap-konforme Technologieprojekte	X	X
Beurteilung von Technologien	X	X
Ideenfindung für den besten Technologieansatz	X	X

Strategie	Entwicklung	Techn. Mgt.
Suchstrategien für Technologie	X	X
Technologieportfolios	X	X
Technologie-Roadmaps	X	X
Technologie-Monitoring und -suche	X	X
Pflege des Technologie-Radars		X
Interne & externe Networking-Initiativen	X	X

Quelle: Eigene Darstellung.

2.2.2 Prozess des Technologiemanagements

Der GEA-Technologiemanagementprozess basiert auf zwei Hauptphasen, die den Rahmen für eine zielgerichtete, d.h. strategiekonforme Technologieselektion und eine erfolgreiche Implementierung vorgeben. Dabei sichert die Selektion mit ihren Prozessphasen Beobachtung, Suchfelddefinition und Technologie-Scouting die Technologiefrüherkennung unter klar definierten, d.h. strategischen Rahmengbedingungen, ab. Die besondere initialisierende Bedeutung kommt dabei der Beobachtung und der Suchfelddefinition zu, da sie die strategischen Schnittstellen zu den in Kapitel 2.1.3 definierten Innovationsfeldern bilden. Die Innovationsfelder, welche die strategische Innovationsrichtung vorzeichnen, werden in technologisch geprägte Suchfelder überführt, um technische Systeme oder Technologien zu identifizieren, die die Innovationsfelder funktional bedienen können.

Die Implementierung mit ihren Teilphasen Technologie-Monitoring, Technologieeinführung und Technologiepflege ist auf die Etablierung ausgewählter Technologien im Maschinen- und Anlagenportfolio der GEA ausgerichtet. In der praktischen Umsetzung bedeutet dies, dass Technologiemanager in den Prozessphasen Technologie-Monitoring und Technologieeinführung die Technologieentwicklung aktiv begleiten und zudem für die notwendige Technologiedokumentation verantwortlich sind. Das so entstehende Technologieportfolio wird in der Prozessphase Technologiepflege durch die Technologieteams untersucht und mit entsprechenden Maßnahmen versehen.

Abbildung 7 zeigt den Prozess des Technologiemanagements mit seinen sechs Teilphasen. Die Prozessphasen, die dem Produktentwicklungsprozess zuarbeiten, folgen einem quasi-linearen Stage-Gate-Modell. Ein besonderer Fokus wird dabei auf die zu liefernden Ergebnisse gelegt. Die Art und Weise der Ergebniserzielung spielt eine untergeordnete Rolle.

Abbildung 7: Prozess des Technologiemanagements.

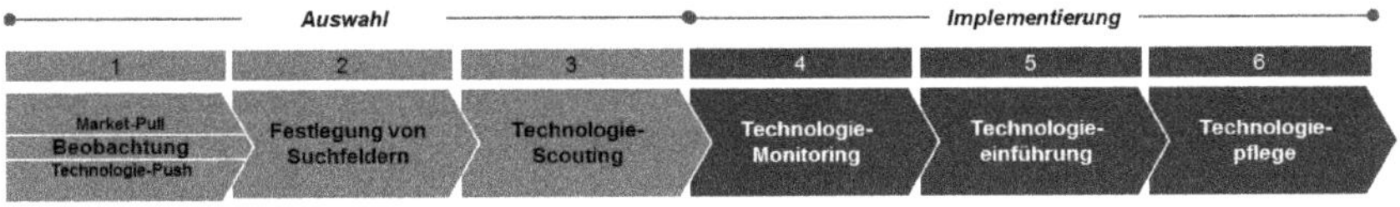

Quelle: Eigene Darstellung.

2.2.3 Technologische Anwendungsfelder

Ein erster Schritt zur Umsetzung der zuvor definierten Innovationsfelder in konkrete technologische Anwendungsfelder ist eine qualitative Potenzialanalyse der durch Technologie-Scouting gefundenen Technologien in einer Potenzialmatrix wie sie in Abbildung 8 gezeigt wird. Dabei erfahren die zur Verfügung stehenden Technologien durch interdisziplinäre Teams eine Einordnung in die Dimensionen internes Transferpotenzial und externer Prozesswert. Hierbei orientiert sich der externe Prozesswert an den Kundenprozessen und kann durch Kriterien wie Leistung, Kosten, Qualität und Informationszugewinn bestimmt werden. Die nach innen gerichtete Dimension „internes Transferpotenzial" analysiert den eigenen Wertschöpfungsprozess vom Lieferanten zum Kunden mit den Zwischenstufen Entwicklung, Produktion und Vertrieb.

Technologien, die beide Dimensionen bestens erfüllen, sind die Verstärker für die qualifizierten Innovationsfelder. Sie werden daher im Technologiemanagementprozess durch die Teilphasen Scouting und Monitoring in die engere Auswahl genommen.

Abbildung 8: Potenzialmatrix.

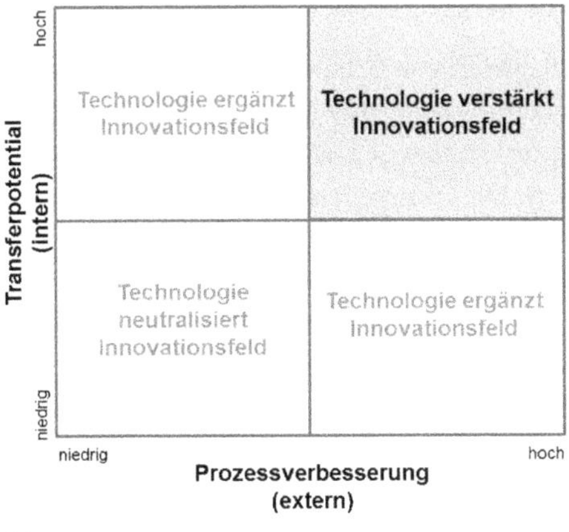

Quelle: Eigene Darstellung.

Die typische und entscheidende Charakteristik der meist disruptiven Verstärkertechnologien ist eine zusätzliche Leistungsdimension, die neben einer verbesserten Produktleistung auftritt. Abbildung 9 zeigt beispielhaft die zweidimensionale Leistungscharakteristik disruptiver Technologien.

Abbildung 9: Leistungscharakteristik von disruptiver Technologie.

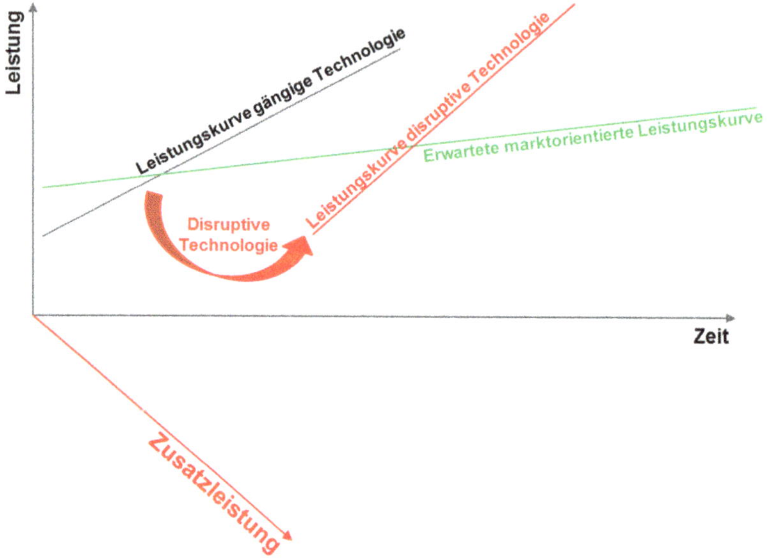

Quelle: Eigene Darstellung in Anlehnung an Cooper/Edgett (2010).

3 Werkzeuge des strategischen Ausgleichs

Ein strategischer Ausgleich von Technologie- und Innovationsstrategie wird erreicht, indem die Technologien ihre Eignung hinsichtlich innovativer Anwendungen, die weiterhin konsistent aus Markt- und Kundenforderung abgeleitet werden, zeigen sollen. Die Innovationsstrategie wird damit in ihrer Zielvorgabe nicht verändert, aber Märkte und Kunden agieren als Ausgleichskorrektiv für die *Anwendbarkeit* von Technologien. Insbesondere die neuen Technologien werden auf ihre anwendungsorientierte Eignung durch geeignete Werkzeuge untersucht. Die benutzten Werkzeuge arbeiten dabei unter der Prämisse, Produkte und Services anwendungsorientiert zu verstehen und sie so in eine marktkonforme Neuproduktplanung einfließen zu lassen.

3.1 Markt- und Technologieportfolio

Ein Werkzeug, das GEA für die Veranschaulichung des strategischen Ausgleichs benutzt, ist die bekannte Portfoliotechnik. Das Technologiemanagement setzt dabei auf einen Kriterienkatalog, der auf die Technologieportfoliodimensionen „Technologieattraktivität" und „relativer Technologiepositionierung" ausgerichtet ist. Die strategische Einordnung spezifischer Technologieattraktivität wird dabei mit Erfolgsfaktoren wie Leistungs- und Kostensenkungspotenzial, Lebenszyklus und Plattformpotenzial vorgenommen. Das Plattformpotenzial wird dabei durch die Integrationsfähigkeit und Flexibilität von Technologien hinsichtlich weiterer Applikationen eingeschätzt.

Die relative Technologiepositionierung wird durch Kriterien wie technische und qualitative Beherrschbarkeit, Weiterentwicklungspotenzial, Entwicklungsgeschwindigkeit und Patentstatus im Wettbewerbsvergleich diskutiert.

Der angewandte Technologieportfolioansatz gibt auch Hinweise auf die Kernkompetenz der GEA, da die drei wesentlichen Kernkompetenzkriterien wie Leistungspotenzial, Plattformanwendung und Patentstatus durch Erfüllungsattribute wie Alleinstellungsmerkmal (USP), Vielfalt der Produktgruppenanwendung und Schutzniveau (IP), herausgearbeitet werden. Abbildung 10 zeigt ein Technologieportfolio, das im Wesentlichen für Produkttechnologien angewandt wird.

Abbildung 10: Technologieportfolio.

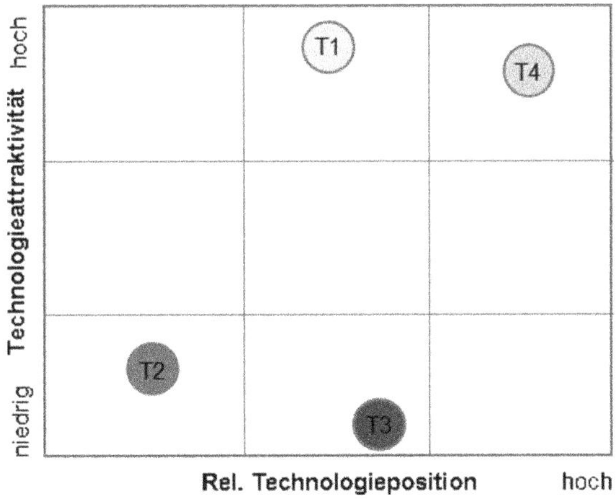

Quelle: Eigene Darstellung.

Um eine isolierte Technologie- oder Marktsicht zu vermeiden, wird der strategische Ausgleich durch eine Kombination von Markt- und Technologieportfolio vorgenommen. Dabei werden beide Portfolios miteinander verschmolzen, indem die in den jeweiligen Portfolios identifizierten produktbezogenen Markt- und Technologieprioritäten in einem neuen Gesamtportfolio durch Portfoliotransformation abgebildet werden. Damit werden jene Produktentwicklungen priorisiert, die mit Technologien oder Technologieplattformen korrespondieren, deren Technologiepriorität hoch ist. Abbildung 11 zeigt das integrierte Gesamtportfolio, welches aus Markt- und Technologiesicht gebildet wurde.

Abbildung 11: Integriertes Gesamtportfolio.

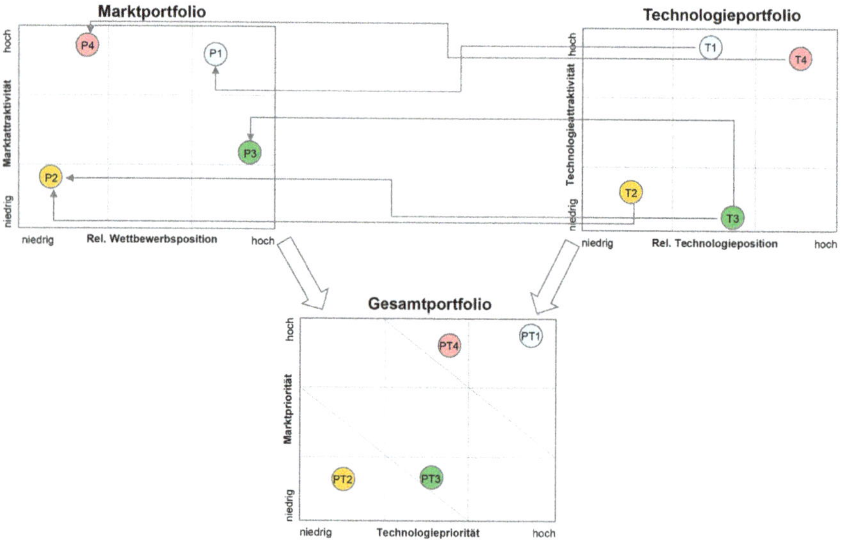

Quelle: Eigene Darstellung.

Im Rahmen der Strategiefestlegung werden den Produkten mit Bezug zu den identifizierten Innovationsfeldern entsprechend den Prioritäten Forschungs- und Entwicklungsressourcen auf Basis einschlägiger Normstrategien zugewiesen.[6]

3.2 Anwendungsorientierte Innovationsarchitektur

Die anwendungsorientierte Innovationsarchitektur versteht sich als ein Werkzeug, das die Möglichkeiten neuer Technologien unter besonderer Berücksichtigung der Funktionen und Effekte in den Innovationskontext mit seinen Innovationsfeldern einbaut. Die neuen Technologien werden somit als Auslöseimpuls ("*Trigger*")

6 Vgl. Corsten et al. (2016), S. 297 ff.

verstanden, um neue Anwendungsfelder zu finden. Die Architektur in Abbildung 11 stützt sich aber auch auf das zu untersuchende Geschäftsumfeld. Somit wird sichergestellt, dass der Ausgleich zwischen heutigen und zukünftigen Marktanforderungen (Pull) mit den Potenzialen heutiger und zukünftiger Technologien (Push) hergestellt werden kann. Im Ergebnis werden dadurch nur jene Anwendungen berücksichtigt und priorisiert, bei denen eine Übereinstimmung zwischen eindeutig formulierten Kundenbedürfnissen mit den technologischen Möglichkeiten zur Bedürfniserfüllung hergestellt werden kann.

Abbildung 12: Anwendungsorientierte Innovationsarchitektur.

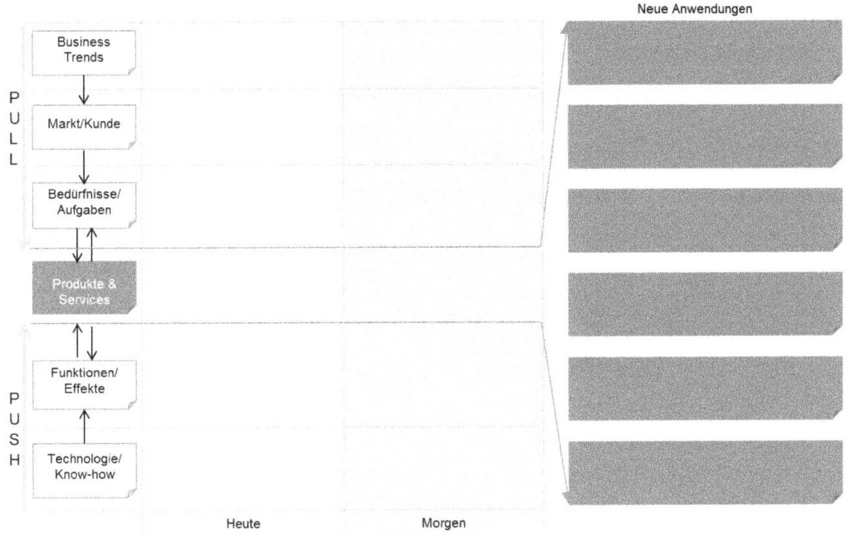

Quelle: Eigene Darstellung.

3.3 Roadmaps

Das Roadmap-Konzept bei GEA zielt auf die Neuproduktentwicklung ab und ist damit ein wesentlicher Bestandteil des Produktplanungsprozesses. Beim Roadmapping werden für die definierten Innovationsfelder oder Märkte neue Produkte geplant und auf einer Zeitleiste aufgezeichnet. Abbildung 13 zeigt am Beispiel eines Auszugs des Fütterungsmanagements, dass die zur Umsetzung notwendigen Technologien und Initiativen sequenziell heruntergebrochen werden, um sie so auf der Zeitleiste zu verorten. Ein bereichsübergreifendes Team aus Entwicklungsabteilung und Produktmanagement zeichnet dabei eine priorisierte Entwicklungsagenda auf, die einen Zeitraum von bis zu max. zehn Jahren zeigt.

Um ein möglichst vollständiges Bild der Marktsituation zu bekommen, werden die relevanten Initiativen des Wettbewerbs gezeigt. Die in der Roadmap abgestimmten Initiativen werden im jährlichen Planungszyklus hinterfragt, um sie aktuellen technologischen oder marktlichen Gegebenheiten bzw. Weiterentwicklungen anpassen zu können.

Abbildung 13: Roadmap.

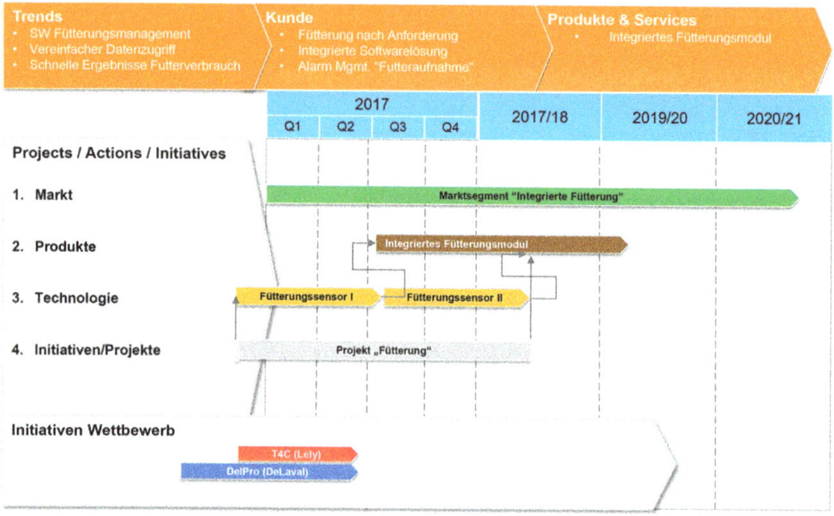

Quelle: Eigene Darstellung.

4 Resümee

Die im Artikel beschriebenen Werkzeuge des strategischen Ausgleichs haben eine gemeinsame Motivation. Sie wollen die heutigen und zukünftigen Kundenbedürfnisse durch innovative Lösungen bestmöglich erfüllen. Der dazu gewählte strategische Weg ist die Technologieführerschaft. Die Integration von markt- und technologiegerichteten Aktivitäten im Unternehmen stellt für diesen Weg eine Grundvoraussetzung dar. Die hierbei benutzten Instrumente wie das Markt- und Technologieportfolio, die anwendungsorientierte Innovationarchitektur und das Roadmapping können aber nur dann eine positive Ausgleichswirkung erzielen, wenn ein Unternehmen Kundennähe lebt und so die gewonnenen Erkenntnisse in die beschriebenen Werkzeuge einfließen lässt. Hierbei kommt dem Produktmanagement der GEA eine besondere Verantwortung in der Moderation und Gestaltung für den Ausgleich der markt- und technologieorientierten Perspektiven zu. Jedoch ist eine konsistente und erfolgreiche Innovations- und Technologiestrategie nicht ausschließlich durch prozessual angewandte Werkzeuge getragen. Ein wesentlicher Baustein erfolgreicher Innovatoren ist ein positives Innovationsklima, das Mitarbeiter ermutigt, Ideen auszuprobieren und neue Wege gemeinsam mit Kunden und Lieferanten zu gehen. Verbunden mit einer Fehlerkultur, die beim Scheitern den Erkenntnisgewinn in den Vordergrund stellt, wird ein Umfeld geschaffen, das Mitarbeiter zu ungewöhnlichen und kreativen Leistungen befähigt, die das Unternehmen auch kommerziell und finanziell nachhaltig stärken.

Literaturverzeichnis

Cooper, R. / Edgett, S. (2010): Developing a product innovation and technology strategy, 3rd edition, Oakville.

Corsten, H. / Gössinger, R. / Müller-Seitz, G. / Schneider, H. (2016): Grundlagen des Technologie- und Innovationsmanagements, 2. Auflage, München.

Gälweiler, A. (2005): Strategische Unternehmensführung, 3. Auflage, Frankfurt am Main.

Malik, F. (2011): Strategie. Navigieren in der Komplexität der Neuen Welt, 1. Auflage, Frankfurt am Main.

Osterwalder, A. / Pigneur, Y. / Bernada, G. / Papadokos, T. / Smith, A. (2014): Value Proposition Design: How to Create Products and Services Customers Want, Hoboken/New Jersey.

UNESCO (2009): Measuring Innovation; URL: www.uis.unesco.org/SiteCollectionDocuments/Measuring%20innovation.ppt, [Zugriff: 06.06.2017].

Myriam Jahn
TiSC AG
Michael Marhofer
ifm stiftung & co. kg

Digitale Innovationen – Strategien, Geschäftsmodelle und Voraussetzungen

1 Digitalisierung als Innovationstreiber in der Elektronikindustrie

Sensorik, RFID und IT-Technologie wie Cloud und Software as a Service (SaaS) – die „vierte industrielle Revolution" basiert auf technischen Möglichkeiten, die schon seit Jahren, wenn nicht Jahrzehnten bestehen. Erst mit betriebswirtschaftlichen Überlegungen können die Potenziale dieser Technik in revolutionärem Umfang gehoben werden. Neue Geschäftsmodelle durch neue Prozesse und Services entstehen. Dieser Beitrag beleuchtet am Anwendungsbeispiel eines Sensorikherstellers Strategien im Zusammenhang mit der Digitalisierung und Industrie 4.0, ein daraus folgendes Geschäftsmodell und die Voraussetzungen, die ein mittelständisches Unternehmen mitbringen muss, um die Digitalisierung als Chance zu nutzen.[1]

In Deutschland machen produzierende und meist mittelständische Unternehmen über 25 % des Bruttoinlandsproduktes aus.[2] Mit Industrie 4.0 werden sie wieder als wichtiger und konjunkturell weniger anfälliger Teil der Volkswirtschaft betrachtet.[3] Gerade im deutschen Mittelstand sind die Ressourcen jedoch begrenzt. Investitionsgräber in Industrie 4.0 und Big Data kann und will man sich nicht leisten. Durch eine Automatisierung und Digitalisierung ohne betriebswirtschaftlichen Überbau ist allerdings zu befürchten, dass nicht nur kein wirtschaftlicher Nutzen entsteht, sondern sinnlose und hohe Investitionen in IT-Systeme der Vergangenheit. Warum sollte ausgerechnet mit Industrie 4.0 das Produktivitätsparadoxon der Informationstechnik überwunden werden? Warum sollte die Produktivität mit Industrie 4.0 maßgeblich ansteigen, was mit der Informationstechnologie (IT) bislang

---

1 Vgl. bereits Jahn (2017).
2 Vgl. Ganschar et al. (2013).
3 Vgl. Plattform Industrie 4.0 (2014).

nicht gelungen ist? Die Datenerhebung mit Hilfe von Sensoren – denn nur diese können Daten zur Verfügung stellen – und die Datenbereitstellung mit Hilfe der IT sind so kostenintensiv, dass am Anfang der Digitalisierung die betriebswirtschaftliche Frage nach der Wirtschaftlichkeit stehen muss.

1.1 Industrie 4.0 als Digitalisierung der Produktion

Der Nutzen von Industrie 4.0 wird vor allem in der Verbesserung der (unternehmensübergreifenden) Koordination der Produktion gesehen.[4] Der Bedarf ist in der industriellen Praxis erkannt, aber die Lösung wird kaum betriebswirtschaftlich schlüssig hergeleitet.[5] Beachtet man betriebswirtschaftliche Wegweiser, entsteht eine effiziente Produktion, individuell identifizierbare, intelligente Produkte und zusätzliche Services bis hin zu einem neuen Geschäftsmodell, das Mehrwert für den Kunden und einen langfristigen Wettbewerbsvorteil bietet.

Betriebswirtschaftliche Effizienz bedeutet – vereinfacht – mehr Leistung und/oder weniger Kosten. Vorhandene IT-Systeme lösen im Zusammenspiel mit der Automatisierungstechnik der Maschinen dieses Problem heute nicht vollständig. Das ERP-System (Enterprise-Resource-Planning) als führendes System bildet betriebswirtschaftliche Effizienz in Plänen ab. Das MES (Manufacturing Execution System) stellt das planerische Bindeglied zwischen technischem Ablauf in der Produktion und den Plänen des ERP innerhalb der Automatisierungspyramide dar (vgl. Abbildung 1).

Abbildung 1: Automatisierungspyramide.

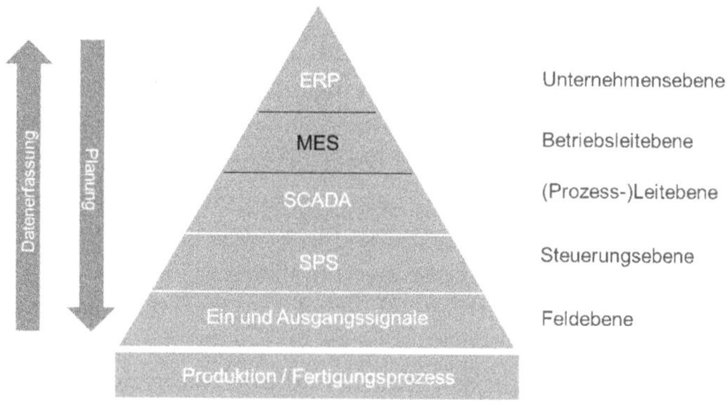

Quelle: Eigene Darstellung.

---

4 Vgl. hier und im Folgenden Lasi et al. (2014).

5 Vgl. zum Beispiel Pantförder et al. (2014), S. 148.

Hier erfolgt auch die Kontrolle durch eine – meist automatisierungstechnisch eingeschränkte – Auftragsverfolgung. Das ERP-System gibt Zielgrößen vor, die aus Wertgrößen Zeiten und Mengen ermittelt. Mit diesen arbeitet das MES, ohne selbst eine betriebswirtschaftliche Optimierung vornehmen zu können.[6] Kontrollrückmeldungen aus der Produktion sind durch die Automatisierungspyramide über dem einzigen Informationsgeber – der Sensorik – ebenso eingeschränkt wie der Datenaustausch zwischen den Ebenen der Informationspyramide von MES und ERP. Beide Pyramiden, Zeichen eines hierarchischen Aufbaus von Automatisierungs- und IT-Systemen, werden von Industrie 4.0 in Frage gestellt.

Die Vision der digitalisierten Fabrik arbeitet dagegen mit einer durch die technischen Möglichkeiten nicht mehr beschränkten vertikalen und horizontalen Informationsweitergabe und deren sinnvolle Auswertung in einem *Cyber Physical Production System (CPPS):*[7]

- Mittels Sensorik (und damit zusammenhängend Identifikationssystemen) werden Aufträge, damit zusammenhängende Daten und deren Zeitstempel unmittelbar erfasst.
- Auf Grundlage der Auswertung kann zwischen der physikalischen und der digitalen Welt interagiert werden. Dies wird durch Aktoren ausgeführt.
- Mittels gemeinsamer Datenbasis sind die Arbeitssysteme untereinander verbunden und die Daten und Dienste des virtuellen Produktionsabbildes überall verfügbar.
- Mittels universeller Schnittstellen wird die Applikations-Kommunikation ermöglicht.

1.2 Digitalisierung in der Elektronikindustrie

Wegen ihrer Doppelrolle als Ausrüster genauso wie als Anwender digitalisierter Produkte, aber auch wegen ihrer hohen wirtschaftlichen Bedeutung oft zitiertes praktisches Beispiel für strategische Auswirkungen der Digitalisierung ist die Elektronikbranche, insbesondere in der Automatisierung. Die Tiefe und Geschwindigkeit der anstehenden Revolution im Automatisierungsbereich dürfte mit den Veränderungen durch das Internet im Konsumbereich vergleichbar sein.[8] Die Überwindung der Lücke zwischen der realen und digitalen Welt mit Hilfe von Sensoren als Grundlage eines CPPS im Zeichen von Industrie 4.0 ist wirtschaftlich möglich und eine neue strategische Option. Die Geschwindigkeit der

6 Vgl. im Folgenden Ludwig (1995), S. 10; Müller (2015), S. 17 ff. und S. 69.
7 Vgl. Kaufmann/Forstner (2014), S. 360 ff.; Vogel-Heuser (2014a), S. 37.
8 Vgl. Mattern (2005), S. 58.

Veränderung für den Ausrüster in der Automatisierung kann durch den langen Produktlebenszyklus von Maschinen und Anlagen verlangsamt werden. Es steht jedoch zu erwarten, dass eine kostengünstige Möglichkeit für ein "Upgrade" der installierten Basis gefunden wird. Das zusätzliche Wertschöpfungspotenzial, das für Industrie 4.0 für die elektrische Ausrüstung angegeben wird, beträgt etwa 2 % p.a. (vgl. Abbildung 2).[9]

Die immer kürzeren Innovationszyklen machen Software – also die Digitalisierung des Produktes – zum differenzierenden Faktor in der Automatisierungsindustrie. Die hardwarenahe Software (Firmware) wird zu einem entscheidenden Wettbewerbsvorteil, da sie größere Variation der Geräte ermöglicht. Ihrer Verwaltung, ihrer Entsprechung in der IT-Welt und dem Zugriff mittels einer einfachen Schnittstelle wurde jedoch vor der Digitalisierungsdiskussion noch zu wenig Beachtung geschenkt. Die Komplexität der *vertikalen* Informationsweitergabe vom Sensor ins ERP und deren Auswirkungen für produzierende Kunden beschäftigt die Automatisierungsbranche erst seit Industrie 4.0.

Abbildung 2: Wertschöpfungspotenziale ausgewählter Branchen durch Industrie 4.0.

Quelle: Bauer et al. (2014).

Digitalisierung passt zu den Trends in der Automatisierungstechnik.[10] Mit der Globalisierung, ihren kürzeren Innovationszyklen und der Verteuerung von Rohstoffen ist die Variabilität in der Firm- oder Bedienungssoftware, statt in der Hardware vorzusehen. Der Kunde soll selbst – anstatt der bei Globalisierung wahrscheinlich weiten Reise eines Servicetechnikers – dazu in der Lage sein, den Softwarestand eines elektronischen Gerätes zu ermitteln und seine Firmware

9 Vgl. Bauer et al. (2014).
10 Vgl. Wächter (2012).

auszutauschen oder zu erneuern. Ein Update und eine kundenspezifische Variante als "Software as a Service" (SaaS) ist zu ermöglichen.

Bei Kunden nimmt das (sprachenspezifische) Anwendungs-Know-how für Software und intelligente Endgeräte zu, während sprachenunabhängige Programmierung durch den Kunden selbst kaum noch gewünscht wird oder der Ausbildungsgrad in einigen Ländern dafür gar nicht vorhanden ist. Immer mehr Wissen über Elektrotechnik wird durch Wissen über Software-Anwendungen und alltägliche Nutzung von PC und Smartphones ersetzt.

In der Elektronikindustrie als Produzent und Anwender digitalisierter Produkte ist die Verfolgung von eigenen Produkten und ihren Bestandteilen, also die *horizontale* Informationsweitergabe, aufgrund der zunehmenden Anzahl und Komplexität elektronischer Bauteile in den Endprodukten von ebenso hoher Bedeutung wie das Tracking der Karosse in der Automobilindustrie aus der Lean-Tradition heraus. Die Elektronikindustrie, mit 841.000 Mitarbeitern in Deutschland der zweitgrößte Wirtschaftszweig, gehört folglich nach dem Maschinen- und Anlagenbau, aber noch vor der Automobilindustrie, zu den drei Branchen, deren Interesse an Industrie 4.0 und der Digitalisierung am höchsten ist.[11] Der Elektronikindustrie werden neben dem Maschinen- und Anlagenbau die größten Wertschöpfungspotenziale bei der Umsetzung der Digitalisierung eingeräumt. Die Frage, wie diese Potenziale in der Elektronikbranche ausgeschöpft werden, wird in der Folge am Beispiel beantwortet.[12]

2 Implikationen für Strategie und Geschäftsmodell am Beispiel ifm

Die ifm Unternehmensgruppe (ifm) „entwickelt und produziert Automatisierungstechnik für über 135.000 Kunden weltweit"[13] mit mehr als 6.000 Mitarbeitern. Anwendung finden die über 8.000 verschiedenen bei ifm hergestellten Sensoren, Netze und Steuerungen unter anderem im Maschinenbau, in der metallerzeugenden und -verarbeitenden, der Automobil- und der Lebensmittelindustrie. Kennzeichnend für ifm – wie in der Elektronikindustrie insgesamt – sind dezentrale Entscheidungsstrukturen mit mehreren rechtlich selbständigen, produzierenden Tochtergesellschaften.

Die Kernkompetenz des Unternehmens spiegelt sich im Imageslogan "ifm – close to you" wieder. Mit über 1.000 Mitarbeitern und über 90 % des Umsatzes

11 Vgl. ZVEI (2013), S. 3.

12 Vgl. Ausnahme Einzinger (2015), S. 14.

13 ifm electronic gmbh (2011a) und im Folgenden ifm electronic gmbh (2012b).

im Direktvertrieb ist das Applikationswissen des Vertriebs der Schlüssel zum bisherigen Erfolg der ifm-Gruppe. Ebenso ungewöhnlich wie die Größe des Direktvertriebs ist die Verteilung der Kundengruppen: 80 % der kaufenden ifm-Kunden sind produzierende Kunden („Endkunden"), die die Sensorik im direkten Einsatz in der Produktion überprüfen können, während nur 20 % der Kunden dem Maschinenbau angehören. Entsprechend stark sind die Kundenbeziehungen der ifm, deren Vorhandensein vom World Economic Forum als Voraussetzung für eine erfolgreiche Digitalisierung gesehen wird.[14] Im Vertrieb ist die Grundlage des organisationalen Wissens der ifm als Fähigkeit zur Wissensakquise zu finden.[15] Der Nutzen aber entsteht im Markt, im eigentlichen Geschäftsmodell. Daher muss die Argumentation über die Nutzenpotenziale über den Markt kommen.[16]

Im Zusammenspiel mit dem ifm Produktmanagement als "gatekeeper"[17] zu Forschung und Entwicklung wurde hier bereits sehr früh die Notwendigkeit zur Digitalisierung in der Rolle des Ausrüsters und deren Potenziale zur Umsatzsteigerung erkannt. Die Service- und Geschäftsmodellinnovation für ifm im Zusammenhang mit Digitalisierung baut auf der Tatsache auf, dass Sensorik selbst die Augen und Ohren der Digitalisierung sind. Sie sind der einzige Informationsgeber und Basis eines CPPS. Zunächst wurde somit produktseitig der Weg der vertikalen Informationsweitergabe „vom Sensor bis ins ERP" beschritten.

2.1 Digitalisierung als Ausrüster – Service- und Geschäftsmodellinnovation

2003 führte ifm mit einem Schwingungssensor den ersten Online-Sensor ein, der rein für *Condition Monitoring* und *Predictive Maintenance* herangezogen wird und nichts mehr zu der eigentlichen Funktion der Maschine beiträgt. Hier zeigte sich schnell, dass zu diesem Zeitpunkt die Verbindung von Automatisierungs- und IT-Welt im Sinne eines CPPS noch recht dürftig war. Die virtuelle Anbindung des Schwingungssensors zur ständigen Erfassung des Maschinenzustands kostete etwa das Hundertfache der eigentlichen Sensorkosten. Ähnliches zeigte sich auch für die ifm-Bildsensorik (zwei- oder dreidimensionale pmd-Technik) und die Anbindung von RFID-Systemen. Um die Schnittstelle zwischen Sensorik und IT-Systemen zu gewährleisten, wurde 2012 ein erstes Softwareunternehmen, die heutige ifm datalink gmbh, gekauft. Dies geschah noch nicht vor dem Hintergrund der von

14 Vgl. World Economic Forum (2016), S. 4.
15 Vgl. Flatten (2011).
16 Vgl. Bauernhansl (2014), S. 31.
17 Vgl. Flatten (2018), in diesem Band.

acatech (Deutsche Akademie der Technikwissenschaften) zum ersten Mal im April 2011 propagierten Industrie 4.0-Diskussion.

Ebenfalls zeitlich vor der Industrie 4.0-Diskussion hat ifm bereits dem IO-Link-Standard gehorchende Geräte eingeführt. IO-Link-Geräte haben eine Seriennummer und andere Diagnose-, Prozess- und Parameterdaten (z.B. Empfindlichkeiten, Schaltverzögerungen oder Kennlinien). Die Parameterinformationen der Sensoren und Aktoren sind typspezifisch, daher gibt es für jeden Gerätetyp eine eigene, standardisierte Beschreibung (IODD, IO-Link Device Description). ifm hat heute nicht nur weltweit die meisten IO-Link-Sensoren im Feld, sondern stellt so auch der IT-Welt mit der Digitalisierung einen einzigartigen Datenschatz zur Verfügung: „Gute Produkte wollen kommunizieren".[18]

Mit einer eindeutigen Nummer können sich die Stammdaten von IO-Link-Sensoren in SAP selbst anlegen, der Ersatz für einen ausfallenden Sensor kann automatisch bestellt werden und die Daten für das Qualitätsmanagement sich selbst interpretieren, ohne dass Informationen manuell hinzugefügt werden müssen. Auf dem Smartphone können Daten zum Gerät eingestellt oder Daten vom Gerät aufgezeichnet werden. Für den Kunden werden Kalibrierung und Parametrierung über eine standardisierte Schnittstelle wichtiger als die Möglichkeit, selbst zu programmieren. Eine Hinterlegung der zur Seriennummer passenden Parametrierung für den Kunden und der Aufruf dieser Parametrierung im Internet erhöhen den Kundennutzen. Der Kunde kann das Gerät seinen Bedürfnissen entsprechend identifizieren und die restlichen Informationen z.B. in der Cloud – dazu passend – speichern.[19] Erkenntnisse zur Haltbarkeit von Geräten können durch lückenlose Rückverfolgbarkeit anhand der Seriennummer gewonnen und die Funktionssicherheit über die Lebensdauer genauer bestimmt werden. IO-Link bietet erhöhten Plagiatschutz und die Möglichkeit, auf dem Gerät Sicherheitsschlüssel bis hin zu Blockchaining und Firmware-Versionsstände zu hinterlegen.

Um die IT-Welt mit Angaben aus der Produktion zu füttern, wird die Steuerung als Datenengpass umgangen. Für die Umgehung der Steuerung auf dem „Y-Weg" hat ifm bereits Automatisierungsprodukte wie den AL1100 geschaffen und hat damit zur direkten Übertragung der Sensordaten auf die IT-Ebene und der breiten Einführung von IO-Link einen entscheidenden Beitrag geleistet.[20] Der Security-Aspekt dieser Umgehung: Er kann die direkte Manipulation der Maschine verhindern, da Steuerung und IT-Welt nicht im direkten Kontakt stehen.

---

18 Fleisch/Mattern (2005), S. 22 f.

19 Vgl. Schreiter (2012).

20 Vgl. Jahn (2015), S. 38.

Über den Y-Weg ist somit eine höhere Sicherheitsstufe in der Anbindung an die virtuelle Welt zu erreichen.

Eine weitere Herausforderung bei der vertikalen Informationsweitergabe waren bestehende, marktführende ERP- und MES-Produkte. Kaum eine Schnittstelle bei ernstzunehmenden Anbietern für Softwareprodukte in Produktion und Logistik ist dazu ausgelegt, das hohe Sensordatenvolumen zu empfangen. Die Software muss dafür verändert, die Daten vorher durch eine möglichst universelle Schnittstelle sinnvoll gefiltert werden.

Industrie 4.0-Paradigmen als universelle Schnittstelle am Beispiel "LR Agent"[21]

- *Echtzeitfähigkeit (Performance / Verfügbarkeit)*:
    - Synchronie als Verarbeitung in Echtzeit: mindestens Sekundenbereich für die Darstellung an der Maschine, Millisekundenbereich für Aggregationsfunktion bei Direktanbindung an die Automatisierungstechnik
    - Effizienz, durch gemeinsame Nutzung von Ressourcen oder Nebenläufigkeit (Multithreading) bei Datentransformation
- *Offenheit (Integrationsfähigkeit / Skalierbarkeit):*
    - vertikal und reziprok vom Sensor (z.B. RFID-Auswerteeinheit DTE104), bis ins SAP (ERP und HCP) ohne Medienbrüche (Datendurchgängigkeit) mit Darstellung auf unterschiedlichen Aggregationsstufen (Transparenz). Gemeinsames Softwareprodukt mit SAP ("LR Agent CP")
    - horizontal durch Skalierbarkeit, d.h. Offenheit gegenüber Wachstum bei weiterbestehender Leistungsfähigkeit (Multi-Agenten-System mit Management-Tool AMS)
- *Sicherheit (Robustheit):*
    - Fehlertoleranz: jederzeitige Funktionsfähigkeit bei gleichzeitiger Fehlerbehandlung und -filterung
    - Sicherheit im engeren Sinne: Schutz einzelner Systemkomponenten und übertragener Daten

Der "LR Agent" der ifm-Unternehmensgruppe ist eine universelle Schnittstelle, die die Industrie 4.0-Paradigmen Echtzeit, Offenheit und Sicherheit erfüllt (vgl. Abbildung 3).[22]

---

21 Vgl. Bauernhansl/ten Hompel/Vogel-Heuser (2014), S. V; Vgl. auch Gärtner/Schimmelpfennig (2015), S. 131.

22 Vgl. Deloitte & Touche GmbH Wirtschaftsprüfungsgesellschaft (2013).

Abbildung 3: Informationspyramide – Bindeglied LR Agent.

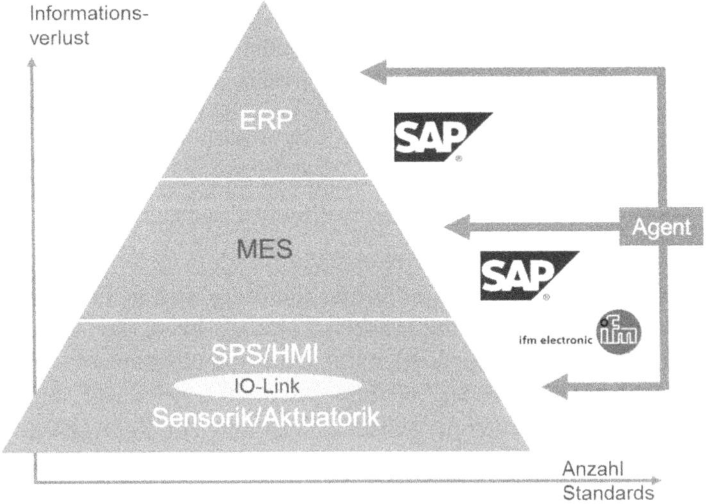

Quelle: Eigene Darstellung.

Im nächsten Schritt gilt es, die Daten bei Einbau des Sensors in eine Anlage auf eine IT-Plattform (webbasierte Cloud-Lösung) zu übertragen. Es entsteht ein "Internet of Sensors", ein Industrie 4.0-Geschäftsmodell, das den Schritt vom Produkt- zum Lösungsanbieter erlaubt. IO-Link in einem Sensor oder einem sensornahen Gerät erzeugt – bei Nutzung seiner Möglichkeiten – ein „intelligentes", „personalisiertes" Produkt mit virtuellem Produktabbild in der Cloud, wie von Industrie 4.0 und dem Internet der Dinge (IoT) gefordert.[23] Es kann Kunden stärker an eigene, „intelligente" Services, Software und die dazu kompatiblen Produkte binden. Wenn IO-Link durch benutzerfreundliche, plattformunabhängige Kundenschnittstellen mit den Services von ifm zur automatischen Datenerfassung verbunden ist, kann es dann sein ganzes Potenzial ausspielen.[24] Die Funktionserweiterung von IO-Link in Verbindung mit Software entspricht als Innovation den strategischen Zielen von ifm.[25] Dafür müssen – den unzähligen Möglichkeiten angepasst – die Funktionen für Kunden strategisch gezielt erweitert werden.[26]

23 Vgl. Bauernhansl et al. (2015).
24 Vgl. Mattern (2005), S. 63; Pantförder et al. (2014), S. 147; Wießler (2015), S. 15.
25 Vgl. Marhofer (2011).
26 Vgl. Krotlik/Greiser/Brocca (2015), S. 3.

Internet of Sensors – Beispielziel eines Weges zu Industrie 4.0

- Personalisiertes Produkt: Die Einführung von IO-Link ermöglicht kundenspezifische Konfigurationen mit nur geringen oder ohne Zusatzkosten.
- Intelligentes Produkt: Beispielhaft dafür ist das „elektronische Typenschild“, die automatisierte Dokumentation des Einsatzortes und die Diagnosefähigkeit eines Sensors mit IO-Link.
- Intelligente Services: Sind Konfigurationen und Updates möglich, so ist auch eine Erweiterung der Funktionen auf z.B. Sicherheitsprüfungen und “Software as a Service” (SaaS) denkbar.

Mit IO-Link, Y-Weg und LR Agent haben allerdings auch nicht mehr nur Unternehmen der Automatisierungsbranche die Möglichkeit, die Sensordaten zu nutzen. Wenn ifm aus dem im Vertrieb wurzelnden Applikationswissen um seine Sensoren einen entsprechenden Wettbewerbsvorteil erzielen will, so braucht es mit der Digitalisierung auch die Softwarekompetenz, um die Applikationen in kundenrelevante Software zu übersetzen.

Die sinnvolle Filterung von Daten kann nur derjenige vornehmen, der die Applikation des Kunden kennt. Bei mehr als 3.000 Kundengesprächen pro Tag, die ifm-Vertriebsmitarbeiter führen, sind die technischen Herausforderungen bekannt. Mit der neuen Mehrheitsbeteiligung an der TiSC AG hat ifm die Chance, dieses Know-how in Software darzustellen und als Produkt an den Markt zu bringen.

Auch im Maschinenbau wird im Zuge der Digitalisierung über die vertikale Informationsweitergabe und Mehrwert durch Software nachgedacht. Wenn die Maschine mit dem LR Agent ausgeliefert wird, so ist das ein echter Mehrwert: Der After-Sales-Service des Maschinenbauers ist immer über den Zustand seiner Maschinen informiert und kann durch Antizipation von Wartungs- und Reparaturarbeiten bzw. optimale Softwareupdates Stillstände bei seinen Kunden auf ein Minimum reduzieren. Zusätzlich gewinnt der Maschinenbauer wertvolle Erkenntnisse über die Qualität seiner Maschinen im Betrieb beim Kunden. Ein solches Erfolgsbeispiel ist der Maschinenbauer GEA, der dafür sorgt, dass bei allen Neumaschinen bereits ein Agent vorhanden und an seine Cloud angebunden ist. Dieser gestaltet die vorausschauende Wartung und Zustandsüberwachung von Maschinen noch effizienter. Maschinendaten und Sensorikwerte aus den GEA Separatoren und Dekantern werden direkt, mittels des so genannten IoT-Adapter-Line Recorder Agent Embedded 1.0 von ifm, in die SAP HANA Cloud-Plattform transportiert. Und somit stehen die Daten für die Analyse auch zusätzlich im PDMS-Tool der Firma SAP für GEA zur Verfügung. Hier können die Daten mit Geschäftsprozessen aus den SAP Business Suites und den Lösungen der SAP Predictive Maintenance kombiniert und ausgewertet werden. Frühzeitige

Warnmechanismen, die Aufzeichnung und Meldung kritischer Momente, jegliche Störungen in der Maschine können somit rechtzeitig identifiziert werden. Prozesse zur Service-Organisation können weltweit verwaltet und abgerufen werden. Hier muss vom Kunden, z.B. dem Lebensmittelproduzenten, nur noch „der Schalter umgelegt" werden, damit die Daten zu GEA fließen. Dies bedeutet für GEA und den Kunden, mit Hilfe cloudbasierter Ansätze für den Service an Maschinen und Anlagen, Mehrwerte zu schaffen. Neben einer Verbesserung der Service-Organisation werden so für den Kunden große Vorteile hinsichtlich Maschineneffizienz und Maschinenperformance geschaffen. Dies bedeutet auch zusätzlich eine Kostensenkung auf beiden Seiten.

Besteht die Möglichkeit der vertikalen Informationsweitergabe, die in einer gemeinsamen Datenbasis in der Cloud münden, wird die Applikations-Kommunikation die horizontale Informationsweitergabe ermöglichen. Kleine, webbasierte und cloudfähige Software-Applikationen („Apps") für den Maschinenbau und die Maschinennutzer, die eine einfache Kontrolle für den Menschen ermöglichen, entwickelt ifm datalink gemeinsam mit der TiSC AG für Bereiche, die ifm aus der Sensorwelt kennt:

- Condition Monitoring (z.B. für Schwingungsmessung mit dem efector octavis)
- Energy Monitoring (z.B. für Druckluftmessung mit dem efector metris)
- Track & Trace & Quality (z.B. für Identifikationssysteme und pmd-Kameras)

Alle Apps werden mit einem technisch orientierten Lizenzmodell (IP-Adresse) und zu den Kosten eines Sensors realisiert. 2022 wird es laut einer Studie von Machina Research 14 Milliarden Maschinen weltweit geben, die mit einer eigenen IP-Adresse an die IT-Welt angebunden sind. Die ifm-Software "LR SmartObserver" ist z.B. das "Facebook" für die Sensoren in diesen Maschinen: Daten und Erkennungsmerkmale aller angebundenen Sensoren können damit visualisiert werden. Aus diesen Daten können ifm-Kunden beispielsweise ableiten:

- Zu welchem Zeitpunkt wird die Anlage das nächste Mal ausfallen?
- Wieviel Energie wird zur Fertigung eines Produktes benötigt?
- Welche Prozessparameter führen zu optimaler Qualität?

Diese Transparenz ist für Kunden mit eigener Produktion neu und wertvoll. Statistiken mit Hilfe von Strichlisten der Maschinenbediener, der Abgleich von Excel-Sheets und Inkonsistenz von Daten und unvorhergesehene Maschinenausfälle gehören der Vergangenheit an. Das Industrie 4.0-Framework des LINERECORDERs (LR) ist cloudfähig und verfügt über eine Anwendung zur Parametrierung von Sensoren ("LR Device", vgl. Abbildung 4) und zur Visualisierung der Werte ("LR SmartObserver", vgl. Abbildung 9).

Abbildung 4: Beispielhafte Parametrierung eines Drucksensors über LR Device.

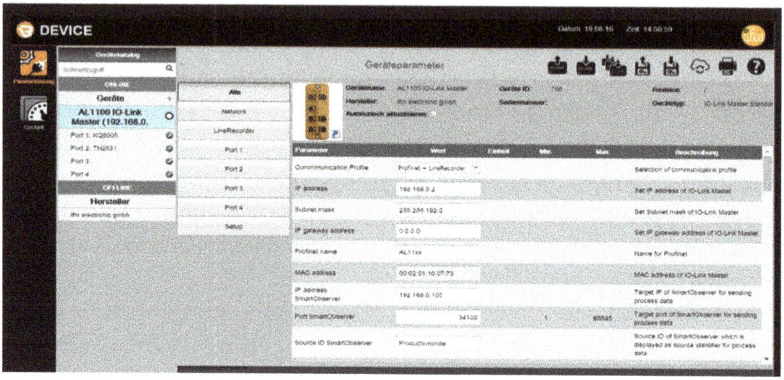

Quelle: ifm electronic gmbh (2016).

Ein Beispiel für die Anwendung ist der ifm-Kunde Sabesp, der die Wasserversorgung der Mega-City Sao Paolo in Brasilien mit über 1.400 Pumpen sicherstellt. Bisher brach die Wasserversorgung immer wieder ab, weil Pumpen nicht richtig inspiziert und gewartet wurden. Mit der ifm-Lösung ist dies nicht mehr der Fall – Sao Paolo hat jetzt eine zuverlässige Wasserversorgung und Sabesp einen großen PR-Erfolg. Ein anderes Beispiel sind Pressen bei großen Automobilherstellern wie Opel oder Daimler – mit der ifm-Systemlösung werden Millionen an Produktionsstillstandskosten vermieden.

Abbildung 5: Beispielhafte Oberflächen der LR-Module.

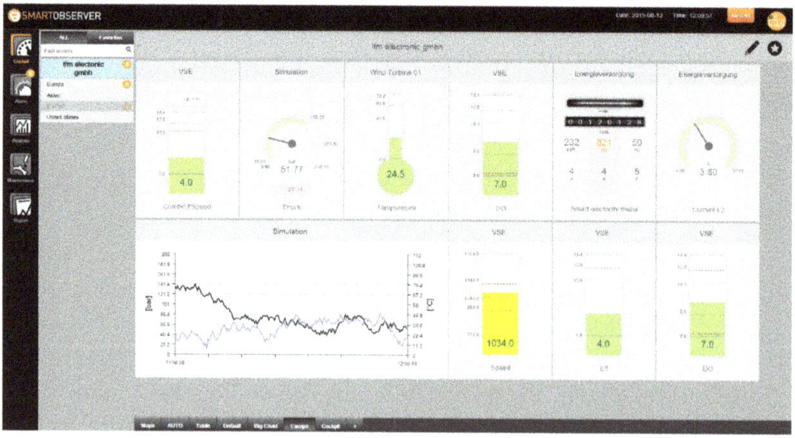

Quelle: ifm electronic gmbh (2015).

Mit der strategischen Ausrichtung, nicht nur Sensorik als Grundlage, sondern ein CPPS als Produkt im Markt anzubieten, kann die ifm-Unternehmensgruppe ihr einzigartiges Applikations-Know-how gewinnbringend für Kunden einsetzen.

2.2 Digitalisierung als Produzent – Prozessinnovation

Um schnell Digitalisierungskompetenz zu gewinnen, kann ein Unternehmen der Elektronikbranche in der Rolle des Ausrüsters den (After-Sales-) Service für den Kunden verbessern und/oder in der Rolle des Produzenten die eigene Produktion optimieren.[27] Die Strategie der ifm-Unternehmensgruppe im Zusammenhang mit Industrie 4.0 muss beides miteinander verbinden. Nicht nur, weil die Produktionsoptimierung (Prozessinnovation) zur notwendigen Kostensenkung führt, sondern weil die digitale Serviceinnovation und das virtuelle Produktabbild in der Cloud unweigerlich auch zur Forderung des Kunden führt, die eigenen Prozesse mit denen des Lieferanten, also ifm, zu verknüpfen. Eine unternehmensübergreifende Datenbasis in der Cloud wird gefordert, um die erforderlichen Informationen über ifm-Geräte direkt verfügbar zu haben. Dies ist aber ohne Prozessinnovation innerhalb der ifm-Gruppe nicht möglich.

Die Holding (ifm stiftung gmbh & Co. KG) agiert als fokales Unternehmen in der ifm-Gruppe und gibt die strategische Zielsetzung vor. Der strategische Anspruch der ifm-Gruppe an die Logistik drückt sich dadurch aus, dass 98 % der etwa 10 Mio. Lieferungen p.a. in vier Tagen weltweit ihr Ziel erreichen. Natürlich hat ein Automatisierungsunternehmen wie ifm darüber hinaus einen hohen Anspruch an den eigenen Automatisierungsgrad. Eine Digitalisierung der eigenen Produktion erfordert bei ifm die Verfolgung der einzelnen produzierten Sensoren und Geräte. Dies scheitert zunächst an fehlenden Seriennummern bei Geräten, die nicht den IO-Link-Standard erfüllen. Die Anwendung einer offiziellen, überschneidungsfreien „universalen Identifikationsnummer" (UID), wie sie von GS1 vergeben wird, ist mit Industrie 4.0 über IO-Link hinaus für den internationalen Warenverkauf unverzichtbar.[28] Die bisherigen Chargennummern bei ifm führen zu umfassenden Rückrufen bei Qualitätsdefiziten, verbunden mit aufwändigem Ausbau von Alt- und Lieferung von Ersatzgeräten. Stillstandskosten beim Kunden und der Imageschaden für ifm fallen unnötig an, weil Seriennummern nicht bekannt oder vorhanden sind. Die in der Produktion transparent verfolgte Seriennummern erhöhen deutlich die FPY (First Pass Yield – Qualitätskennzahl)

27 Vgl. Faeste/Gumsheimer/Scherer (2015), S. 4.
28 Vgl. hier und im Folgenden ZVEI (2009), S. 32 f.

von ifm gegenüber den heutigen 88 %, indem nicht mehr ganze Chargen wegen Qualitätsmängeln entsorgt werden müssen.

Kostenträchtige manuelle Mehrfacherfassung und Medienbrüche in der Auftragsverfolgung – und mit ihnen Langsamkeit, Intransparenz und Fehleranfälligkeit – können beispielsweise durch eine automatisierte Identifikation mit Hilfe von RFID, bspw. einem NFC-Tag auf der Platine des Sensors, verbunden mit dessen Mikroprozessor, vermieden werden.[29] ifm stellt selbst RFID-Systeme zum Lesen dieser Informationen her. Eine solche Prozessinnovation wurde bereits angedacht. Die Funktionssicherheit (*Safety*) wird durch eine RFID-Schnittstelle erhöht, da sie einen mechanischen Zugang ersetzen oder für Redundanz ergänzen kann. Mechanische Zugänge sind die Soll-Bruchstelle für Undichtigkeiten und andere mechanische Schäden. Eine mechanische Sicherheitsabschaltung kann durch eine automatisierte RFID-Schnittstelle ergänzt werden.

Über die Rolle als Enabler der Geschäftsmodellverbesserung hinaus ist die aufgezeigte RFID-Lösung eine Invention für den Ausrüster ifm, die Kosten in Gerätedesign (z.B. durch Wegfall eines mechanischen Zugangs), -produktion und -lagerung sparen kann. Durch die mobile Beschreib- und Lesbarkeit wird sie für den Kunden eine Innovation mit Mehrwert. Sie ermöglicht ein intelligentes Produkt, intelligente Services und personalisierte Produkte sowohl im Neu- als auch im Ersatzteilgeschäft. Im Rahmen von Industrie 4.0 sind diese Möglichkeiten ebenfalls charakteristisch für ein neues Geschäftsmodell.

Die bei ifm quantifizierbaren Kosteneinsparungen durch die geschaffene Transparenz betragen ca. 5 Mio. € (durch verminderte Rückrufkosten, Plagiatschutz, geringere Fehllieferungen, geringere Reklamationen, höhere FPY und geringeren Produktionsausfall – ohne Berücksichtigung der vereinfachten Identifikation). Die Fehlerreduktion und höhere Prozessleistung lassen sich – zumindest ex-post – monetär eindeutig bewerten. Ein dadurch induziertes besseres Unternehmensimage, eine verbesserte Bedienung der Maschinen oder die Konservierung von Prozess-Know-how werden dabei noch nicht einmal berücksichtigt.

Die Produktionsprogrammplanung wird bei der ifm-Gruppe durch das ERP (hauptsächlich SAP Advanced Planner & Optimizer (APO)) als führendes System abgebildet. Durch eine Preisbestimmung in APO in Echtzeit ist ifm bei Einsatz einer Seriennummer-orientierten Auftragsverfolgung in der Lage, dem Kunden jederzeit einen lieferzeitabhängigen Preis zu nennen. Eine lieferzeitabhängige Rabattierung bedeutet ein verbessertes Geschäftsmodell für ifm.[30] Die Gefahr

29 Vgl. Rhensius/Dünnebacke (2010), S. 26.
30 Vgl. Bauernhansl (2014), S. 30 f.

der „Überleistung“ in Bezug auf den Logistikservice ist gebannt. Ein langfristiges Kundencommitment für längere Lieferzeiten zugunsten höherer Rabatte ist möglich. Geht man davon aus, dass ifm heute lieferzeitunabhängige Rabatte von durchschnittlich 20 % vergibt und 98 % der Umsätze, wie gefordert, in vier Tagen liefert, so wären bei lieferzeitabhängigen Rabatten (mit 20 % Rabatt bei vier Tagen Lieferzeit) etwa 8 % mehr Umsatz zu erzielen, wenn bei einem Tag Lieferzeit der Listenpreis gefordert wird. Würde durch die NFC-Schnittstelle, verbunden mit dem Mikroprozessor des Sensors, der Anteil der kundenspezifischen Fertigung bei ifm auf 30 % ansteigen und der Preis oder Deckungsbeitrag dieser kundenspezifischen Geräte um 10 % erhöht werden können, so würde dies rechnerisch eine etwa zweiprozentige Umsatzerhöhung bedeuten.

3 Voraussetzungen und Anforderungen im Unternehmen

Die Digitalisierung ist nicht umsonst als Prozess formuliert, der in hohem Maße organisationale Anpassungs- und Innovationsfähigkeit, d.h. sog. Absorptionsfähigkeit (*absorptive capacity*, ACAP) von ifm verlangt, um das Wachstum auf Dauer bei 10 % p.a. zu erhalten. Mit der dritten industriellen Revolution 1969 entstanden und gewachsen, wird ifm in der vierten industriellen Revolution unter Beweis stellen müssen, ob es sich an die neuen Bedingungen anpassen und sogar für neue Geschäftsmodelle nutzen kann.[31] Durch die Förderung der unternehmerischen Kultur hat ifm grundsätzlich die besten Voraussetzungen, um sich schnell an den Markt anzupassen. Dies ist z.B. durch viele rechtlich unabhängige Tochtergesellschaften, die als Profit Center agieren, möglich. Die Basis für die starke und unternehmerisch geprägte Unternehmenskultur bildet die „Unternehmensphilosophie“, ein erweitertes Mission Statement von 1993, das für alle Teile der Organisation in 14 unterschiedliche Sprachen übersetzt wurde und immer noch Gültigkeit besitzt. Die Philosophie setzt den Schwerpunkt auf Kundennähe, Qualität und Innovation. ifm hat eine besondere Einstellung zu ihren Kunden, denn jeder Mitarbeiter ist – direkt – oder indirekt ein Vertriebsmitarbeiter und trägt zum Aufbau und zur Pflege eines nachhaltigen Vertrauensverhältnisses bei. Die hohe Produktqualität und Wahrheit der technischen Daten sind unantastbare Werte der ifm. Innovationsaktivitäten sind bei ifm nicht nur auf erkennbare Bedürfnisse gerichtet, sondern sollen den Kunden eine flexible und innovative Reaktion auf Änderungen des Marktes ermöglichen.

---

31 Vgl. hier und im Folgenden Flatten (2018).

Nicht zuletzt ist auch die Inhaberführung der ifm-Unternehmensgruppe ein Garant für nachhaltiges, unternehmerisches Denken und Handeln, das nicht von kurzfristigen Renditeerwägungen geprägt ist. Aber genau dies ist für die schwierig einzuschätzenden Renditeerwartungen im Digitalisierungsprozess notwendig.[32] Was ifm allerdings fehlt – ähnlich wie fast allen Unternehmen der "old economy" – ist die Erfahrung mit der Fähigkeit, strategische Allianzen und Kooperationen aufzubauen. Mit der Digitalisierung werden jedoch strategische Allianzen und Kooperationsbereitschaft über die bisherige Verbandstätigkeit hinaus besonders gefordert. Die mittelständisch geprägte Automatisierungsbranche trifft dabei auf wenige große Konzerne im IT-Umfeld, die als Plattform-Provider auftreten. Der Prozess der Digitalisierung ist auch hier ein langer Weg. Die Geschäftsmodelle und die daraus resultierende Sprache und Semantik könnten kaum unterschiedlicher sein.

Um IT-Kompetenz auch für diese Kooperationen so schnell wie möglich aufzubauen, setzt ifm in seiner Strategie auf Akquisition, die wiederum den Ausbau der Geschäftstätigkeit der akquirierten Unternehmen beschleunigen soll. Dies kann ifm insbesondere durch den international aufgestellten Direktvertrieb bewerkstelligen. Die ifm-Gruppe betätigt sich hiermit als "accelerator"[33]. Ein Rahmen von Plug & Play Services für die Beteiligungen in der IT-Welt ist jedoch noch ifm-weit zu etablieren.

Durch die Akquisition der ifm datalink gmbh und den Erwerb der Mehrheitsbeteiligung an der TiSC AG ist bereits externes Wissen eingekauft worden, um vertikale und horizontale Informationsweitergabe sicherzustellen. Die TiSC AG besteht aus zwei rechtlich unabhängigen Töchtern, wobei die QOSIT IT als Systemhaus und die GIB mbH als SAP-Partner am Markt eigenständig auftreten:

- ifm datalink gmbh repräsentiert – gemeinsam mit der QOSIT IT – die vertikale Informationsweitergabe (Schnittstelle zur Automatisierungstechnologie und Netzwerk- und Plattform-Wissen).
- Die GIB mbH repräsentiert mit dem zugehörigen ERP-Know-how (SAP) die horizontale Informationsweitergabe.

Trotz dieser Akquisitionen ist es weniger eine Frage des Kapitals, sondern eine Frage der Wissensakquise, -assimilation, -transformation und -ausnutzung im Unternehmen ifm, ob die Digitalisierungsstrategien des Unternehmens greifen.

32 Vgl. World Economic Forum (2016), S. 36.
33 World Economic Forum (2016), S. 14 f.

Es muss nicht nur funktionsübergreifend[34] neu gedacht werden, sondern auch über die Automatisierungstechnik hinweg in die IT-Welt. Als Beispiel für die Schwierigkeiten, die mit der Digitalisierung einhergehen, sei das Finden einer gemeinsamen Sprache zwischen Automatisierungs- und IT-Welt angeführt. „Echtzeit" beispielsweise ist in der IT-Welt im Sekundenbereich angesiedelt, während die Automatisierungstechnologie von Echtzeit im Millisekundenbereich spricht. Die Produktentwicklungsprozesse sind vollkommen unterschiedlich: Während Hardware wie Sensorik – über Jahre entwickelt – fehlerfrei am Markt eingeführt werden muss, ist der Softwareentwicklungsprozess mit fließenden Grenzen zwischen Vermarktung und Entwicklung versehen.

3.1 Technologieorientierte Digitalisierung

Bei den *technologieorientierten Prozessen und Fähigkeiten* sollte eine gemeinsame Datenbasis in der Cloud Berücksichtigung finden.[35] In der vorgelagerten Forschung und Entwicklung agiert eine netzwerkübergreifende Konstruktion bereits im Sinne eines Design for Manufacturing (DFM). Eine eigene Abteilung für ein benutzerfreundliches UX-Design (User Experience) im Sinne der Digitalisierung wurde bereits ifm-übergreifend gegründet und konstant ausgebaut. Die Abteilung übernimmt eine Querschnittsfunktion im Unternehmen und forciert die Anwendungs- und Kundenorientierung in der Technologieentwicklung. Darüber hinaus sollen hierdurch Silodenkweisen verhindert und der unternehmensübergreifende Wissens- und Erfahrungsaustausch befördert werden.

Ein Beschaffungsnetzwerk kann Bestellkosten senken, wenn es auf die gemeinsamen Daten zurückgreift. Logistische Dienstleister (Spediteure etc.) werden innerhalb eines Distributionsnetzwerkes optimiert. Mit Preisfunktionen können Verrechnungspreise unternehmensintern wie -extern gleich und automatisiert bestimmt werden.[36] Der Verrechnungspreis als Koordinations- und Lenkungsinstrument wird damit überflüssig.

3.2 Digitalisierung betriebswirtschaftlicher Funktionen

Im Bereich der *betriebswirtschaftlichen Fähigkeiten und Prozesse* fordert die Digitalisierung die größten Veränderungen von ifm. Dies liegt durchaus auch darin begründet, dass ifm im Vertrieb und damit im Wissen um den Kunden seine Kernkompetenz sieht. Während z.B. über die RFID-Schnittstelle eine schnelle

34 Vgl. Flatten (2011), S. 14.
35 Vgl. im Folgenden Metten (2015), S. 15.
36 Vgl. Laux (1995), S. 504.

Verbindung ins Internet direkt zu E-Shops, animierten Produktpräsentationen, Datenblättern, Bediensoftware, Diagnoseprogrammen, Bedienungsanleitungen und anderen Informationen in Landessprache führt, ergibt sich die Frage, welchen Wertbeitrag dabei der globale Direktvertrieb der ifm leisten kann.

Die zukünftige Rolle des ifm-Vertriebs kann nur in der Beratung vor dem und zum Kauf liegen. Hierfür ist nicht nur zu lösen, wie das Kerngeschäft gehalten werden kann, sondern es ist erweiterte Wissensakquise, -assimilation, -transformation und -ausnutzung in diesem Bereich wie in keinem anderen Bereich der ifm notwendig.[37] Auch mit der Digitalisierung soll der Direktvertrieb die beste Quelle für Kundenbedürfnisse sein und bleiben. Um diesen enormen Schritt zu meistern, wurde weltweit eine neue Form des Vertriebs, der Systemvertrieb, eingeführt. Relevantes Wissen im Bereich Informationstechnologie muss von den Kunden eingeholt werden. Dafür müssen in den Unternehmen neue Ansprechpartner identifiziert und die richtigen Fragen gestellt werden, ohne die eigene Beratungs- und Vertriebskompetenz in Frage zu stellen. Bereits in dieser Pre-Sales-Phase wird dem Systemvertrieb ein Projektleiter an die Seite gestellt, der insbesondere IT-Themen beherrscht.

Die Wissensassimilation als firmeninterne Verarbeitung des Kundenfeedbacks wird nicht mehr nur vom Vertrieb direkt an das Produktmanagement übergeben, sondern es wird ein weiterer Weg über die Projektleiter eröffnet. Während der Systemvertrieb vorwiegend aus den eigenen Reihen des ifm-Präsenzvertriebs – meist langjährige Vertriebsmitarbeiter mit hoher Erfolgsorientierung, aber auch hoher Lernbereitschaft – rekrutiert, werden die Projektleiter größtenteils firmenextern im Umfeld von IT-Unternehmen gesucht. In Deutschland kann auf die Projektleiter der ifm datalink gmbh und der TiSC AG zurückgegriffen werden. So ist sichergestellt, dass das firmenspezifische und implizite Wissen des "System Sales Engineer" als Mitarbeiter mit langer Firmenzugehörigkeit durch das kontextgebundene Wissen des Projektleiters ergänzt wird. Auf diese Weise wird das durch langjährige Vertriebsarbeit entstandene Applikationswissen „in Software gegossen" und es entstehen Industrie 4.0-Anwendungen, die das spezifische Wissen um die Anwendung von Sensoren und die Funktion der Automatisierungstechnologie in der Maschine mit dem neuen Kontext IT-Welt kombinieren. Hieraus entstehen in Zusammenarbeit mit dem Produktmanagement von TiSC AG und datalink neue digitalisierte Produkte und Dienstleistungen. Eine Anpassung der Vertriebsprozesse wird auch mittels der Einführung eines neuen CRM-Systems unterstützt, das sich dem CRM-System der GIB mbH annähert und gleichzeitig

37 Vgl. Flatten (2011), S. 46.

„alte“ Funktionen im Hardware-Verkauf vollumfänglich unterstützen soll. Die Führung durch das Vertriebsmanagement bleibt transaktional, während das Produktmanagement als “gatekeeper” die transformationale Führung ergänzt. Diese Art der sich ergänzenden Führung im ifm-Vertrieb hat sich in der Vergangenheit bereits bei kleineren Anpassungsbedarfen, z.B. bei der Einführung der Fluidsensorik, erfolgreich bewährt.

Die After-Sales-Betreuung für Software ist trotz Cloud-Plattform umfangreicher als für die Sensorik. Durch die Veränderung der umgebenden Soft- und Hardware, durch das erhöhte Fehler- und Verbesserungsaufkommen wird ein Support verlangt, der “on premise” Wartungslizenzen und in der Cloud eine ständige Pflege verlangt. Die Supportleistungen werden 24/7 in möglichst vielen Zeitzonen und Sprachen von der QOSIT IT remote erbracht. Diese können auf die Hardware als bezahlter Support – auch dies ist neu – ausgedehnt werden. Mit der Seriennummer sind alle Spezifika der Geräte bei ifm bekannt. Eine gemeinsam remote erarbeitete Parametrierung kann in Zukunft sogar kostenpflichtig oder kostenlos über das Smartphone an den Kunden geschickt werden. Können die Zugriffe von Kunden auf Parameter und Konfiguration über die Kundenschnittstelle statistisch erfasst werden, so vereinfacht dies die Wissensakquise für die Entwicklung eines neuen Produktes. Die Anzahl der Parameter kann beispielsweise auf das benutzte Maß beschränkt werden. Eine Fernprogrammierung und Wartung, die Erstellung von Know-how-Datenbanken, automatische Inventarisierung, eine automatisierte Fehleranalyse, Alarmierung bei Ausfall oder Stillstand und Lokalisierung kann durch die Verbindung mit dem Kunden erfolgen. Schließlich kann das Produkt, wenn es das Ende seines Produktlebenszyklus erreicht hat, entsprechend seiner dokumentierten Inhalte entsorgt werden. Diese Möglichkeiten stellen für den Kunden einen zusätzlichen Nutzen und damit eine zusätzliche Umsatzquelle für ifm dar. Eine After-Sales-Betreuung durch den Direktvertrieb ist nicht mehr notwendig.

Die neuen Prozesse im Systemvertrieb sind also bereits eine Anpassung an die digitalisierte Welt. Ob sie ausreichen, um substanziell digitalisierte Produkte zu verkaufen, und wie sie erweitert oder verändert werden, wird die Zukunft zeigen. Die fehlende Einbeziehung von notwendigen Funktionen im Digitalisierungsprozess zeigt sich dabei beispielsweise in der Rechnungslegung. Neue Abrechnungsmodelle wie Softwarelizenzen sind unweigerlich mit dem Digitalisierungsprozess verbunden. ifm hat sich als Automatisierungsunternehmen folgerichtig für die Abrechnung von Lizenzen nach IP-Adressen entschieden. Eine Darstellung der dazu entsprechenden Wartungslizenzen im vorhandenen ERP hat sich jedoch als schwierig erwiesen, ebenso wie die Abrechnung von Dienstleistung (Beratung,

Implementierung) nach Projektmeilensteinen. Mit der Nutzung von Plattform- und Cloudtechnologie wird sich diese Problematik noch einmal verstärken, da nun eine Abrechnung nach Datenvolumen erfolgen muss.

3.3 Digitalisierung im Verhalten

Die organisationale Anpassungs- und Innovationsfähigkeit wird sich schließlich auch in den *verhaltensbezogenen Prozessen*, also Entscheidungs- und Kommunikationsprozessen zeigen. Eine wichtige Voraussetzung ist bei ifm bereits erfüllt:[38] Die Digitalisierungsstrategie wird sowohl bezogen auf die technischen, als auch auf die betriebswirtschaftlichen Prozesse von den Inhabern maßgeblich vorangetrieben. Sie wurde bereits 2011 als Vision und strategische Zielvorgabe kommuniziert.[39]

Für die Digitalisierung müssen neue Messgrößen für die unternehmerisch geführten Tochtergesellschaften gefunden werden. "Digital traction metrics"[40] oder die Messung der ACAP[41] lassen die Beurteilung der Leistung zu. Ein darauf basierendes Anreizsystem für Mitarbeiter kann das interne Unternehmertum im Sinne einer transaktionalen Führung fördern.[42] Ein unternehmensübergreifendes Benchmarking kann weitere Innovationen anregen.

Die Messgrößen können in einer Kooperationsbörse ("Cooperative Scoreboard"), die für die Investitionsrechnung bei gemeinsamen Ressourcen über die Tochtergesellschaften der ifm hinweg grundlegend sein kann, genutzt werden.[43] Gerade bei den menschlichen Ressourcen – insbesondere Software-Entwicklung – sollte dies unternehmensübergreifend möglich sein. Mit den technischen Möglichkeiten der Digitalisierung wird eine Kooperationsbörse realistisch, mit der wichtige Ressourcen wie Softwareentwickler monetär bewertet werden, um Prioritäten abzustimmen.

Auch wenn ifm über gute Voraussetzungen verfügt, um durch die Digitalisierung eine weitere Wachstumsgrundlage in den nächsten 20 Jahren zu gewinnen, so gilt dennoch, was William Ruh, CEO GE Digital, in Bezug auf die Digitalisierung sagte: "*That you've got to realize we're in the first two minutes of a soccer*

38 Vgl. World Economic Forum (2016), S. 8.
39 Vgl. Marhofer (2011).
40 World Economic Forum (2016), S. 36.
41 Vgl. Flatten (2018).
42 Vgl. hier und im Folgenden Pantförder et al. (2014), S. 147.
43 Vgl. hier und im Folgenden Bellmann (2000), S. 58.

match; by halftime it's too late."[44] Insofern bleibt die wichtigste Verhaltensweise die konsequente und vorausschauende Orientierung an Kunden- und Marktanforderungen.

Literaturverzeichnis

Bauer, W. / Schlund, S. / Marrenbach, D. / Ganschar, O. (2014): Industrie 4.0 – Volkswirtschaftliches Potenzial für Deutschland, Studie, BITKOM Bundesverband Informationswirtschaft, Telekommunikation und neue Medien e. V./ Fraunhofer-Institut für Arbeitswirtschaft und Organisation IAO, Berlin/ Stuttgart.

Bauernhansl, T. (2014): Die Vierte Industrielle Revolution – Der Weg in ein wertschaffendes Produktionsparadigma, in: Bauernhansl, T. / ten Hompel, M. / Vogel-Heuser, B. (Hrsg.): Industrie 4.0 in Produktion, Automatisierung und Logistik, Wiesbaden, S. 5–35.

Bauernhansl, T. / ten Hompel, M. / Vogel-Heuser, B. (2014): Vorwort, in: Bauernhansl, T. / ten Hompel, M. / Vogel-Heuser, B. (Hrsg.): Industrie 4.0 in Produktion, Automatisierung und Logistik, Wiesbaden, S. V-VI.

Bauernhansl, T. / Emmrich, V. / Döbele, M. / Paulus-Rohmer, D. / Schatz, A. / Weskamp, M. (2015): Geschäftsmodell-Innovation durch Industrie 4.0. Chancen und Risiken für den Maschinen- und Anlagenbau, Dr. Wieselhuber & Partner GmbH/Fraunhofer-Institut für Produktionstechnik und Automatisierung IPA, München.

Bellmann, K. (2000): Produktionsnetzwerke – ein theoretischer Bezugsrahmen, in: Wildemann, H. (Hrsg.): Produktions- und Zuliefernetzwerke, 5. Auflage, München, S. 47–63.

Deloitte & Touche GmbH Wirtschaftsprüfungsgesellschaft (2013): Assessment "Linerecorder Agent", Fürth.

Einzinger, F. (2015): Der Einfluss von Industrie 4.0 auf die Geschäftsmodelle von etablierten Unternehmen in der Elektroindustrie, Neuendettelsau.

Faeste, L. / Gumsheimer, T. / Scherer, M. (2015): How to Jump-Start a Digital Transformation, The Boston Consulting Group, Boston.

Flatten, T. (2011): Absorptive Capacity – Skalenentwicklung und Erfolgswirkung, Diss., Technische Hochschule Aachen, Aachen.

Flatten, T. (2018): Entwicklung von organisationaler Anpassungs- und Innovationsfähigkeit, in: Faix, A. / Büchler, J.-P. (Hrsg.): Innovationsstrategien.

44 World Economic Forum (2016), S. 9.

Grundlagen, Gestaltungsansätze und Handlungsbedingungen, Frankfurt am Main (in diesem Band).

Fleisch, E. / Mattern, F. (2005): Das Internet der Dinge, Berlin/Heidelberg.

Ganschar, O. / Gerlach, S. / Hämmerle, M. / Krause, T. / Schlund, S. (2013): Produktionsarbeit der Zukunft – Industrie 4.0, Fraunhofer-Institut für Arbeitswissenschaft und Organisation IAO, Stuttgart.

Gärtner, D. / Schimmelpfennig, J. (2015): Vom Sensor zum Geschäftsprozess, in: Köhler-Schute, C. (Hrsg.): Industrie 4.0: Ein praxisorientierter Ansatz, Berlin, S. 128–136.

ifm electronic gmbh (2011a): Homepage; URL: http://www.ifm.com, [Zugriff: 30.12.2011].

ifm electronic gmbh (2012a): Bedienungsanleitung LR Sensor, Essen.

ifm electronic gmbh (2015): SPB10.01/08: Rückrufe, Essen.

ifm electronic gmbh (2016): Steuerungs- und Auswerteelektronik; URL: http://www.ifm.com/ifmde/web/ecomatic.htm, [Zugriff: 17.05.2012].

Jahn, M. (2015): Predictive Maintenance – vom Sensor bis ins SAP, in: Manzei, C. / Schleupner, L. / Heinze, R. (Hrsg.): Industrie 4.0 im internationalen Kontext. Kernkonzepte, Ergebnisse, Trends, Berlin, S. 36–41.

Jahn, M. (2017): Industrie 4.0 konkret, Wiesbaden.

Kaufmann, T. / Forstner, L. (2014): Die horizontale Integration der Wertschöpfungskette in der Halbleiterindustrie – Chancen und Herausforderungen, in: Bauernhansl, T. / ten Hompel, M. / Vogel-Heuser, B. (Hrsg.): Industrie 4.0 in Produktion, Automatisierung und Logistik, Wiesbaden, S. 359–367.

Krotlik, L. / Greiser, C. / Brocca, M. (2015): Making Big Data Work: Supply Chain Management, Boston Consulting Group, Boston/Düsseldorf.

Lasi, H. / Fettke, P. / Kemper, H.-G. / Feld, T. / Hoffmann, M. (2014): Industrie 4.0, in: Wirtschaftsinformatik, Jg. 56, Nr. 4, S. 261–264.

Laux, H. (1995): Erfolgssteuerung von Organisationen 1. Anreizkompatible Erfolgsrechnung, Erfolgsbeteiligung und Erfolgskontrolle, Berlin.

Ludwig, E. (1995): Modellgestützte Diagnose logistischer Produktionsabläufe, Düsseldorf.

Marhofer, M. (2011): Ausblick – 5, 10 und 20 Jahre, ifm electronic gmbh, Essen.

Mattern, F. (2005): Die technische Basis für das Internet der Dinge, in: Fleisch, E. / Mattern, F. (Hrsg.): Das Internet der Dinge, Berlin/Heidelberg, S. 39–66.

Metten, B. (2015): Leitfaden Industrie 4.0, Frankfurt am Main.

Müller, S. (2015): Manufacturing Execution Systeme (MES), Norderstedt.

Pantförder, D. / Mayer, F. / Diedrich, C. / Göhner, P. / Weyrich, M. / Vogel-Heuser, B. (2014): Agentenbasierte dynamische Rekonfiguration von vernetzten intelligenten Produktionsanlagen – Evolution statt Revolution, in: Bauernhansl, T. / ten Hompel, M. / Vogel-Heuser, B. (Hrsg.): Industrie 4.0 in Produktion, Automatisierung und Logistik, Wiesbaden, S. 145–158.

Plattform Industrie 4.0 (2014): Industrie 4.0; URL: http://www.plattform-i40.de/I40/Navigation/DE/Industrie40/ChancenIndustrie40/chancen-durch-industrie-40.html;jsessionid=5B34FFFFBAF6E930A73976DE803DEF8D, [Zugriff: 24.04.2015].

Rhensius, T. / Dünnebacke, D. (2010): RFID – Business Case Calculation: 3-stufiges Vorgehen zur Planung und Bewertung des RFID-Einsatzes, Forschungsinstitut für Rationalisierung e.V. (FIR), 2. Auflage, Aachen.

Schreiter, C. (2012): RFID Speicherchip – ein standardisierter Datenzugang zu ifm Geräten, Essen.

Vogel-Heuser, B. (2014a): Herausforderungen und Anforderungen aus Sicht der IT und der Automatisierungstechnik, in: Bauernhansl, T. / ten Hompel, M. / Vogel-Heuser, B. (Hrsg.): Industrie 4.0 in Produktion, Automatisierung und Logistik, Wiesbaden, S. 37–48.

Wächter, E. (2012): Die Anfänge transponderbasierter Sicherheit, in: industr.com; URL: https://www.industr.com/de/corporate-channel/euchner-gmbh-co-kg-34213/die-anfaenge-transponderbasierter-sicherheit-230090, [Zugriff: 10.09.2017].

Wießler, J. (2015): Neue Prozesse statt noch mehr IT und Sensorik, in: Kirsch, A. / Kletti, J. / Wießler, J. / Meuser, D. / Felser, W. (Hrsg.): Industrie 4.0 Kompakt I: Systeme für die kollaborative Produktion im Netzwerk, NetSkill Solutions GmbH, Köln, S. 15.

World Economic Forum (2016): Digital Transformation of Industries, Davos.

ZVEI (2009): Identifikation und Traceability in der Elektro- und Elektronikindustrie. Leitfaden für die gesamte Wertschöpfungskette, Frankfurt am Main.

ZVEI (2013): Benchmarking. Die deutsche Elektroindustrie im Branchenvergleich, Frankfurt am Main.

Matthias Beenken

FH Dortmund

Innovationsstrategien im InsurTech-Bereich

1 Einführung

Seit mehreren Jahren beflügeln Start-Ups im Finanzdienstleistungsbereich die Fantasie von Beratern und zunehmend auch von Führungskräften der betroffenen Branche. Finanzdienstleistungen sind nach klassischen Handelswaren das nächste Ziel innovativer Neugründungen, die traditionelle Geschäftsmodelle in Frage stellen oder auch einfach nur ergänzen. Vorreiter sind die als FinTech bezeichneten Start-Ups im Bankenmarkt, aber zunehmend treten auch als InsurTech bezeichnete Firmen in Erscheinung, die es auf den Versicherungsmarkt abgesehen haben.

Die Rahmenbedingungen sind günstig. Zum einen sind mobile Anwendungen innerhalb weniger Jahre zur Selbstverständlichkeit geworden. Insbesondere die Generationen Y (Geburtsjahrgänge 1981–1998) und Z (Geburtsjahrgänge ab 1999) befriedigen ihre Informationsbedürfnisse und erledigen ihre Bestellungen bevorzugt im Internet, meist mit dem Smartphone als Zugangsweg.[1] Zum anderen sind infolge der Finanzkrise weltweit enorme Anlagebeträge auf der Suche nach rentierlichen Anlagen, die Risikobereitschaft steigt signifikant. Das führt dazu, dass Start-Ups teilweise erstaunliche Summen an Beteiligungskapital auftreiben können,[2] obwohl sie meist wenig mehr als eine gute Idee zu bieten haben.

Nachfolgend wird der unscharfe Begriff des FinTechs bzw. InsurTechs definiert. Zum besseren Verständnis der Geschäftsmodelle dient die Darstellung der Wertschöpfungskette im Versicherungsbereich und der Angriffspunkte, die sich für InsurTechs bieten. Im Weiteren werden disruptive wie inkrementelle Innovationen vorgestellt, die die Wertschöpfung sowohl von Versicherungs- als auch von Vermittlerunternehmen verändern. Ein empirischer Überblick, Bewertung und Ausblick runden die Darstellung ab.

---

1 Lt. Statista.com (2015) nutzten 2015 89 % der 14 bis 29-Jährigen, 82 % der 30 bis 49-Jährigen, 65 % der 50 bis 64-Jährigen und 25 % der ab 65-Jährigen ein Smartphone.

2 Vgl. Überblick bei Policen Direkt, Wyman (2016), S. 6.

2 Begriffliche Abgrenzung und Definition

Bisher gibt es keine einheitliche Definition für die Begriffe FinTech und InsurTech, die aus den Worten "Financial Services" bzw. "Insurance" und "Technology" kombiniert wurden. Die nachfolgenden Merkmale charakterisieren diese Unternehmenskategorie:[3]

- Es handelt sich um Neugründungen (Start-Up) oder noch sehr junge Unternehmen im Finanzdienstleistungs- oder Versicherungswesen. Abzugrenzen sind sie daher von etablierten Unternehmen, die ihr Geschäftsmodell nachträglich um typische Leistungen eines FinTech oder InsurTech erweitern.
- Ihr Geschäftszweck ist es, innovative und besonders kundenorientierte (personalisierte) Dienstleistungen unter Nutzung mobiler Kommunikationssysteme und Internettechnologien zu erbringen. Dabei brechen FinTechs und InsurTechs die traditionelle Wertschöpfungskette ihrer Branche auf und ersetzen (disruptive Innovation) oder ergänzen und veredeln (inkrementelle Innovation) die Wertschöpfungsaktivitäten.
- Ziel ist eine hohe Skalierbarkeit, d.h. die Innovation soll sich leicht vervielfältigen lassen, um die hohen Entwicklungskosten rasch zu amortisieren und die nahezu kostenfreie Verbreitung über das Internet zu nutzen. Das erklärt auch die sehr hohe Investitionsbereitschaft in diese Geschäftsmodelle, die bei Erfolg eine rasche Marktbeherrschung versprechen.
- Die Gründer stammen oft nicht aus der Branche und gehen auffallend unbefangen und frei von bracheninternen Vorstellungen vor, was allerdings auch das Risiko der Missachtung von rechtlichen Vorgaben und technischen Rahmenbedingungen einschließt.

Im Weiteren geht es nur um InsurTechs, die sich mit dem Versicherungsmarkt befassen. Wesentliche Akteure auf dem Versicherungsmarkt sind Versicherungsunternehmen, Versicherungsvermittler (Versicherungsvertreter und -makler) und Versicherungskunden.

3 Wertschöpfung im Versicherungsmarkt

Versicherung ist die „Deckung eines im Einzelnen ungewissen, insgesamt geschätzten Mittelbedarfs auf der Grundlage des Risikoausgleichs im Kollektiv und in der Zeit"[4]. Versicherungsunternehmen sind gesetzlich privilegiert, Versicherungen anzubieten,

3 Vgl. Beenken/Noack (2016), S. 114, mit weiteren Literaturverweisen.
4 Farny, zitiert bei Wagner (2011).

denn sie benötigen hierfür eine Zulassung durch die Versicherungsaufsichtsbehörde und müssen sich an enge Regularien unter anderem des Versicherungsaufsichtsgesetzes halten. Im Ergebnis erlangen Versicherungsunternehmen damit aber auch ein Alleinstellungsmerkmal.

Die Wertschöpfung im Versicherungsunternehmen entsteht nach einem generischen Modell in einer Abfolge von primären Aktivitäten, begleitet von nicht besonders branchentypischen sekundären Aktivitäten (allgemeine Ressourcen eines Unternehmens wie IT, Personal, Finanzen). Der (Erst-)Versicherer braucht meist einen Rückversicherer, um die versicherten Risiken notfalls auch in ungewöhnlicher Höhe (z.B. Großschäden) oder Frequenz (z.B. Häufung von Naturkatastrophen) tragen zu können. Nach einer branchentypischen Darstellung werden Versicherungsprodukte entwickelt, über die Annahme von Versicherungsanträgen entschieden (Underwriting), die Risiken getragen, Kapitalanlagen gemanagt, Schäden reguliert sowie Marketing und Vertrieb betrieben (vgl. Abbildung 1).

Abbildung 1: Wertschöpfungskette im Versicherungsunternehmen (primäre Aktivitäten).

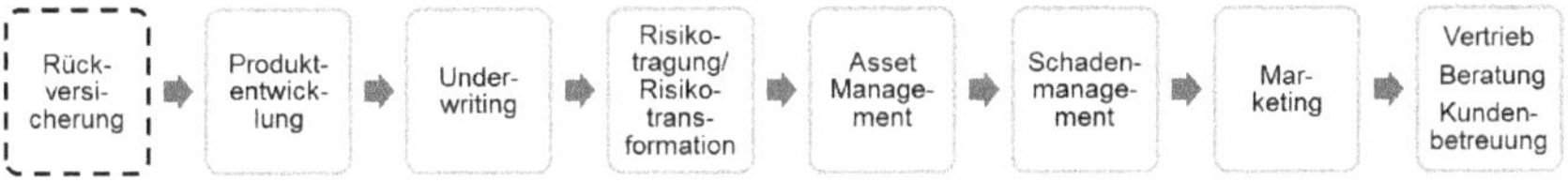

Quelle: In Anlehnung an Köhne (2006), S. 261.

Kritik ist an dem Modell insofern angebracht, als dass es zu wenig den Charakter der Versicherung als Dienstleistung berücksichtigt. Eine Dienstleistung ist durch die Merkmale Vorhalten einer spezifischen Leistungsfähigkeit, Integration des externen Faktors und Immaterialität des Leistungsergebnisses gekennzeichnet.[5] Insofern ist der „Vertrieb" einschließlich „Beratung" und „Kundenbetreuung" bereits Teil der Dienstleistung Versicherung und sollte folgerichtig am Beginn der Wertschöpfungskette stehen.

Der Vertrieb wird ganz überwiegend auf Versicherungsvermittler (Versicherungsvertreter, Versicherungsmakler) ausgelagert. Auch Banken, Annexvertriebe wie der Automobilhandel oder internetgestützte Geschäftsmodelle, wie vor allem die Vergleichsportale, lassen sich unter die beiden genannten Vermittlerformen subsumieren. Dagegen spielt der echte Direktvertrieb, bei dem Kunden ohne jede Einschaltung eines Dritten, auch nicht eines Vergleichsportals, direkt mit dem

5 Vgl. Meffert/Burmann/Kirchgeorg (2008), S. 33.

Versicherungsunternehmen Kontakt aufnehmen und Versicherungen abschließen, nahezu keine Rolle.[6]

Die Wertschöpfungskette im Versicherungsvermittlerbetrieb besteht aus den drei Hauptaktivitäten Akquisition, Betreuung und Abwicklung, die sich in weitere Unteraktivitäten aufteilen lassen. Dazu zählen die Marktforschung des Vermittlers, die Bedarfsweckung, Beratung und Vermittlung selbst, aber auch vor- und nachbereitende Tätigkeiten wie Angebotserstellung, Antragsbearbeitung, manchmal einschließlich der Erstellung von Versicherungspolicen im Rahmen einer Funktionsauslagerung des Versicherers. Vermittler, die gegen Honorar tätig werden, müssen entsprechende Verträge, Rechnungen und Mahnungen erstellen. Versicherungsmakler müssen Maklerverträge erstellen und im Rahmen des Vertrages bereits bestehende, durch fremde Vermittler abgeschlossene Versicherungsverträge, überprüfen und übernehmen. Zur Betreuung gehören die regelmäßige oder anlassabhängige, erneute Beratung und Prüfung der Verträge, die Unterstützung im Schaden- bzw. Leistungsfall und die Bearbeitung von Störfällen. Fallen Risiken weg oder laufen Verträge aus, sind entsprechende Abwicklungstätigkeiten erforderlich (vgl. Abbildung 2).

Abbildung 2: Wertschöpfungskette im Versicherungsvermittlungsunternehmen (primäre Aktivitäten).

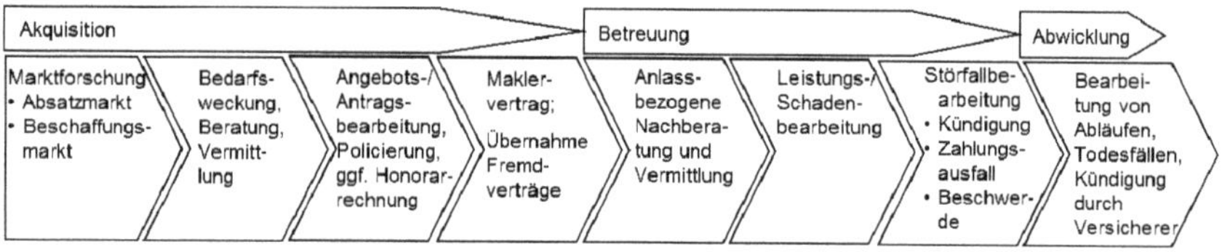

Quelle: Auszug aus Beenken (2010), S. 129.

6 In den branchenüblichen Statistiken wie denen des Gesamtverbands der Deutschen Versicherungswirtschaft werden zwar rund 12 % Marktanteil für „Direktvertriebe" in der Schadenversicherung und jeweils 4–5 % in der Lebens- und Krankenversicherung ausgewiesen (vgl. GDV (2015), S. 24), aber darin sind in erheblichem Maß durch Vergleichsportale vermittelte Kunden enthalten. „Direktvertriebe" bezieht sich offensichtlich nur auf die Form des Vertriebs, bei dem kein persönlicher Vor-Ort-Kontakt zum Kunden entsteht, sondern Fernkommunikationsmittel wie Internet und Telefon zum Einsatz kommen.

4 Disruptive und inkrementelle Innovationen im Versicherungsmarkt

Innovationen können entweder inkrementell erfolgen, indem vorhandene Produkte und Prozesse signifikant verbessert werden mit der Folge, dass die Dienstleistung mit höherer Qualität oder günstiger erbracht werden kann. Oder man spricht von disruptiven Innovationen, wenn vorhandene Produkte und Prozesse ausgetauscht und durch neue ersetzt werden.[7]

Die inkrementelle Innovation geht tendenziell eher von den etablierten Anbietern aus, die durch eigene Forschung und Entwicklung bestehende Produkte und Prozesse verbessern. Gerade im Fall von Versicherungen tragen dazu auch externe Anstöße des Gesetzgebers (z.B. neue Gesetze für geförderte Altersvorsorge), politischer Institutionen (z.B. Initiative des Freistaats Bayern zur Erhöhung des Bestands an Elementarschadenversicherungen bei Gebäuden), der Rechtsprechung (z.B. Forderung der obersten Gerichte 2005 nach stärkerer Transparenz in der Lebensversicherung), der Aufsichtsbehörden oder des Verbraucherschutzes bei.

Disruptive Innovationen dagegen gehen als radikaler Ansatz oft mit Angriffen neuer, externer Anbieter einher, die den etablierten Unternehmen Marktanteile oder sogar ganze Märkte abnehmen wollen. Sie erschließen Marktlücken und setzen neue Technologien ein und versuchen, neue Spielregeln in einer Branche zu etablieren. Dabei wird die bisherige Wertschöpfungskette verändert. In diesem Sinn sind InsurTechs eher den disruptiven Innovatoren zuzurechnen.

4.1 Disruptive und inkrementelle Innovationen bei Versicherern

Beim Versicherungsunternehmen gibt es nur einen zentralen Bereich, der nicht durch alternative Geschäftsmodelle ersetzbar ist: die Risikotragung. Alle anderen Wertschöpfungsaktivitäten sind auf andere Anbieter verlagerbar und werden auch durchaus häufiger verlagert. Für InsurTechs sind dabei verschiedene Aktivitäten von Interesse.

Die Produktentwicklung beim Versicherer berücksichtigt meist die Interessen der etablierten Vertriebswege über traditionelle Versicherungsvermittler. Versicherer tun sich deshalb schwer, neue Produktideen zu generieren und umzusetzen, die mobil und ohne klassische Beratungsleistungen durch einen persönlichen Vermittler absetzbar sind. Hierfür bieten sich vorwiegend niedrigpreisige Versicherungsprodukte an, die situativ spontan oder nach kurzer Internetrecherche und -information gekauft werden. Besonders erfolgreich können

7 Vgl. Christensen/Bower (1995).

sie im Affiliate-Vertrieb abgesetzt werden, d.h. durch Vertriebspartner, bei denen das Versicherungsprodukt im Zusammenhang mit einem anderen Produkt erworben werden kann. Beispiele sind die Reiseversicherung, die in Reiseportalen mitgebucht wird, oder die Handyversicherung beim Onlinekauf eines solchen Geräts. Derartige Produkte zu entwickeln und zu verkaufen lohnt sich nur über die Masse, und damit sind situative Versicherungen für InsurTechs besonders interessant, die auf eine Skalierung ihrer Geschäftsidee setzen.

Selbst eine Kerntätigkeit wie die Risikoprüfung und Annahmeerklärung von Versicherungsanträgen (Underwriting) kann ausgelagert werden. Dies gibt es seit jeher im traditionellen Vermittlergeschäft, beispielsweise im Industriekundengeschäft, in dem hoch spezialisierte Versicherungsmakler den Versicherern versicherungstechnisches Know-how zuliefern. Im Massengeschäft herrscht bei Versicherern dagegen die Sorge vor, dass sie mit einer Auslagerung der Underwritingkompetenz versicherungstypische Risiken wie die Adverse Selection (besonders schadenträchtige Risiken werden angelockt und dadurch das Versicherungskollektiv ungünstig zusammengesetzt) und Moral Hazard (die Versicherten verändern nach Vertragsabschluss ihr Verhalten von risikoavers zu risikofreudig und belasten damit die Versichertengemeinschaft stärker als kalkuliert) fördern.[8]

Hicr könntc allcin dic Marktmacht der Vergleichsportalanbieter dazu führen, dass Underwritingkompetenzen verlagert werden, wie erste Beispiele von Online-Risikoprüfungstools mit automatisierter Annahmeerklärung zeigen, die beispielsweise Check24 einsetzt. Die Portalanbieter werden eigene Wege entwickeln, wie sie den beschriebenen Gefahren der Adverse Selection und des Moral Hazards entgegenwirken. Andere Branchen machen es vor: Die Bequemlichkeit und gleichzeitige Anonymität im Online-Handel mit Waren wie Büchern und Kleidung ließen die Retouren-Quoten und die entsprechenden Kosten derart ansteigen, dass Onlinehändler wie Amazon intelligente Prozesse einsetzen mussten, um die „guten“ von den „teuren“ Kunden zu unterscheiden und mit teils subtilen Methoden die einen zu fördern und die anderen abzuschrecken.

Außerdem etablieren sich Spezialanbieter, die Versicherern helfen, große unstrukturierte Datenmengen zielgerichtet zu analysieren (Big Data) und hieraus Underwriting-relevante Informationen zu gewinnen. Dazu gehören unter anderem Anbieter, die Telematikdaten von Kfz-Versicherungskunden, über Wearables

8 Vgl. Jost (2001), S. 177 ff.

gewonnene Verhaltensdaten von Lebens- und Krankenversicherungskunden[9] oder digitale Fußspuren und Fotos von Antragstellern auswerten.[10]

Dass das Asset Management keine Kernkompetenz eines Versicherers sein muss, beweisen viele Unternehmen mit der Gründung eigener Asset Management-Gesellschaften. Damit geraten sie in den Einflussbereich von FinTechs, die mit interessanten Ideen die klassischen Wertschöpfungsketten der Banken aufbrechen. Auch beim Schadenmanagement gibt es seit langem Bestrebungen, intelligente Schadennetze zu bilden, um die Kunden an sich zu binden und Kosten einzusparen. Als Beispiel sei hier die Vernetzung von Kraftfahrzeugen genannt, mit deren Hilfe sowohl Autohersteller (z.B. BMW) als auch Versicherer (eCall) im Wettbewerb miteinander stehen, wer als erstes von einem Fahrzeugunfall erfährt und die Chance bekommt, Vertrags-Hilfsdienste zu beauftragen und den Kunden in eine Vertragswerkstatt zu routen.

Online-Marketingagenturen übernehmen ebenfalls wichtige Teile der Wertschöpfungskette, vor allem bei skalierbaren Aufgaben wie z.B. der Werbemittelerstellung für zahlreiche Vermittler. Der Online-Vertrieb wird im folgenden Unterkapitel näher besprochen.

Abbildung 3: Beispiele für Verlagerung von Wertschöpfungsaktivitäten auf Dritte beim Versicherer.

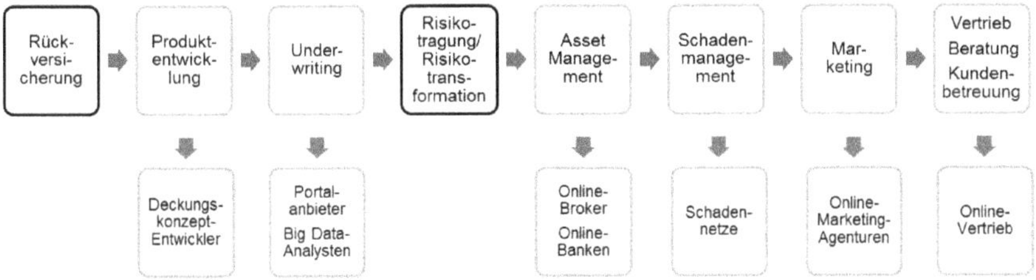

Quelle: Eigene Darstellung.

Disruptionen beschränken sich bei Versicherern auf kleinere Bereiche, da die Risikotragung gesetzlich geschützt den Versicherern vorbehalten bleibt. Denkbar ist, dass Deckungskonzeptentwickler oder Stakeholder in Schadennetzen wie beispielsweise die Automobilindustrie – hier besteht das Schadennetz aus vernetzten Versicherern, Werkstätten, Sachverständigen und Anwälten – eigene Versicherungsunternehmen gründen. Die Kapital- und die Managementanforderungen

9 Vgl. Oberhuber (2016).
10 Vgl. Krohn (2016).

bilden allerdings eine wirksame Markteintrittsbarriere, sodass nur sehr große Player eine solche Lösung realisieren können. Die digitale Transformation wird daher bei Versicherern weit überwiegend zu inkrementellen Innovationen führen, insbesondere zur Ergänzung der eigenen Wertschöpfungskette durch Leistungen von InsurTechs, durch eigene Gründung und Förderung von InsurTechs[11] sowie durch Outsourcing einzelner Leistungen auf InsurTechs.

4.2 Disruptive und inkrementelle Innovationen bei Vermittlern

Deutlich attraktiver ist es für InsurTechs, das Geschäftsmodell von Versicherungsvermittlern anzugreifen. Hier sind die Markteintrittsbarrieren wesentlich geringer, da hierzu zumeist eine Gewerbeerlaubnis als Versicherungsvermittler von einer Industrie- und Handelskammer ausreicht. Diese ist nur von Nachweisen der Zuverlässigkeit, geordneten Vermögensverhältnissen, Berufshaftpflichtversicherung und Sachkundenprüfung des Antragstellers oder einer angemessenen Zahl von vertretungs- und aufsichtsberechtigten Angestellten des Antragstellers abhängig.[12] Ein bestimmtes Kapital ist nicht vorgeschrieben.

Eine Kernkompetenz des Versicherungsvermittlers ist die mehr oder weniger systematische Marktforschung, der Auf- und Ausbau von sozialen Netzwerken zu Kunden und Interessenten sowie die Beratung und Vermittlung. Soziale Netzwerke bieten ein dem eher unsystematischen Face to Face-Vorgehen klassischer Vermittler überlegenes Verfahren, schnell mit vielen Menschen in Kontakt zu kommen und gemeinsame Interessen und verkaufsrelevante Informationen zu identifizieren. So sind schon seit etlichen Jahren Geschäftsmodelle im Internet verbreitet, die beispielsweise mit Hilfe von Vergleichsportalen Interessentendaten gewinnen und an Vermittler verkaufen (Leads). Relativ neu sind Peer to Peer-Vertriebe wie beispielsweise Friendsurance, die ihr Vermittlungsmodell skalieren, indem sie Nutzer Sozialer Medien über gemeinsame Vorteile günstigerer Versicherungen zur eigeninitiativen viralen Verbreitung anregen. Teilnehmer sollen Freunde in ihren sozialen Netzwerken einladen, sich an eventuellen Schäden mit einem kleinen Betrag zu beteiligen. Je mehr sich dazu bereit erklären, desto höher ist die Selbstbeteiligung, die mit den Versicherern vereinbart werden kann. Das Modell entwickelt seinen wirtschaftlichen Charme, wenn sich die Beteiligten gegenseitig Beistand zusagen.

Bei der Bedarfsweckung, Beratung und Vermittlung spielen Vergleichsportale eine wachsende Rolle, jedenfalls wenn es um Pflichtversicherungen wie die

11 Vgl. Wyman (2016), S. 7.
12 Vgl. § 34d Abs. 1, 2 GewO.

Kfz-Haftpflichtversicherung oder um kleinere Sach- und Krankenversicherungen geht, deren Sinn die Kunden relativ leicht einsehen. Affiliate-Vertriebe decken Marktlücken ab, die klassische Vermittler aus betriebswirtschaftlichen Gründen nicht erschließen können, weil aus den sehr geringen Prämien keine aufwandsdeckenden Provisionen zu erwarten sind.

Verschiedene Transaktionsdienstleister bieten an, Angebotserstellung und Antragsbearbeitung durch digitalisierte Prozesse zu übernehmen. Ein „Renner" unter InsurTechs sind die digitalen Versicherungsordner, die dem Internet- und Smartphonenutzer einen einfachen Überblick über bestehende Versicherungsverträge und ggf. weitere Funktionen wie eine Online-Vertragsoptimierung versprechen. Wo Versicherer aktive Schadennetze installieren, entfällt die Unterstützung im Schadenfall oder auch eigenverantwortliche Regulierung von Kleinschäden als Teil der Wertschöpfungskette der Versicherungsvermittler. Damit wird ihnen auch eine Profilierungsmöglichkeit genommen, mit der sie ihre durchaus nicht geringen Kosten gegenüber dem Kunden rechtfertigen können.

Abbildung 4: Beispiele für Verlagerung von Wertschöpfungsaktivitäten auf Dritte beim Vermittler.

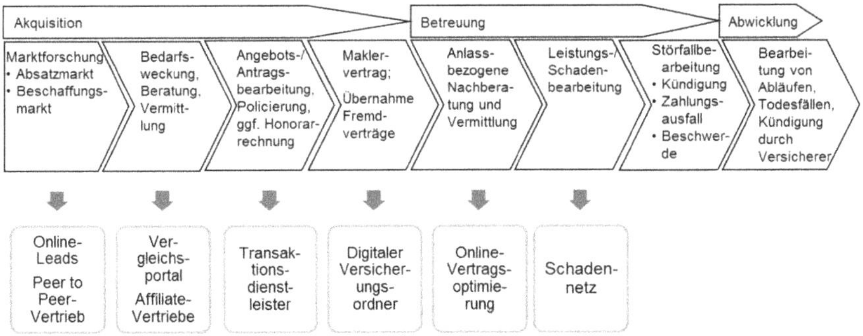

Quelle: Eigene Darstellung.

Die Wertschöpfungskette von Vermittlern kann durch InsurTechs disruptiv verändert werden. Wenn sich InsurTechs den Zugriff auf Interessenten und Kunden sichern, gibt es nur noch wenige Argumente, die komplette Dienstleistung der Vermittlung nicht selbst zu übernehmen. Allenfalls Elemente klassischer Vermittlung wie die persönliche Beratung können notwendig bleiben, wenn ein größerer Beratungsbedarf zum Beispiel bei höherpreisigen Personen- und Schadenversicherungen identifiziert wird. Selbst dies kann von InsurTechs über Callcenter selbst organisiert oder aber auf klassische Vermittler ausgelagert werden, die dann zu Zulieferern von Leistungen in einer vom InsurTech orchestrierten Gesamtleistung werden.

Aber auch inkrementelle Innovationen sind denkbar und zu beobachten, bei denen klassische Vermittler innovative Ansätze von InsurTechs in die eigene Wertschöpfungskette integrieren. Da die meisten Versicherungsvermittler Kleinstunternehmen sind,[13] bietet sich hierfür nur selten eine Eigenentwicklung an, sondern vielmehr die Kooperation mit InsurTechs, die entsprechende Leistungen wie beispielsweise digitale Versicherungsordner oder Online-Abschlussprozesse für Kleinstversicherungen zuliefern.

5 Tatsächliches Innovationsgeschehen mittels InsurTechs

Die große Mehrzahl der InsurTechs befasst sich derzeit mit Leistungen, die geeignet sind, die Wertschöpfungskette eines Vermittlers ganz oder in Teilen zu ersetzen. Eine Untersuchung von 31 InsurTechs ergab,[14] dass 24 mit einer Gewerbeerlaubnis als Versicherungsvermittler (mehrheitlich als Versicherungsmakler) tätig sind. Sieben InsurTechs verfügten dagegen über keine Gewerbeerlaubnis, obwohl sie Leistungen erbringen, die mindestens den sehr weit gefassten Vermittlungsbegriff der Europäischen Versicherungsvermittlerrichtlinie erfüllen dürften.[15] Ursachen dafür können zum einen Unklarheiten in der Auslegung der Umsetzung der genannten Richtlinie in das deutsche Recht, zum anderen aber auch schlicht Unkenntnis der Rechtslage sein. Denn die untersuchten InsurTechs wurden weit mehrheitlich, soweit überhaupt Informationen verfügbar waren, von branchenfremden Personen gegründet und geführt, oft aus der Internet- oder Werbeszene stammend.

Nur fünf der untersuchten InsurTechs sind im B2B-Bereich tätig und bieten ihre Dienstleistungen ausschließlich Versicherungs- oder Vermittlerunternehmen an. Weitere sechs InsurTechs sind im B2B- und B2C-Bereich, 20 Firmen nur im B2C-Bereich tätig. Dabei wurden jeweils nur die auf den Internetseiten verfügbaren Informationen ausgewertet.

Die Investitionsbereitschaft in InsurTechs steigt erst zeitverzögert gegenüber FinTechs an.[16] Dennoch gibt es einige deutsche InsurTechs, die bis zu mehrfach

---

13 Vgl. Beenken/Buttig (2012), S. 14.

14 Vgl. Beenken/Noack (2016).

15 Vgl. Art. 2 S. 1 Nr. 3 der Richtlinie 2002/92/EG vom 9.12.2002 über Versicherungsvermittlung.

16 Vgl. Wyman (2016), S. 6.

zweistellige Millionenbeträge an Investorengeldern einsammeln konnten.[17] Einige große Versicherer haben zumindest angekündigt, erhebliche Mittel in die Förderung von InsurTechs oder auch in Gründerzentren und Inkubatoren zu investieren, aus denen InsurTechs hervorgehen können.[18] Auch Medienkonzerne sind als Investoren in diesem Bereich aktiv.[19] Die große Mehrheit der hier untersuchten Firmen verfügt dagegen nicht über solche Mittel, einige starten sogar als Einzelkaufleute oder als Unternehmergesellschaften (haftungsbegrenzt) und damit offensichtlich ohne kapitalkräftige Investoren.

Die untersuchten InsurTechs bieten als vorrangigen Kundennutzen (Anzahl der InsurTechs, Mehrfachnennung möglich):

- Online-Verkauf / Leadgenerierung (16)
- Versicherungsvergleich (11)
- Onlineprozesse für Kleinversicherungen (7)
- Digitaler Versicherungsordner (10)
- Provisionsabgabe an den Kunden (8)
- Apps zur Prozessunterstützung (2)
- Entwicklung neuer Versicherungsprodukte (2).

Gliedert man die untersuchten InsurTechs nach den beiden Kriterien „Art des vorrangigen Kundennutzens“ und „Wettbewerbspositionierung gegenüber traditionellen Vermittlern“, dann erhält man ein Portfolio der strategischen Positionierung der InsurTechs (vgl. Abbildung 5).

Nach der „Art des vorrangigen Kundennutzens“ lassen sich zum einen Vergünstigungen, zum anderen Mehrwerte für die Kunden unterscheiden. Als Vergünstigungen werden in erster Linie Provisionsabgaben eingesetzt, d.h. die InsurTechs beteiligen den Kunden an der durch den Vertragsabschluss entstehenden Provision. Dies ist zwar eigentlich nach § 298 Abs. 4 VAG verboten, Verstöße werden aber seit 2012 nicht mehr von der Bundesanstalt für Finanzdienstleistungsaufsicht verfolgt.[20] Das Geschäftsmodell dieser InsurTechs beruht demnach auf Arbitrage, indem eine Lücke im Rechtssystem zulasten derjenigen Versicherungsvermittler ausgenutzt wird, die sich weiter freiwillig oder durch vertragliche Bindung (im Fall von Versicherungsvertretern) an das gesetzliche Verbot halten.

---

17 Vgl. z.B. Hüsing (2016), Schlenk (2016), o.V. (2016).
18 Vgl. z.B. AXA (2015), Meck/Weiguny (2016).
19 Vgl. z.B. Skrabania (2014).
20 Vgl. BaFin (2012).

Eine weitere Vergünstigung wird häufig mit dem digitalen Versicherungsordner kombiniert, indem den Kunden mögliche Einsparungen bei bestehenden Versicherungsverträgen durch die Onlineerfassung und anschließende Analyse der Verträge in Aussicht gestellt werden. Dieses Geschäftsmodell, das beispielsweise von kapitalstarken Unternehmen wie Clark, Knip und Moneymeets betrieben wird, leidet allerdings unter der bisher geringen Normierung des digitalen Datenaustauschs von Versicherungs- und Versicherungsmaklerunternehmen. Die Vertragsdaten müssen oft noch umständlich manuell bei den Versicherern angefordert und in den digitalen Versicherungsordner eingepflegt werden.

Die disruptive Innovation des digitalen Versicherungsordners als Angriff auf traditionelle Vermittler wird inzwischen durch die inkrementelle Innovation der Einführung digitaler Versicherungsordner durch Versicherungsmaklerpools bedroht. Maklerpools verstehen sich nicht nur als eine Art Einkaufsgenossenschaft und Dienstleister der Makler, sondern organisieren auch den Datenaustausch zwischen den angeschlossenen Maklern und den Versicherern. Dadurch können sie anders als die externen InsurTechs ihren Kunden ein unmittelbares Erfolgserlebnis verschaffen und alle vom einzelnen Versicherungsmakler betreuten Versicherungsverträge ohne Zeitverzug online zur Verfügung stellen.[21]

Als Mehrwerte sind vor allem neue Versicherungsprodukte zu erwähnen, die beispielsweise bestimmte Zielgruppenbedürfnisse in Marktnischen abdecken. Neue Vergleichsportale bedienen Bereiche wie zum Beispiel die Gewerbeversicherung, in der bisher keine Transparenz im Internet bestand. Die typischen Versicherungsvergleiche, wie sie Check24, Verivox und ähnliche Portale anbieten, fokussieren sich auf das Privatkunden-Massengeschäft, wo sich der Entwicklungsaufwand vergleichsweise schnell amortisiert. Vergleiche von Firmenkundenversicherungen oder speziellen Versicherungsarten erfordern eine hohe versicherungsfachliche Kompetenz, die einige InsurTechs über ihre Gründer und ihr Personal mitbringen. Einige InsurTechs bieten digitale Versicherungsordner und ähnliche Leistungen als eine Zusatzdienstleistung an, die etablierte Versicherungsvermittler zur Erweiterung der eigenen Wertschöpfungskette zukaufen können.

Die „Wettbewerbspositionierung gegenüber traditionellen Vermittlern" kann in die beiden Ausprägungen „Kooperation" und „Konfrontation" differenziert werden. Konfrontativ verhalten sich InsurTechs vor allem dann, wenn sie disruptiv versuchen, etablierte Vermittler abzulösen und die Kundenbeziehungen selbst wirtschaftlich zu nutzen. Dies gelingt wie schon angedeutet in einem stark

21 Vgl. z.B. Müller (2015).

verteilten Versicherungsmarkt im Wesentlichen nur durch Verdrängung. Eine beliebte Vorgehensweise ist es, Kunden über die besprochenen Vorteile des digitalen Versicherungsordners oder der Provisionsabgabe anzulocken und implizit eine Maklervollmacht erteilen zu lassen. Darüber verschafft sich das InsurTech die Möglichkeit, als Stellvertreter des Kunden gegenüber den vertragsführenden Versicherern aufzutreten und die bestehenden Verträge provisionspflichtig in die eigene Betreuung zu übernehmen oder aber zu kündigen und zu anderen Versicherern umzudecken.

Kooperativ verhalten sich InsurTechs vor allem dann, wenn sie ihre Dienstleistung etablierten Versicherungsvermittlern zur Nutzung anbieten. Dadurch bereichern Vermittler ihre Wertschöpfungskette, was dem Kunden Zugang zu günstigeren Versicherungen oder zu zusätzlichen Diensten verspricht, und verschaffen dem InsurTech notwendige Einnahmen.[22]

Bisher hat es keine disruptive Innovation geschafft, sich nachhaltig am Markt durchzusetzen und klassische Vermittler-Geschäftsmodelle zu verändern oder ganz überflüssig zu machen.[23] Aber Innovationen wie insbesondere digitale Versicherungsordner, Peer to Peer-Vertrieb, situative Versicherungsprodukte zum Onlinevertrieb oder elaborierte Versicherungsvergleiche für spezielle Zielgruppen werden zunehmend als inkrementelle Innovationen eingesetzt. Dabei werden sowohl Versicherer, vor allem für ihre Direkt- und Ausschließlichkeitsvertretervertriebe,[24] als auch Vermittler aktiv – hier vor allem über Pools und Verbünde als zentralem Beschaffungsorgan.

22 Vgl. z.B. MLP (2015).
23 Vgl. Habschick (2016).
24 Vgl. z.B. Fromme (2016); AXA (2016).

Abbildung 5: Portfolio der InsurTechs nach Wettbewerbspositionierung und Art des Kundennutzens.

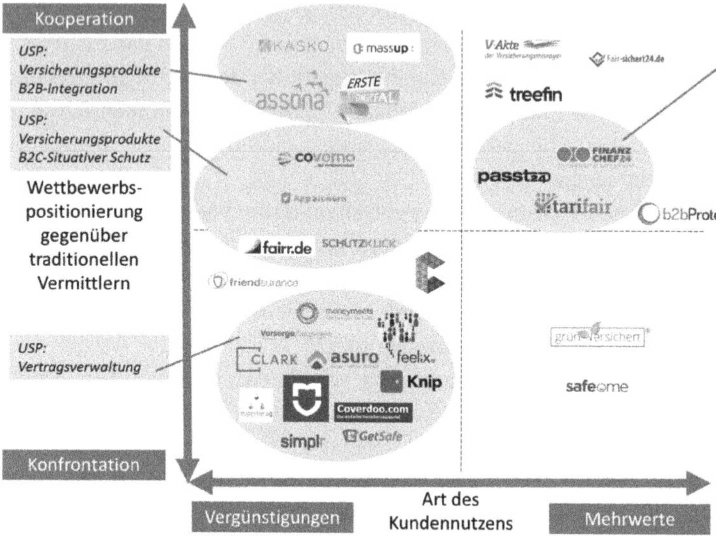

Quelle: Beenken/Noack (2016).

6 Bewertung und Ausblick

InsurTechs können durchaus sehr erfolgreich werden, wie das Vergleichsportal Check24 als InsurTech der ersten Generation zeigt, als es diesen Begriff noch nicht gab. Es gilt mittlerweile als der wohl größte Vermittler von Kfz-Versicherungen, und auch in anderen Bereichen ist das Portal auf dem Vormarsch. Vergleichsportale bereichern den Markt, weil sie dem Kunden zusätzliche Transparenz verschaffen und dadurch den Wettbewerb anheizen.

Neben der Transparenz gibt es auch ein Bedürfnis nach mehr Ordnung in den vielfältigen Unterlagen, die Versicherungsunternehmen den Kunden zur Verfügung stellen müssen.[25] Deshalb wird sich auch der digitale Versicherungsordner durchsetzen und in wenigen Jahren eine selbstverständliche Leistung von Versicherungsunternehmen und von Versicherungsmaklern für ihre Kunden darstellen.

Dabei haben vor allem Versicherer bisher unterschätzt, dass es mit einem solchen Ordner allein noch nicht getan ist. Die Nutzungsquoten der Pioniere sind

25 Vgl. Swiss Re (2014), S. 23.

frustrierend gering,[26] was zum einen damit zusammenhängt, dass nur wenige Kunden alle Versicherungen bei einem einzigen Versicherer abgeschlossen haben. Wirklich nutzbringend ist ein digitaler Versicherungsordner daher erst, wenn er alle Verträge auch von unterschiedlichen Versicherern erfasst. Zum anderen beschäftigen sich Kunden typischerweise erst dann mit ihren Versicherungen, wenn akute Fragen entstehen, beispielsweise im Schadenfall, oder wenn ein neues Fahrzeug zugelassen wird. Bis das soweit ist, haben die Kunden längst ihre Zugangsdaten zum digitalen Versicherungsordner vergessen. Das gleiche Schicksal erleiden die von vielen Versicherern auf den Markt gebrachten Schaden-Apps. Hier bedarf es intelligentere Ideen, die Ordner und sonstigen Applikationen mit Mehrwerten zu versehen mit denen die Kunden regelmäßig vom Anbieter angesprochen und zur Nutzung angeregt werden.

Weiter durchsetzen werden sich auch Onlinelösungen für den Vertrieb von situativen Versicherungen. Erst die Digitalisierung macht diese Produktkategorie wirtschaftlich. Allerdings ist bei weitem nicht jede Produktidee unter Verbraucherschutzgesichtspunkten positiv zu bewerten. Die Versicherungsbranche sollte den Reputationsschaden nicht unterschätzen, der durch überflüssige Deckungen entsteht, vor allem wenn die Gesellschaften nicht sicherstellen, dass die wirklich wichtigen, die Existenz eines Kunden bedrohenden, Risiken aufgedeckt und bewusstgemacht werden. In diesem Bereich fehlen noch digitale Innovationen.

Literaturverzeichnis

AXA (2015): AXA launches Kamet, a €100m InsurTech incubator, Pressemitteilung vom 07.09.2015.

AXA (2016): AXA Agenturen beraten jetzt auch vollständig digital, Pressemitteilung vom 04.07.2016.

BaFin Bundesanstalt für Finanzdienstleistungsaufsicht (2012): Konsultation 04/2012 – Zukunft des Verbots der Gewährung von Sondervergütungen und der Schließung von Begünstigungsverträgen, Geschäftszeichen VA 31-I 4318-2012/0002, 26.04.2012, Bonn.

Beenken, M. (2010): Der Markt der Versicherungsvermittlung unter veränderten rechtlichen Rahmenbedingungen, Karlsruhe.

Beenken, M. / Buttig, L. (2012): Weiterbildung als Erfolgsfaktor: „Vermittler-PISA", Karlsruhe.

26 Die Allianz beispielsweise soll 660.000 Nutzer ihres digitalen Ordners haben, vgl. Gorr (2016) – dies sind rund 3 % der nach eigenen Angaben über 20 Millionen Kunden.

Beenken, M. / Noack, S. (2016): Insurtechs: Viel Schein, aber auch Sein? In: Zeitschrift für Versicherungswesen, Jg. 67, Nr. 4, S. 114–117.

Christensen, C. M. / Bower, J. L. (1995): Disruptive Technologies: Catching the Wave, in: Harvard Business Review, Vol. 73, No. 1, S. 43–53.

Fromme, H. (2016): Eine Allianz fürs Überleben, in: Süddeutsche Zeitung vom 12.07.2016.

GDV Gesamtverband der Deutschen Versicherungswirtschaft (Hrsg.) (2015): Statistisches Taschenbuch der Versicherungswirtschaft 2015, Berlin.

Gorr, D. (2016): Viele kleine Fische in einer Nische, in: Versicherungswirtschaft heute vom 03.08.2016.

Habschick, M. (2016): Was Versicherer und Vermittler von FinTechs und InsurTechs lernen können, in: Asscompact vom 03.08.2016.

Hüsing, A. (2016): InsurTech-Boom: 13,2 Millionen für Clark, in: deutsche startups; URL: http://www.deutsche-startups.de/2016/08/02/insurtech-boom-132-millionen-fuer-clark/, [Zugriff: 05.08.2016].

Jost, P.-J. (2001): Die Prinzipal-Agenten-Theorie in der Betriebswirtschaftslehre, Stuttgart.

Köhne, T. (2006): Marketing im strategischen Unternehmensnetzwerk, Wiesbaden.

Krohn, P. (2016): Versicherer suchen mit Big Data Raucher und Kranke, in: Frankfurter Allgemeine Zeitung vom 05.08.2016.

Meck, G. / Weyguni, B. (2016): Was kann der Großkonzern vom Start-up lernen? Interview mit Oliver Bäte (Allianz) und Oliver Samwer (Rocket Internet), in: Frankfurter Allgemeine Sonntagszeitung vom 31.07.2016.

Meffert, H. / Burmann, C. / Kirchgeorg, M. (2008): Marketing, 10. Auflage, Wiesbaden.

MLP (2015): Umfangreiche Kooperation von MLP mit FinTech massUp, Pressemitteilung vom 17.12.2015.

Müller, R. (2015): Eine weitere Vertriebs-Aufrüstungsrunde der Assekuranz, in: VersicherungsJournal vom 16.11.2015.

Oberhuber, N. (2016): Fitte zahlen weniger als Fette, in: Frankfurter Allgemeine Sonntagszeitung vom 26.06.2016.

o.V. (2016): Finanzchef24: 4 Millionen für Münchner InsurTech-Startup, in: Munich Startup; URL: https://www.munich-startup.de/12543/finanzchef24-4-millionen-fuer-muenchner-insurtech-startup/, [Zugriff: 05.08.2016].

Schlenk, C. T. (2016): Insurtech-Startup Knip erhält knapp 14 Millionen Euro, in: Gründerszene; URL: http://www.gruenderszene.de/allgemein/knip-serie-b, [Zugriff: 05.08.2016].

Skrabania, L. (2014): Handelsblatt-Mutter investiert in Moneymeets, in: Gründerszene; URL: http://www.gruenderszene.de/allgemein/moneymeets-dvh-ventures, [Zugriff: 05.08.2016].

Swiss Re (2014): Digitaler Vertrieb von Versicherungen: Eine stille Revolution, Sigma-Studie Nr. 02/2014, Zürich.

Wagner, F. (2011): Gabler Versicherungslexikon; URL: http://wirtschaftslexikon.gabler.de/Definition/versicherung.html, [Zugriff: 04.08.2016].

Wyman, O. (2016): Zukunft von Insurtech in Deutschland, Policen Direkt, Studie.

Axel Faix

FH Dortmund,
Forschungsgruppe Innovationsexzellenz

Werner Frese

University of Applied Sciences Europe

BioGenius GmbH: Strategische Neuorientierung im Spannungsfeld zwischen "Exploration" und "Exploitation"

1 Einleitung

Die *BioGenius GmbH* ist ein relativ kleines, junges und „wissensgetrieben" arbeitendes Unternehmen, das seinen Kunden spezialisierte Lösungen im Bereich der Analyse und Prüfung von Biozid- und Pflanzenschutzprodukten sowie übergreifende Dienstleistungen zur Unterstützung ihrer Innovationsprozesse bietet. Mit etwa 25 Mitarbeitern wird ein Umsatz von circa 3 Mio. € im Jahr erzielt (2015). Das Unternehmen mit Sitz in Bergisch Gladbach bei Köln, das im Jahre 2004 als Ausgründung eines großen US-amerikanischen Unternehmens entstand, verzeichnet seit seiner Gründung ein kontinuierliches Wachstum und ist potenziell als Hidden Champion[1] zu verstehen.

Unser herzlicher Dank für die Unterstützung bei der Ausarbeitung des Falles geht an Ulrike Müllewitz (†) und Wolfgang Hake, beide BioGenius GmbH.

1 Als "Hidden Champion" werden kleine und mittelständische Unternehmen bezeichnet, die in ihren Märkten im internationalen Maßstab führende Positionen einnehmen und in der Öffentlichkeit kaum bekannt sind. Sie agieren in den im Regelfall engen Märkten – die erst durch die internationale Ausdehnung Skaleneffekte bieten – auf Basis einzigartiger Produkte, die regelmäßig mit hoher Fertigungstiefe produziert werden. Ihre Wettbewerbsvorteile gründen in erster Linie auf Innovationen, einer hohen Produkt- und Servicequalität und Kundennähe (aus der sich wesentliche Innovationsanstöße ergeben) und sind aufgrund der hohen Eigenanteile bei der Herstellung und Vermarktung der Leistungen nur schwierig zu imitieren. Zunehmend wird bei Hidden Champions eine (stärkere) Betonung der Markenpolitik (Industriegütermarken) beobachtet, die die Kommunikation der differenzierend angelegten Wettbewerbsvorteile unterstützt. Vgl. Simon (2007) und Simon (2012).

Gegenwärtig erbringt *BioGenius* einerseits innovationsorientierte Dienstleistungen für ihre Kundenunternehmen, die – wie z.B. Wirkstoff- und Materialprüfungen – relativ klar definierte Problemstellungen der Kunden adressieren und auf vorhandene naturwissenschaftliche / technische Kompetenzen und Ressourcen (insbesondere eine umfassende Insektenzucht) zurückgreifen. Andererseits bietet *BioGenius* seinen Kunden breitere Unterstützungsleistungen für ihre Innovationsvorhaben an: So übernimmt *BioGenius* bspw. die strategische Zielbestimmung und Planung von Innovationsprojekten auf Basis einer näheren Präzisierung und Strukturierung der Probleme; hierbei greift *BioGenius* nachdrücklicher in die innovationsgerichteten Prozesse der Kundenunternehmen ein. Beide Aufgaben sind für *BioGenius* mit unterschiedlichen Gewichtungen anbieter- und nachfrageinitiierter Elemente sowie Komplexitäten verbunden, wobei die Kundeninitiative als Auslöser der Aktivitäten dominiert. Die Kernfähigkeit von *BioGenius* ist vor diesem Hintergrund in dem Vermögen zu verstehen, mit rascher Auffassungsgabe ein treffsicheres Einstellen auf die zu erbringenden Leistungen für den Kunden zu gewährleisten – sie stellt (neben ihrer hohen naturwissenschaftlichen Expertise und leistungsstarken Ressourcen) einen zentralen Erfolgsfaktor für das Unternehmen dar.

Nach ihrer Gründung vor mehr als einer Dekade und der Etablierung des Unternehmens im Markt leitet *BioGenius* nunmehr eine neue Phase der Unternehmensentwicklung ein. Das Unternehmen orientiert sich von einem primär auf Kundenwünsche bzw. initiativen *reagierenden* Unternehmen hin zu einem stärkeren *Impulsgeber und Entwickler neuer Produkte* für die Kunden, wobei nach Möglichkeit auch in stärkerem Umfang eigene Innovationsvorhaben bzw. Produktangebote realisiert werden sollen.

Der vorliegende Case[2] behandelt nach der Darstellung der aktuellen Konstellation und der maßgeblichen Handlungsgrundlagen für das Unternehmen die Frage, wie das Unternehmen die künftige Entwicklung auf Basis einer angepassten strategischen Ausrichtung erfolgreich gestalten kann, ohne die aktuelle Konstellation zu gefährden bzw. aus dieser maximale Vorteile für die weitere Entwicklung abzuleiten. Das damit angesprochene Spannungsverhältnis (sowie passende Ansätze zu einem angemessenen Umgang mit ihm) wird in der Managementwissenschaft gegenwärtig intensiv unter dem Begriff der „Ambidextrie“ erörtert.

2 Vgl. bereits Faix et al. (2018).

2 BioGenius als Anbieter innovationsorientierter Analyse-, Prüf- und Beratungsleistungen

Eine nähere Charakterisierung der Aktivitäten und unternehmensinternen Voraussetzungen des Unternehmens *BioGenius* setzt zunächst eine Betrachtung des Branchenhintergrundes voraus, der in starkem Maße durch den Rechtsrahmen im Kontext biologisch-chemischer Analysen und Prüfungen bestimmt wird.

2.1 Rechtlich-institutioneller Hintergrund

Gemäß europäischer *Biozid-Richtlinie* BPD ist es für innovierende Unternehmen aus der Chemie-, Pharmaindustrie oder der Medizin, die als Kunden für *BioGenius* in Betracht kommen, notwendig, für neu entwickelte Produkte (z.B. Insektenschutzmittel) eine Registrierung bzw. Zulassung bei der zuständigen Behörde zu erzielen. Diese Zulassung wird – im Erfolgsfall – auf der Grundlage verschiedener Schritte erteilt, die sich zwei Phasen zuordnen lassen:

In einer ersten Phase muss ein Unternehmen zunächst den neu entwickelten Wirkstoff registrieren lassen, damit er anschließend in einer sog. Unionsliste (Anhänge der Richtlinie 98/8/EG) aufgenommen wird. Sobald dies erfolgt ist, kann in einer zweiten Phase die Zulassung für ein neues Produkt, das auf diesem Wirkstoff basiert, beantragt werden.[3]

Diesem zweistufigen Ablauf des Zulassungsverfahrens müssen nicht nur neu entdeckte Wirkstoffe unterzogen werden. Auch wenn das in den Markt neu einzuführende Produkt Wirkstoffe enthält, die bereits registriert wurden, muss dieser Prozess durchlaufen werden. Denn die Kombination bereits registrierter Wirkstoffe kann zu einem neuen Wirkstoff führen oder neue oder bislang unentdeckte Folgen für Menschen oder Natur hervorrufen. Der (vereinfachte) Prozess der Zulassung ist in Abbildung 1 veranschaulicht.

3 Vgl. hierzu das Biozidverfahren des Umweltbundesamts, abrufbar auf www.biozid.info/deutsch/biozidverfahren.

Abbildung 1: Prozess der Zulassung von neuen Produkten.

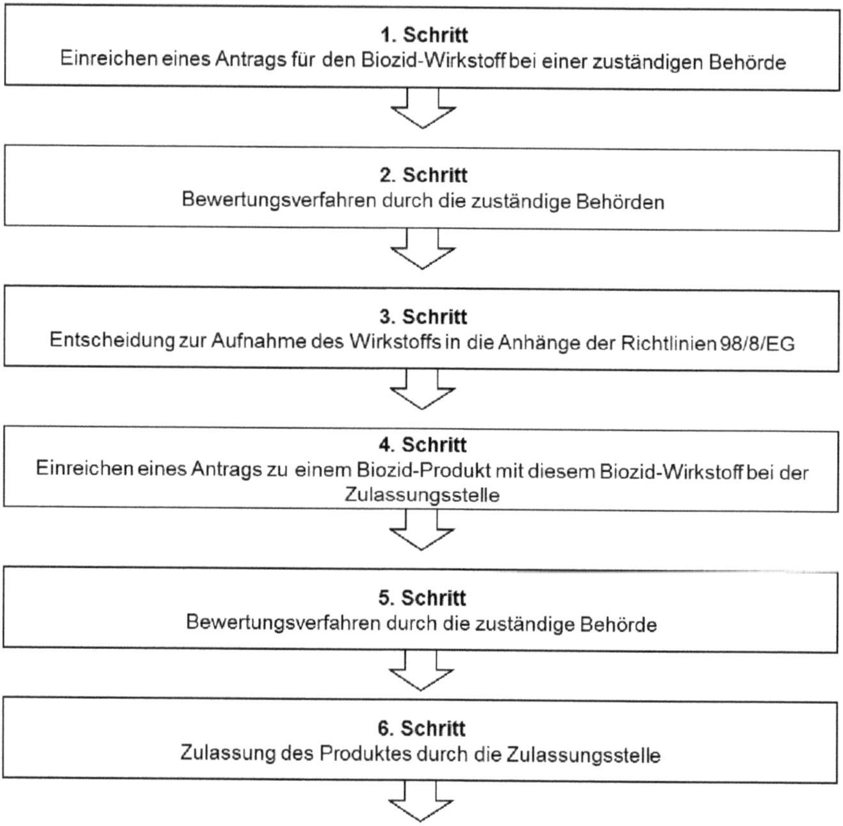

Quelle: o.V. (2009), S. 9.

Die für den ersten Schritt im Zulassungsablauf notwendigen Voruntersuchungen und Dokumentationen sind in der Regel sehr umfangreich und können je nach Inhaltsstoff oder Produktverwendung längere Zeit – bis zu mehreren Jahren – in Anspruch nehmen, so dass Unternehmen mit einer ausgedehnten Vorlaufzeit bis zur Markteinführung ihres Produktes rechnen müssen.

Die folgende Abbildung gibt einen grundsätzlichen Überblick über die notwendigen Untersuchungen, Tests bzw. Dokumentationen im Rahmen von Zulassungsverfahren (vgl. Abbildung 2).

Abbildung 2: Prüfanforderungen im Rahmen der Zulassung.

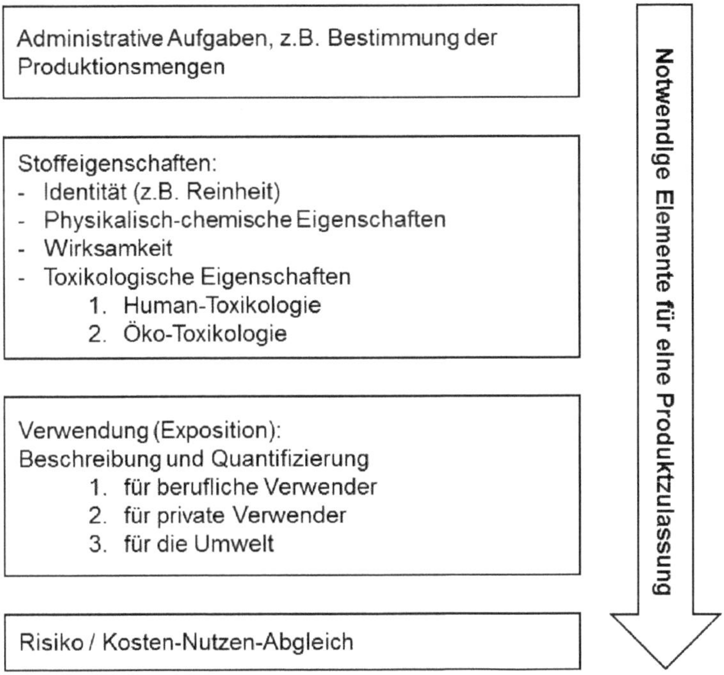

Quelle: In Anlehnung an Krause (2014).

2.2 Leistungs- und Aktivitätsspektrum von BioGenius

BioGenius unterstützt auf der Grundlage eines breiten naturwissenschaftlichen Know-hows Unternehmen bei der Entwicklung neuer Wirkstoffe und Produkte, der Erarbeitung der erforderlichen Registrierungsgrundlagen als Basis der Zulassung sowie bei der Entwicklung und Umsetzung innovativer Produktangebote.

Das Leistungsspektrum des Unternehmens ist aktuell durch drei *Schwerpunkte* gekennzeichnet, zwischen denen indessen verschiedene Verbindungen herrschen:

In der *Biologischen Produktprüfung* steht die Erbringung von Wirknachweisen von Insektenschutzprodukten im Mittelpunkt. Die fraglichen Tests (Feld-, Labor- oder Screening-Tests) werden von *BioGenius* durchgeführt oder ihre Kunden bei der Durchführung dieser Tests unterstützt. Ein großer Vorteil ist, dass hierfür bei *BioGenius* eine umfassende Insektenzucht zur Verfügung steht, in der fortwährend Hygieneschädlinge, Materialschädlinge und Lästlinge aufgezogen werden und größtenteils kurzfristig verfügbar sind.

Als weiterer Schwerpunkt richtet sich die *GLP-Analytik* auf die Gehaltsbestimmung, Materialprüfung oder auch Haltbarkeits- und Kompatibilitätsprüfungen von Produkten bzw. Wirkstoffen. Maßgeblich für den Markterfolg des Unternehmens ist in diesem Zusammenhang die Sicherstellung einer Guten Laborpraxis (Good Laboratory Practice, GLP), die die Einhaltung definierter Grundsätze im Rahmen der einschlägigen Prüfungen gemäß Chemikaliengesetz bzw. Richtlinie 2004/9/EG bedeutet.[4]

Schließlich zielt das Unternehmen im Rahmen der *Anwendungstechnik* auf die Unterstützung ihrer Kunden bei der Formulierung der Produktrezeptur und der Produktentwicklung. Das Leistungsangebot im Produktentwicklungsprozess der Kunden beinhaltet z.B. die Projektplanung sowie die Bestimmung der Projektziele, die Ausarbeitung von Umsetzungskonzepten für Produktideen, Machbarkeitsstudien oder auch diverse Informationsleistungen.

Ein wesentlicher Baustein für den Erfolg des Unternehmens ist die Möglichkeit, im Rahmen einer *ganzheitlichen Sichtweise* („360°-Perspektive") alle für das Verständnis und die erfolgreiche Lösung von Kundenproblemen notwendigen Know-how-Elemente kurzfristig zusammenzuführen (vgl. Abbildung 3).

Abbildung 3: 360°-Perspektive der BioGenius GmbH.

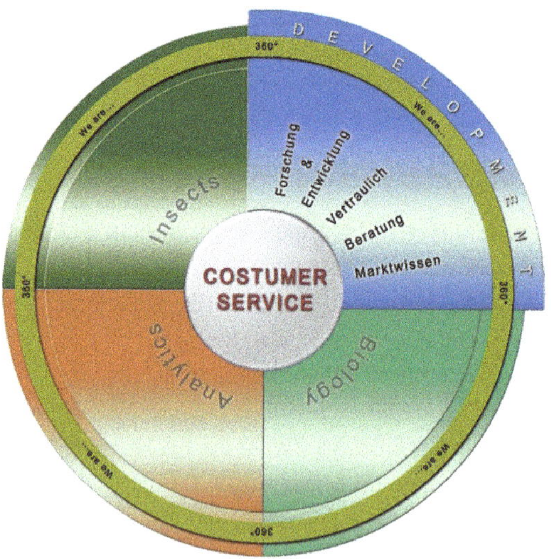

Quelle: BioGenius GmbH (2016).

4 Eine GLP-Prüfeinrichtung wie *BioGenius* wird regelmäßig auf die Einhaltung der maßgeblichen Grundsätze überwacht.

Vor diesem Hintergrund versteht sich *BioGenius* als ein hochkompetenter, kundenorientiert und flexibel handelnder Kooperationspartner für „Unternehmerkollegen", die in den angeführten Bereichen Innovationsprobleme zu lösen haben. Im Einzelnen stehen eine *strikte Zielorientierung* und die *Einhaltung höchster Qualitätsstandards bei der Bearbeitung von Kundenproblemen*, eine *hohe Kundennähe und Serviceorientierung* sowie der Anspruch, auf Basis *hoher wissenschaftlicher Kompetenz zu jedem für Kunden relevanten Problem* zeitnah Stellung beziehen zu können, im Mittelpunkt der Positionierungsaussage.[5]

Wie angeführt, ist eine bedeutende institutionelle Grundlage für den Erfolg von *BioGenius* in den ersten Jahren der Unternehmensentwicklung die europäische *Biozid-Richtlinie* BPD. Hiernach müssen alle Biozide, die auf dem Markt eingeführt sind, bei den zuständigen Behörden registriert bzw. zugelassen werden, wobei Toxikologie, Wirkstoffe und Wirkung der Produkte offenzulegen sind. *BioGenius* bietet Unternehmen umfassende Dienstleistungen zur Erfüllung der Anforderungen in diesem Bereich an (Erstellung von „Datenpaketen" zu Wirkstoffen und Produkten, Durchführung von Analysen, Tests und Erstellung von Prüfberichten etc.).[6] Konsequenterweise galt lange Zeit somit der Service von *BioGenius*, Unternehmen bei ihrer Umsetzung der europäischen *Biozid-Richtlinie* BPD behilflich zu sein, als der Hauptumsatzträger.

In jüngerer Zeit nehmen allerdings die Anreize für Unternehmen zur Entwicklung neuer Wirkstoffe angesichts hoher Entwicklungskosten ab. Wenn daraufhin Prüfungen, Tests usw. nach Maßgabe der BPD in nur noch geringerem Umfang anfallen, könnte diese Richtlinie für *BioGenius* in absehbarer Zeit an Bedeutung verlieren und damit auch ein Teil ihres Hauptumsatzes zurückgehen. Allerdings trifft diese Entwicklung nicht alleine *BioGenius*, sondern auch die Wettbewerber.

2.3 Wettbewerbsumfeld von BioGenius

Der Markt für Analyse-, Prüf- und Beratungsleistungen für Biozid- und Pflanzenschutzprodukte, in dem *BioGenius* agiert, weist im Jahre 2014 allein in Deutschland ein geschätztes Volumen von ca. 270 Mio. € auf.[7]

Weltweit tritt eine Vielzahl an Anbietern in Erscheinung, die den GLP-Standard aufweisen und sich auf Biozid-Tests spezialisiert haben. Auf nationaler Ebene

5 Vgl. hierzu o.V. (2014). S. 246 f.

6 Vgl. z.B. Glaser (2007).

7 Vgl. Verband der Diagnostica-Industrie (VDGH), IVD-Branchenbericht 2015, abrufbar auf www.vdgh.de/me-dia/file/4763.PM_VDGH_veroeffentlicht_IVD_Marktdaten_2014_100415.pdf.

werden auf Basis von Informationen der *List of GLP Test Facilities, Germany, des Bundesinstituts für Risikobewertung*, BfR, insgesamt 155 Labore mit GLP-Standard identifiziert.[8] Die Hauptuntersuchungsbereiche stellen die Segmente Biozide, Chemie, Pharma, Medizin, Kosmetik und Lebensmittel dar. Obwohl im Bereich Biozide ca. zehn Laboratorien, darunter auch *BioGenius*, ihre Dienste anbieten, sind nicht alle diese Unternehmen als direkte Wettbewerber von *BioGenius* zu betrachten. Da der Begriff „Biozid" in erster Linie als Oberbegriff aus behördlicher Sicht verstanden wird und zudem schwierig abzugrenzen ist, weisen einige der erfassten Unternehmen real keine oder nur geringe inhaltliche Überschneidungen mit *BioGenius* auf. Die Produkte der Unternehmen, die dem Feld „Biozid" zugeordnet werden können, werden in vier Hauptgruppen unterteilt: Desinfektionsmittel, Schutzmittel für Materialien, Schädlingsbekämpfungsmittel (u.a. *BioGenius*) sowie Sonstige Stoffe (Antifouling, Taxidermie). Entsprechend lassen sich im nationalen Raum folgende direkte Mitbewerber identifizieren:

- Currenta GmbH & Co. OHG, Areas of Expertise:[9] 1-4-5-6-8
- Eurofins Agroscience Services EcoChem GmbH, Areas of Expertise: 1-4-5-6-7-8
- IBACON Institut für Biologische Analytik und Consulting GmbH, Areas of Expertise: 1-4-5-6
- LAUS GmbH, Areas of Expertise: 1-3-4-5-6-8-9
- Spectral Service AG, Areas of Expertise: 1.

Das Unternehmen *BioGenius* wird in Area 1 eingestuft.

Die folgende Abbildung verdeutlicht, welche Dienstleistungen die jeweiligen Unternehmen im Einzelnen anbieten (vgl. Abbildung 4).

8 Stand: Mai 2015, abrufbar auf www.bfr.bund.de/cm/349/good-laboratory-practice-GLP-test-facilities-in-the-monitoring-programme-germany.pdf.

9 Erläuterung zu den "Areas of expertise": 1 – physical-chemical testing; 2 – toxicity studies; 3 – mutagenicity studies; 4 – environmental toxicity studies on aquatic and terrestrial organisms; 5 – studies on behaviour in water, soil and air; bioaccumulation; 6 – residue studies; 7 – studies on effects on mesocosms and natural ecosystems; 8 – analytical and clinical chemistry testing; 9 – other studies.

Abbildung 4: Leistungsangebote von BioGenius und der direkten Wettbewerber.

Unternehmen	Sektoren	Leistungsangebot	Zertifizierungselemente
BioGenius GmbH	Biozide / Schädlingsbekämpfung	Analysen, Tests, Inhaltsdokumentation	Von Mengen- und Inhalts-analysen bis zur vollständigen Begleitung zur Zertifizierung
Currenta GmbH	Biozide, Chemie, Umwelt	Life Science / GMP-Analytik Toxische Prüfungen Komplett-Consulting Umweltemissionsschutz	Von Mengen- und Inhalts-analysen bis zur vollständigen Begleitung zur Zertifizierung
Eurofins Agroscience Services EcoChem GmbH	Biozide, Chemie, Pharma, Lebensmittel, Kosmetik, Medizin, Umwelt	Analysen, Tests, Inhaltsdokumentation	Von Mengen- und Inhalts-analysen bis zur vollständigen Begleitung zur Zertifizierung
IBACON GmbH	Biozide, Chemie	Analysen, Tests,	Analysen, Rückstandsbestim-mungen, Freilandstudien
LAUS GmbH	Biozide, Chemie, Pharma, Kosmetik, Medizin	Analysen, Tests, Inhaltsdokumentation	Analysen, Identitätstests, Sta-bilitätsstudien, Prüfungen von Eigenschaften, Stabilitäts- und Langzeitstudien
Spectral Service GmbH	Biozide, Pestizide, Pharma, Lebensmittel, Kosmetik	Analysen, Tests, Inhaltsdokumentation	Analysen, Identitätstests

Einen umfassenden Ansatz zur aggregierten Konkurrenzanalyse stellt die Erarbeitung und Auswertung einer Karte *Strategischer Gruppen* dar.[10] Strategische Gruppen werden allgemein als Gruppen von Anbieterunternehmen in einem Markt verstanden, die sich in strategischer Hinsicht ähnlich sind und von denen daher in bestimmten Situationen (mit höherer Wahrscheinlichkeit) ähnliche Verhaltensweisen erwartet werden können.

Im vorliegenden Kontext eignen sich zur *marktorientierten* Bildung Strategischer Gruppen unterschiedliche Ansätze.

Eine an der Erzeugung von *Produkt-Markt-Kombinationen* ausgerichtete Vorgehensweise verwendet die *Zahl der anvisierten Marktsegmente* (Angebot an Kunden in vielen unterschiedlichen Abnehmerbranchen vs. spezialisierter Zuschnitt auf die Anforderungen weniger Branchen) und die *Breite des Leistungsangebotes* (vollumfängliches vs. spezialisiertes Leistungsangebot, insbesondere im Hinblick auf den Zulassungsprozess) als Kriterien, um auf diese Weise eingehend die Marktbearbeitungsschwerpunkte der Konkurrenten auf der Produkt- und der Kundenebene in die Analyse einzubeziehen.

Die folgende Abbildung verdeutlicht das in dieser Hinsicht erzeugte Wettbewerbsumfeld von *BioGenius*, wobei die Kreisdurchmesser der einbezogenen

10 Vgl. hierzu grundlegend Porter (1980).

Unternehmen proportional zum jeweiligen Jahresumsatz der Unternehmen[11] gewählt sind (vgl. Abbildung 5).

Abbildung 5: Strategische Gruppen auf Basis von Produkt-Markt-Kombinationen im Markt für Analyse-, Prüf- und Beratungsleistungen für Biozid- und Pflanzenschutzprodukte.

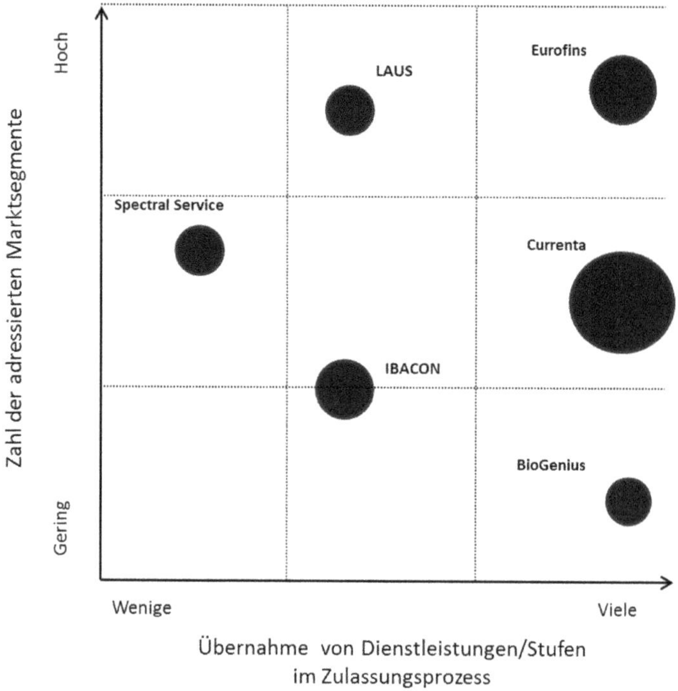

Insgesamt ist dieser Markt nicht (wie häufig in anderen Fällen) durch eher wenige Strategische Gruppen gekennzeichnet, die jeweils einige Unternehmen umfassen; vielmehr sind die Unternehmen allesamt durch recht unterschiedliche Ausrichtungen gekennzeichnet. *BioGenius* nimmt unter dem Gesichtspunkt der realisierten Produkt-Markt-Kombinationen eine Nischenstellung ein, in der ein sachlich breites Angebot einer eher geringen Zahl von Abnehmerbranchen unterbreitet wird.

11 Folgende (teilweise geschätzte) Umsatzwerte [€] werden berücksichtigt: Spectral Service: 5 Mio.; Laus: 5 Mio.; Eurofins 17,8 Mio.; Currenta: 48,1 Mio.; IBACON 12,8 Mio.; BioGenius: 3 Mio.

Ein zweiter, übergreifender Ansatz zur Bildung Strategischer Gruppen rekurriert *zusammenfassend* auf die beiden oben verwendeten Dimensionen, die nunmehr im Kriterium „Breite des Leistungsspektrums“ (umfassendes Leistungsangebot, das einer größeren Anzahl von Kundenbranchen unterbreitet wird vs. eng gefasstes Leistungsspektrum mit Zuschnitt auf spezielle Branchenerfordernisse) zusammengeführt werden.[12]

In Kombination mit dem Kriterium „Initiative zum Kundenauftrag“ (Kundenunternehmen als Impulsgeber eines Auftrags vs. Anbieterunternehmen als initiierender Akteur) entsteht so eine mehr an unterschiedlichen *Verhaltensaspekten* der Unternehmen orientierte Strukturierung Strategischer Gruppen (vgl. Abbildung 6).

Abbildung 6: Verhaltensorientierte Strategische Gruppen im Markt für Analyse-, Prüf- und Beratungsleistungen für Biozid- und Pflanzenschutzprodukte.

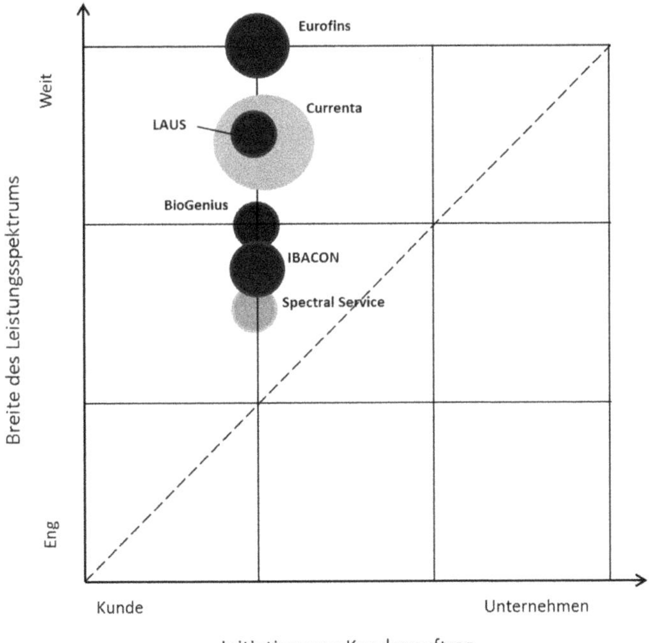

12 Die Positionsbestimmung in Bezug auf diese Achse in der folgenden Abbildung erfolgt nach Maßgabe einer Indexbildung, bei der die mit „1“ (Gering/Wenige), „2“ oder „3“ (Hoch/Viele) bewerteten Ausprägungen der Unternehmen der vorherigen Abbildung additiv zusammengefasst werden.

In Bezug auf diese Beurteilungsdimensionen wird deutlich, dass die Konzentration an Mitbewerbern für *BioGenius* tatsächlich nicht gering ist und dass das Unternehmen mit mehreren anderen Mitbewerbern (*IBACON*, *Spectral Service*) eine Strategische Gruppe bildet (sofern man *LAUS*, *Currenta* und *Eurofins* als eigene Gruppe auffasst).

Das strategische Marketing von *BioGenius* ist vor allem darauf gerichtet, die oben angeführten Positionierungsmerkmale glaubwürdig gegenüber den Kunden zu vermitteln und im Wettbewerbsgleich eine deutliche Profilierung zu erreichen. Hierbei spielt die Marke "BioGenius" (die aus den Elementen "Genius" und "Bio" – als Hinweis auf das zentrale Kompetenzfeld des Unternehmens – zusammengesetzt ist)[13] eine wichtige Rolle, da sie als zentraler Identifikationspunkt für die Nachfrager und als Gütesiegel für ein glaubwürdiges Qualitätsversprechen etabliert werden soll.

2.4 Organisation und Unternehmenskultur von BioGenius

Die Umsetzung einer unternehmens- bzw. marketingstrategischen Konzeption im Unternehmen setzt regelmäßig – im Einklang mit dem *Situativen Ansatz* – die Entsprechung interner Größen mit den externen Anforderungen voraus. Der Konsistenzansatz richtet sein Hauptaugenmerk – als Fortentwicklung zum Situativen Ansatz, der die Beziehungen zwischen Unternehmens- und Umweltfaktoren betont – auf das *Verhältnis unternehmensinterner Größen* (z.B. Struktur, Strategie, Kultur, Technologie, Personalentwicklung) zueinander. Es wird davon ausgegangen, dass Konstellationen von Unternehmensvariablen existieren, welche in einem konsistenten, harmonischen Verhältnis (*Fit*) zueinanderstehen, und gegenüber „unpassenden" Konfigurationen (*Misfits*) eine höhere Effizienz aufweisen. Die weiteren Ausführungen fokussieren die Abstimmung der Organisation und der Kultur des Unternehmens und ihre Zweckmäßigkeit im Zeichen der marktlichen Anforderungen.

Die *Organisation* stellt ein System von Regeln dar, das vom Management primär zur Bewältigung des Koordinationsproblems gestaltet wird. Mit der Zuordnung von Aufgaben und Kompetenzen zu Aufgabenträgern, ihrer Zusammenführung in Gruppen, Abteilungen, Bereiche (z.B. Divisionen) etc. wird die Aufbauorganisation (Struktur) des Unternehmens bestimmt. Die Gestaltung der Abfolge von Aktivitäten (Prozesse) legt die Ablauforganisation fest. Grundsätzlich besteht ein enger Zusammenhang zwischen der Organisation und der *Kultur* eines Unternehmens, die in der Regel ebenfalls Koordinationswirkungen

13 Vgl. o.V. (2014), S. 246.

entfaltet. Wesentliche Elemente der Unternehmenskultur sind Werte (Vorstellungen über angestrebte Zustände des Unternehmens), Normen (erwartete Verhaltensweisen von Unternehmensmitgliedern), Grundannahmen (z.B. Vorstellungen über die Grundlagen des Unternehmenserfolgs) und die hierdurch beeinflussten Verhaltensweisen.

Die grundlegende *organisatorische Gestaltung* von *BioGenius* ist durch die Aufteilung in die beiden Bereiche "Biology/breeding" und "Analysis/application technology" gekennzeichnet.[14] Unter dem Blickwinkel der diesen Bereichen zugeordneten Aktivitätsschwerpunkte – siehe oben – bedeutet dieser Organisationsansatz eine *objektorientierte* (produktbezogene) *Spezialisierung*, da jeweils die Aufgabenzuständigkeiten und Kompetenzen für unterschiedliche Teile des Leistungsprogamms zusammengefasst werden (vgl. Abbildung 7).

Abbildung 7: Organisationstruktur von BioGenius.

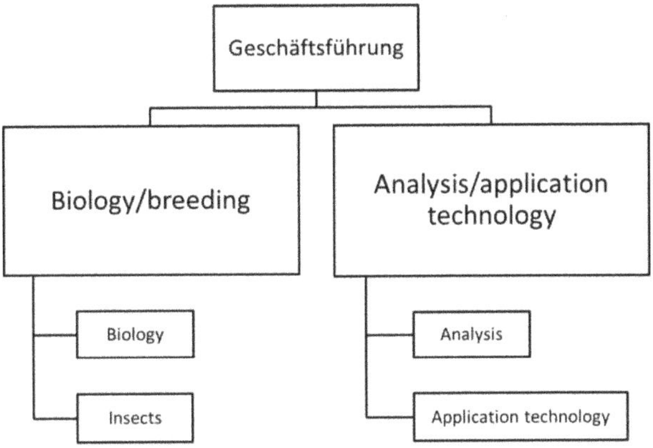

Die Charakteristika der zu bearbeitenden Aufgaben und Projekte bringen es mit sich, dass dieser organisatorische Grundansatz zweckmäßig durch *teamorientierte Organisationselemente* (teilweise auf Basis einer Selbstorganisation) ergänzt bzw. überlagert wird, um die reibungslose – auch bereichsübergreifende – Zusammenführung der erforderlichen Kompetenzen und Expertisen sowie den anforderungsgerechten Ablauf der Projekte bzw. Studien für die Kunden zu gewährleisten. In diesem Kontext wird auf eine kooperative Arbeitsweise Wert gelegt "*which moves beyond the classical vertical and horizontal, to the*

14 Vgl. o.V. (2014), S. 246.

more effective diagonal. They support, complement and consult one another in small teams, across all boundaries: indeed the team's only concern is the matter at hand. They are driven by the desire to provide perfect service to their global customer base – no matter whether they are individual entrepreneurs or large corporations – the service is very personal."[15]

Die Geschäftsführung von *BioGenius* wird durch eine Person mit Unterstützung eines Prokuristen ausgeführt, die ihre Leitungsaufgaben funktional aufgeteilt haben (Marketing & Vertrieb vs. Personal und kaufmännische Verwaltung (einschließlich Controlling)).

Die grundsätzlich objektgerichtete Spezialisierung der Organisationsstruktur unterstützt eine wichtige aktuelle Erfolgsvoraussetzung von *BioGenius* – ihre GLP-Zertifizierung. Diese Zertifizierung befähigt *BioGenius*, sich neben der Spezialisierung auf Schädlingsbekämpfung von vielen anderen Laboren abzuheben und ist einer der Gründe für ihre gute Position im Markt. Um dieser Zertifizierung gerecht zu werden, bedarf es einer Reihe von Maßnahmen, die auch die Organisationsstruktur von *BioGenius* mitprägt. So gibt die GLP-Richtlinie nicht nur z.B. personelle, räumliche und gerätespezifische Anforderungen vor, sondern fordert auch die klare Zuordnung von *prüfungsbezogenen Aufgabenzuständigkeiten und Verantwortlichkeiten* (Leitungs- und Ausführungsaufgaben, Aufgaben im Kontext der Qualitätssicherung etc.), die in der Organisation von *BioGenius* konsequent etabliert sind.

Gleichfalls nimmt die GLP auf die organisationalen *Prozesse* Einfluss. So verlangt die GLP, dass Labore explizite, detaillierte Arbeitsanweisungen verfassen, die bindend für das prüfende Personal sind. Hierbei sind die acht folgenden Bereiche abzudecken:

- Prüf- und Referenzgegenstände
- Geräte, Materialien und Reagenzien
- Führen von Aufzeichnungen, Berichterstattung, Aufbewahrung und Wiederauffindung
- (Biologische) Prüfsysteme
- Qualitätssicherungsverfahren
- Vorgehensweise bei Prüf-/Analysemethoden
- Computergestützte Systeme
- Arbeit an den „Schnittstellen" mit internen und externen Institutionen.[16]

15 o.V. (2014), S. 246 f.

16 Vgl. zu Arbeitsanweisungen in der GLP, Kanngiesser/Platthaus (2013).

Die Unternehmenskultur von *BioGenius* ist recht stark durch Werte und Normen gekennzeichnet, die die Gründer in ihrer Vergangenheit bei der *Bayer AG* geprägt haben. So kennzeichnen eine *hohe Ziel-* sowie *Qualitäts- und Serviceorientierung* nachdrücklich die Kultur des Unternehmens, das auf Basis *hoher wissenschaftlicher Kompetenz* anstrebt, *zu jedem für Kunden relevanten Problem* in den verschiedenen Arbeitsfeldern zeitnah eine Lösung anbieten zu können. Eine wesentliche Voraussetzung hierfür ist die – im Rahmen der organisatorischen Überlegungen bereits angesprochene – *Teamorientierung*, die als Wert aufgefasst werden kann.

Neben der Unternehmenskultur werden bei *BioGenius* weitere Elemente der Unternehmensführung unter Rückgriff auf die positiven beruflichen Erfahrungen der Gründer gestaltet (Führungsstil, Entlohnungssysteme etc.). So wird bei *BioGenius* der Mitarbeiter als wichtigste Ressource im Unternehmen angesehen, dessen Bedürfnisse und Wünsche z.B. im Rahmen von regelmäßigen Zielvereinbarungsgesprächen erfasst werden; die enge Interaktion der Unternehmensleitung mit den Mitarbeitern ist wiederum die Grundlage, um durch geeignete Maßnahmen (z.B. Ausrichtung der Beurteilungssysteme, Gewährung von Boni) die bereits intensiv gelebte Qualitäts- und Serviceorientierung weiter zu vertiefen.

Abgesehen von der Charakterisierung der Unternehmenskultur anhand einzelner Merkmale ist für die strategische Analyse der Ausgangssituation ihre verdichtete, *gesamthafte* Darstellung von Bedeutung. Hierzu lässt sich das folgende Diagramm verwenden, das zu einer kulturbezogenen Einstufung eines Unternehmens zwei grundsätzlich als bipolar charakterisierte Dimensionen einsetzt: Während bei der Ausrichtung der internen Prozesse eine Einordnung im Spektrum zwischen mechanischen und organischen Prozesscharakteristika möglich ist, wird die Grundrichtung der Orientierung der Mitarbeiter auf einem Kontinuum zwischen interner und externer Orientierung erfasst.[17]

In der Ausgangskonstellation ergeben sich *zwei* grundsätzliche Einordnungen von *BioGenius* und den jeweils relevanten Teilbereichen: Einerseits entspricht die Position des Unternehmens im Falle von Kundenaufträgen, deren Bearbeitung auf den bewährten Routinen des Unternehmens basiert, der Stellung im linken unteren Quadranten. Andererseits verfügt *BioGenius* über die Fähigkeiten, neue, risikoreichere bzw. eigengetriebene Aufträge mit größerer Flexibilität und Kreativität zu bewältigen, so dass in diesem Kontext die Position im rechten oberen Quadranten maßgeblich ist (vgl. Abbildung 8):

17 Vgl. hierzu ausführlich Cameron/Quinn (1999).

Abbildung 8: Charakterisierung der Unternehmenskultur.

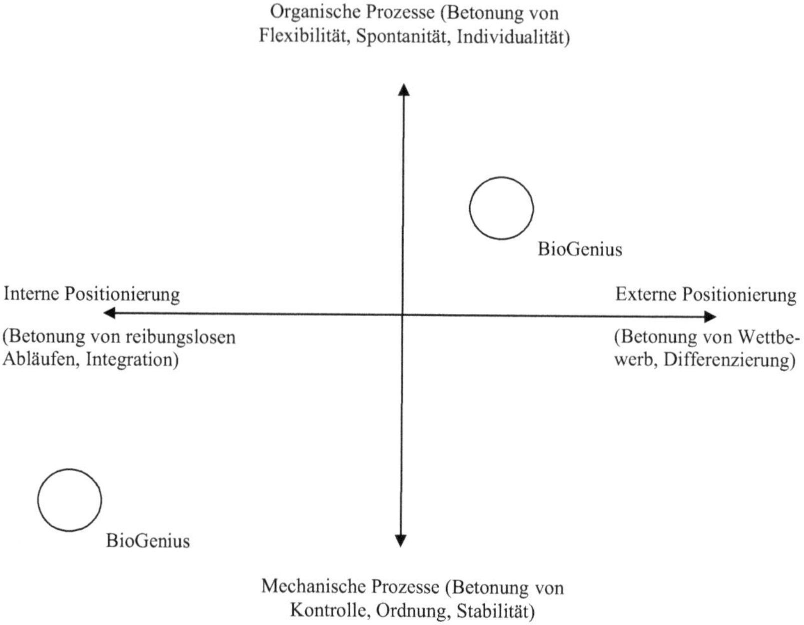

Quelle: Eigene Darstellung auf Basis von Cameron/Quinn (1999).

Vor dem Hintergrund dieser grundsätzlichen, an den aktuellen Gegebenheiten orientierten Darstellung von *BioGenius* können nun Überlegungen zur künftigen Ausrichtung des Unternehmens angestellt werden.

3 Künftige Entwicklungstendenzen und marktgerichtete Konsequenzen

Gegenwärtig erkennt *BioGenius* einen Wandel der Rahmenbedingungen, der zu Überlegungen über die künftige Ausrichtung des Unternehmens Anlass gibt.

So wird im Laufe der Zeit die Umsetzung der Biozid-Richtlinie bei den Unternehmen abgeschlossen sein. Das heißt, dass die von Unternehmen in Umlauf gebrachten Produkte hinsichtlich ihrer Inhaltsstoffe alsbald über Registrierungen/Zulassungen verfügen werden und die Nachfrage nach diesbezüglichen Leistungen von *BioGenius* in mittelfristiger Zukunft zurückgeht. In diesem Kontext registriert das Management des Unternehmens, dass die Kunden Produktinnovationen auf Basis neuer Inhaltsstoffe immer mehr scheuen, da diese Produktentwicklungen zu kostspielig geworden sind. Vielmehr zeichnet sich ab, dass die Unternehmen vermehrt auf neue Kombinationen von bereits zugelassenen Inhaltsstoffen zurückgreifen, um umfangreiche, langwierige und nicht zuletzt auch kostenintensive Neuzulassungen zu vermeiden.

Aus Diskussionen von *BioGenius* mit Kundenunternehmen ist abzuleiten, dass diese verstärkt die Dienstleistungen eines kompetenten, markterfahrenen Anbieters in Anspruch nehmen würden, der ihnen bei der strategischen Positionierung von Innovationsvorhaben und konkreteren Produktentwicklungsvorhaben zur Seite steht.

Vor diesem Hintergrund erwägt das Management, eine veränderte strategische Ausrichtung des Unternehmens im Markt zu realisieren; der Bezugspunkt dieser nachfolgend gekennzeichneten Überlegungen ist das auf *verhaltensorientierter* Grundlage gebildete Gefüge Strategischer Gruppen (vgl. Abbildung 9).

Abbildung 9: Veränderte strategische Position von BioGenius im Gefüge (verhaltensorientiert gebildeter) Strategischer Gruppen.

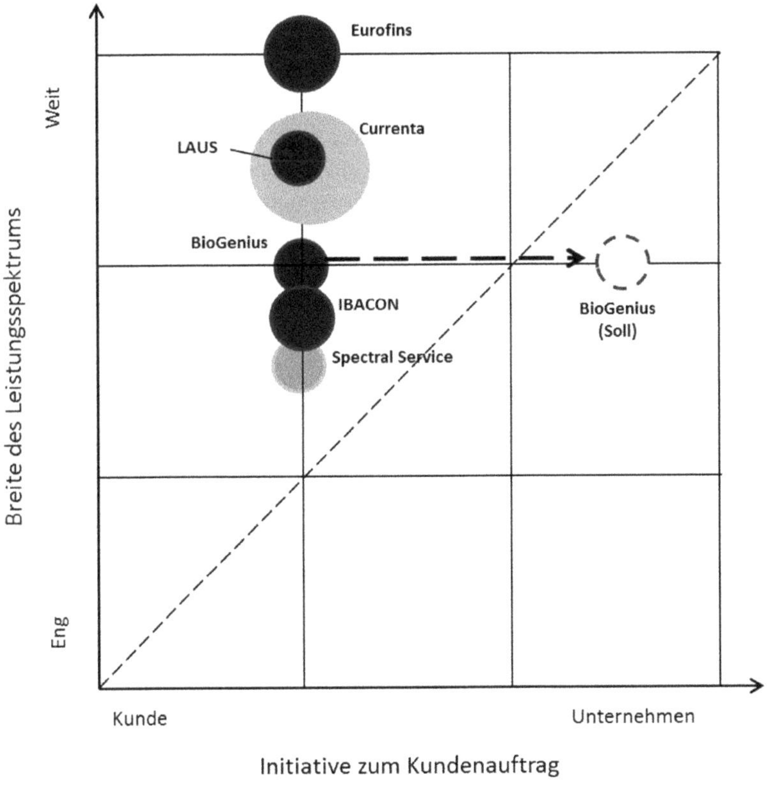

Die erwogene künftige strategische Stellung von *BioGenius* ist in Abbildung 9 mit „Soll" bezeichnet. Während die Breite des Leistungsangebotes hiernach – mehr oder weniger – unverändert bleibt, wird die Absicht deutlich, stärker als aktiv-initiierender Akteur im Markt aufzutreten.

4 Ableitung interner Konsequenzen

Wie dargestellt, bietet sich für *BioGenius* nach dessen Etablierung in den letzten Jahren nunmehr ein veränderter strategischer Kurs an: Das Unternehmen soll nicht nur in den bekannten Bahnen agieren und Kundenwünsche aufgreifen, sondern stärker als Entwickler und Impulsgeber für neue Produkte ihrer Kunden auftreten und nach Möglichkeit auch eigene Innovationsvorhaben realisieren. Damit kommt es für das Unternehmen einerseits darauf an, *neue Fähigkeiten und Aktivitätenmuster* zu entwickeln, um die angestrebten Veränderungen erfolgreich gestalten und in diesem Sinne "Exploration" betreiben zu können. Andererseits muss das Unternehmen jedoch die *bestehenden Aktivitäten und Fähigkeiten* – zumindest auf einem bestimmten Niveau – aufrechterhalten, um in den angestammten Geschäften weiterhin erfolgreich zu sein – dies wird mit dem Begriff "Exploitation" erfasst.[18] Das in diesem Kontext regelmäßig auftretende Spannungsverhältnis wird als „Ambidextrie" beschrieben, die die „Beidhändigkeit" im Hinblick auf die sich (teilweise) widersprechenden Erfordernisse ausdrückt: Während das Stabilisieren (und Weiterentwickeln) der bestehenden Aktivitäten und Fähigkeiten z.B. durch weitere Effizienzsteigerungen, Standardisierung von Prozessen und inkrementelle Produktverbesserungen in einem eher stabilen Rahmen (der für *BioGenius* unter anderem durch die Anforderungen zur Sicherstellung einer GLP geprägt wird) gekennzeichnet ist, verlangt das Finden und Entwickeln neuer Geschäfte weiträumiger angelegte, recht offene Suchaktivitäten zur Erkennung neuer Chancenfelder und Leistungsangebote, Maßnahmen zur Findung und Gewinnung neuer Kunden und die Entwicklung neuer Ressourcen und Verfahren; diese Anforderungen sind stärker als experimentell zu charakterisieren und durch höhere Unsicherheit geprägt.

Es stellt sich die Frage, inwieweit die nachdrückliche Übernahme einer Rolle als ein aktiv-initiierend auftretender Problemlösungsanbieter mit einem umfassenden Lösungsangebot mit dem bisherigen Ansatz von *BioGenius* verträglich ist oder durch Anpassungsmaßnahmen mit diesem in Einklang gebracht werden kann.

18 Vgl. hierzu grundlegend March (1991).

Vor dem Hintergrund der zu treffenden Entscheidungen ist zunächst zu fragen, ob Exploration und Exploitation für *BioGenius* prinzipiell *exklusive* Alternativen oder aber *komplementäre* Ansätze verkörpern, die sich sogar wechselseitig befördern können. Während die Ressourcenknappheit in einem Unternehmen grundsätzlich nahe legt, Exploration und Exploitation als exklusiv zu verstehen, betont die Verwendung eines längerfristigen Zeithorizonts deutlich den komplementären Ansatz: Da explorative Aktivitäten – die im Regelfall durch Erträge der aktuellen Exploitation finanziert werden – zu neuen Geschäften führen, die spätere Verwertungen und Erfolge erst ermöglichen und – z.B. durch die erzielten Verfahrensinnovationen – auch die Ausschöpfung der aktuellen Erfolgspotenziale verbessern können, ist eine ergänzende Perspektive zweckmäßig, die die Frage nach dem „richtigen" Verhältnis der beiden Aktivitäten und ihre passende zeitliche „Dosierung" in den Mittelpunkt der Analyse rückt.[19] Hierbei ist auch zu beachten, ob bzw. in welchem Umfang die neuen und die bestehenden Aktivitäten und Fähigkeiten *Gemeinsamkeiten* aufweisen, die genutzt werden können.[20]

Im vorliegenden Fall basieren die aktuellen und künftigen Innovationspotenziale von *BioGenius* in erheblichem Maße auf *bestehendem Wissen und Kompetenzen* der Mitarbeiter und Teams, die inhaltlich vielfach das „Sprungbrett" für innovative Ansätze bieten. So können z.B. weiterführende Auswertungen der Testergebnisse der Biologischen Produktprüfungen (z.B. Wirkungen, die im Rahmen von Tests nachgewiesen oder eben *nicht* nachgewiesen wurden), der Resultate der GLP-Analytik (z.B. Kompatibilitätsprüfungen von Produkten) oder der Analysen anwendungstechnischer Projekte (Verfolgen von Projektalternativen, die zunächst verworfen wurden etc.) Ansatzpunkte für eigene Initiativen zur Innovation (gegebenenfalls in Kooperation mit Kundenunternehmen oder auch anderen Partnern) bieten, so dass die neu zu entwickelnden Fähigkeiten und Aktivitäten vielfach an die bestehenden Handlungsgrundlagen anknüpfen. Wenn demnach neue Produkte und Services eng angelehnt an bestehende Geschäfte entwickelt werden können, kann dies für die geschaffenen Innovationen mit dem Vorteil

19 Grundsätzlich kommt es für jedes Unternehmen darauf an, Exploration und Exploitation in einem ausgewogenen Verhältnis bzw. jeweils in einem hinreichenden Umfang zu betreiben: Verlässt sich ein Unternehmen zu sehr (zu lange) auf die bestehenden Geschäfte, läuft es Gefahr, dass seine Produkte irgendwann nicht mehr nachfragegerecht sind; bemüht es sich in zu starkem Maße (zu früh) um den Aufbau neuer Geschäfte, werden ab einem bestimmten Punkt die Mittel fehlen, um die erforderlichen Investitionen zu realisieren (vgl. Arbeitskreis "Organisation" (2017), S. 83 ff.).

20 Vgl. die grundlegende Diskussion bei Lavie/Stettner/Tushman (2010), S. 112 ff.

verbunden sein, technische Lösungen mit innovativen Leistungsmerkmalen und hoher Anwendungs- bzw. Marktorientierung *zugleich* zu verkörpern.[21]

Welche *Formen der Ambidextrie* (und organisatorische Ansätze zu ihrer Handhabung) existieren und sind vor dem Hintergrund der gemachten Ausführungen für *BioGenius* als Bezugsrahmen relevant? Grundsätzlich werden vier Formen angeführt, die allerdings teilweise überlappen können:[22]

- *Kontextuelle Ambidextrie*: Die Abteilungen und Teams im Unternehmen betreiben sowohl Exploration als auch Exploitation, so dass die Verantwortungen für bestehende Geschäfte und Innovationen jeweils bei den gleichen Personen liegen; die Aufgabenverteilung und Koordination zwischen den Beteiligten wird durch ein *integriertes Organisationsmodell* erreicht.
- *Domänen-Ambidextrie*: Während in einigen Domänen (funktionalen Bereichen) des Unternehmens (z.B. Forschung & Entwicklung, Produkt- und Innovationsmanagement) Exploration betrieben wird, konzentrieren sich andere (insbesondere: Vertrieb) auf die Verwertung der bestehenden Leistungen (in angestammten oder auch neuen Märkten); da in diesem Zusammenhang häufiger externe Kooperationspartner (z.B. zur Unterstützung der Vermarktung von Leistungen in neuen Marktfeldern) einbezogen sind, wird bezüglich der organisatorischen Umsetzung ein *kooperatives Organisationsmodell* zugrunde gelegt.
- *Strukturelle Ambidextrie*: Bei dieser Variante werden Bestandsgeschäfte und Innovationen eines Unternehmens in getrennten Organisationseinheiten vollzogen. Da die innovationsorientierten Fähigkeiten und Aktivitäten ohne (engere) Verbindungen zur Stammorganisation vollzogen werden, wird ein *autonomes Organisationsmodell* angewendet.
- *Temporale Ambidextrie*: Hierbei erfolgt ein periodischer Wechsel zwischen Phasen der Exploration und Exploitation.

Die oben vorgetragene Argumentation legt nahe, dass *BioGenius* hauptsächlich den Ansatz der *kontextuellen Ambidextrie* verfolgt. Hierfür sprechen in erster Linie die nutzbare Wissens- und Kompetenzbasis und die aktuellen Aktivitäten als bedeutsame potenzielle Anknüpfungspunkte für innovative Geschäfte.

---

21 *Cooper* identifiziert in einer empirischen Studie als erfolgreichstes Unternehmenscluster die "Balanced Strategy Firm", die im Konkurrenzvergleich qualitativ überlegene Innovationen erzeugte, die – unter anderem – eine Kombination technologischer Vorteile und starker Marktorientierung aufweisen. Vgl. Cooper (1984), S. 151 ff.

22 Vgl. Lavie/Stettner/Tushman (2010), S. 129 ff.; Arbeitskreis "Organisation" (2017), S. 84 ff.

Die *Domänen-Ambidextrie* kann ergänzend als Leitidee verfolgt werden, wenn sich Chancen für Kooperationen mit interessanten Partnern bieten.[23]

Die zu erbringende Kernleistung zur Bewältigung der *kontextuellen Ambidextrie* besteht darin, organisatorische Freiräume für neuartige Ansätze einerseits mit der Effizienz und den Routinen des Tagesgeschäfts in Einklang zu bringen. So haben die Produktspezialisierung der Organisation und die nachdrücklich verankerten GLP-Vorgaben (Formulierung und Einführung von fest etablierten Arbeitsprozessen usw.) nachdrücklich gefördert, dass sich die Mitarbeiter von *BioGenius* über den Zeitraum ihres Bestehens zu expliziten, stringent arbeitenden Spezialisten im Sinne der Analyse-, Prüf- und Beratungsanforderungen entwickelt haben. Demgemäß spielte bislang eine Erwartung an die Mitarbeiter, kreativ-initiierend tätig zu sein, nur eine geringe Rolle.

Nunmehr verlangt die Neupositionierung von *BioGenius* von den Mitarbeitern einen „Wechsel im Denken". Um als Unternehmen zukünftig eine aktivere Rolle im obigen Sinne einzunehmen, sind nunmehr interne Rahmenbedingungen zu schaffen, damit die Mitarbeiter diese mentale Neuorientierung bewerkstelligen und sich letztlich zu „Unternehmern im Unternehmen" entwickeln können. Um diese Anforderung erfolgreich zu gestalten, wird über verschiedene Ansätze nachgedacht, die sich einerseits organisatorischen und andererseits personalpolitischen Aktionsfeldern zuordnen lassen; es ist zu beachten, dass diese Ansätze in einer engen Verbindung zur Unternehmenskultur stehen:

- Organisatorische Maßnahmen: Installation eines Innovations-Managers, verstärkte Nutzung teamorientierter Organisationsansätze, Umstellung der herkömmlichen Projektarbeit auf stärker flexibilisierte Ansätze (z.B. SCRUM)
- (Längerfristige) Ausrichtung der Personalpolitik des Unternehmens auf innovationsgerichtete Erfordernisse durch Umgestaltung des Vergütungssystems, Berücksichtigung managementorientierter Kriterien bei der Personaleinstellung und -beurteilung sowie Ausarbeitung mittel- und längerfristiger Pläne zur Personalentwicklung.

Die Einführung von *Innovations-Managern* in einem Unternehmen zielt grundsätzlich darauf, Änderungen im Leistungsprogramm und die notwendigen internen Veränderungsprozesse im Unternehmen durch gesonderte Organisationseinheiten

---

23 Der Nutzung autonomer Organisationseinheiten (*strukturelle Ambidextrie*) stehen die absolut recht geringe Größe des Unternehmens und die potenziell intensiven Verbindungen zwischen den zu bildenden Geschäftseinheiten entgegen. Die *temporale Ambidextrie* widerspricht dem Charakter des Projektgeschäftes von *BioGenius*, das sich nicht in die oben angeführte „Taktung" fassen lässt.

zu fördern. Die Entscheidungskompetenzen und Ressourcenausstattungen derartiger Stellen können variieren und von reinen „Impulsgebern", die Anregungen und methodisches Know-how vermitteln, über Liaison-Einheiten, die institutionalisierte Verbindungen zwischen existierenden Stellen herstellen, bis hin zu (Projekt-) Leitungsstellen reichen, die die Entscheidungsgewalt und Verantwortung für komplexere Innovationsvorhaben übernehmen.

Im Falle von *BioGenius* wurden zunächst durch *externe Innovationsberater*, die unter anderem einschlägige Seminare durchführten, methodische und organisatorische Impulse für die Mitarbeiter vermittelt, um Änderungen im oben beschriebenen Sinne anzustoßen. Hierauf aufbauend findet im Unternehmen gegenwärtig die Umsetzung einer stärker aktiv geprägten Innovationspolitik durch *projektbezogen arbeitende Teams* statt, deren Zusammensetzung flexibel an die Anforderungen der verschiedenen Vorhaben angepasst werden kann. Da sich Neues oftmals „zwischen" etablierten Ansätzen entwickelt, können in diesem Kontext stärkere *Verbindungen* zwischen den Bereichen "Biology/breeding" und "Analysis/application" eine wichtige Rolle spielen. Wenn die Mitarbeiter mit einschlägigen Prozessen und Methoden (insbesondere im Rahmen eines agilen Projektmanagements) besser vertraut sind, ist an die Einführung eines *Innovations-Managers* gedacht, der auf der Basis einer eher „moderaten" Form der Institutionalisierung arbeiten und die Grundlagen für eine treffsichere Innovationspolitik im Unternehmen weiter verbessern soll. Eine wichtige Aufgabe ist hierbei die Etablierung eines *Ideen-Vorschlagwesens* für die Mitarbeiter, das entwickelte Ideen systematisch analysiert, bewertet und eventuell weitere Schritte der Umsetzung einleitet.

Die Erwägung, im Rahmen des Projektmanagements stärker flexible Ansätze wie z.B. das aus der Softwareentwicklung stammende SCRUM zu nutzen, basiert auf der Annahme, dass eine weniger rigide und eher offene Planung von Projektstufen günstiger für die Entfaltung und Stärkung der Kreativitäts- bzw. Innovationspotenziale im Unternehmen und die Qualität der erzielten Ergebnisse ist. Werden Innovationsprojekte mit dem Anspruch geplant, die Schritte detailliert vorzubestimmen, kann das die Kreativität der Betroffenen hemmen (und bei erst spät erkannten Fehlentwicklungen zu recht aufwendigen Umstrukturierungen im Projektablauf führen). SCRUM besitzt dagegen eine vereinfachtere Struktur und weniger Regeln und bietet damit größere Flexibilitätspotenziale für die Beteiligten am Projekt.[24] Die Grundannahme ist, dass ein Projekt, insbesondere ein

---

24 Unterschieden werden hierbei der Product Owner (vertritt die Sicht der Verwender des Produkts), der Project-Master (übernimmt die Rolle eines Moderators und stellt die notwendigen Ressourcen bereit) und das Projektteam (das z.B. bei einem Projekt zur Entwicklung einer Software aus den beteiligten Programmierern besteht).

Entwicklungsprojekt eines Produkts, zu komplex und unsicher ist, als dass dessen Schritte in einem Plan mehr oder weniger exakt vordefiniert werden können. Vielmehr soll lediglich auf Eckdaten aufbauend inkrementell und iterativ vorgegangen werden, was wiederum die Kreativität der Mitarbeiter fördert und auch fordert. Denn erst basierend auf den Zwischenergebnissen von Projekten werden die weiteren Schritte geplant. Die Mitarbeiter sind mit Erreichen eines Zwischenziels gezwungen, erneut kreativ tätig zu werden, um mögliche andere Optionen für den weiteren Projektfortschritt zu finden. Dabei wird weitaus mehr Wert auf Kommunikation zwischen den SCRUM-Beteiligten gelegt. So halten die Projektmitglieder täglich ein ca. 15-minütiges Meeting ab. Diese Abstimmung zwischen den Projektmitgliedern fördert den engen Austausch neuer Perspektiven, Gedanken, Lösungswege etc. und schafft – ebenso wie das so genannte Sprint Review Meeting, das mit Abschluss eines jeden Projektmeilensteins (Sprint) einberufen wird, um die Ergebnisse dem Product Owner zu präsentieren – einen günstigen Nährboden für einen gedanklich offenen Umgang mit Chancen und Risiken der Projektergebnisse und trägt wesentlich zur Umsetzung der kontextuellen Ambidextrie bei.[25] *BioGenius* plant, in der kommenden Zeit vermehrt Projektmanagement-Ansätze im Rahmen der SCRUM-Logik einzuführen.

Die Ausrichtung der Personalpolitik des Unternehmens auf innovationsgerichtete Erfordernisse kann mehrere Elemente einbeziehen. Zu erwägen ist eine Umgestaltung des Entlohnungssystems zur Berücksichtigung von Innovationsbemühungen oder -erfolgen der Mitarbeiter, die Berücksichtigung managementorientierter Kriterien bei der Personaleinstellung und -beurteilung (neben biologisch-technischen Kompetenzen kann z.B. das Vorhandensein kaufmännischer Qualifikationen einbezogen werden) sowie die Ausarbeitung und Umsetzung mittel- und längerfristiger Pläne zur Personalentwicklung (Stärkung der motivationalen und fähigkeitsbezogenen Eigenschaften von Mitarbeitern).

Im Rahmen der Anpassung des Vergütungssystems auf innovationsgerichtete Erfordernisse ist vorgesehen, dass zur Verfestigung der Innovationspolitik im obigen Sinne *finanzielle Anreize* für Innovationsbemühungen oder -erfolge der Mitarbeiter angeboten werden. So sollen die Mitarbeiter z.B. durch eine zusätzliche Prämie motiviert werden, Ideen für neue Produkte zu entwickeln. Sofern die Idee eines Mitarbeiters im Rahmen des Ideen-Vorschlagswesens als umsetzbar befunden wird, erhält dieser eine Prämie und erhöht dadurch sein Fixgehalt. Die Erfahrungen mit diesem Instrument der Innovationsförderung

---

25 Vgl. z.B. Poppendieck/Poppendieck (2003); Foegen (2014); Preußig (2015) und Roock/Wolf (2016).

im Unternehmen verdeutlichen, dass die Prämienzuwendung nicht zwingend an die Erreichung kommerzieller Erfolge mit Innovationen geknüpft sein sollte, sondern bereits auch außerordentliche Bemühungen honoriert werden sollten. Der mögliche Nachteil jeglicher externen Belohnung ist allerdings in einer (teilweisen) Verdrängung intrinsischer Anreize zu sehen. Des Weiteren soll eine stärkere Berücksichtigung *managementorientierter Kriterien* bei der Personaleinstellung und -beurteilung erfolgen. So lassen sich neben biologisch-technischen Kompetenzen z.B. das Vorhandensein kaufmännischer Qualifikationen oder auch Erfahrungen im Hinblick auf die Gründung von Unternehmen (als „Nachweis" unternehmerischen Denkens) einbeziehen. Hierbei kann das Management durch entsprechende Anforderungsprofile bei der Personalauswahl und -einstellung dazu beitragen, dass die intendierte Veränderung nicht nur von „innen" heraus erfolgt, sondern durch externe Impulse unterstützt wird, weil im Zuge von Neueinstellungen vermehrt auf die Eigenschaften des Bewerbers im Hinblick auf Kreativität, Managementerfahrungen etc. geachtet wird. Hierdurch können wichtige Beiträge zur Unternehmenskultur entstehen, da die relevanten Perspektiven und Denkweisen von neuen Mitarbeitern sofort akzeptiert und auch im Unternehmen von ihm vorgelebt werden, was wiederum die Änderungsprozesse der bereits vorhandenen Belegschaft verstärkt.

5 Zusammenfassung

Das Unternehmen *BioGenius* blickt als ein recht kleines und „wissensgetrieben" arbeitendes Unternehmen insgesamt auf eine erste sehr erfolgreiche Dekade der Unternehmensgeschichte zurück, die zu einer einträglichen Positionierung im Markt und darauf abgestimmten internen Vorkehrungen und Prozessen geführt hat.

Nunmehr stellt sich bei der Festlegung der künftigen Unternehmensentwicklung die Aufgabe, die unterschiedlichen Aktivitäten, die sich einerseits auf innovationsorientierte Dienstleistungen für die Kundenunternehmen mit klar definierten Anforderungen beziehen und andererseits breitere, stärker von Kreativität und Offenheit getragene Unterstützungsleistungen für die Innovationsvorhaben der Kunden betreffen, neu auszubalancieren und die Anforderung der Ambidextrie zu meistern – hierbei kommt es darauf an, künftige Chancenfelder zu erkennen und konsequent zu bearbeiten, ohne die gegenwärtigen Erfolgspotenziale (über Gebühr) zu gefährden. Die Fähigkeit zur Planung und Realisation dieser veränderten Balance kann als *Meta-Fähigkeit* der Unternehmensführung verstanden werden, die in hohem Maße den künftigen Erfolg und auch Wert des Unternehmens beeinflusst.

Literaturverzeichnis

Arbeitskreis "Organisation" der Schmalenbach-Gesellschaft (2017): Organisationsmodelle für Innovation, in: Zeitschrift für betriebswirtschaftliche Forschung (ZfbF), Jg. 69, Nr. 1, S. 81–109.

BioGenius GmbH (2016): Unsere 360°-Perspektive; URL: http://www.biogenius.de/360-we-know-how-it-works/, [Zugriff: 06.06.2016].

Bundesinstitut für Risikobewertung (2015): Good Laboratory Practice (GLP) – Test Facilities/ Test Sites in the Monitoring Programme, Germany (May 2015); URL: http://www.bfr.bund.de/cm/349/good-laboratory-practice-GLP-test-facilities-in-the-monitoring-programme-germany.pdf, [Zugriff: 06.06.2016].

Cameron, K. S. / Quinn, R. E. (1999): Diagnosing and changing organizational culture, Reading.

Cooper, R. G. (1984): New Product Strategies: What Distinguishes the Top Performers, in: Journal of Product Innovation Management, Vol. 1, No. 3, S. 151–164.

Faix, A. / Frese, W. (2018): BioGenius – Flexibilität als Handlungsgrundlage, in: Büchler, J.-P. (Hrsg.): Fallstudienkompendium Hidden Champions. Innovationen für den Weltmarkt, Wiesbaden, S. 91–109.

Foegen, M. (2014): Der Ultimative Scrum Guide 2.0, wibas, Darmstadt.

Glaser, U. (2007): BioGenius als Gütesiegel; URL: http://www.uteglaser.de/arbw_heft_4_2007.htm#BioGenius%20als%20G%C3%BCtesiegel, [Zugriff: 06.06.2016].

Kanngiesser, I. / Platthaus, M. (2013): Arbeitsanweisungen in der GLP; URL: http://www.laborpraxis.vogel.de/labortechnik/articles/404973/index2.html, [Zugriff: 28.04.2016].

Krause, M. (2014): Bundesanstalt für Arbeitsschutz und Arbeitsmedizin, Vortrag Biozid-Produkte am 19.05.2014.

Lavie, D. / Stettner, U. / Tushman, M. L. (2010): Exploration and exploitation within and across organizations, in: Academy of Management Annuals, Vol. 4, No. 1, S. 109–155.

March, J. G. (1991): Exploration and exploitation in organizational learning, in: Organization Science, Vol. 2, No. 1, S. 71–87.

o. V. (2009): Biozid-Info 1: Einführung in das Zulassungsverfahren, Bundesanstalt für Arbeitsschutz und Arbeitsmedizin, Dortmund.

o. V. (2014): Company profile: BioGenius – anything but nine to five, in: International Pest Control, Vol. 56, No. 5, S. 246–247.

Poppendieck, M. / Poppendieck, T. (2003): Lean Software Development: An Agile Toolkit, Addison-Wesley, Upper Saddle River.

Porter, M. E. (1980): Wettbewerbsstrategie, Frankfurt am Main.

Preußig, J. (2015): Agiles Projektmanagement: SCRUM, Use Cases, Task Boards & Co., Haufe TaschenGuide.

Roock, S. / Wolf, H. (2016): Scrum – verstehen und erfolgreich einsetzen, Heidelberg.

Simon, H. (2007): Hidden Champions des 21. Jahrhunderts, Frankfurt am Main.

Simon, H. (2012): Hidden Champions – Aufbruch nach Globalia, Frankfurt am Main.

Umwelt Bundesamt (2016): Biozidverfahren, Biozid-Portal; URL: http://www.biozid.info/deutsch/biozidverfahren/, [Zugriff: 06.05.2016].

Verband der Diagnostica-Industrie – VDGH (2015): IVD-Branchenbericht 2015; URL: https://www.vdgh.de/media/file/4763.PM_VDGH_veroeffentlicht_IVD_Marktdaten_ 2014_100415.pdf, [Zugriff: 06.06.2016].

Fabian Kreutzer, Rüdiger Hamm

HS Niederrhein, Niederrhein Institut für Regional- und Strukturforschung (NIERS)

Auslandsverlagerungen von kleinen und mittleren Unternehmen – Effekte auf die Innovationsfähigkeit

1 Einleitung

Infolge der Globalisierung steigt der Wettbewerbsdruck in vielen Branchen rapide. Der Produktlebenszyklus vieler Produkte wird immer kürzer und für Unternehmen wird es immer schwieriger, sich über Innovationsvorsprünge von Konkurrenzunternehmen zu differenzieren.[1] Denn häufige Innovationen liefern Markenherstellern einen Schutz vor der Imitierung durch Discount-Anbieter. Insbesondere bei fast vollständigem Wettbewerb und gesättigten Märkten müssen Unternehmen permanent neue Produkte oder auch nur scheinbar neue Produkte anbieten, um sich von der Konkurrenz abzuheben. Forschungs- und Entwicklungsaktivitäten und die unternehmerische Innovationsfähigkeit sind mitbestimmend dafür, wie gut sich Unternehmen in diesem intensivierten Wettbewerb behaupten können.

Neben diesem permanenten Druck zu Innovationen verlagern viele Unternehmen Teile ihrer Produktion oder Dienstleistungen ins Ausland. Während die Gründe für die Verlagerung sehr verschieden sind, ist das Ziel häufig das gleiche – in einem massiven Wettbewerb eine gute Position zu festigen oder zu erreichen. Daher stellt sich die Frage, wie sich Auslandsverlagerungen auf die Innovationsfähigkeit von Unternehmen[2] auswirken. Hierbei sind verschiedene

---

1 So werden gerade in der Konsumgüterindustrie immer häufiger alte Produkte durch neue ersetzt. Ein Beispiel liefert die Automobilindustrie in Deutschland. Während es im Jahr 2000 noch 397 Automodelle in Deutschland gab, waren es im Jahr 2012 schon 465. Exemplarisch dafür steht der Golf von VW. Während der Golf I zehn Jahre lang produziert wurde (von 1974 bis Ende 1983), wurde der Golf VI schon nach sechs Jahren ersetzt (vgl. Brackmann/Kapalschinski (2013), S. 4 f.).

2 Die Innovationsfähigkeit eines Unternehmens ist nicht (oder nur sehr schwierig) messbar. In dieser Analyse wird der Begriff Innovationsfähigkeit mit dem Innovationsoutput synonym verwendet.

Argumentationsstränge plausibel. Zum einen könnten Einsparungen – die sich möglicherweise als Folge der Verlagerung ergeben – genutzt werden, um verstärkt in Forschung und Entwicklung (F&E) zu investieren und somit einen höheren Innovationsoutput in Zukunft zu erreichen. Zum anderen könnte man argumentieren, dass die benötigten Ressourcen, die für die Verlagerung benötigt werden, nicht mehr anderen Bereichen zur Verfügung stehen. Außerdem könnte es sein, dass die räumliche Distanz die Kommunikation zwischen den einzelnen Abteilungen erschwert. Beide Effekte könnten zu weniger Innovationen führen.

Während die grundsätzlichen Effekte von Offshoring auf die Innovationsfähigkeit schon in verschiedenen Studien untersucht wurden, gibt es bislang keine Analyse, die diese Thematik mit einem speziellen Fokus auf kleine und mittlere Unternehmen (KMU) analysiert.[3] Da KMU aber das Rückgrat der deutschen Wirtschaft bilden und nicht als kleinere Version von Großunternehmen betrachtet werden können, schließt die vorliegende Arbeit diese Lücke.[4]

Kapitel zwei gibt einen kurzen Überblick über die Literatur. Im dritten Kapitel werden die Ergebnisse einer empirischen Analyse der Auslandsverlagerungen von deutschen KMU auf verschiedene Innovationsindikatoren vorgestellt. Kapitel vier fasst die Ergebnisse zusammen und zeigt mögliche Lösungsmöglichkeiten für Probleme auf, die bei Auslandsverlagerungen anfallen können.

2 Innovationseffekte von Offshoring – Ein Überblick

KMU haben einen strukturellen Nachteil bei der Entwicklung von Innovationen. Aufgrund des hohen Risikos des Scheiterns, das Investitionen in F&E inhärent ist, haben insbesondere KMU häufig Finanzierungsschwierigkeiten.[5] Kleinen und mittleren Unternehmen fällt es schwerer, qualifizierte Fachkräfte zu gewinnen (s.u.) und haben seltener eigene Forschungsabteilungen. Dies spiegelt sich in einem geringeren Innovationsoutput im Vergleich zu größeren Unternehmen wider. Zudem befindet sich ein Großteil des Forschungsvorhabens in den Köpfen der Mitarbeiter. Scheitert das Projekt, und die Mitarbeiter wechseln das Unternehmen, ist die gesamte Investition weitestgehend verloren.

---

3 In dieser Arbeit wird die Definition der EU-Kommission verwendet, d.h. kleine und mittlere Unternehmen beschäftigen weniger als 250 Mitarbeiter.

4 Vgl. bereits Kreutzer (2016).

5 Die Aufnahme von Fremdkapital ist für kleine und mittlere Unternehmen allgemein schwierig, da sie im Gegensatz zu Großunternehmen häufig auf die Finanzierung durch Banken angewiesen sind. Diese Abhängigkeit wirkt sich auch auf Investitionen aus.

Trotz der beschriebenen Hürden waren deutsche KMU in den letzten Jahren sehr innovativ. So legen selbst Kleinstbetriebe Wert auf Innovationen. 70 % der Unternehmen, die weniger als 20 Mitarbeiter beschäftigen, forschen mit mehreren Kooperationspartnern.[6] Viele dieser Kooperationen ergeben sich (inzwischen) durch Offshoring oder Outsourcing.[7] Daher ist es nicht erstaunlich, dass Offshore Outsourcing im Bereich F&E in den letzten Jahren zugenommen hat.[8] Maßgeblichen Anteil hieran hatten der technologische Fortschritt und die sinkenden Informations- und Kommunikationskosten, die die Aufteilung einzelner Forschungsprozesse auf verschiedene Standorte ermöglichten. Deshalb veränderte sich das Verhältnis zwischen den Vorzügen einer internen F&E-Abteilung und den Vorteilen einer F&E-Verlagerung.[9] Der Regelfall ist jedoch nach wie vor, dass Bereiche, die nicht zu den Kernkompetenzen eines Unternehmens zählen, ins Ausland verlagert werden und die Forschungsabteilung im Inland verbleibt.

Offshoring kann auch als eine mögliche Reaktion auf die o.g. Probleme interpretiert werden. Kleine und mittlere Unternehmen können evtl. Kosten reduzieren und die so erzielten Einsparungen in ihre Forschungs- und Entwicklungsabteilung oder neue Mitarbeiter investieren. Häufig haben insbesondere KMU Schwierigkeiten, hochqualifizierte Fachkräfte zu finden, sodass auch dieser Fachkräftemangel zu einem Engpass bei den Innovationsvorhaben werden kann. Im besten Fall ermöglicht Offshoring, neue hochqualifizierte Mitarbeiter zu akquirieren, die im Inland nicht (zu diesen Konditionen) zur Verfügung stehen.

Während die Effekte von Auslandsverlagerungen auf größere Unternehmen schon häufiger analysiert wurden, fehlen entsprechende Ergebnisse für kleine und mittlere Unternehmen. Insbesondere KMU stehen allerdings vor anderen Herausforderungen bei Standortverlagerungen als Großunternehmen. So fehlen in diesen Unternehmen häufig die finanziellen, zeitlichen, organisatorischen und personellen Ressourcen, um eine Auslandsexpansion durchzuführen.[10] Da kleine und mittelständische Unternehmen in der Regel keine Unternehmensanleihen zur Finanzierung ausgeben (können), sind sie auf Kredite von Banken angewiesen, die aufgrund des erhöhten Risikos teurer als bei Großunternehmen ausfallen. Rund die Hälfte aller KMU hat bei der Finanzierung von Offshoring

6 Vgl. Bundesministerium für Wirtschaft und Energie (2014).

7 Offshoring bezeichnet Verlagerungen ins Ausland, Outsourcing inländische Verlagerungen an ein externes Unternehmen.

8 Vgl. Martínez-Noya/García-Canal (2011) sowie Lewin/Massini/Peeters (2009); Manning/Massini/Lewin (2008).

9 Vgl. UNCTAD (2005).

10 Vgl. Nienaber (2003); Weber (1999) und Rolstadås/Henriksen/O'Sullivan (2012).

mit Hilfe von Bankkrediten Probleme und für knapp ein Viertel sind Finanzierungsprobleme eine große Hürde bei einer Auslandsinvestition. So fällt es diesen Unternehmen in der Regel schwerer, Fremdkapital aufzunehmen. Das geringe Eigenkapital bzw. das geringe Betriebsvermögen verursacht bei rund einem Viertel aller KMU Finanzierungsprobleme. Eigenmittel stellen für KMU daher die mit Abstand bedeutendste Quelle zur Finanzierung ihrer Direktinvestitionen dar.[11] Hierfür spricht auch die relativ hohe Eigenkapitalquote, die bei KMU im Jahr 2013 bei 28,6 % lag.[12] Der Offshoringprozess von KMU stellt sich somit schon ex ante problematischer dar als in Großunternehmen und wird auch mit relativ höheren Kosten verbunden sein.

Problematisch ist zudem die Gewinnung von Fachkräften, da KMU einen geringeren Bekanntheitsgrad als Großunternehmen haben, durchschnittlich geringere Gehälter zahlen und eher nicht in Agglomerationsräumen angesiedelt sind. Daher fällt es ihnen zumeist schwerer, Spezialisten zu finden. Beschäftigte im Mittelstand müssen häufig mehrere Tätigkeiten ausüben, sodass für den Internationalisierungsprozess in KMU seltener Experten zur Verfügung stehen. Zudem ist die Führungsstruktur eines Unternehmens in der Regel eng mit dessen Größe und Rechtsform verbunden. Während Großunternehmen im Normalfall von unabhängigen Geschäftsführern geleitet werden, ist die Schnittmenge zwischen KMU und Familienunternehmen naturgemäß sehr groß. Der Offshoringprozess (Auswahl der Märkte, Auswahl des Partners, Überprüfung der Rechtssicherheit) in KMU wird somit häufig nicht von Experten durchgeführt.[13]

Alle Punkte zusammengenommen lassen vermuten, dass der gesamte Offshoringprozess für Großunternehmen erfolgreicher verläuft. Görg und Hanley[14] setzen die Schwelle bei 262 Mitarbeitern, d.h. ab dieser Schwelle konnte die Profitabilität von irischen Unternehmen durch Auslandsverlagerungen im Zeitraum von 1990 bis 1994 gesteigert werden.

Wie schon in der Einleitung angedeutet, kann Offshoring die Innovationsfähigkeit eines Unternehmens in unterschiedlicher Richtung beeinflussen. So erscheint es plausibel, dass die Off-shoringerträge zumindest teilweise in F&E investiert werden. Dies würde für eine Zunahme der Innovationsfähigkeit nach einer Verlagerung sprechen. Insbesondere die Ressourcen von KMU sind jedoch nach einer Auslandsverlagerung zunächst gebunden. Daher ist es eine wichtige Frage, wann diese Erträge für F&E genutzt werden können.

---

11 Vgl. Brutscher et al. (2012).

12 Vgl. KfW (2014).

13 Vgl. IfM (2015).

14 Vgl. Görg/Hanley (2005).

Unabhängig von der Unternehmensgröße kann es nach einer Auslandsverlagerung zu einer abnehmenden oder erschwerten Kommunikation bspw. zwischen der Fertigung im Ausland und der Forschungsabteilung im Inland kommen; also zwischen den verlagerten und den im Inland verbliebenen Abteilungen. Dies würde zu einer Reduktion von Spill-Over-Effekten führen, was sich negativ auf die Innovationsfähigkeit auswirken könnte.

Denkbar ist jedoch auch eine Erhöhung der Spill-Over-Effekte. Sind Mutter- und Tochter- bzw. Partnerunternehmen sehr komplementär, kann es zu einem gegenseitigen Lernprozess kommen. Die Wahrscheinlichkeit für diese positiven Effekte steigt, je höher die Wissensintensität im Zielland ist.

Theoretisch ist ex ante somit die Frage, welcher dieser Effekte überwiegt, nicht zu beantworten. Aber auch empirische Studien liefern bisher kein einheitliches Bild. Während für Länder wie Irland positive Effekte von Offshoring auf die Innovationsfähigkeit gefunden werden,[15] haben sich Auslandsverlagerungen für schwedische Unternehmen negativ auf die Entwicklung von neuen Produkten und Prozessen ausgewirkt.[16] Eine aktuelle Studie findet für deutsche Unternehmen positive Effekte.[17] Diese Studie ist empirisch allerdings umstritten.[18]

Im folgenden Kapitel wird empirisch die Innovationsfähigkeit von KMU nach einer Verlagerung analysiert, um die zuvor aufgezeigte Forschungslücke zu schließen.

3 Empirische Analyse

Als Datenbasis der im Folgenden vorgestellten empirischen Analysen wird das Betriebspanel des Instituts für Arbeitsmarkt und Berufsforschung (IAB) genutzt. Jährlich befragt das IAB rund 16.000 repräsentative Unternehmen in Deutschland. In drei Jahrgängen (2007, 2008 und 2010) können Unternehmen identifiziert werden, die Produkte oder Dienstleistungen, die früher im Inland produziert wurden, ins Ausland verlagert haben. Die Panelbetrachtung dieser Analyse reicht von 1999 bis zum Jahr 2012.[19]

---

15 Vgl. Görg/Hanley (2011).

16 Vgl. Karpaty/Gustavsson-Tingvall (2011).

17 Vgl. Dachs et al. (2015).

18 Vgl. Mitze/Kreutzer (2016).

19 Alle Unternehmen, die in früheren Jahren Unternehmensteile ausgründeten, ausgliederten oder Betriebsteile schlossen, mussten aus der Untersuchung entfernt werden, da andernfalls nicht ausgeschlossen werden konnte, dass diese in früheren Jahren schon Auslandsverlagerungen vorgenommen haben.

Zur sektoralen Verteilung der verlagernden Unternehmen werden die Ergebnisse aus 2008 dargestellt, da in diesem Jahr die meisten Verlagerungen stattfanden. In der Welle von 2008 waren 69,8 % der Firmen im Verarbeitenden Gewerbe und 13,7 % im Dienstleistungssektor (ohne Banken und Versicherungen) klassifiziert.[20] Fast jedes fünfte Unternehmen (18,6 %), welches im Fragebogen des Jahres 2008 Leistungen ins Ausland verlagert hat, kommt aus dem Maschinenbau. Auf den weiteren Plätzen folgen die Unternehmen der Elektrotechnik (10,2 %), Stahlunternehmen (8,1 %), das Baugewerbe (6,7 %), Unternehmen der Feinmechanik (5,3 %), Unternehmen aus dem Bereich Verkehr (4,6 %), Firmen des Fahrzeugbaus (4,2 %) sowie Unternehmen der Metallerzeugung und Bearbeitung (3,9 %) (vgl. Abbildung 1).[21]

Abbildung 1: Branchenaufteilung der Unternehmen, die im Jahr 2007 Leistungen ins Ausland verlagerten.

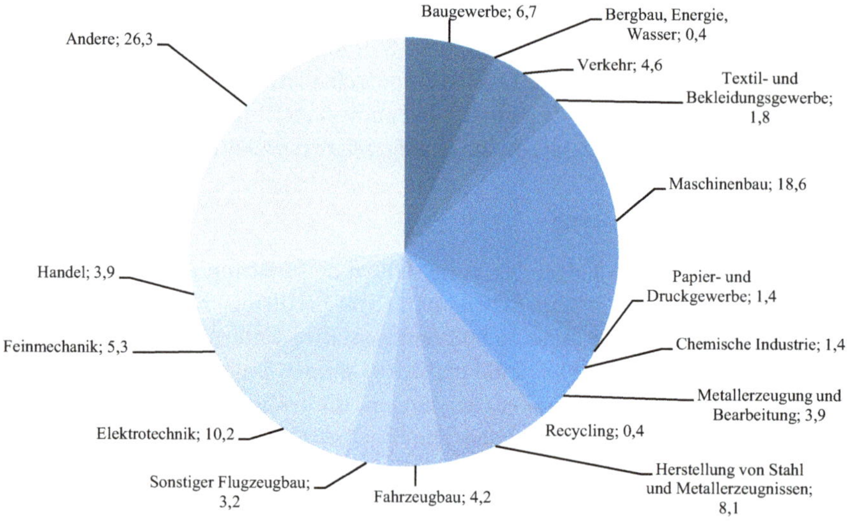

Quelle: Eigene Berechnungen nach Angaben des IAB-Betriebspanels, Welle (2008).

Die Ergebnisse deuten darauf hin, dass sowohl kapitalintensive Bereiche (wie der Maschinenbau und die Elektrotechnik) als auch traditionell arbeitsintensive

20 Der Rest der Unternehmen konnte aus Datenschutzgründen nicht zugeordnet werden.

21 Diese Ergebnisse ähneln denen von Schwörer (2013), S. 138. Schwörer untersucht, welche europäischen Industriesektoren zwischen 1995 und 2008 am häufigsten verlagert haben.

Industrien (wie die Stahlbranche) verlagern. Die Produktionsstufen der Industrien mit den meisten Verlagerungen lassen sich relativ einfach physisch aufteilen, sodass sie an unterschiedlichen Orten erbracht werden können. Zudem variieren sie in der Regel stark in den benötigten Faktorintensitäten, sodass eine Verlagerung attraktiv ist. Interessant für die weitere Analyse ist zudem, dass jene Branchen verlagern, die als besonders technologieintensiv gelten. Einer verbreiteten Konvention zufolge gilt dies für Branchen, die mehr als drei Prozent ihres Umsatzes für Forschung und Entwicklung investieren. Hierzu zählen u.a. der Maschinenbau, die Elektrotechnik, der Fahrzeugbau sowie die Chemische Industrie.[22]

Ganz allgemein stellt sich bei empirischen Messungen innovationsbezogener Sachverhalte die Frage, welcher Indikator verwendet wird, da beinahe jeder denkbare Indikator Schwächen aufweist. Werden die Patente zur Messung der Innovationsfähigkeit eines Unternehmens verwendet, besteht das Problem, dass viele Inventionen nicht patentiert und somit darauf basierende Innovationen von diesem Indikator nicht erfasst werden. Auch die Verwendung der F&E-Ausgaben ist nicht unproblematisch, da ein Anstieg der Ausgaben nicht zu einer proportionalen Erhöhung der Innovationen führen muss. Aber auch die hier verwendete Nutzung subjektiver Umfragen birgt Probleme, da sich je nach Differenzierung Unterschiede im Innovationsgrad der Produkte oder Prozesse ergeben könnten, je nachdem ob ein Mitarbeiter des Unternehmens oder eine neutrale Person befragt wird.

In den Fragebögen des Betriebspanels gibt es in jedem Jahr zwei Dummyfragen zu Innovationen. So werden die Unternehmen gefragt, ob sie völlig neue Produkte entwickelt haben, für die ein neuer Markt geschaffen werden musste.[23] Wird diese Frage positiv beantwortet, wird dies als Produktinnovation einer Firma gewertet. Eine weitere Frage prüft, ob das Unternehmen ein Verfahren entwickelt hat, welches den Produktionsprozess bzw. das Bereitstellen von Dienstleistungen merklich verbessert hat. Eine positive Antwort wird als Prozessinnovation gewertet. Möglicherweise ist daher die Variable „Produktinnovation" aussagekräftiger, da nur hier nach generellen Marktneuheiten gefragt wird, also tatsächlichen Innovationen.[24]

22 Vgl. Klodt (2004), S. 382.

23 Es gibt eine weitere Frage, die Produktverbesserungen überprüft. Die Ergebnisse weichen allerdings nicht von denen der Prozess- und Produktinnovationen ab, sodass diese Variable die Robustheit der Ergebnisse bestätigt.

24 Im Hinblick darauf, dass mit Hilfe des „collapse"-Befehls zwei binäre Variablen für zwei Perioden aggregiert werden müssen ("pre"- und "post-treatment"), wird das Maximum jeder Outputvariable gewählt. Somit hat jedes Unternehmen mindestens eine Pro-

3.1 Innovationseffekte in kleinen und mittleren Unternehmen

Allgemein ist der Anteil der Innovationsaktivitäten im hier gewählten Betrachtungszeitraum rückläufig gewesen. Während im Jahr 2008 noch 42 % aller Unternehmen (des Betriebspanels) Innovationen hervorbrachten, waren es im Zuge der Finanzkrise im Jahr 2009 nur noch 40 %. Sogar im eigentlich wachstumsstarken Jahr 2010 sank die Zahl der innovativen Betriebe weiter auf 39 %. Dies ist erstaunlich, da eigentlich in wachstumsstärkeren Jahren die Betriebe häufig innovativer als in konjunkturellen Abschwungphasen sind.[25]

Das Betriebspanel zeigt außerdem, dass vor allem Unternehmen aus Branchen verlagern, die als besonders technologieintensiv gelten (Maschinenbau, Elektroindustrie, Fahrzeugbau). Daraus lässt sich die Vermutung ableiten, dass KMU, die sich für eine Auslandsverlagerung entschieden haben, ex ante innovativer sind.

Es gibt Hinweise, dass Offshoring die Innovationsfähigkeit einer Firma zumindest kurzfristig reduziert.[26] Dies gilt insbesondere für den Bereich der Prozessinnovationen. Wenn es zu einer Verlagerung der Produktion kommt, könnte dies demnach auch zu geringeren Investitionen in neue technologische Prozesse führen. Auch können die Prozessinnovationen deshalb rückläufig sein, weil kapitalintensive Prozesse im Inland durch arbeitsintensive Prozesse im Ausland substituiert werden.[27] Vor dem Hintergrund dieser Überlegungen muss man davon ausgehen, dass Auslandsverlagerungen den Anteil der Prozessinnovationen in KMU verringern.

Ähnlich wie die Untersuchung von *Dachs et al.* (2015) zeigen die Ergebnisse des in Tabelle 1 dargestellten Propensity Score Matching (PSM) zunächst einen signifikant positiven Unterschied zwischen KMU, die ins Ausland verlagern, und der Kontrollgruppe.[28] Sowohl vor als auch nach dem Matching liegt der Anteil von Unternehmen mit Prozessinnovationen in jedem der betrachteten

duktinnovation oder eine Prozessinnovation im Betrachtungszeitraum erreicht. Für die Kontrollvariablen wird der durchschnittliche Periodenwert verwendet. Weiterhin wird angenommen, dass die Offshoringaktivität im Jahr t (= treatment) Auswirkungen auf die Innovationsleistungen der Unternehmen (Outcomevariablen) im Jahr t+1 und den darauffolgenden Jahren hat.

25 Vgl. Bechmann et al. (2012).

26 Vgl. Egger/Egger (2006).

27 Vgl. Dachs et al. (2015).

28 Die Idee des Propensity Score Matching ist es, möglichst ähnliche Unternehmen zu finden. Die Unternehmen sollen so identisch wie möglich sein (bezogen auf die Kontrollvariablen). Lediglich in einem Merkmal sollen sich diese beiden Unternehmen unterscheiden; im vorliegenden Fall: Ein Unternehmen hat ins Ausland verlagert

Jahre (2008 bis 2012) in den verlagernden KMU signifikant höher als in der Kontrollgruppe. Im Jahr 2009 brachten beispielsweise 31,8 % der Offshoringunternehmen Prozessinnovationen hervor. Bei der Kontrollgruppe gelang dies hingegen nur 11,2 % der Unternehmen. Bis zu diesem Punkt der Überlegungen müsste die Feststellung lauten, dass Innovationsstärke und Auslandsverlagerungen zusammen auftreten.

Tabelle 1: Anteil der KMU mit Prozessinnovationen von 2008 bis 2012, Propensity Score Matching.

Jahr	Prozessinnovationen	Offshoring	Keine Verlagerung	Differenz	T-Stat
2008	Unmatched	0,316	0,157	0,159	8,44
	Matched	0,316	0,219	0,097	4,04
2009	Unmatched	0,318	0,153	0,165	8,36
	Matched	0,318	0,206	0,112	4,38
2010	Unmatched	0,316	0,149	0,167	8,16
	Matched	0,316	0,201	0,115	4,30
2011	Unmatched	0,332	0,147	0,185	8,65
	Matched	0,332	0,199	0,133	4,68
2012	Unmatched	0,342	0,144	0,198	8,52
	Matched	0,342	0,197	0,145	4,63

Quelle: Eigene Berechnungen mit STATA (psmatch2), basierend auf Daten des IAB-Betriebspanels 1999-2012. On Support: 2008: 175; 2009: 154; 2010: 154; 2011: 121; 2012: 94.

Im zweiten Schritt werden die Ergebnisse des PSM als Gewichtungsfaktor für eine Difference-in-Differences-Analyse (DiD) genutzt. Dies relativiert die Ergebnisse, die bei ausschließlicher Berücksichtigung des PSM anfallen.[29] Zunächst zeigt ein Blick auf Tabelle 2, dass Auslandsverlagerungen den Anteil der Prozessinnovationen in KMU tatsächlich verringern. Während 23,2 % der KMU aus der Kontrollgruppe im Zeitraum vor 2007 neue Prozesse entwickelten, gelang

(Treatmentgruppe), das andere Unternehmen hat nicht verlagert (Kontrollgruppe). Mit Hilfe dieses Vorgehens sollen kausale Effekte identifiziert werden.

29 Die Difference-in Differences-Analyse nutzt die gewichteten Ergebnisse des PSM, um den Zeitraum vor und nach der Verlagerung zu vergleichen und zu analysieren, ob sich die Auslandsverlagerung tatsächlich kausal auf die Innovationsfähigkeit auswirkt. Ein möglicher Unterschied zwischen der Treatment- und der Kontrollgruppe kann schon vor der Verlagerung existieren. Daher ist die Berücksichtigung dieses ex ante-Zeitraums besonders wichtig.

dies mehr als jedem dritten KMU (35,9 %) in der Gruppe, die später ins Ausland verlagerte. Dieser Unterschied ist hochsignifikant. Nach 2007 reduzierte sich der Anteil der Prozessinnovationen in beiden Gruppen. In der Kontrollgruppe entwickelten 18,8 % aller Unternehmen neue Prozesse, in der Offshoringgruppe 25,2 % der Unternehmen. Der Rückgang der Prozessinnovationen war somit in der Offshoringgruppe stärker, d.h.: In dem Zeitraum von 2007 bis 2012 wirkten sich Auslandsinvestitionen negativ auf die Fähigkeit und/oder Neigung der KMU aus, neue Prozesse zu entwickeln. Die alleinige Verwendung des PSM ignoriert, dass die KMU, die ins Ausland verlagert haben, größere Einbußen bezüglich ihrer Innovationsmöglichkeiten hinnehmen mussten als die Vergleichsgruppe und kommt so zu einem verzerrten Ergebnis wie *Dachs et al.* (2015). Dieser Vergleich unterstreicht die Wichtigkeit der DiD-Analyse.[30]

Tabelle 2: Anteil der KMU mit Prozessinnovation von 1999 bis 2012, Difference-in-Differences.

Outcome Variable	Keine Verlagerung	Offshoring	Differenz (vor 2007)	Keine Verlagerung	Offshoring	Differenz (2007–2012)	Diff-in-Diff
Prozessinnovation	0,232	0,359	0,127	0,188	0,252	0,064	-0,063
Standardfehler	0,007	0,007	0,009	0,007	0,006	0,009	0,013
T	35,16	19,75	13,70	-6,44	-9,49	-6,69	-4,82
P>|t|	0,000	0,000	0,000***	0,000	0,000	0,000***	0,000***

Quelle: Eigene Berechnungen mit Stata (diff), basierend auf Daten des IAB-Betriebspanels 1999–2012. N=103, 100 (Common Support) Z=6.317.

Auch bei Produktinnovationen kann die Trennung von Produktion (im Ausland) und Forschungs- und Entwicklungsabteilung (im Inland) zu negativen Ergebnissen für die Innovationsfähigkeit eines Unternehmens führen. Dies gilt insbesondere, wenn das technologische Lernen und die Kommunikation zwischen Produktion und Forschungsabteilung nicht mehr gegeben sind. Die sinkenden Kommunikationsmöglichkeiten sowie der kurz- bis mittelfristige Betrachtungszeitraum führen zu der Vermutung, dass KMU, die ins Ausland verlagern, wohl einen Rückgang an Produktinnovationen werden hinnehmen müssen.

Tabelle 3 zeigt die Ergebnisse des Propensity Score Matching für die Offshoringunternehmen und die Kontrollgruppe für den Zeitraum von 2008 bis 2012. Unternehmen, die ins Ausland verlagert haben, bringen mehr Produktinnovationen

---

30 Die Matchingqualität ist sowohl bei der Betrachtung der Prozessinnovationen als auch bei der Analyse der Produktinnovationen gut. Die Ergebnisse sind bei den Autoren erhältlich.

hervor als KMU, die nicht verlagert haben. Im Jahr 2010 konnten bspw. 15,3 % der Offshoringunternehmen neue Produkte für einen neuen Markt entwickeln. In der Kontrollgruppe gelang dies nur 11 % aller Unternehmen. Diese Differenz zwischen den beiden Gruppen ist sowohl vor als auch nach dem Matching signifikant. Über den gesamten Zeitraum zeigt sich, dass in beiden Gruppen der Anteil der Unternehmen, die Produktinnovationen neu in einen Markt eingeführt haben, von 2008 bis 2012 relativ volatil gewesen ist.

Tabelle 3: Anteil der KMU mit Produktinnovationen von 2008 bis 2012, Propensity Score Matching.

Jahr	Produktinnovationen	Offshoring	Keine Verlagerung	Differenz	T-Stat
2008	Unmatched	0,193	0,084	0,109	7,62
	Matched	0,193	0,114	0,079	3,87
2009	Unmatched	0,189	0,081	0,108	7,14
	Matched	0,188	0,110	0,078	3,66
2010	Unmatched	0,153	0,081	0,072	4,62
	Matched	0,153	0,110	0,043	2,11
2011	Unmatched	0,164	0,079	0,085	5,2
	Matched	0,164	0,105	0,059	2,66
2012	Unmatched	0,175	0,079	0,097	5,41
	Matched	0,175	0,104	0,071	2,82

Quelle: Eigene Berechnungen mit STATA (psmatch2), basierend auf Daten des IAB-Betriebspanels 1999–2012. On Support: 2008: 175; 2009: 154; 2010: 154; 2011: 121; 2012: 94.

Tabelle 4 fasst die Ergebnisse der DiD-Analyse auf Basis der gewichteten PSM-Resultate zusammen. Vor dem Verlagerungszeitraum entwickelten 13,3 % aller Unternehmen der Kontrollgruppe neue Produkte. Bei den KMU, die später ins Ausland verlagern sollten, lag der Anteil bei 21,8 %. Ähnlich wie bei den Prozessinnovationen waren die KMU, die verlagerten, also ex ante innovativer (Signifikanzniveau 1 %). Im Zeitraum nach der Verlagerung sank der Anteil der neuen Produkte in beiden Gruppen. In der Kontrollgruppe entwickelten in diesem Zeitraum 10,1 % aller KMU neue Produkte, in der Treatmentgruppe waren es noch 15,8 % aller Unternehmen. Erneut sank die Innovationsfähigkeit bei der Offshoringgruppe somit stärker; die Vermutung eines Rückgangs der Produktinnovationen erweist sich mithin als richtig. Relativ gesehen entwickelten sie sich nach der Verlagerung also schlechter als die Kontrollgruppe (Signifikanzniveau 5 %).[31]

Tabelle 4: Anteil der KMU mit Produktinnovation von 1999 bis 2012, Difference-in-Differences.

Outcome Variable	Keine Verlagerung	Offshoring	Differenz (vor 2007)	Keine Verlagerung	Offshoring	Differenz (2007–2012)	Diff-in-Diff
Produktinnovation	0,133	0,218	0,085	0,101	0,158	0,057	-0,029
Standardfehler	0,006	0,006	0,008	0,006	0,006	0,008	0,011
t	23,56	15,54	10,81	-5,49	-5,01	-3,53	-2,55
P>|t|	0,000	0,000	0,000***	0,000	0,000	0,000***	0,011**

Quelle: Eigene Berechnungen mit Stata (diff), basierend auf Daten des IAB-Betriebspanels 1999–2012. N=103, 100 (Common Support) Z=6.317.

3.2 Innovationseffekte in Großunternehmen

Die bisherigen empirischen Betrachtungen konzentrierten sich auf die Frage, wie Offshoring-Aktivitäten die Produkt- und Prozessinnovationen von KMU beeinflussen. Sie geben noch keine Antwort auf die in Abschnitt 175 dieser Arbeit geäußerte Vermutung, dass sich das Innovationsverhalten von Großunternehmen und KMU unterscheidet. Um dies zu überprüfen, wird im Folgenden der Zusammenhang zwischen Auslandsverlagerungen und Innovationsverhalten deshalb auch für diese Gruppe analysiert.

Tabelle 5 zeigt den Anteil der Unternehmen, die zwischen 1999 und 2012 Prozessinnovationen entwickelt haben. Zunächst fällt auf, dass der Anteil der Großunternehmen, die neue Prozesse entwickelt haben, deutlich über dem Anteil der KMU liegt, die Prozessinnovationen hervorgebracht haben. Bei den Unternehmen, die keine Verlagerungen vornehmen, ist der Anteil der Großunternehmen, die Prozessinnovationen vor 2007 entwickelt haben, dreimal größer als in der entsprechenden Gruppe der kleinen und mittleren Unternehmen. In der Offshoringgruppe war der Anteil der Großunternehmen mit Prozessinnovationen doppelt so hoch wie bei den KMU. Dieser Befund stellt auf Grund der besseren Ressourcenausstattung keine Überraschung dar. Allerdings lässt sich aus diesem Ergebnis nicht zwingend schlussfolgern, dass Großunternehmen innovativer sind

31 Die Matchingqualität ist sowohl bei der Betrachtung der Prozessinnovationen als auch bei der Analyse der Produktinnovationen gut. Die Ergebnisse sind bei den Autoren erhältlich.

als KMU. Größere zumeist diversifizierte Unternehmen forschen hingegen in mehreren Bereichen, sodass die Wahrscheinlichkeit eine Innovation hervorzubringen, höher ist.[32]

Im Gegensatz zu den KMU unterscheiden sich die Offshoring- und die Kontrollgruppe der Großunternehmen im Zeitraum vor der Verlagerung nicht. Zwar liegt der Anteil der innovativen Unternehmen in der Offshoringgruppe mit 76,2 % über dem Anteil in der Verlagerungsgruppe (70,8 %); dieser Unterschied ist jedoch nicht signifikant. Im Zeitraum nach 2007 sinkt in beiden Gruppen der Anteil derjenigen Unternehmen, die Prozessinnnovationen entwickelt haben. Nach wie vor ist kein signifikanter Unterschied zwischen den beiden Gruppen zu erkennen. Die Differenz zwischen den beiden Zeiträumen verringert sich zwar etwas zugunsten der Unternehmen ohne Verlagerungsaktivitäten; diese Abnahme ist jedoch ebenfalls nicht signifikant.

Tabelle 5: Anteil der Großunternehmen mit Prozessinnovation von 1999 bis 2012, Difference-in-Differences.

Outcome Variable	Keine Verlagerung	Offshoring	Differenz (vor 2007)	Keine Verlagerung	Offshoring	Differenz (2007–2012)	Diff-in-Diff
Prozessinnovation	0,708	0,762	0,054	0,532	0,556	0,024	-0,030
Standardfehler	0,028	0,026	0,038	0,029	0,024	0,038	0,053
t	25,58	2,79	1,42	-5,42	-0,66	-0,75	-0,56
P>|t|	0,000	0,000	0,155	0,000	0,000	0,524	0,573

Quelle: Eigene Berechnungen mit Stata (diff), basierend auf Daten des IAB-Betriebspanels 1999–2012. N=40 (Common Support) Z=454.

Im Zeitraum vor der Verlagerung lag der Anteil der Unternehmen mit Produktinnovationen in der Offshoringgruppe mit 43,8 % deutlich höher als in der Vergleichsgruppe (30,1 %), die später keine Verlagerungen vornehmen sollte. Der Unterschied zwischen den beiden Gruppen ist im Zeitraum vor der Verlagerung hoch signifikant (1 %- Niveau). Auch im Vergleich zu den KMU entwickeln Großunternehmen mehr Produktinnovationen (vgl. Tabelle 6).

Im Zeitraum nach der Verlagerung sinken die Produktinnovationen in beiden Beobachtungsgruppen. Der Unterschied zwischen den beiden Gruppen ist nach wie vor hoch signifikant (1 %-Niveau) zugunsten der Offshoringunternehmen. In der Vergleichsgruppe, die keine Auslandsverlagerungen vorgenommen hat, ist

32 Vgl. Hall (2011).

der Rückgang jedoch stärker ausgeprägt. Zwischen den beiden Zeiträumen nimmt zwar die Differenz zwischen den beiden Gruppen zu; dieser Anstieg ist jedoch nicht signifikant. Das heißt, im betrachteten Zeitraum hatte die Auslandsverlagerung neutrale Effekte auf die Großunternehmen.

Verschiedene Robustheitsprüfungen (Bootstrapping-Verfahren, Verwendung von zusätzlichen Variablen, Schätzung einer weiteren Innovationsvariablen (Produktverbesserungen) etc.) bestätigten die Qualität der Ergebnisse.[33]

Tabelle 6: Anteil der Großunternehmen mit Produktinnovation von 1999 bis 2012, Difference-in-Differences.

Outcome Variable	Keine Verlagerung	Offshoring	Differenz (vor 2007)	Keine Verlagerung	Offshoring	Differenz (2007–2012)	Diff-in-Diff
Produkt-innovation	0,301	0,438	0,137	0,195	0,400	0,205	0,069
Standard-fehler	0,028	0,026	0,038	0,029	0,024	0,038	0,054
T	10,74	5,50	3,55	-3,35	3,17	1,96	1,28
P>|t|	0,000	0,000	0,000***	0,000	0,000	0,000***	0,200

Quelle: Eigene Berechnungen mit Stata (diff), basierend auf Daten des IAB-Betriebspanels 1999-2012. N=40 (Common Support) Z=454.

4 Zusammenfassung und Schlussfolgerung

Der globalisierungsbedingte Wettbewerbsdruck zwingt Unternehmen zu permanenten Produkt- und Verfahrensinnovationen; die unternehmerische Innovationsfähigkeit wird damit zu einem entscheidenden Vorteil im internationalen Wettbewerb. Gleichzeitig ist zu beobachten, dass viele Unternehmen aus den unterschiedlichsten Gründen Teile ihrer Produktion ins Ausland verlagern. Vor diesem Hintergrund stellt sich der vorliegende Beitrag – mit einem besonderen Blick auf KMU – die Frage, welche Folgewirkungen diese Auslandsverlagerungen auf die unternehmerische Innovationsfähigkeit haben. Basierend auf Daten des IAB-Betriebspanels wird neben deskriptiven Betrachtungen eine Kombination von Propensity Score Matching und Difference-in-Difference-Analysen verwendet, um die Forschungsfrage zu beantworten.

Die zentralen Ergebnisse der Analyse lassen sich wie folgt zusammenfassen:

- KMU, die ins Ausland verlagern, verfügen offenbar bereits vor der Verlagerung über eine höhere Innovationsfähigkeit als die KMU, die nicht verlagern;

33 Auch diese Ergebnisse sind auf Nachfrage verfügbar.

dies gilt mit Blick sowohl auf die Prozess- als auch die Produktinnovationen. Demgegenüber besitzen die Großunternehmen mit Offshoring-Aktivitäten lediglich bei den Produktinnovationen einen Innovationsvorsprung gegenüber jenen, die nicht ins Ausland verlagern.

- Nach der Auslandsverlagerung bleibt der Innovationsvorsprung der verlagernden KMU gegenüber den übrigen KMU erhalten. Allerdings kommt es bei den verlagernden KMU zu einer Abschwächung der Innovationstätigkeit, d.h. zu einer Reduzierung von Produkt- und Prozessinnovationen; der Innovationsvorsprung gegenüber KMU ohne Offshoring-Aktivitäten schmilzt mithin. Ein vergleichbares Abschmelzen von Innovationsvorsprüngen der im Offshoring aktiven Großunternehmen kann hingegen nicht nachgewiesen werden.

Die bei den KMU festgestellten Rückgänge der Innovationsfähigkeit und des Innovationsvorsprungs können unterschiedliche Gründe haben:

- Eine erste mögliche Begründung könnte im hier gewählten Untersuchungszeitraum liegen; denn eine Befragung von Geschäftsführern aus Europa, den USA und Asien zu den Folgen der Finanzkrise für die unternehmerischen Innovationsperspektiven stützt die Auffassung, dass sich die Finanzkrise besonders negativ auf die Innovationsfähigkeit ausgewirkt hat.[34]
- Denkbar wäre auch, dass der mit der Bewältigung der Offshoringaufgaben verbundene Aufwand mit einem sinkenden Aktivitätsniveau an anderer Stelle – hier bei Innovationen – einhergeht. Bei einer Verlagerung werden Ressourcen gebunden, die für Investitionen in Forschung und Entwicklung vorübergehend nicht mehr zur Verfügung stehen. In diesem Fall dürfte die rückläufige Innovationsfähigkeit ein vorübergehender Effekt sein und der ursprüngliche Innovationsvorsprung mittelfristig wieder erreicht werden.

Allein zukünftige und auf die Betrachtung längerer Zeiträume gerichtete Untersuchungen können zeigen, inwieweit diese beiden Argumente Relevanz besitzen.

Als weitere Erklärung kommt aber auch in Betracht, dass

- … die sinkende Innovationsfähigkeit eine Folge der verschlechterten Kommunikationsmöglichkeiten innerhalb des Unternehmens ist, nachdem einzelne Abteilungen ins Ausland verlagert wurden.
- … es zu sinkenden F&E-Investitionen kommt, weil bei der Auslandsverlagerung kapitalintensive durch arbeitsintensive Prozesse substituiert wurden.

34 Vgl. Campello/Graham/Harvey (2011).

- … nach einer Verlagerung insbesondere bei KMU viele (Kapital-)Ressourcen gebunden sind, die für Investitionen in Forschung und Entwicklung vorübergehend nicht mehr zur Verfügung stehen.

Frühere Untersuchungen zeigten zudem, dass Unternehmen in denen Innovationen auf kontinuierlicher F&E-Tätigkeit beruhen, ihre Innovationsaktivitäten auch in Phasen einer Rezession beibehalten, da sie ansonsten hohe Verluste beim häufig personengebundenem Know-how hinnehmen müssten.[35] Dies trifft in der Regel eher auf Großunternehmen zu, da nur 1,7 % aller KMU zum F&E-intensiven verarbeitenden Gewerbe zählen. Innovationen sind in KMU somit seltener kontinuierlich.[36] Beide Effekte könnten zur Erklärung beitragen, warum sich bei den Großunternehmen keine (negativen) Effekte feststellen lassen.

Insbesondere kleine und mittlere Unternehmen sollten also eine Auslandsverlagerung sehr genau planen und mögliche temporäre Rückschläge berücksichtigen. Allerdings kann auch der Staat kleine und mittlere Unternehmen unterstützen.

KMU sind im internationalen Handel stark unterrepräsentiert. Dies könnte ein Marktversagen darstellen, welches eine Intervention des Staates aus wohlfahrtstheoretischer Sicht wünschenswert erscheinen lässt (bspw., weil die benötigen Informationen für eine Auslandsverlagerung asymmetrisch verteilt sind / nicht vorliegen bzw. eine Anschaffung zu teuer wäre). Auslandsverlagerungen können zu einer Erhöhung der Gesamtwohlfahrt führen und zwar insbesondere dann, wenn die besonders innovativen und produktiven KMU – also die am häufigsten verlagern – nicht am Offshoring durch verschiedene Barrieren gehindert werden. Diese Barrieren sind im Allgemeinen keine Zölle oder andere regulatorische Hemmnisse, sondern liegen in den speziellen Eigenschaften von KMU bzw. in den hohen sunk costs, die bei Offshoring entstehen. Könnten diese Kosten gesenkt werden, steigt die Wahrscheinlichkeit, dass KMU erfolgreiche Auslandsverlagerungen durchführen können und die positiven Ergebnisse (z.B. eine Erhöhung der Produktivität oder der Innovationsfähigkeit) früher sichtbar werden. Der Aufstieg des Internets, eine bessere Ausbildung von Managern, ein offeneres Klima für Cluster und Netzwerke, sowie die Tatsache, dass immer mehr Angestellte englisch sprechen, haben diese Chancen in den letzten Jahrzehnten deutlich erhöht.

Damit die positiven Effekte in Form eines zunehmenden Wissensaustauschs überwiegen, können Regierungen einige dieser Hürden senken. Anstelle von Subventionen, können sie KMU bei Auslandsverlagerungen helfen, indem sie

35 Vgl. KfW (2009).
36 Vgl. KfW (2014).

Informationen bereitstellen und den Zugang zu neuen Märkten somit erleichtern. Hierfür wäre eine (politisch wohl nicht realisierbare) internationale Zusammenarbeit besonders wichtig. So könnte beispielsweise die internationale Dimension von Public Private Partnerships gestärkt werden, sodass auch KMU unter fairen Bedingungen an den Ausschreibungen teilnehmen können. Außerdem könnte auf internationaler Ebene die Gewährung von Eigentumsrechten mit entsprechendem Sanktionsmechanismus sichergestellt werden. Auf nationaler Ebene könnten zudem Netzwerke für KMU initiiert werden, die die gleichen Chancen und Risiken bei Auslandsverlagerungen haben und so möglicherweise durch Kooperationen ihre Stärken bündeln und Erfahrungen austauschen könnten.

Es bieten sich weitere politische Optionen an, um die Internationalisierungsaktivitäten von Unternehmen im Allgemeinen und KMU im Besonderen zu verstärken und damit ggf. die Wettbewerbsfähigkeit zu sichern oder zu erhöhen:

- So sollten die schon bestehenden Programme von Bund, Ländern oder den Industrie- und Handelskammern vereinheitlicht, gebündelt und kompakt dargestellt werden, sodass gerade Unternehmen mit geringen Personalressourcen einen Anlaufpunkt haben, wo sie sich über Unterstützungsmöglichkeiten informieren können.
- Neben Beratung und finanziellen Anreizen könnte das Schaffen von regionalen Netzwerken, zwischen Hochschulen, Forschungsinstituten und der Wirtschaft (insbesondere KMU) zu Spillover-Effekten führen, die Innovationen beschleunigen und Verlagerungen vereinfachen bzw. deren Erfolg erhöhen.
- Werden die Netzwerke um Großunternehmen ergänzt, kann die Förderung von Technologietransfers zwischen Forschung und Groß- und Kleinunternehmen das allgemeine Innovationsklima weiter fördern.
- Schon die (Hochschul-) Ausbildung könnte gezielt über die Möglichkeiten und Risiken eines Auslandsengagements auch bei kleinen und mittleren Unternehmen informieren.
- Zur Entlastung der Wirtschaft im Allgemeinen und der KMU im Besonderen sollten die bürokratischen Anforderungen über E-Commerce und E-Government lösbar sein.[37]

Mit Blick auf die Innovationsleistung können Auslandsverlagerungen durchaus zu einer Erhöhung der gesamtwirtschaftlichen Wohlfahrt führen. Um die positiven Effekte eines zunehmenden Wissensaustauschs zu realisieren, dürfen jedoch die besonders innovativen, produktiven und Offshoring-orientierten KMU

37 Vgl. Svetlicic/Jaklic/Burger (2007), S. 54 f.

nicht durch Barrieren am Offshoring gehindert werden. Zur Unterstützung der Offshoring-Aktivitäten von KMU halten die Autoren staatliche Subventionen allerdings für ein weniger probates Mittel als z.B. die oben beschriebene Bereitstellung von Informationen, die den Zugang zu neuen Märkten erleichtern.

Literaturverzeichnis

Bechmann, S. / Dahms, V. / Tschersich, N. / Frei, M. / Leber, U. / Schwengler, B. (2012): Fachkräfte und unbesetzte Stellen in einer alternden Gesellschaft: Problemlagen und betriebliche Reaktionen, IAB-Forschungsbericht.

Brackmann, M. / Kapalschinski, C. (2013): Golf-Modelle Produktlebenszyklen in Jahren, in: Handelsblatt, 4.4.2013, Bd. 065, S. 4–5.

Brutscher, P. / Raschen, M. / Schwartz, M. / Zimmermann, V. (2012): Internationalisierung im deutschen Mittelstand – Step by Step zum Global Player, in: KfW-Key Economic Research 2012.

Bundesministerium für Wirtschaft und Energie (2014): Wirtschaftlichkeit der Erweiterung der Antragsberechtigung auf Unternehmen bis zu 500 Beschäftigten bei im Rahmen des Zentralen Innovationsprogramms Mittelstand (ZIM) geförderten Projekten; URL: http://www.bmwi.de/Redaktion/DE/Publikationen/Studien/wirtschaftlichkeit-der-erweiterung-der-antragsberechtigung-auf-unternehmen-bis-zu-500-beschaeftigten-bei-im-rahmen-des-zentralen-innovationsprogramms-mittelstand-gefoerderten-projekten.pdf?__blob=publicationFile&v=5, [Zugriff: 01.01.2017].

Campello, M. / Graham, J. R. / Harvey, C. R. (2010): The real effects of financial constraints: Evidence from a financial crisis, in: Journal of Financial Economics, Vol. 97, No. 3, S. 470–487.

Dachs, B. / Ebersberger, B. / Kinkel, S. / Som, O. (2014): The effects of production offshoring on R&D and innovation in the home country, in: Economia e Politica Industriale, Vol. 42, No. 1, S. 9–31.

Egger, H. / Egger, P. (2006): International Outsourcing and the productivity of low-skilled labor in the EU, in: Economic Inquiry, Vol. 44, No. 1, S. 98–108.

Görg, H. / Hanley, A. (2005): International outsourcing and productivity: evidence from the Irish electronics industry, in: The North American Journal of Economics and Finance, Vol. 16, No. 2, S. 255–269.

Görg, H. / Hanley, A. (2011): Services Outsourcing and Innovation: An Empirical Investigation, in: Economic Inquiry, Vol. 49, No. 2, S. 321–333.

Hall, B. H. (2011): Innovation and productivity, in: National Bureau of Economic Research, No. w17178.

IfM Bonn (2015): Mittelstand im Einzelnen 2015; URL: http://www.ifm-bonn.org/statistiken/mittelstand-im-einzelnen/#accordion=0&tab=5, [Zugriff: 05.04.2015].

Karpaty, P. / Tingvall, P. G. (2010): Offshoring and Home Country effects on R&D, Mimeo.

KfW-Economic Research (2014): KfW-Mittelstandspanel 2014.

Klodt, H. (2004): Mehr Arbeitsplätze durch Auslandsinvestitionen, in: Die Weltwirtschaft, Ausgabe 4, S. 373–389.

Kreutzer, F. (2016): Made by Germany. Eine mikroökonomische Analyse der makroökonomischen Effekte von Offshoring auf kleine und mittelständische Unternehmen in Deutschland, Mönchengladbacher Schriften zur wirtschaftswissenschaftlichen Praxis, Krefeld.

Lewin, A. Y. / Massini, S. / Peeters, C. (2009): Why are companies offshoring innovation & quest; The emerging global race for talent, in: Journal of international business studies, Vol. 40, No. 6, S. 901–925.

Manning, S. / Massini, S. / Lewin, A. Y. (2008): A dynamic perspective on next-generation offshoring. The global sourcing of science and engineering skills, Working Paper; URL: https://www.fuquaworld.duke.edu/frp/smcadoo/AMP-Paper-final-edit-AYL-20080312_.pdf, [Zugriff: 04.09.2016].

Martínez-Noya, A. / García Canal, E. (2011): Technological capabilities and the decision to outsource/outsource offshore R&D services', in: International Business Review: the official journal of the European International Business Academy, Vol. 20, No. 3, S. 264–277.

Mitze, T. / Kreutzer, F. (2016): Is there a curse of relocation? Analysing the causal link between offshoring and the innovation performance of (small) firms, in: Bulletin of Economic Research.

Nienaber, K. B. (2003): Internationalisierung mittelständischer Unternehmen: Theoretische Grundlagen und empirische Befunde zur Strategiewahl und Umsetzung, Strategisches Management, Band 9, Hamburg.

Rolstadås, A. / Henriksen, B. / O'Sullivan, D. (2012): Manufacturing Outsourcing, London.

Schwörer, T. (2013): Offshoring, domestic outsourcing and productivity: evidence for a number of European countries, in: Review of World Economics, Vol. 149, No. 1, S. 131–149.

Svetlicic, M. / Jaklic, A. / Burger, A. (2007): Internationalization of Small and Medium-Size Enterprises from Selected Central European Economies, in: Eastern European Economics, Vol. 45, No. 4, S. 36–65.

UNCTAD (2005): Transnational Corporations and the Internationalization of R&D, World Investment Report 2005; URL: http://unctad.org/en/docs/wir2005_en.pdf, [Zugriff: 15.11.2014].

Weber, P. (1999): Internationalisierungsstrategien mittelständischer Unternehmen, in: Meiler, R. C. (Hrsg.): Mittelstand und Betriebswirtschaft, Wiesbaden, S. 241–299.

Christoph Zacharias

HS Bonn-Rhein-Sieg,
Institut für Soziale Innovationen

Soziale Innovationen: Eine Einführung in Theorie und Praxis

1 Einführung

Dieser Beitrag stellt ein tragfähiges Konzept zur Theorie Sozialer Innovationen auf, dessen praktischer Nutzen anhand von Fallbeispielen aufgezeigt wird.

Die Basis zum Verständnis der mit Sozialen Innovationen verbundenen Prozesse liefert die fast 100 Jahre in Vergessenheit geratene und nun wieder in die Diskussion gekommene Soziologie von *Gabriel Tarde*.[1] *Tarde* hat Jahre/Jahrzehnte vor *Schumpeter*, *Latour* sowie *Blackmore* und *Rogers* eine Theorie zur Erklärung Sozialer Innovationen beschrieben.[2] Insbesondere seine „Gesetze der Nachahmung" werden in diesem Beitrag eine Schlüsselrolle im Verständnis für eine Ko-Evolution von Unternehmen, Gesellschaft und Umwelt einnehmen. Aufbauend auf diesen Überlegungen ergibt sich ein innovativer Ansatz zum Verständnis für die Bedeutung Sozialer Innovationen in der Unternehmensentwicklung. Abschließend werden praktische Beispiele unternehmerischer sozialer Innovationen gezeigt. Sie geben Einblicke in verschiedene Vorgehensweisen zur Dekonstruktion von Marktbedingungen im Sinne der Schumpeterschen kreativen Zerstörung.

2 Soziale Innovationen – theoretische Grundlagen

> *"Social innovation is a term that almost everybody likes, but nobody is quite sure of what it means"*[3].

„Soziale Innovation" ist deshalb ein in Literatur und Praxis in vielfältiger und nicht einstimmiger Art und Weise benutzter Begriff.[4] Die Notwendigkeit der Beschäftigung mit diesem Thema wird sogar in Frage gestellt: "Some academics

1 Vgl. einführend Howaldt/Kopp/Schwarz (2014, 2015), Latour (2001) und Katz (2006).
2 Vgl. ebd. sowie Schumpeter (1912), Latour (2010), Blackmore (1999), Rogers (1962).
3 Pol/Ville (2009), S. 12.
4 Siehe einführend Howaldt/Kopp/Schwarz (2014, 2015), Rüede/Lurtz (2012) und Franz/Hochgerner/Howaldt (2012).

would like to abandon the notion of social innovation altogether, arguing that it adds nothing to what we know about innovation and is too vague ever to be useful."[5]

Howaldt/Schwarz (2010) beschreiben die Gründe für diesen nebelartigen Zustand wie folgt: „Soziale Innovation findet nach wie vor weniger als ein spezifisch definierter Fachbegriff mit einem eigenen und abgrenzbaren Gegenstandsbereich Verwendung, sondern vielmehr als eine Art deskriptive Metapher im Kontext von Phänomenen des sozialen Wandels bzw. gesellschaftlicher Modernisierung."[6]

Ein Konzept, welches theoretisch fundiert ist und für die empirische Forschung ebenfalls als tauglich gilt, stand bislang jedenfalls aus. *Rüede/Lurtz* (2012) beschreiben die derzeitige Situation als "an incoherent body of knowledge on social innovation with the consequence that there is a lack of clarity of the concept of social innovation".[7]

In den letzten Jahren hat sich diese Situation noch weiter verschärft: In der Literatur zu den Themen Social Entrepreneurship und Social Business gerät zunehmend auch der Begriff Social Innovation in den Fokus.[8] Dies ist insofern verständlich, als dass der Begriff "Entrepreneurship" auf den Entrepreneur im Sinne eines Innovators verweist. Infolgedessen wird davon ausgegangen, dass sein Sozialunternehmen stets auf einer Innovation zur Lösung sozialer Probleme basiert. Wie zu zeigen sein wird, betrifft dies jedoch nur einen Bruchteil aller sozialen Innovationen.

Allerdings scheint es, dass ein Ende absehbar ist: *Howaldt/Schwarz/Kopp* (2014/2015) nehmen die Sozialtheorie von *Gabriel Tarde* in Rekurs zur Entwicklung einer sowohl praktisch als auch theoretisch fundierten Perspektive von sozialen Innovationen.[9] Im Falle eines Gelingens, wäre dies selbst eine soziale Innovation, da Denk- und Handlungspraktiken verändert werden. Im vorliegenden

---

5 Pol/Ville (2009), S. 12.

6 Howaldt/Schwarz (2010), S. 49.

7 Rüede/Lurtz (2012), S. 2.

8 Ein Social Entrepreneur ist folglich ein Innovator, der unternehmerisches Denken und Handeln zum Wohle der Gesellschaft im Sinne von Lösungen oder Verbesserungen sozialer Missstände nutzt. Der Erfolg misst sich daher nicht allein auf Basis finanzieller Zielerreichungen, sondern zugleich auf Grund des gesellschaftlichen Nutzens. Mohammed Yunus definiert Social Business als Unternehmen, deren Zweckbestimmung ausschließlich auf die Lösung wichtiger sozialer Probleme ausgerichtet ist. Zusätzlich verzichten mögliche Investoren auf spekulative Gewinne und reinvestieren in das soziale Unternehmen.

9 Vgl. Howaldt/Kopp/Schwarz (2014/15) und Schwarz/Howaldt/Kopp (2015). Die bedeutende Funktion von Tarde zur Erklärung von Innovation und Ökonomie wird auch von *Latour* (2001), (2010a) und (2010b) hervorgehoben.

Beispiel durch die Weiterentwicklung von Theorie und Praxis des Strategischen Managements.

2.1 Was macht eine Innovation „sozial"?

Die von *Schumpeter* (1964) vorgelegte „Theorie der wirtschaftlichen Entwicklung"[10] mit der darin enthaltenen Definition der unternehmerischen Innovation als Durchsetzung neuer Faktorkombinationen ist bis heute die Grundlage jeglicher Innovationsforschung.[11] Pionierunternehmern („dynamische Unternehmer") steht die Schlüsselrolle der wirtschaftlichen Dynamik in der Suche und der Umsetzung dieser neuen Kombinationen zu. Dabei folgen der wirtschaftlichen stets auch soziale Veränderungen, da erstere von den zweiten begleitet oder umgesetzt werden. Ohne die Einbettung von Mobilität in das individuelle und gesellschaftliche Leben wäre das Automobil technisch zwar möglich aber als Innovation nicht umsetzbar gewesen.

„Unter dem Imperativ der Innovation werden Gegenwartskrisen niemals aus begangenen Irrtümern oder aus Fehlentwicklungen oder Fehlentscheidungen erklärt. (…) Krisen sind in dieser Lesart immer und ausschließlich Resultate eines Novitätsmankos. (…) für die Innovateure liegt die Rettung in der Zukunft des Nie-Dagewesenen. Jede Besinnung, jedes Innehalten, jedes Zögern ist darum verlorene Zeit, geradezu Sabotage gegen die vorwärtsweisenden Rettungsbemühungen. Daher die Überstürzungen in den sensationellen Neuerungen, die immer rasender werdenden Innovationsschübe."[12]

Die Dynamik der „schöpferischen Zerstörung" ergibt sich durch die kreative Schöpfungskraft des Unternehmers kombiniert mit einer Anziehungskraft des Marktes: „Das Neue will aber keine Alternative, keine Möglichkeit, sondern eine alles ausschließende Notwendigkeit sein. Der Furor der Modernisierung kennt keine Bedenkzeit, kein Innehalten, kein Abwägen, keine Muße. Das Neue erscheint deshalb auch mit Vorliebe in der ideologischen Gestalt eines Sachzwangs, dem man sich nur um den Preis selbstverschuldeten Zurückbleibens widersetzen könnte."[13]

Einen Vorläufer dieses Gedankenguts liefert *Nietzsche* (1954) in „Also sprach Zarathustra": „Und wer ein Schöpfer sein muss im Guten und Bösen: wahrlich,

---

10 Vgl. Schumpeter (1964).
11 Vgl. Howaldt/Schwarz (2010), S. 13 ff.
12 Gronemeyer (2000), S. 6f.
13 Liessmann (2000), S. 8.

der muss ein Vernichter erst sein und Werte zerbrechen.“[14] Dieser Bruch der Werte kann aber nur erfolgen, wenn er sozial akzeptiert wird und sich das gesellschaftliche Handeln verändert. Betrachtet man nun das ‚Soziale‘ als soziale Praktiken[15] so setzt sich die soziale Welt „aus konkret benennbaren, einzelnen, dabei miteinander verbundenen Praktiken, aus typisierten, routinisierten und sozial verstehbaren Bündeln von Aktivitäten zusammen.“[16]

„Eine soziale Innovation ist eine von bestimmten Akteuren (…) ausgehende intentionale (…) Neukonfiguration sozialer Praktiken in bestimmten Handlungsfeldern mit dem Ziel, Probleme oder Bedürfnisse besser zu lösen (…) als dies auf der Grundlage etablierter Praktiken möglich ist. Das Neue vollzieht sich nicht im Medium technologischer Artefakte, sondern auf Ebene sozialer Praktiken.“[17]

Der sichtbare Unterschied zwischen einer sozialen und einer technischen Innovation ist somit ihre Immaterialität, ihre intangible Struktur: Das Neue vollzieht sich auf der Ebene der sozialen Praktiken und ihrer Veränderungen. Gleichwohl können technische Innovatoren die Grundlagen legen für soziale.

Soziale Innovationen können das Ergebnis sozialen Wandels sein oder ihn erzeugen. Sie sind als intendierte Aktionen in Form von Produkten oder Prozessen zu beschreiben. Entscheidend ist die Voraussetzung einer Erfindung, welche den Wandel ermöglicht. Das Kriterium für den Übergang der Erfindung in die Innovation ist seine Institutionalisierung bzw. Transformation in eine soziale Tatsache. Diese führt zu geplanten und koordinierten Handlungen oder zu einer ungeplanten Diffusion.

Wie ergeben sich aber soziale Innovationen in der Interdependenz mit technisch-wirtschaftlichen? Hier lohnt es sich zunächst die grundlegenden Möglichkeiten, Neues in die Welt zu bringen, zu differenzieren. *Schumpeter* (1912) selbst gibt dafür einen Einstieg. Er unterscheidet insgesamt fünf verschiedene Optionen zur Kombination neuer Faktoren:[18]

- Produktion eines neuen Gutes oder einer neuen Qualität eines Gutes
- Eine neue Produktionsmethode
- Erschließung eines neuen Absatzmarktes
- Neue Bezugsquellen von Rohstoffen oder Halbfabrikaten
- Neuorganisation der Marktposition.

14 Nietzsche (1954), S. 372.
15 Vgl. Reckwitz (2003), S. 282.
16 Howaldt/Schwarz (2010), S. 53.
17 Howaldt/Schwarz (2010), S. 89.
18 Vgl. Schumpeter (1912).

Die Akteure, welche diese neuen Faktorkombinationen in den Markt bringen, sind die Unternehmer im Sinne Schumpeters. Dabei können diese unternehmerischen Aktionen sowohl aus etablierten Unternehmen heraus entstehen oder aber durch Gründung neuer Unternehmen. In jedem Fall entstehen sie aus den Intentionen mindestens eines Menschen, von ihm empfundene Probleme und Bedürfnisse besser oder anders zu lösen bzw. zu befriedigen. Dies kann auch eine Unzufriedenheit mit der Lösung von Problemen anderer Menschen sein, sei es durch eine neue Art von Produkten oder Dienstleistungen oder auch Arbeitsprozessen etc.

Ausgangspunkt ist somit eine Invention. Diese verpufft aber, wird sie nicht geteilt, imitiert, nachgeahmt. *Tarde* beschreibt den Vorgang als Nachahmung (Imitation).[19] Ohne diese bleibt die Invention als singulärer Akt für die Gesellschaft inexistent: "But an invention that is not imitated is in effect socially, and especially economically, inexistent."[20]

Je stärker sich die Anzahl dieser Nachahmung vergrößert oder sich ihre Wiederholungen erhöhen, umso stärker werden Einfluss und Bedeutung einer Invention. Sie wird dann zur Innovation, sie ist ein neuer Bestandteil von sozialen Praktiken. Abbildung 1 veranschaulicht dies:

Abbildung 1: Der Prozess einer Sozialen Innovation nach Tarde.

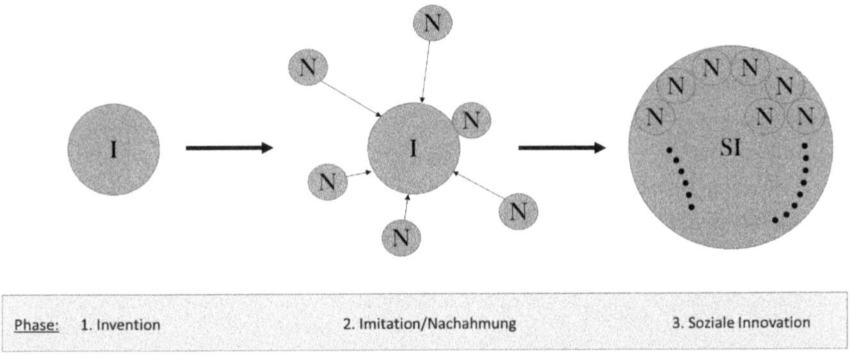

Dieser Prozess hat nun zweifache Wirkungen bei der Umsetzung unternehmerischer Innovationen:

19 In diesem Zusammenhang ist *Tarde* (2009) besonders bedeutend.

20 Tarde (2007), S. 638.

(1) Eine Invention in einem Unternehmen wird durch Nachahmungen zu einer sozialen Innovation inner- und/oder außerhalb des Unternehmens
(2) Eine Invention außerhalb eines Unternehmens wird durch Nachahmungen zu einer sozialen Innovation innerhalb Unternehmen.

Tarde blieb lange Zeit ohne Wirkung mit seiner Sozialtheorie. Seine wissenschaftlichen Inventionen blieben ohne nennenswerte Nachahmung.[21] Dies änderte sich knapp 100 Jahre nach der Veröffentlichung von „*Psychologie économique*".[22] Allerdings wurde im Rahmen der Diffusionstheorie nach *Rogers* (1962) bereits früh darauf verwiesen, dass *Tarde* ein Vorläufer gewesen ist.[23]

Im Hinblick auf die gegenwärtige Debatte zur Bedeutung sozialer Innovation ist die Frage nach den Möglichkeiten ihrer (schnellen und nachhaltigen) Verbreitung oder Diffusion zentral. *Rogers* (2003), der die Forschung zur Diffusion von Innovationen maßgeblich geprägt hat, betrachtet *Tarde* als Impulsgeber für die eigene Konzeption.[24] Dennoch hat seine Reinterpretation von *Tarde* zu einer problematischen Verengung der Diffusionsforschung beigetragen.[25]

Tardes Soziologie interessiert sich für die Genese des Neuen als soziale Praxis. Demgegenüber „setzt Rogers die Neuerung (als in der Regel rationale durch Wissenschaft und Technik hervorgebrachte Problemlösung) voraus und fokussiert auf ihren „Transfer" in unterschiedliche Anwendungsfelder. So zerreißt er den unmittelbaren Zusammenhang von Erfindung und Nachahmung, durch den eine Erfindung erst zur Innovation – und damit zu einer sozialen Tatsache – wird, und reduziert den kreativen Prozess der Nachahmung auf seine adaptive Funktion."[26] *Tarde* hingegen versteht den Zusammenhang von Invention und Imitation im Kontext sozialer Innovationen als „die Basis und relevanten Treiber des transformativen sozialen Wandels."[27] Es geht somit um das Verständnis individueller Nachahmungsprozesse, welche sich zusammen zu einem Strom veränderter sozialer Praktiken entwickeln.

21 Vgl. Katz (2006) und Howaldt/Kopp/Schwarz (2014/2015).
22 Vgl. Tarde (1902).
23 Vgl. Kinnunen (1996) sowie Müller (2004).
24 Vgl. Rogers (2003), 41.
25 Vgl. im Folgenden Howaldt/Schwarz (2015), S. 12 ff.
26 Vgl. Howaldt/Schwarz (2015), S. 14.
27 Vgl. Howaldt/Schwarz (2015), S. 15.

2.2 Arten von Sozialen Innovationen

Die Gesamtheit aller sozialen Innovationen ist immens. Daher gilt es, diejenigen einzugrenzen, welche Auswirkungen auf die Aktivitäten von Unternehmen haben. Zunächst lassen sich zwei Hauptgruppen differenzieren: Soziale Innovationen, die eine reaktive Verhaltensänderung des Unternehmens bewirken oder solche, die ausgehend von den innovativen Tätigkeiten des Unternehmens zu einer proaktiv-intentionalen Veränderung in Gesellschaft und Umwelt Wirkungen erzeugen.

Abbildung 2 zeigt die Bipolarität der Einbettung von Unternehmen und Gesellschaft: Zum einen verändern Soziale Innovationen proaktiv das Umfeld des Unternehmens und damit sein Aktionsfeld. Das Unternehmen ist dann reaktiv. Die Sozialen Innovationen werden erkannt und überprüft. Falls sie in Verbindung mit der Entwicklung des Unternehmens stehen, z.B. aufgrund veränderter sozialer Praktiken wichtiger Stakeholder, werden sie in die Unternehmensstrategien integriert. Somit sind diese wieder kohärent mit der Entwicklung des Umsystems des Unternehmens. Zum anderen können Unternehmen selbst Promotoren Sozialer Innovationen sein. Sie wirken dann proaktiv auf ihre Stakeholder, die Gesellschaft und/oder die Umwelt ein. Ihr Geschäftsmodell basiert in diesem Fall auf den Nachahmungs- und Veränderungsprozessen der sozialen Handlungspraktiken selbst. Ein gutes Beispiel hierfür sind Social Media-Anwendungen.

Abbildung 2: Reaktive und proaktive Wirkungen Sozialer Innovation in Bezug auf ein Unternehmen.

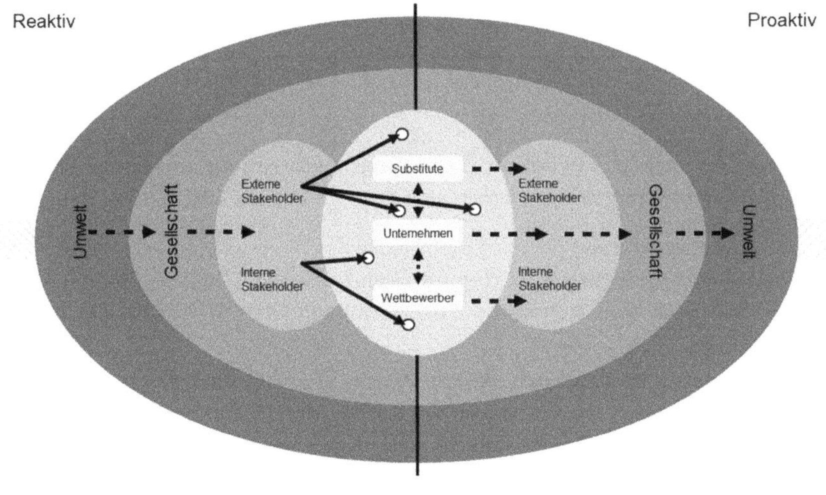

In beiden Fällen ist die enge Einbindung von Stakeholdern in die Entwicklung und die Innovationstätigkeit eines Unternehmens unabdingbar. Es gilt, den Wandel von sozialen Handlungspraktiken in diesem Umfeld frühzeitig zu erkennen und im Kontext der Kernkompetenzen des Unternehmens zu bewerten und gegebenenfalls einzubetten. Ebenso sollten Wandlungsfähigkeiten der relevanten Stakeholder im Rahmen des Innovationsmanagements berücksichtigt werden, wenn das Unternehmen selbst Soziale Innovationen als Ziel seiner Geschäftstätigkeiten hat.

Abbildung 3: Die Typologie sozialer Innovationen.

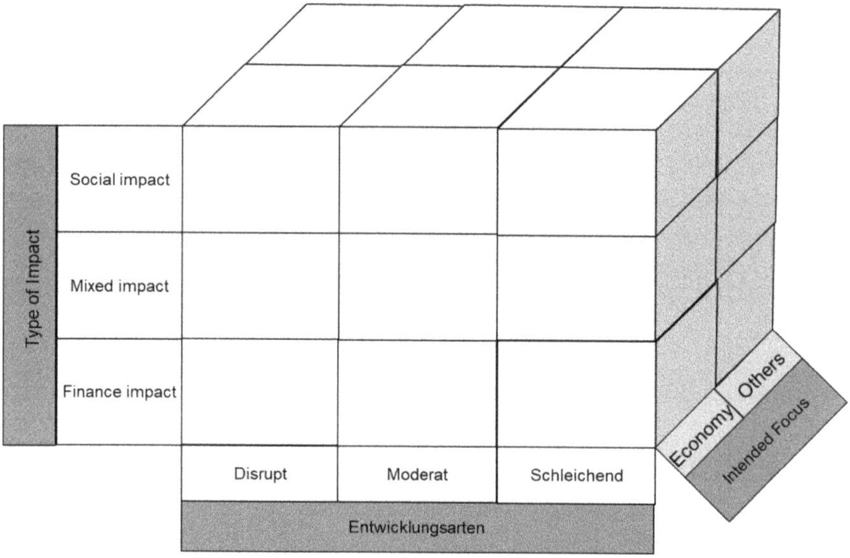

Im proaktiven Teil, in dem Soziale Innovationen zum originären Geschäftszweck eines Unternehmens gehören, lassen sich zwei Ziele unterscheiden:

- Financial Impact:
  Ein Unternehmen muss stets kostendeckend arbeiten. Darüber hinaus kann es sich Ziele in der Unternehmenswertsteigerung und dessen Verwendung setzen.
- Social Impact:
  Ein Unternehmen kann sich darüber hinaus Ziele bei der Erreichung sozialer Veränderungen setzen. Diese können soziale Praktiken im Allgemeinen betreffen (Social Media) oder konkrete Lösungen sozialer Probleme darstellen (z.B. Reintegration Langzeitarbeitsloser).

Im nachfolgenden Abschnitt erläutern verschiedene Beispiele die Mannigfaltigkeit Sozialer Innovationen und ihre fundamentale Bedeutung für die Innovationsstrategie von unternehmen.

3 Beispiele Sozialer Innovationen

Die Verschiedenartigkeit sozialer Innovationen sowie eine bislang unklare Begriffsverwendung in Literatur und Praxis trüben den ersten Blick auf deren Zusammenhänge mit der Unternehmensentwicklung. Die Betrachtung kann aber gelichtet werden, indem man das Interdependenzverhältnis von Unternehmensentwicklung und Sozialen Innovationen als eine Art wechselseitige Einbettung[28] versteht.

(1) Apple (CSI)

Die Geschäftsstrategie von Apple begann mit einer Kombination von technologischer und sozialer Innovationen. Ziel war (und ist es immer noch), die Bedienung von PCs dem Nutzer so einfach wie möglich zu machen. Ein wesentlicher Bestandteil ist dabei die grafische Bedienoberfläche. Mit der technologischen Innovation der haptischen Bedienung eines Displays revolutionierte Apple mit dem iPhone und allen später daran angeschlossenen Geräte die sozialen Handlungspraktiken in der Gesellschaft. Dies war die Grundlage für die einfache Bedienung von Social Media-Applikationen. In Kombination mit der technischen Integration einer digitalen Kamera in das Smartphone wurde es für den Nutzer möglich, Erlebnisse fast simultan mit anderen zu teilen. Dadurch haben sich soziale Praktiken gravierend verändert. Ohne diese Veränderungen – ohne entsprechende Nachahmung gemäß *Tarde* – wären die entsprechenden Geschäftsmodelle erfolglos geblieben. Wie wichtig der richtige Zeitpunkt für eine solche Innovation ist, zeigt sich an einem anderen Produkt von Apple: Dem Newton. Dieser Handheld konnte nur eine wirtschaftlich zu geringe Anzahl von Nutzern zur Veränderung sozialer Handlungspraktiken führen und wurde 1998 eingestellt.

Ein zentraler Baustein der Geschäftsstrategien von Apple sind demzufolge die Aktivierung von sozialen Innovationsprozessen (CSI).

(2) Social Media & Co. (CSI/CSI²)

Ohne die Symbiose von Smartphones ließen sich die Erfolgsgeschichten von Social Media nicht verstehen. Erst durch die einfache haptische Bedienung in

---

28 Zum Begriff der Einbettung vgl. u.a. Polanyi (1947), (1968); Granovetter (1985) und Schrader (1995).

Kombination mit Foto-, Sprach- und Videoaufnahmen sowie der Einbindung des Telefons in das Internet konnten neue Arten des gesellschaftlichen Austausches von Informationen beginnen.

Nachahmungsprozesse verliefen exponentiell und führten zu dem von *Tarde* explizierten Phänomen: Die Nachahmungen wurden zu interdependenten Schleifen in der Weiterentwicklung der Soft- und Hardware verbundenen sozialen Praktiken. Dies führte wiederum zu einer Beschleunigung der technologischen und sozialen Entwicklung.

(3) "Sharing Economy" (CSI²)

Zum anderen können Unternehmen Soziale Innovationen proaktiv gestalten. Zum Beispiel durch Veränderungen der sozialen Praktiken von Handlungsgruppen durch innovative Änderung im Gebrauch digitaler Technologien besonders im Zusammenhang des Teilens, der Sharing Economy.[29]

Diese „intentionale, zielgerichtete Neukombination bzw. Neukonfiguration sozialer Praktiken"[30] verändert die Bedeutung von Eigentum. Die Sharing Economy hinterfragt dabei nicht die Notwenigkeit von Besitz, aber von Eigentum.[31] Es geht um ein gemeinsames Nutzen von Objekten. Die Soziale Innovation dahinter ist die Veränderung sozialer Praktiken von Besitz- zu Nutzungswünschen.[32]

Genau diesem Trend haben Unternehmen wie Uber und diverse Car-Sharing-Anbieter ihren Erfolg zu verdanken. Die Kunden dieser Dienste wollen kein eigenes Auto mehr besitzen, sondern wollen viel mehr den Zugang zu Mobilität haben, wenn sie ihn brauchen. Ob diese Mobilität darin besteht, dass von jemand anderes das Auto geliehen wird, oder jemand mit seinem Auto einen Taxi-Service anbietet ist bei der Befriedigung des Bedürfnisses nachrangig.

Auf dieselbe Weise profitiert AirBnB von diesem neuen Verständnis der Share Economy. Privatpersonen können über die Internetplattformen freie Gästezimmer im eigenen Heim für Übernachtungen vermieten. Reisende können über die Plattform freie Gästezimmer auf der ganzen Welt finden und buchen.

29 Vgl. Rifkin (2014), Matzler/Veider/Kathan (2015).
30 Howaldt/Schwarz (2010), S. 54.
31 Vgl. Nekaj (2014).
32 Vgl. Bendel (2012).

(4) auticon GmbH (CSI²)

Die auticon GmbH ist ein besonderes Beispiel für eine soziale Innovation mit hybridem Charakter.[33] Hierbei werden sowohl unternehmerische Probleme gelöst als auch soziale Probleme Bedürftiger. Das IT-Unternehmen auticon beschäftigt derzeit ca. 47 Menschen mit Asperger-Autismus. Dies entspricht zwei Drittel der gesamten Belegschaft. Asperger-Autismus ist eine spezielle abgeschwächte Variante im gesamten Autismus-Spektrum und zeichnet sich dadurch aus, dass die Symptome meist erst nach dem dritten Lebensjahr erkannt werden. Die Betroffenen beschäftigen sich gerne mit sich selbst und pflegen keine sozialen Kontakte. Weiterhin werden Körperkontakte wie Umarmungen als lästig empfunden. Allerdings besitzen Asperger-Autisten eine zum Teil überdurchschnittliche geistige Entwicklung. Sie verfügen über ein hohes Maß an Zuverlässigkeit, einen äußerst ausgeprägten Gerechtigkeitssinn und Aufrichtigkeit. Darüber hinaus zeigen sie hohe Motivation und enorme Leistungsbereitschaft, sofern es sich um sie interessierende Bereiche ihrer Interessen handelt. Genau dies sind die ausgeprägten Qualitätsmerkmale von Arbeitnehmern im IT-Bereich der auticon GmbH.

Das Unternehmen gibt somit diesen Menschen die Möglichkeit, ihren Lebensunterhalt dort zu verdienen und löst somit innovativ ein soziales Problem. Im Allgemeinen werden Menschen mit Asperger-Autismus von ihrem Umfeld als eher schroff und unkollegial empfunden. Deshalb gelten sie auf dem Arbeitsmarkt als schwer vermittelbar. Auticon bietet ihnen ein Umfeld, in dem sie ihre Stärken entfalten können. Das Unternehmen möchte die logische Denkweise und den Perfektionismus von Menschen mit Autismus nutzen, um Unregelmäßigkeiten in Software-Programmen ausfindig zu machen und löst somit ein unternehmerisches Problem. Durch dieses Beispiel wird sichtbar, wie eine soziale Innovation, hier: Menschen mit Behinderung in den Arbeitsalltag zu integrieren bzw. deren Talente zu nutzen, mit dem Kerngeschäft eines Unternehmens harmoniert. Die persönliche Betroffenheit des auticon-Gründers Dirk Müller-Remus, dessen Sohn mit dem Asperger-Syndrom geboren wurde, war Anlass der Invention. Die Imitation erfolgt durch Nachahmung anderer Unternehmen: „Nun hat auch SAP diese Arbeitnehmergruppe in Deutschland für sich entdeckt und will bis 2020 Hunderte Autisten als Softwaretester, Programmierer und Spezialisten für Datenqualitätssicherung einstellen." (www.spiegel.de). Es sind offensichtlich auch andere Unternehmen daran interessiert, die innovative Idee von auticon zu ihren eigenen Vorteilen zu kopieren wie zum Beispiel Vodafone (www.tagesspiegel.de) und Strato (www.strato.de).

---

33 Das Beispiel wurde bereits in einem Beitrag von Zacharias/Stüber (2015) verwendet.

4 Fazit

Anhand dieser wenigen Beispiele lässt sich klar verdeutlichen, wie sehr Soziale Innovationen ihre Einwirkung auf die Unternehmensentwicklung besitzen. Jede Innovation mit weitreichendem Charakter führt auch oder gerade zu Veränderungen sozialer Praktiken einzelner Akteure. Die Symbiose von Smartphone und Social Media Apps zeigt dies eindrucksvoll.

Tarde hat in seinen Werken Grundlagen für das Verständnis der damit verbundenen Prozesse geliefert. Zu seinen Lebzeiten konnte er die praktischen Ergebnisse seiner Theorien leider kaum verfolgen. Erst fast hundert Jahre später traten im Rahmen der Informationstechnologie vielfältige Möglichkeiten auf, Soziale Innovationen als Geschäftsgrundlage zu nutzen. Es kann davon ausgegangen werden, dass die gesellschaftlichen Veränderungen noch in einem weit stärkeren Maße zunehmen werden. In diesem Kontext stehen an erster Stelle die Digitalisierung und die mit ihr verbundenen Folgen im Kontext von Interaktionen und sozialen Handlungen.

Literaturverzeichnis

Blackmore, S. (1999): The meme machine, Oxford.

Franz, H. W. / Hochgerner, J. / Howaldt, J. (2012): Challenge Social Innovation, Heidelberg.

Granovetter, M. (1985): Economic Action and Social Structure: The Problem of Embeddedness, in: American Journal of Sociology, Vol. 9, No. 3, S. 481–510.

Gronemeyer, M. (2000): Immer wieder neu oder ewig das Gleiche, Darmstadt.

Howaldt, J. / Schwarz, M. (2010): Soziale Innovation im Fokus – Skizze eines gesellschaftstheoretisch inspirierten Forschungskonzepts, Bielefeld.

Howaldt, J. / Kopp, R. / Schwarz M. (2015): On the theory of social innovation, Weinheim und Basel.

Katz, E. (2006): Rediscovering Gabriel Tarde, in: Political Communication, Vol. 23, No. 3, S. 263–270.

Latour, B. (2001): Gabriel Tarde und das Ende des Sozialen. Soziale Welt, Nr. 3, S. 361–376. Übersetzung von „Gabriel Tarde and the End of the Social", in: Patrick Joyce (Hrsg.): The Social in Question.

Latour, B. (2010): Eine neue Soziologie für eine neue Gesellschaft. Einführung in die Akteur-Netzwerk-Theorie, Frankfurt am Main, Suhrkamp.

Liessmann, K. P. (Hrsg.) (2000): Die Furie des Verschwindens, Philosophicum, Wien.

Matzler, K. / Veider, V. / Kathan, W. (2015): Adapting to the Sharing Economy, MIT Sloan Management Review, Vol. 56, No. 2, S. 71–77.

Nietzsche, F. (1954): „Also sprach Zarathustra", Zweiter Teil, „Von der Selbst-Überwindung", in: Karl Schlechta (Hrsg.): Werke in drei Bänden, Band 2, München, S. 372.

Pol, E. / Ville, S. (2009): Social Innovation: buzz word or enduring term? URL: http://ro.uow.edu.au/cgi/viewcontent.cgi?article=1699&context=commpapers, [Zugriff: 06.07.2017].

Polanyi, K. (1947): Our Obsolete Market Economy: Civilization Must Find a New Thought Pattern, American Jewish Committee, New York.

Polanyi, K. (1968): The Economy as Instituted Process, in: LeClair, E. / Schneider, H. (Hrsg.): Economic Anthropology, New York.

Reckwitz, S. (2003): Grundelemente einer Theorie sozialer Praktiken – Eine sozialtheoretische Perspektive, in: Zeitschrift für Soziologie, Jg. 32, Heft 4, Stuttgart.

Rifkin, J. (2014): The Zero Marginal Cost Society: The Internet of Things, the Collaborative Common; deutsche Ausgabe: Die Null-Grenzkosten-Gesellschaft: Das Internet der Dinge, kollaboratives Gemeingut und der Rückzug des Kapitalismus, 1. Auflage, Frankfurt am Main/New York.

Rüede, D. / Lurtz, K. (2012): Mapping the various means of social innovations: Towards a differentiated understanding of an emerging concept, EBS European Business School, Research Paper 12–03.

Schrader, H. (1995): Working Paper No. 219, Fakultät für Soziologie, Bielefeld.

Schumpeter, J. (1912): Theorie der wirtschaftlichen Entwicklung, in: Neuausgabe von Röpke, J. / Stiller, O. (Hrsg.), Berlin.

Schumpeter, J. (1964): Theorie der wirtschaftlichen Entwicklung, 6. Auflage, Berlin.

Tarde, G. (1902): Psychologie économique, Paris.

Tarde, G. (2007): Economic psychology. Übersetzung von Toscano, A. In: Economy and Society, Vol. 36, No. 4, S. 614–643.

Tarde, G. (2009): Die Gesetze der Nachahmung, Frankfurt am Main.

Zacharias, C. / Stüber, S. (2015): Stand des Sozialen Engagements im Mittelstand – Eine empirische Studie, in: Sozialwissenschaften und Berufspraxis, Ausgabe 2/15, S. 275–284.

Jan-Philipp Büchler, Jennifer Decker

FH Dortmund,
Center for Applied Studies and Education in Management

Strategische Logik zur Durchsetzung Sozialer Innovation – SARI als ressourcen- und fähigkeitsorientierte Bewertungssystematik

1 Soziale Innovationen

1.1 Wirtschafts- und Sozialwissenschaftliche Begriffsbestimmung

Der Begriff *Soziale Innovation* wird sowohl in den Wirtschafts- als auch in den Sozialwissenschaften vielfältig benutzt. Eine exakte und übereinstimmende Definition wird dabei selten benannt. Dies spiegelt auch den fehlenden Konsens hinsichtlich eines allgemeinen Verständnisses wider. In den Wirtschaftswissenschaften spielen (soziale) Innovationen im Rahmen von Markt- und Wettbewerbsstrategien sowie von Forschungs- und Entwicklungsvorhaben eine zentrale Rolle. In eben diesem Kontext liegt der Schwerpunkt vor allem auf zunächst technischen Inventionen, die erst sukzessive von Sozialen Innovationen, d.h. Veränderung menschlichen Verhaltens und sozialer Prozesse, begleitet werden. Die Sozialwissenschaften legen den Fokus bei der Analyse Sozialer Innovationen vor allem auf den sozialen Wandel innerhalb von Gesellschaften und versuchen hier interdependente Bezüge herzustellen.[1] Beiden Fachdisziplinen ist gemein, dass selbst innerhalb der jeweiligen Disziplin kein einheitliches Begriffsverständnis existiert. Im Folgenden werden daher die wesentlichen Merkmale und Eigenschaften Sozialer Innovationen herausgearbeitet.

In den Sozialwissenschaften ist es verbreitet, bereits eine neue Idee oder (soziale) Erfindung mit Potenzialcharakter zur gesellschaftlichen Veränderung als Soziale Innovation zu bezeichnen.[2] Danach sind Soziale Innovationen „neue Wege, Ziele zu erreichen, insbesondere neue Organisationsformen, neue Regulierungen, neue Lebensstile, die die Richtung Sozialen Wandels verändern, Probleme besser lösen als frühere Praktiken, und die deshalb wert sind, nachgeahmt und

1 Vgl. Kesselring/Leitner (2008), S. 10.
2 Vgl. Pol/Ville (2009), S. 878–885; ebenso Hochgerner (1986), S. 80.

institutionalisiert zu werden".[3] Dies umfasst beispielsweise auf Unternehmensebene betriebliche Maßnahmen und neue Dienstleistungen, mit denen die Arbeitsbeziehungen verändert werden; auf staatlicher Ebene einschneidende Reformwerke, Gesetze oder internationale Verträge; auf gesellschaftlicher Ebene Lebensstiländerungen oder sonstige von Privatpersonen selbst erzeugte soziale Erfindungen als private Optimierung zwischen verfügbaren (z.B. finanziellen, zeitlichen) Mitteln, Bedürfnisbefriedigung und Selbstdarstellung, die zur Änderung der sozialen Schichtung oder der politischen Verhältnisse führen. Insofern verstehen die Sozialwissenschaften unter Sozialer Innovation vor allem die *absichtsvolle Veränderung der Organisation sozialer Praktiken.*[4] Dabei wird betont, dass bei Sozialen Innovationen etwas wesentlich Neues oder eine Neukombination vor allem auf den Ebenen der sozialen Handlungsmuster, Routinen, Praktiken und Settings möglich ist und diese damit nicht im Mikrokosmos sozialer Systeme – also auf Individualebene – verbleiben, sondern die Handlungsmuster systemrelevant verändert.[5] Grundsätzlich ist zu bemerken, dass das sozialwissenschaftliche Begriffsverständnis die Soziale Innovation rein deskriptiv erfasst und diese somit nicht grundsätzlich gute Absichten verfolgen muss: "there is no inherent goodness in social innovation".[6]

Die wirtschaftswissenschaftliche Perspektive auf Soziale Innovationen ist in der Regel von normativer Prägung und versteht Soziale Innovation als eine sich am Gemeinwohl orientierende Innovation mit dem Ziel, eine bessere Gesellschaft zu schaffen.[7] Dies bedeutet, dass sich Soziale Innovationen an von der Gesellschaft hochbewerteten Zielen orientieren und in Abhängigkeit von der Zieldimension auch messbar sind. Insofern orientieren sie sich an "social needs" und nicht wie klassische Produktinnovationen an "merely personal needs or demands".[8] Zeitgleich wird betont, dass Soziale Innovationen besonders in solchen Kontexten zu finden sind, in denen sowohl öffentliche (staatliche) als auch privatwirtschaftliche Angebote bei der gesellschaftlichen Problemlösung versagt haben.[9] Dabei zeichnen sich Soziale Innovationen vor allem dadurch aus, dass sie sowohl an sozialen Zielen und akuten gesellschaftlichen Bedürfnissen ausgerichtet sind und zugleich

3 Vgl. Zapf (1992), S. 195 ff.
4 Vgl. Gillwald (2000), S. 5.
5 Vgl. Howaldt/Schwarz (2010), S. 93 ff.
6 Lindhult (2008), S. 44.
7 Vgl. Müller et al. (2013), S. 8.
8 Vgl. Mulgan et al. (2007), S. 9.
9 Vgl. Jeschke et al. (2011), S. 225.

wirtschaftlich erfolgreich realisiert werden.[10] Dieses Merkmal unterscheidet soziales Unternehmertum von klassischem Unternehmertum, wie im nächsten Abschnitt ausführlicher dargelegt und abgegrenzt wird.

Dieser Beitrag untersucht die Anforderungen an Soziale Innovationen für deren erfolgreiche Durchsetzung und versucht generelle Handlungsempfehlungen für Sozialunternehmer zur systematischen Gestaltung und Konfiguration Sozialer Innovationen abzuleiten. Dazu wird eine integrative Perspektive eingenommen, in dem aus den Sozialwissenschaften und den Wirtschaftswissenschaften wesentliche Definitionsmerkmale aufgenommen werden. Aus den Sozialwissenschaften wird das Verständnis für eine planvolle Rekonfiguration interdependenter, gesellschaftlicher Akteure und deren sozialer Handlungsmuster gewonnen, die sich in einem solchen Umfang realisiert, dass eine Auswirkung (Impact) auf das gesamtgesellschaftliche System festzustellen ist. Dieser Aspekt wird in den Wirtschaftswissenschaften unter Diffusions- und Skalierungseffekten von (Sozialen) Innovationen aufgegriffen. Aus den Wirtschaftswissenschaften wird das normative Verständnis Sozialer Innovationen übernommen, sodass ausschließlich an den Bedürfnissen und dem Nutzen von Gesellschaften orientierte Innovationen betrachtet werden. Aus diesem Verständnis heraus wird die Rekonfiguration von Ressourcen, Fähigkeiten und gesellschaftlichen Akteuren untersucht und Sozialunternehmen Empfehlungen für die wirtschaftliche, systematische und planbare Organisation von Sozialen Innovationen gegeben.

1.2 Soziale Innovationsaktivität durch Unternehmen

Soziale Innovationen befördern Sozialen Wandel,[11] der als eine Strukturveränderung in einem sozialen (gesellschaftlichen) System verstanden wird. Diese Veränderungen finden auf drei gesellschaftlichen Ebenen statt.[12] Auf der Makroebene betreffen die Veränderungen die sozialen Strukturen innerhalb der Gesellschaft und ihrer Kultur. Die Mesoebene beschreibt Institutionen und Gemeinschaften, in die gegebenenfalls eingegriffen wird. Die Mikroebene erschließt Veränderungen (im Umfeld) von Personen und ihren Verhaltensweisen. Im Folgenden werden solche Innovationen betrachtet, die das Potenzial haben, Makro- und Mesoebene

---

10 Vgl. Europäische Kommission (2013), S. 6: "[…] the development and implementation of new ideas to meet social needs and create new social relationships and collaborations", where these new ideas (products, services and models) are both good for the society as well as enhance citizens' capacity to act.

11 Vgl. Pol/Ville (2009), S. 879.

12 Vgl. Weymann (1998), S. 14.

zu verändern, wobei auch diese Innovationen regelmäßig auf der Mikroebene einwirken, aber nicht ausschließlich dort verbleiben.

Grundsätzlich sind im wirtschaftswissenschaftlichen Kontext insbesondere technische Innovationen als Treiber für gesellschaftlichen Wandel zu sehen. Unternehmen wie z.B. Apple, Amazon oder Facebook verändern (nicht immer planvoll) durch ihre technischen Sachgüter und Dienstleistungen die Art und Weise, wie Menschen kommunizieren und ihren Alltag gestalten. Getrieben von Technologie (*Technology Push*) und marktlichen Opportunitäten bzw. Nachfrage (*Market Pull*) verändern Unternehmen sowohl absichtsvoll als auch zufällig die Gesellschaft. Diese Veränderungen stellen aus sozialwissenschaftlicher Sicht bereits Soziale Innovationen dar, werden in dem engeren Begriffsverständnis dieses Beitrags allerdings ausgeklammert. Neben Unternehmen, die technische Innovationen (mit sukzessiv folgenden Sozialen Innovationen) hervorbringen, bestehen Organisationen, die *per se* an *gesellschaftlichem Wandel* interessiert sind und ihre *unternehmerische Mission* in der Durchsetzung Sozialer Innovationen und Veränderungen sehen. Diese gesellschaftlich orientierten Unternehmen werden als Sozialunternehmen (Social Enterprise) bezeichnet, dem Sozialunternehmertum (Social Entrepreneurship) zugeordnet und stehen im Fokus dieses Beitrags. *Sozialunternehmer* werden in dem Zusammenhang als gesellschaftliche *Change Agents* definiert und mit folgenden Attributen belegt:

- "Adopting a mission to create and sustain social value (not just private value),
- Recognizing and relentlessly pursuing new opportunities to serve that mission,
- Engaging in a process of continuous innovation, adaptation, and learning,
- Acting boldly without being limited by resources currently in hand, and
- Exhibiting heightened accountability to the constituencies served and for the outcomes created."[13]

Grundsätzlich existieren verschiedene Definitionen[14] von Sozialunternehmen, die im Ergebnis unterschiedliche Schwerpunkte aufweisen. Allen Definitionen ist jedoch gemeinsam, dass diese Unternehmen ihre gesellschaftliche Aufgabe in den Mittelpunkt stellen. Die Unternehmer möchten ein gesellschaftliches Problem lösen, welches von Arbeitslosigkeit – z.B. durch Einstellung von Langzeitarbeitslosen – bis hin zu Umweltverschmutzung – z.B. durch das Sammeln und Recycling von Plastikmüll im Ozean – reichen kann. Zur

---

13 Dees (2001), S. 2 ff.

14 Vgl. Skloot (1983); Weisbrod (1998); Salamon (1997); Zimmer/Priller/Hallmann (2003); Drayton/Mac Donald (1993); Drucker (1995).

Problemlösung setzen sie ihre Ressourcen und ihren Unternehmergeist ein. Durch verschiedene Auslegungen von Sozialunternehmertum ergeben sich unterschiedliche Unternehmenstypen, die je nach Zusammenspiel von gesellschaftlichen und finanziellen Zielen den Sozialunternehmen oder den Wirtschaftsunternehmen zugeordnet werden (vgl. Abbildung 1).

Abbildung 1: Unternehmenstypen nach Zielsetzung.

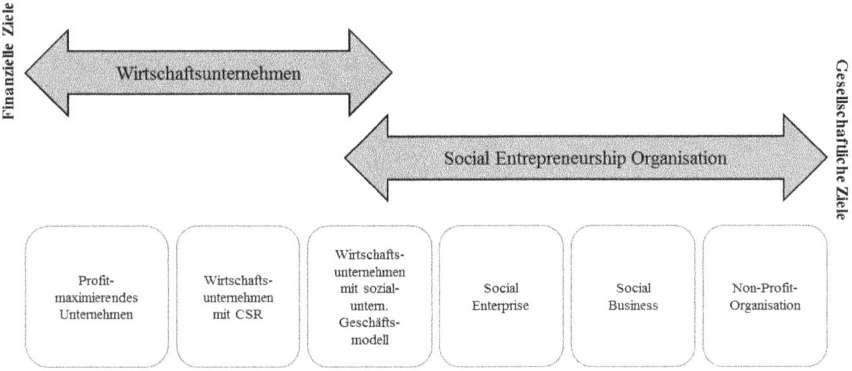

Quelle: In Anlehnung an Fueglistaller et al. (2012).

Dabei wird deutlich, dass es verschiedene Formen und Ausprägungen von sozialunternehmerischer Aktivität gibt, die je nach Definition von der Non-Profit-Unternehmung bis hin zum For-Profit-Unternehmen mit sozialer Mission reichen. Sozialunternehmer verstehen Sozialen Wandel als Hauptziel ihrer Geschäftstätigkeit. Sie konzentrieren sich auf die Lösung gesellschaftlicher Herausforderungen in unterschiedlichen Bereichen und gesellschaftlichen Ebenen. Jedoch ist das bloße Entwickeln von Ideen und der Wunsch, diese durch eine unternehmerische Tätigkeit voranzutreiben und umzusetzen nicht genug, um tatsächlich gesellschaftlichen Wandel herbeizuführen. Ideen verharren oftmals in Initiativen, die nicht von einem großen Teil der Gesellschaft angenommen werden. Soziale Innovationen müssen wie technische Innovationen auch gesellschaftlich adaptiert werden. Daraus folgt, dass eine Idee bzw. Erfindung eines Sozialunternehmers im Sinne der Sozialen Innovation nur dann erfolgreich werden kann, wenn sie von einem nennenswerten Teil der Gesellschaft angenommen wird. Diese Tatsache wird von der Frage begleitet, ab wann von solch einer Annahme gesprochen und wie diese gemessen werden kann. Als Messgröße können klassische Kenngrößen wie ökonomischer Erfolg nicht herangezogen werden, da dieser keinen direkten Hinweis auf die Lösung des betrachteten gesellschaftlichen Problems erlaubt.

1.3 Soziale Wirkungsmessung auf Basis der Impact Value Chain

Es ist eine Messung erforderlich, die abbildet, ob das gesellschaftliche Problem tatsächlich abgeschwächt oder sogar gelöst wird und nicht „nur" zusätzliche unternehmerische Aktivität mit ausschließlich ökonomischen Auswirkungen geschaffen wird. In der Social Entrepreneurship-Literatur wird dies unter dem Aspekt der Sozialen Wirkungsmessung diskutiert. In diesem Zusammenhang steht der "Social Impact" im Fokus. Der Begriff des Social Impacts wird als „die Wirkungen verstanden, welche die grundlegenden gesellschaftlichen Problembedingungen, die einer sozialen Problematik zu Grunde liegen, signifikant und langfristig wandeln". Anhand der sog. *Impact Value Chain* wird diese Wirkungsabfolge in Abbildung 2 verdeutlicht.[15]

Abbildung 2: Impact Value Chain.

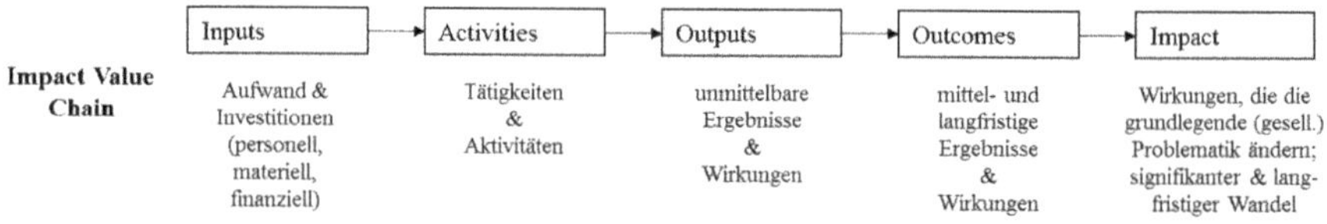

Quelle: Repp (2013), S. 24.

Die Impact Value Chain zeigt, dass Unternehmen Ressourcen (Inputs) einbringen müssen, die über unternehmerische Aktivität zu unmittelbaren Ergebnissen (Outputs) führen. Diese Outputs müssen darauf gerichtet sein über die unmittelbare Wirkung hinaus zu mittelfristigen und langfristigen gesellschaftlich (gewünschten) Ergebnissen zu führen. Erst aus diesen kann der dauerhafte und gesellschaftliche Wandel und damit *Social Impact* entstehen.[16] Entscheidend dabei ist die Multiplikation der Sozialen Innovation. Werden Soziale Innovationen nicht von der Gesellschaft adaptiert, können diese auch nicht zu weitreichenden Veränderungen in der Gesellschaft führen. Es ist dann kein Wandel auf Makro- und Mesoebene möglich und Veränderungen sozialer Praktiken sind lediglich für einzelne Personen (Mikroebene) lokal denkbar. Für einen weit reichenden Wandel (im Sinne der Impact Value Chain) ist es notwendig, dass ein Großteil der Gesellschaft von den Innovationen betroffen ist bzw. positiv erreicht wird.

15 Vgl. Repp (2013), S. 24.

16 Siehe die Fälle im dritten Teil dieses Beitrags für konkrete Beispiele und Indikatoren zur Messung von Social Impact.

Es ist also ein Adaptionsprozess[17] von Innovationswahrnehmung, Übernahmeentscheidung (Imitation) und Umsetzung erforderlich, der durch gesellschaftliche Diffusion und Partizipation (Teilhabe) begleitet wird, wie Abbildung 3 zeigt.

Abbildung 3: Adoptionsprozess für Soziale Innovation.

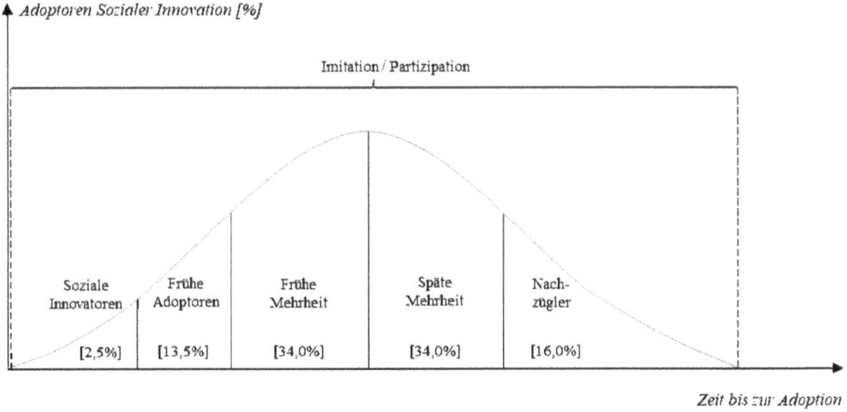

Quelle: In Anlehnung an Rogers (2003), S. 247.

Die an die Adaptionskurve von Rogers angelehnte Darstellung unterscheidet sich von ihrem Original dadurch, dass die Adaption Sozialer Innovationen durch *Imitation und Partizipation, die grundsätzlich unterschiedliche soziale Mechanismen aufweisen,* entsteht. Nach Rogers findet die Durchsetzung einer (technologischen) Innovation im Markt vor allem durch Imitation – verstanden als ein Prozess sozialen Handelns, der durch vertikalen Wissens- bzw. Informationsfluss (Knowledge) z.B. von einer technischen Avantgarde oder Meinungsführern hin zu einer Vielzahl von Individuen im Rahmen eines Überzeugungsprozesses (Persuasion) zur Übernahme einer Innovation (Decision / Implementation) und fortlaufenden Nutzung (Confirmation) gekennzeichnet ist – statt.[18]

Dagegen vollzieht sich die Institutionalisierung von Sozialen Innovationen (bzw. Transformation in eine soziale Tatsache), die durch sowohl geplante und koordinierte Handlungen (Active Dissemination) als auch ungeplante Diffusion und im Ergebnis breite soziale Akzeptanz erfolgt, definitionsgemäß nicht in ausschließlich individuell, sondern stets sozial geformten Lebenswelten bzw.

17 Vgl. Strebel (2003), S. 77.
18 Vgl. Rogers (2003), S. 163 ff.

Figurationen.[19] Soziale Innovationen sind insofern kontextabhängiger und in ihrer konkreten Ausprägung spezifischer als technologische Innovationen.[20] Dieser Kontextbezug erfordert die Einbindung und Teilhabe (Partizipation) auf breiter gesellschaftlicher Basis. Nach Morris zeichnen sich *Partizipationsmodelle* dadurch aus, dass *Informationen und Wissen gemeinsam geteilt* und erweitert werden und daraus ein Dialog sowie gemeinsame, interaktive Lernprozesse entstehen. Die Adaption wird hierbei durch Teilhabe, *gemeinsame Lösungsentwicklung* für strukturelle Probleme in einem System und durch Integration dezentralen Wissens von einer Vielzahl von Informationsträgern (*Grassroot-Participation*) zur Lösungsentwicklung erreicht, wobei die Informationsflüsse und Wissenstransfers zwischen den Individuen (horizontal) und dezentralen Gruppen (lateral) stattfinden. Entscheidend sind dafür die Einbindung der jeweiligen Zielgruppe und die Transparenz in der Kommunikation.[21] Gerade bei einer Sozialen Innovation, die auf die für die gesamte Gesellschaft nutzenstiftende Veränderung sozialer Praktiken abzielt, ist anzunehmen, dass der Adaptionsmechanismus insbesondere auf Partizipation basiert, da die Lösung von gesellschaftlichen Problemen, die stets spezifisch in einem lokalen (Wissens-) Kontext eingebettet, aber auf der Ebene des Gesellschaftssystems insgesamt vergleichbar sind, durch soziale Teilhabe und Einbindung lokaler Wissens- und Verantwortungsträger und lokale Befähigung (*Empowerment*) erfolgt. Die daraus resultierenden Lösungs- und Kommunikationsmechanismen basieren auf interaktiven Lernprozessen, horizontalen und lateralen Informationsflüssen und Gruppeninteraktionen zur gemeinsamen Verantwortungsübernahme (Teilhabe) im Rahmen der gesellschaftlichen Problemlösung sowie Anpassung Sozialer Innovationen im lokalen Kontext und Multiplikation im gesellschaftlichen System (vgl. Abbildung 4).

Eine zentrale aus dieser gesellschaftlichen Vervielfältigung und Teilhabe resultierende Anforderung (neben den Anforderungen aus dem Partizipationsmodell) an die erfolgreiche Adaption einer Sozialen Innovation besteht in ihrer *Skalierbarkeit*. Dabei versteht sich Skalierbarkeit als die Fähigkeit eines Systems, bei wachsenden Anforderungen erweitert werden zu können. Ein System wird skaliert, indem zusätzliche Ressourcen, z.B. Systemkomponenten hinzugefügt oder die vorhandenen Komponenten aktualisiert werden, ohne dass große Änderungen an der Grundstruktur und -funktionalität vorgenommen werden. Im betriebswirtschaftlichen Kontext bezeichnet Skalierbarkeit die Expansionsfähigkeit

19 Vgl. Greenhalgh et al. (2004).
20 Vgl. Jeschke et al. (2011), S. 228.
21 Vgl. Morris (2005), S. 124.

eines Geschäftsmodells durch Einsatz zusätzlicher Ressourcen ein Kapazitäts- und Umsatzwachstum ohne entsprechende Ausweitung der Investitionen sowie Fixkosten – und somit eine höhere Effizienz und Profitabilität – zu erreichen. Entscheidend ist dabei für Sozialunternehmen, dass die Ziele des Unternehmens (und seiner Stakeholder) auf den beabsichtigten Social Impact ausgerichtet sind.

Abbildung 4: Diffusions- versus Partizipationsmodelle.

Unterscheidungsmerkmale	Diffusionsmodell	Partizipationsmodell
Problem	• Informationsdefizit (lokal) • Wissenshoheit (zentral)	• Strukturelle Ungleichheit • Lokales Wissen wird ignoriert
Lösung	• Informationstransfer (unilateral) • Imitation (lokal)	• Informationsaustausch (bi-/multilateral) • Interaktive Lernprozesse (lokal-zentral) • Befähigung (lokal)
Kommunikationsmechanismen	• Vertikaler Informationsfluss • Massenmedien	• Informationsfluss (horizontal/lateral) • Gruppeninteraktion („Grassroot“-Partizipation)

Quelle: In Anlehnung an Morris (2005), S. 124.

2 Strategische Logik zur Durchsetzung Sozialer Innovationen

2.1 Begriff und Merkmale von Strategie

Innovationen entstehen selten aus dem „Nichts“ heraus, sondern sind ein Ergebnis zielgerichteten Handelns. Eine planvolle und zielorientierte Zuweisung von beispielsweise Ressourcen und Maßnahmen wird in der Regel in einer Strategie formuliert. Im klassischen Sinne kann Strategie in Anlehnung an die einschlägige Managementliteratur wie folgt zusammengefasst werden:[22]

- Strategie ist eine geplante Kombination von aufeinander abgestimmten Maßnahmen zur langfristigen Zielerreichung bzw. zum Erreichen nachhaltigen Unternehmenserfolgs,[23]
- wobei die Maßnahmen zur geplanten Positionierung in einem gegebenen Branchen-, Markt- und Wettbewerbskontext beitragen und den Schwerpunkt der Unternehmensaktivität sowie den Ort des Wettbewerbs festlegen,[24]

22 Vgl. Büchler (2014), S. 104.
23 Vgl. Dillerup/Stoi (2013), S. 278.
24 Vgl. Müller-Stewens/Lechner (2011), S. 258.

- auf der Basis von temporären und langfristigen Wettbewerbsvorteilen, die das Unternehmen in eine vorteilhafte und verteidigungsfähige Marktstellung vis-à-vis seinen Wettbewerbern bringt,[25]
- deren Quellen in der Kombination von bestehenden oder weiterzuentwickelnden Unternehmensressourcen und Fähigkeiten bzw. Aktivitäten liegen,[26]
- und die Regeln, Taktiken und Muster des Wettbewerbsverhaltens in einer Branche berücksichtigt.[27]

Dieses Verständnis aus der strategischen Managementlehre unterliegt einer wettbewerbsorientierten und auf einzelwirtschaftlichen Erfolg ausgerichteten Logik, die sich sowohl in industrieökonomischen bzw. marktorientierten Denkschulen (auf den Aufbau verteidigungsfähiger Marktpositionen gerichtet) als auch ressourcenorientierten Ansätzen (auf den Aufbau einzigartiger Ressourcen-Fähigkeits-Kombinationen gerichtet) wiederfindet. Dabei geht es stets um Unternehmenserfolg gemessen an der finanziellen Zielerreichung.

Bezogen auf Soziale Innovationen ist eine Adaption dieses Verständnisses auf eine gesellschaftliche Zielerreichung erforderlich. Im folgenden Kapitel wird dazu der klassische ressourcenbasierte VRIO-Ansatz auf die Logik und verschieden gelagerte Mechanik in den Adaptionsprozessen von Sozialen Innovation angepasst und mit dem SARI-Ansatz ein neues konzeptionelles Modell entworfen.

2.2 VRIO: Ressourcen und Fähigkeiten als Kompetenzbasis im Innovationswettbewerb

Die Ressourcen und Fähigkeiten eines Unternehmens stellen die Handlungs- bzw. Kompetenzbasis für das angebotene Leistungsspektrum an Produkten und Dienstleistungen dar.[28] Sie bilden das Fundament für die wertschaffenden Unternehmensaktivitäten und damit auch die Quelle von (Sozialen) Innovationen. Als Ressourcen können grundsätzlich alle Mittel und Einsatzfaktoren verstanden werden, die einem Unternehmen zur Verfügung stehen. Für eine systematische Differenzierung eignen sich unterschiedliche Ansätze.[29]

Ressourcen sind für sich genommen nicht wertschaffend. Dazu sind Fähigkeiten zur Planung, Umsetzung und Kontrolle erforderlich, die ein Unternehmen in die Lage versetzen, auf der Basis der Ressourcenausstattung z.B. Strategien

---

25 Vgl. Porter (2013), S. 18.
26 Vgl. Barney (2011), S. 13; Porter (1996), S. 62 ff.
27 Vgl. Mintzberg (1978), S. 945 ff.
28 Vgl. Hungenberg (2014), S. 149 ff.
29 Vgl. Faix/Kupp (2002), S. 60 ff.; Büchler (2014), S. 69 ff.

in Bezug auf das Hervorbringen und Durchsetzen von Innovationen zu planen und zu implementieren, welche die Effektivität und Effizienz des Unternehmens steigern.[30] Fähigkeiten beschreiben, ob ein Unternehmen in der Lage ist, seine Ressourcen zielgerichtet zu nutzen und weiterzuentwickeln.[31] Sie umfassen organisationale Prozesse und Routinen, Planungs- und Kontrollsysteme, Anreiz- und Führungssysteme sowie personengebundene Führungsfähigkeiten. Vertreter des ressourcenbasierten Ansatzes fokussieren ihre Analyse auf solche Ressourcen und Fähigkeiten, die in einem gegebenen Marktumfeld zur Realisierung eines Wettbewerbsvorteils beitragen und damit erfolgskritisch sind. Derartige Ressourcen-Fähigkeits-Kombinationen bezeichnen sie als Kernkompetenz (*Core Competence*), d.h. ein „*Bündel an Fähigkeiten und Technologien, die es einem Unternehmen ermöglichen, seinen Kunden einen bestimmten Nutzen anzubieten. [...] Beim Aufbau von Kernkompetenzen geht es [...] darum, die Vorteile besser zu verstehen, die einem Unternehmen aus der mehr oder weniger exklusiven Bereitstellung vielfältiger Kundennutzen erwachsen.*"[32]

Hamel/Prahalad (1995) betrachten Unternehmen grundsätzlich als ein Portfolio spezifischer Kombinationen von Ressourcen und Fähigkeiten, die eben durch die einzigartige Kombination und Interaktion von Ressourcen und Fähigkeiten einen Wettbewerbsvorteil zum Aufbau einer differenzierten Marktposition schaffen können. Zur Identifikation von Kernkompetenzen schlägt Barney die VRIO-Bewertungssystematik vor, mit der Ressourcen und Fähigkeiten in Bezug auf ihren Wert (Value), ihre Seltenheit (Rarity), Imitierbarkeit (Imitability) und Unternehmensspezifität (Organisational Specificity) bewertet werden.[33]

Wert (Value): Ressourcen und Fähigkeiten sind für das Unternehmen wertvoll, indem sie einen relevanten Nutzen für Kunden bei einem wettbewerbsfähigen Kostenniveau schaffen und einen angemessenen Gewinn für die Unternehmenseigentümer erzielen helfen.[34] Folgende Kriterien dienen dazu, den strategischen Wertbeitrag zur Schaffung eines Wettbewerbsvorteils zu ermitteln:

- *Relevanter Kundennutzen*: Der Wert einer Unternehmensressource misst sich am Nutzen, der durch die Befriedigung von Bedürfnissen für den Kunden

30 Vgl. Barney (1991), S. 101.

31 Vgl. Hungenberg (2014), S. 150.

32 Hamel/Prahalad (1995), S. 302. *Kompetenzen* sind dabei als immaterielle, wissensbasierte Ressourcen zu verstehen, die z.B. aus technologischen Fähigkeiten, personengebundenen Fertigkeiten oder auch sozialen Interaktionsmustern bestehen, vgl. Faix/Kupp (2002), S. 62 ff.

33 Vgl. Barney (2011), S. 125 ff.

34 Vgl. Johnson/Scholes/Whittington (2011), S. 138.

entsteht. Ressourcen und Fähigkeiten sind wertlos, wenn Kunden für die darauf basierende Leistung keine Verwendung haben und folglich keine Zahlungsbereitschaft entwickeln. In der Praxis liegt die Herausforderung in der Konzentration auf Ressourcen und Fähigkeiten, die für den Kunden relevant sind.

- *Wettbewerbsfähige Kosten*: Die Bereitstellung von Sachgütern oder Dienstleistungen für den Kunden muss die verursachten Kosten decken und einen angemessenen Gewinn erwirtschaften. Dieser orientiert sich an dem durchschnittlichen Niveau der Anbieter in der Branche.

Seltenheit (Rarity): Ressourcen sind idealerweise selten, bestenfalls einzigartig, sodass nur ein oder sehr wenige Unternehmen über sie verfügen und sie der Differenzierung vom Wettbewerb dienen. Die Differenzierung durch Seltenheit kann in Form von Patenten und Geschmacksmustern, Marken etc. erfolgen. Folgende Kriterien helfen, den Beitrag einer Ressource zur Schaffung eines Wettbewerbsvorteils basierend auf dem Merkmal der Seltenheit zu erfassen:

- *Kundenbedürfnis*: Die Seltenheit einer Ressource stellt für sich genommen nur einen geringen Wert dar, solange die zentralen und relevanten Kundenbedürfnisse nicht befriedigt werden.
- *Nachhaltigkeit*: Seltene Ressourcen müssen nachhaltig abgesichert werden, da Wettbewerber versuchen werden, eine wertvolle und seltene Ressource ebenfalls zu erlangen oder zu imitieren. So kann der Wettbewerbsvorteil einer seltenen Ressource erodieren. Eine Absicherung kann z.B. durch einen konsequenten Markenaufbau und sorgfältige Markenpflege realisiert werden.

Imitierbarkeit (Imitability): Ressourcen dürfen idealerweise nicht oder nur zu relativ hohen Kosten durch Wettbewerber kopierbar sein. Folgende Kriterien lassen auf eine begrenzte Imitierbarkeit von Ressourcen schließen:

- *Pfadabhängigkeit*: Der unternehmensbezogene Entwicklungspfad stellt eine einzigartige und nicht reproduzierbare Abfolge von Entscheidungen und Handlungen dar, die im Zeitablauf zu einem spezifischen Wissensaufbau und teilweise irreversiblen Investitionen führt. Ressourcen, die eine hohe Pfadabhängigkeit aufweisen, besitzen in der Regel eine geringe Imitierbarkeit. Allerdings besitzen sie auch eine geringe Flexibilität und stellen damit eine grundsätzliche Festlegung (Commitment) des Unternehmens dar.
- *Ressourceninterdependenz*: Die wechselseitigen Verbindungen und Abhängigkeiten von unternehmensinternen und -externen (z.B. netzwerkbezogenen) Ressourcen erschweren die Imitierbarkeit durch Wettbewerber. Wettbewerbsvorteile entstehen nur selten aus einzelnen Aktivitäten eines Unternehmens, sondern vielmehr aus dem Verbund einer Vielzahl von Aktivitäten, die

aufeinander abgestimmt sind und sich gegenseitig ergänzen. Verbundeffekte entstehen, wenn die Ausführung einer Aktivität nicht nur einen Vorteil bei der Aktivität selbst erzeugt, sondern zusätzlichen Nutzen für andere Aktivitäten mit sich bringt. Dadurch kann ein besonderer Wertbeitrag für das Unternehmen bzw. ein besonderer Nutzen für den Kunden geschaffen werden, der von Dritten kaum nachgeahmt werden kann.

Die Pfadabhängigkeit und die ja im Prinzip ähnlich wirkende Ressourceninterdependenz sind Grundvoraussetzungen für die Schaffung einer heterogenen Kompetenzbasis und damit eines Wettbewerbsvorteils durch Differenzierung.

Unternehmensspezifität (Organisational Specificity): Die Einbindung von Ressourcen in die spezifischen Geschäftsprozesse und die Unternehmensorganisation ermöglicht deren vollständige Nutzung als Quelle eines dauerhaften Wettbewerbsvorteils.[35] Der Grad der organisationsspezifischen Einbindung und Nutzung lässt sich anhand folgender Kriterien ermitteln:

- *Komplexe Interaktion*: Kernkompetenzen entstehen erst aus der dynamischen und komplexen Interaktion von Ressourcen, Fähigkeiten, Prozessen und Strukturen im Unternehmen, die zu einer untrennbaren und vielschichtigen Verbindung zusammenwachsen. Diese Verknüpfung von Ressourcen und Fähigkeiten kann insbesondere zur Schaffung eines besonderen Kundennutzens verwendet werden. Dies geschieht z.B. im Systemwettbewerb von Netzwerkindustrien wie etwa im digitalen Musikgeschäft durch die einmalige Kombination von iPhone, iTunes und Appstore, die Kunden dieser Produkte und Dienstleistungen von Apple einen Mehrwert durch die Registrierung und Teilnahme an diesem Netzwerk bietet.
- *Kausale Mehrdeutigkeit*: Der Zusammenhang von Ursache und Wirkung ist nicht eindeutig zu erkennen, sondern den Kernkompetenzen liegen überlagernde und vernetzte Wirkungsmechanismen zugrunde. Ressourcen und Fähigkeiten, die z.B. in einem gemeinsamen Erfahrungswissen, einer besonderen Unternehmenskultur und persönlichen Netzwerken bestehen, sind in hohem Maße spezifisch im Unternehmen verankert. Ressourcen und Kompetenzen, die derartig in das Unternehmen eingebettet sind, stellen ein einzigartiges und immanentes Unternehmensmerkmal dar, das überdies nur schwerlich imitiert werden kann.

35 Das Merkmal der Nicht-Substituierbarkeit (Barney, 1991) wurde von Barney selbst in seinen späteren Veröffentlichungen (1997, 2011) durch Organisationale Spezifität ersetzt. In diesem Beitrag soll nur diese letztere Fassung berücksichtigt werden.

Die Kriterien des VRIO-Ansatzes sind miteinander verknüpft. Wettbewerbsvorteile, die auf Ressourcen und Kompetenzen beruhen, sind umso nachhaltiger, je mehr Kriterien sie erfüllen. Wertvolle und seltene Ressourcen und Fähigkeiten können einen temporären Wettbewerbsvorteil begründen. Eine Kernkompetenz liegt nach diesem Ansatz erst dann vor, wenn ein Unternehmen über eine wertvolle, seltene, nicht imitierbare und organisationsspezifische Ressource verfügt. Diese stellt einen nachhaltigen Wettbewerbsvorteil im klassischen Sinne der Wettbewerbsstrategie dar. Welche Anpassungen im Ressourcen- und Fähigkeiten-Set von Sozialunternehmen sind nun für die Durchsetzung Sozialer Innovationen erforderlich?

Sozialunternehmen befinden sich im Spannungsfeld zwischen finanziellen und gesellschaftlichen Zielen. Es handelt sich auch bei ihnen zunächst um Unternehmen, die sich selbst finanzieren und am Markt bzw. im Wettbewerb bestehen müssen. Nichtsdestotrotz ist die Zielausrichtung eine andere und Sozialunternehmen verstehen sich in der Regel vor allem als Sozialinnovatoren. Je besser diese Unternehmen ihre Fähigkeiten und Ressourcen im Hinblick auf die Skalierung ihrer Sozialen Innovationen einsetzen, desto eher wird Social Impact tatsächlich eintreten. Um zu überprüfen, ob die bestehenden Ressourcen und Fähigkeiten zur Skalierung beitragen, ist ein *spezifisches* Prüfschema erforderlich, welches sich konsequent auf die Skalierung von Sozialen Innovationen konzentriert. Dieses ist von der oben beschriebenen Wettbewerbslogik abzugrenzen.

2.3 SARI: Ressourcen- und Fähigkeitsanforderungen an Soziale Innovationen

Für die Durchsetzung Sozialer Innovation ist das Konzept zum Ressourcenaufbau basierend auf den VRIO-Kriterien aufgrund dessen Wettbewerbsorientierung nur bedingt geeignet, da die zugrundliegende strategische Logik hauptsächlich auf den einzelwirtschaftlichen Erfolg abzielt. Daraus resultieren für ein Prüfschema des ressourcenbasierten Ansatzes zum Aufbau von wettbewerbsorientiert wirkenden Ressourcen und Kernkompetenzen unterschiedliche Anforderungen als an Kriterien, die für die Realisierung Sozialer Innovationen und Erreichung gesamtgesellschaftlicher Ziele erforderlich wären. Auf der Basis der bisherigen Ausführungen zur Zielsetzung, Wirkung, Messung und strategischen Logik lassen sich vier zentrale Anforderungen an Ressourcen und Fähigkeiten von Sozialunternehmen zur erfolgreichen Durchsetzung Sozialer Innovationen ableiten:

- *Gesellschaftliche Wertschaffung* (Social Value) ist verbunden mit der Frage: Können meine Ressourcen oder Fähigkeiten einen Beitrag zur Sozialen Wertschaffung leisten?

- *Ressourcenzugang* (Accessibility) ist verknüpft mit der Frage: Sind meine Ressourcen oder Fähigkeiten in ausreichender Zahl vorhanden, um die Zielgruppe vollständig versorgen zu können?
- *Replizierbarkeit* (Replicability), gerichtet auf die Frage: Sind meine Ressourcen oder Fähigkeiten nachahmbar und können somit von Dritten kopiert werden, um das gesellschaftliche Problem flächendeckend zu lösen?
- *Integrierbarkeit* (Integrability), verbunden mit der Frage: Sind meine Ressourcen oder Fähigkeiten in andere bestehenden Systeme integrierbar, das heißt auch in fremde Unternehmen und/oder Organisationseinheiten?

Diese Anforderungen entsprechen zwar der strategischen Logik der VRIO-Bewertungssystematik aufeinander aufbauender und sich verstärkender Ressourcen und Fähigkeiten mit spezifischen Merkmalen, unterscheiden sich allerdings dadurch, dass die Wirkungsrichtung der Bewertungskriterien für die Konfiguration von Ressourcen und Fähigkeiten für Soziale Innovationen *umgekehrt* wird, d.h. aus Seltenheit wird Verfügbarkeit, aus Nicht-Imitierbarkeit wird Replizierbarkeit und aus organisationaler Spezifität wird Integrierbarkeit (vgl. Tabelle 1).

Tabelle 1: Prüfschemata für Kernkompetenzen zur Durchsetzung sozialer versus wettbewerblicher Innovationen.

SARI - Kriterien	**VRIO - Kriterien**
S ocial Value	**V** alue
A ccessibility	**R** arity
R eplicability	**I** nimitability
I ntegrability	**O** rganizational specificity

Gesellschaftliche Wertschaffung (Social Value) ist verbunden mit der Frage: Können meine Ressourcen oder Fähigkeiten einen Beitrag zur Sozialen Wertschaffung leisten? Die Ressourcen oder Fähigkeiten eines Unternehmens entfalten dann ihre gesellschaftliche Wirkung (Wert), wenn sie dazu geeignet sind, im gesellschaftlichen Kontext ein relevantes Problem zu lösen oder dazu beizutragen (siehe hierzu die analytischen Möglichkeiten im Rahmen der Impact Chain):

- *Relevantes Gesellschaftsproblem*: Die Wirkungskraft einer Unternehmensressource misst sich folglich am Nutzen, der für die Gesellschaft entsteht. Ressourcen und Fähigkeiten sind wertlos, wenn systemrelevante Akteure darin keinen Wert sehen und folglich keine Bereitschaft haben, die Ressourcen zu nutzen und zu verbreiten.

- *Systemische Reichweite*: Das Problem und der problemorientierte Ressourceneinsatz sind nicht nur lokal spezifisch, sondern an multiplen und systemrelevanten Punkten oder Knoten möglich bzw. erforderlich.

Ressourcenzugang (Accessibility) ist verknüpft mit der Frage: Sind meine Ressourcen oder Fähigkeiten in ausreichender Zahl vorhanden, um die Zielgruppe vollständig versorgen zu können? Die Ressourcen oder Fähigkeiten eines Unternehmens müssen für die gesellschaftlichen Akteure zugänglich und damit verfügbar sein, sodass sie im besten Fall unbeschränkt und allgegenwärtig (zu geringstmöglichen Kosten) zur Verfügung gestellt werden und von möglichst vielen (gemeinsam) nutzbar sind. Folgende Eigenschaften kennzeichnen solche Ressourcen und Fähigkeiten, die tendenziell eine rasche Diffusion erfahren:[36]

- *Transferierbarkeit freier Ressourcen:* Brachliegende Kapazitäten von un- oder nur teilweise genutzten Ressourcen können eine positive gesellschaftliche Wirkung durch Re-Konfiguration, d.h. Neuanordnung bzw. veränderte Kombination von Ressourcen, sodass ihre Wirkungsweise verändert wird, entfalten und sind zwischen Akteuren transferierbar.
- *Gemeinschaftsgedanken* (Community): Ein entsprechendes Ressourcen-Nutzungsverhalten in der Gemeinschaft (Sharing) verändert das Konsumentenverhalten weg von Besitzmodellen (Ownership) zu Zugriffsmodellen (Access). Dieser sog. *Access over Ownership* basiert auf einer aktiven, engagierten und vertrauensvollen Gemeinschaft.[37]

Replizierbarkeit (Replicability): Solche sozialunternehmerischen Ressourcen und Fähigkeiten, welche eine Multiplikation von (operativen) Prozess(fähigkeit)en, Aktivitäten und Strukturen innerhalb eines gesellschaftlichen Systems ermöglichen, verstärken die Adaption und Diffusion der sozialen Diffusion. Replizierbare Ressourcen und Fähigkeiten weisen folgende Eigenschaften auf:

- *Transparenz*: Die Konfiguration der Ressourcen oder Fähigkeiten und das damit verbundene Wissen wird allen Akteuren im System offengelegt und ist damit nachvollziehbar, lernbar und wird zum gemeinsamen Wissen (*Common Knowledge*).
- *Skalierbarkeit*: Die Ressourcen und Fähigkeiten sind durch den freien Zugang und die Transparenz zwischen Akteuren im System übertragbar und erweiterbar im Sinne der oben beschriebenen Skalierbarkeit.

---

36 Vgl. Hawlitschek/Teubner/Weinhardt (2016), S. 30 ff.

37 Vgl. Belk (2014); Hamari/Sjöklint/Ukkonen (2016); Moeller/Wittkowski (2010).

Integrierbarkeit (Integrability): Die Ressourcen und Fähigkeiten müssen in das Gesellschaftssystem eingefügt werden können, wobei durch die Integration eine (im Sinne des gesellschaftlichen Nutzens stattfindende) positive Veränderung der Systemkonfiguration bewirkt werden soll. Die Identifikation, Bewertung, Aufnahme und Anpassung von relevanten, externen (neuen) Ressourcen und Fähigkeiten zur wertsteigernden Nutzung wirkt sich potenziell positiv auf die Innovativität der Gesellschaft und damit den gesellschaftlichen Erfolg aus, wenn folgende Eigenschaften erfüllt sind:

- *Gemeinsame Lern- und Wissenstransformationsprozesse:* Organisationen können Wissen meist erst dann nutzen, wenn implizites Wissen (d.h. tief in der Erfahrung und Tätigkeit des Einzelnen verwurzeltes Wissen) expliziert wird.[38] Sozialunternehmen müssen diesen Prozess einer Wissenstransformation zwischen den beteiligten gesellschaftlichen Akteuren durch Sozialisation, Externalisierung, Kombination und Internalisierung gestalten und verstärken. Hierbei spielen partizipative Mechanismen der Zusammenarbeit, der geteilten Verantwortung, des gemeinsamen Lernens und der lateralen Kommunikation eine entscheidende Rolle. Die Gestaltung dieser Mechanismen erfordert in höchstem Maße organisatorische Fähigkeiten, die entsprechend des Capability-Based-View als dynamische Fähigkeiten bezeichnet werden.[39]
- *Dezentrale Handlungs- und Entscheidungskompetenz:* Die offenen und lateralen Kommunikations- und Lernprozesse versetzen die dezentralen gesellschaftlichen Akteure in die Lage zu entscheiden, zu handeln und gewähren ihnen damit Autonomie, um eine Soziale Innovation lokal zu legitimieren und durchzusetzen (Empowerment im Sinne des Partizipationsmodells) und als Multiplikatoren zu fungieren.

Die SARI-Kriterien sind ebenso wie die VRIO-Kriterien aufeinander aufbauend, um langfristige und nachhaltige gesellschaftliche Veränderung zu bewirken (vgl. Tabelle 2).

Der gesellschaftliche Nutzen einer innovativen sozialen Problemlösung entfaltet sich in der Regel zunächst in einem konkreten lokalen Kontext, in dem sie sich als grundsätzlich tauglich bestätigen kann. Als gesellschaftliche Problemlösung, die sich auch in anderen lokalen Kontexten anwenden lässt und damit übertragbar und überregionale Bedeutung entfalten kann, muss die Soziale Innovation zugänglich und replizierbar sein. Für die nachhaltige Durchsetzung einer solchen

38 Vgl. Nonaka/Takeuchi (1995), S. 18.
39 Vgl. Teece/Pisano/Shuen (1997), S. 515 ff.

Sozialen Innovationen, die per Definition nicht nur Problemlösung, sondern immer auch gesellschaftliche Veränderung mit sich bringt (Social Impact), ist zusätzlich die (durchaus systemverändernde) Integrierbarkeit in das Gesellschaftssystem erforderlich.

Tabelle 2: Vergleich von SARI- versus VRIO-Bewertungssystematik.

Ergebnis	**S A R I – Kriterien**	**V R I O – Kriterien**	**Ergebnis**
Gesellschaftlicher Nutzen (lokal)	**S** ocial Value	**V** alue	Wettbewerbsparität
Gesellschaftliche Problemlösung	**A** ccessibility	**R** arity	Temporärer Wettbewerbsvorteil
	R eplicability	**I** nimitability	
Gesellschaftliche Veränderung	**I** ntegrability	**O** rganizational Specifity	Langfristiger Wettbewerbsvorteil

Im folgenden Kapitel werden zwei Fallbeispiele von Sozialunternehmen vorgestellt. Neben der Impact Value Chain wird auch die SARI-Bewertungssystematik angewendet.

3 Fallanalysen zur Durchsetzung Sozialer Innovationen mittels SARI-Bewertungssystematik

3.1 Discovering Hands

Discovering Hands ist ein von Frank Hoffman im Jahr 2006 gegründetes Sozialunternehmen, welches sich auf die Weiterbildung von blinden Frauen im medizinischen Bereich spezialisiert hat.

Die gesellschaftlichen Probleme: Die derzeitige Krebsfürsorge in Deutschland ist aus Sicht des Gründers verbesserungsfähig, da das Mammographie-Screening erst für Frauen ab 50 Jahren angeboten und von der Krankenkasse bezahlt wird. Eine präventive Mammographie ist vor diesem Alter nicht vorgesehen, allerdings werden 20 % der Brustkrebsneuerkrankungen bei Frauen unter 50 Jahren diagnostiziert. Neben der Mammographie werden für Frauen zwischen 30 und 50 Jahren Brusttastuntersuchung durch Gynäkologen angeboten. Diese Brustkrebsfrüherkennungsmaßnahme wird jedoch nicht nach standardisierten und validierten Abläufen durchgeführt, so dass insgesamt ein nicht ausreichendes medizinisches Brustkrebsfrüherkennungsangebot als gesellschaftliches Problem festgestellt werden kann. Weiter ist zu konstatieren, dass sehbehinderte Menschen häufig nicht (in ausreichendem Maße) in das Arbeitsleben integriert sind. Sie üben (wenn überhaupt) häufig nicht ihren besonderen Qualifikationen entsprechende

Tätigkeiten aus, d.h. ihre spezifischen Fähigkeiten – z.B. ein überdurchschnittlicher Tastsinn – werden nicht zum Nutzen für die Gesellschaft genutzt. Das zweite gesellschaftliche Problem kann damit als ein Integrationsproblem eingeordnet werden.

Die Lösung: Hoffman möchte durch die Ausbildung von sehbehinderten Frauen ein Angebot schaffen, welches die frühzeitige Entdeckung des Brustkrebses durch gezielt geschultes Personal ermöglicht. Blinde Menschen besitzen durch ihre Seheinschränkung einen einzigartigen Tastsinn und sind daher potenziell besonders geeignet, die Untersuchung zur Brustkrebsfrüherkennung durchzuführen. Die Lösung eines gesellschaftlichen Problems – nämlich eine verstärkte Integration von sehbehinderten Frauen in den ersten Arbeitsmarkt (verbunden mit vermehrter Wertschätzung ihrer Fähigkeiten) trägt hier zur Lösung eines anderen – der Verbesserung der Brustkrebsvorsorge im gesellschaftlichen Maßstab – bei. Die Impact Value Chain für Discovering Hands gestaltet sich dabei wie in Abbildung 5 dargestellt.

Abbildung 5: Impact Value Chain für Discovering Hands.

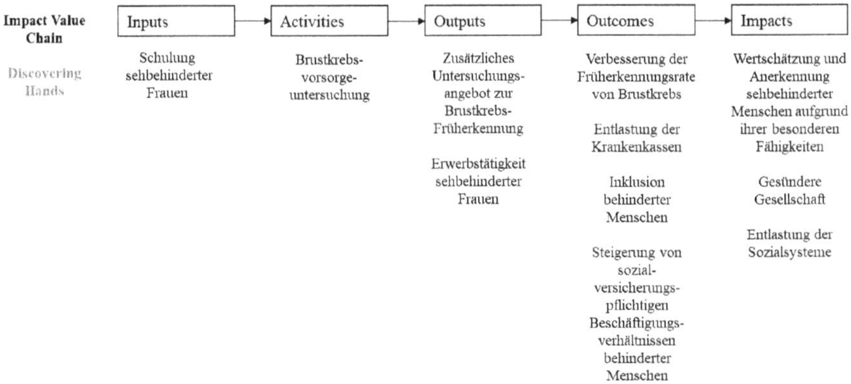

Quelle: In Anlehnung an Repp (2013), S. 24.

Die Abbildung 5 verdeutlicht, wie Discovering Hands über die Schulung von sehbehinderten Frauen in der Lage ist, Social Impact zu realisieren. Inwieweit Social Impact tatsächlich erzeugt wird, hängt entscheidend von der Skalierbarkeit dieser Sozialen Innovation ab. Derzeit expandiert das Unternehmen national und international (Österreich / Schweiz). Laut Unternehmensangaben können in Deutschland bereits sechs Millionen Frauen das Angebot der Brustkrebsvorsorge durch Discovering Hands nutzen.

Anwendung des SARI-Prüfschemas für die Soziale Innovation Discovering Hands

- *Gesellschaftlicher Nutzen (Social Value):* Discovering Hands nutzt und weiterentwickelt spezifische „Ressourcen" (sehbehinderte Menschen) und deren einzigartige Fähigkeiten (Tastsinn), um die Brustkrebsvorsorge für rund 6 Mio. Frauen, die jünger als 50 Jahre alt sind und dadurch von der kassenärztlichen Vorsorge- und Früherkennungspraxis ausgeschlossen sind, zu ermöglichen.
- *Zugang (Accessibility):* Ein solches Angebot ist durch das Hinzufügen von Ressourcen skalierbar; es gibt mehr als 1 Mio. sehbehinderter Menschen in Deutschland, die „lediglich" eine gezielte Ausbildung bei Discovering Hands durchlaufen müssen, um ihre spezifischen Fähigkeiten für die Brustkrebsfrüherkennung weiterzuentwickeln. Der Zugang zu den sehbehinderten Menschen ist nicht limitiert und deren Zugang zum Arbeitsmarkt ebenfalls nicht. Die Dienstleistung kann grundsätzlich von allen Frauen in Anspruch genommen werden, sofern sie dafür bezahlen. In Zusammenarbeit mit den Krankenkassen soll das Angebot in Zukunft im Rahmen der gesetzlichen Krebsprävention abrechenbar sein.
- *Replizierbarkeit (Replicability):* Das Angebot ist in jedem Sinne replizierbar, d.h. sowohl durch eine Vielzahl an Schulungen als auch durch eine Vielzahl an Sozialunternehmern, die das Ausbildungskonzept zur sog. Medizinischen Tastuntersucherin (MTU) übernehmen. Jedoch behält sich Discovering Hands vor, die Trainings selbst durchzuführen und möchte die Skalierung der Sozialen Innovation nicht durch die kostenlose Weitergabe von Fähigkeiten an andere Unternehmen erreichen. Hier spielen wettbewerbsstrategische Gründe eine Rolle und es zeigt sich, dass sich Sozialunternehmen im Spannungsfeld zwischen gesellschaftlichen und finanziellen Zielen bewegen.
- *Integrierbarkeit (Integrability):* Das Konzept ist in andere Gesellschafts- bzw. Gesundheitssysteme integrierbar. Grundsätzlich sind hier das jeweilige nationale Gesundheitssystem und die Zusammenarbeit mit den entsprechenden Trägern zu benennen. Eine wichtige Fähigkeit für die Integrierbarkeit ist die Anpassungsfähigkeit des Geschäftsmodells.

3.2 Echale a tu Casa

Echale a tu Casa ist ein Sozialunternehmen, welches sich in Mexiko für den Bau von Häusern engagiert. Dabei bietet das Unternehmen nachhaltige Baumaterialien, passende Finanzierungsoptionen und die Unterstützung für den Bau des Hauses aus einer Hand an. In Mexiko besteht ein starker Mangel an bezahlbaren Häusern. Laut Federal Mortgage Trust of Mexico leben ca. 9 Mio. Familien dauerhaft unter schlechten Bedingungen und sind nicht adäquat untergebracht. Viele Familien leiden zudem unter fehlender Kreditwürdigkeit, was die Lebenssituation zusätzlich verschlechtert, da sie ohne Kredite keine Möglichkeit haben, ein Haus zu erwerben oder zu erbauen. Sie verbleiben dadurch in einem Kreislauf der Armut. Laut Echale a tu Casa ist die Lebens- bzw. Behausungssituation entscheidend für die Entwicklung der Familien und hat Auswirkungen auf die Gesundheit, Bildung und den sozialen Status der Menschen. Bei der Sozialen Innovation handelt es sich hier um eine Kombination aus "Micro-Financing" und „Hauskonstruktion". Der Ansatz des Sozialunternehmens ist es, insbesondere Familien mit geringen Einkommen die Möglichkeit eines eigenen, sicheren, bezahlbaren und umweltfreundlichen Hauses zu bieten. Die Häuser werden im Rahmen eines „Selbstbau"-Programmes erbaut, indem die Menschen angeleitet und ausgebildet werden (Empowerment). Die Teilnehmer erhalten alle Materialien und Bauunterstützung, die notwendig sind, um ein Haus mit zwei Zimmern aufzustellen. Neben der Errichtung des Hauses ist das Schlüsselelement des Ansatzes dessen Finanzierung, welche das Unternehmen ermöglicht und begleitet. Die Menschen arbeiten und bezahlen für ihr Haus und bekommen nichts geschenkt. Dadurch tragen sie Verantwortung für ihr zukünftiges Haus und empfinden dies nicht als Almosen für die Armen. Die Impact Value Chain für Echale a tu Casa gestaltet sich dabei wie folgt:

Abbildung 6: Impact Value Chain für Echale a tu Casa.

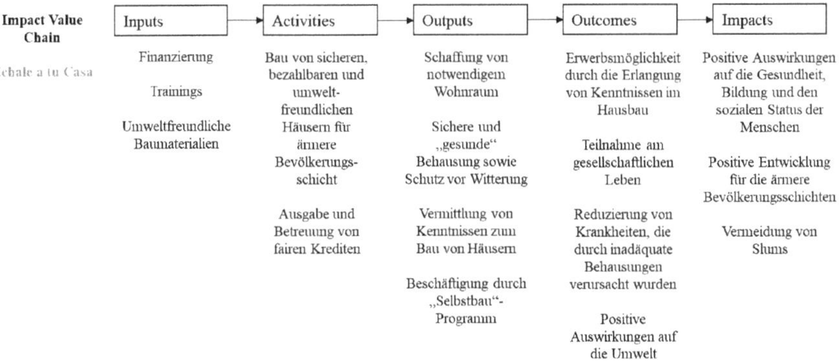

Quelle: In Anlehnung an Repp (2013), S. 24.

Das Unternehmen ist durch die getätigten Inputs grundsätzlich in der Lage, positiven Wandel in der Gesellschaft zu kreieren. Auch hier hängt der langfristige Impact von der Skalierung der Sozialen Innovation ab. Das Unternehmen konnte in 2017 für 25.000 potenzielle Hausbesitzer Kredite bereitstellen. Pro Jahr können bereits 1.500 Häuser neu gebaut und rund 6.000 Häuser saniert werden.

Anwendung des SARI-Modells auf Echale a tu Casa

- *Gesellschaftlicher Nutzen (Social Value):* Die Ressourcen und Fähigkeiten von Echale a tu Casa sind darauf ausgerichtet, eine positive Wirkung durch Wohnungs- bzw. Hausbau und entsprechende Finanzierung für die ärmeren Gesellschaftsschichten in Mexiko zu realisieren.
- *Zugang (Accessibility):* Das Unternehmen ermöglicht einer großen Anzahl von Familien den Zugang zur Mikrofinanzierung und Hausbau. Die zukünftige Entwicklung des Zugangs ist stark von der Ressourcenausstattung und den lokalen Gegebenheiten abhängig. Noch haben nicht alle Menschen Zugang zu den Ressourcen und Fähigkeiten des Unternehmens.
- *Replizierbarkeit (Replicability):* Echale a tu Casa sieht sich ebenfalls im Spannungsfeld zwischen marktwirtschaftlichen Agieren und strategischer Logik der Sozialen Innovation. Das Modell wäre grundsätzlich replizierbar. Das Konzept von dem Unternehmen selbst zu erwerben ist jedoch nicht möglich.
- *Integrierbarkeit (Integrability):* Das Konzept ist prinzipiell auch in andere Systeme, insbesondere andere Länder mit ähnlichen gesellschaftlichen Problemen integrierbar. Hier sind die lokalen Gegebenheiten vor Ort entscheidend und der Wille des Unternehmens Know-how weiterzugeben.

4 Fazit

Sozialunternehmer bringen gezielt Soziale Innovationen hervor und beabsichtigen damit die Lösung sozialer Probleme sowie eine damit verbundene Veränderung relevanter Elemente des gesellschaftlichen Systems. Der angestrebte Social Impact kann durch eine Impact Value Chain dargestellt werden und wird erst durch die erfolgreiche Durchsetzung der Sozialen Innovation durch Imitation und vor allem Partizipation erreicht. Dazu müssen Sozialunternehmer eine spezifische strategische Logik verfolgen, die basierend auf einer ressourcen- und fähigkeitsorientierten Perspektive mittels der entwickelten SARI-Bewertungssystematik geprüft werden kann. Die Anwendung des Modells auf die Praxisfälle zeigt, dass die Durchsetzung Sozialer Innovation in einer reinen Form nicht auf einzelwirtschaftliche Unternehmensziele, sondern vollständig auf Social Impact ausgerichtet ist. Der SARI-Ansatz versteht sich als konzeptionelle Grundlage für Sozialunternehmer, um Ressourcen und Fähigkeiten zur erfolgreichen Durchsetzung Sozialer Innovation aufzubauen und zu gestalten.

Literaturverzeichnis

Barney, J. B. (1991): Firm Resources and Sustained Competitive Advantage, in: Journal of Management, Vol. 17, No. 1, S. 99–120.

Barney, J. B. (1997): Gaining and Sustaining Competitive Advantage, 3. Auflage, Reading, MA.

Barney, J. B. (2011): Gaining and Sustaining Competitive Advantage, 4. Auflage, Boston, MA.

Belk, R. (2014): You are what you can access: Sharing and collaborative consumption online, in: Journal of Business Research, Vol. 67, No. 8, S. 1595–1600.

Büchler, J.-P. (2014): Strategie entwickeln, umsetzen und optimieren, Hallbergmoos.

Dees, J. G. (1998): The Meaning of "Social Entrepreneurship"; URL: http://www.caseatduke.org/documents/dees_SE.pdf, [Zugriff: 07.08.2012].

Dillerup, R. / Stoi, R. (2013): Unternehmensführung, 4. Auflage, München.

Drayton, W. / MacDonald, S. (1993): Leading public entrepreneurs, Arlington, VA.

Drucker, P. (1995): Innovation and Entrepreneurship, New York: Harper, Row.

Europäische Kommission (2013): Guide to Social Innovation, Brüssel: European Commission DG Regional and Urban Policy.

Faix, A. / Kupp, M. (2002): Kriterien und Indikatoren zur Operationalisierung von Kernkompetenzen, in: Bellmann, K. / Freiling, J. / Hammann, P. / Mildenberger, U. (Hrsg.): Aktionsfelder des Kompetenzmanagements: Ergebnisse des II. Symposiums Strategisches Kompetenz-Management, Wiesbaden, S. 59–83.

Fueglistaller, U. / Müller, C. / Müller, S. / Volery, T. (2012): Entrepreneurship Modelle – Umsetzung – Perspektiven. Mit Fallbeispielen aus Deutschland, Österreich und der Schweiz, 3. Auflage, Wiesbaden.

Gillwald, K. (2000): Konzepte Sozialer Innovation, Berlin: Wissenschaftszentrum Berlin für Sozialforschung (WZB).

Greenhalgh, T. / Robert, G. / Macfarlane, F. / Bate, P. / Kyriakidou, O. (2004): Diffusion of Innovations in Service Organizations: Systematic Review and Recommendations, in: The Milbank Quarterly, Vol. 4, No. 82, S. 1–37.

Hamari, J. / Sjöklint, M. / Ukkonen, A. (2016): The sharing economy: Why people participate in collaborative consumption, in: Journal of the Association for Information Science and Technology, Vol. 67, No. 9, S. 2047–2059.

Hamel, G. / Prahalad, C. K. (1995): Wettlauf um die Zukunft. Wie Sie mit bahnbrechenden Strategien die Kontrolle über Ihre Branche gewinnen und die Märkte von morgen schaffen, Wien.

Hawlitschek, F. / Teubner, T. / Weinhardt, C. (2016): Trust in the Sharing Economy. Die Unternehmung, in: Swiss Journal of Business Research and Practice, Vol. 70, No. 1, S. 26–44.

Hochgerner, J. (1986): Arbeit und Technik. Einführung in die Techniksoziologie, Stuttgart.

Howaldt J. / Schwarz M. (2010): Soziale Innovation – Konzepte, Forschungsfelder und -perspektiven, in: Howaldt, J. / Jacobsen, H. (Hrsg.): Soziale Innovation: Auf dem Weg zu einem postindustriellen Innovationsparadigma, Wiesbaden, S. 87–108.

Hungenberg, H. (2014): Strategisches Management im Unternehmen. Ziele – Prozesse – Verfahren, 6. Auflage, Wiesbaden.

Jeschke, S. / Isenhardt, I. / Hees, F. / Trantow, S. (2011): Enabling Innovation. Innovative Capability – German and International Views, Wiesbaden.

Johnson, G. / Scholes, K. / Whittington, R. (2011): Strategisches Management: Eine Einführung. Analyse, Entscheidung und Umsetzung, 9. Auflage, München.

Kesselring, A. / Leitner, M. (2008): Soziale Innovationen in Unternehmen, Wien.

Lindhult, E. (2008): Are Partnerships Innovative? In: Svensson, L. / Nilsson, B. (Hrsg.): Partnership – As a Strategy for Social Innovation and Sustainable Change, Stockholm.

Mintzberg, H. (1978): Patterns in Strategy Formulation, in: Management Science, Vol. 24, No. 9, S. 934–948.

Moeller, S. / Wittkowski, K. (2010): The Burdens of Ownership: Reasons for Preferring Renting, in: Managing Service Quality: An International Journal, Vol. 20, No. 2, S. 176–191.

Morris, N. (2005): The Diffusion and Participatory Models: A Comparative Analysis, in: Hemer, O. / Tufte, T. (Hrsg.): Media and Global Change: Rethinking Communication for Development, Buenos Aires, Argentina: CLACSO, S. 123–144.

Mulgan, G. / Ali, R. / Halkett, R. / Sanders, B. (2007): In and Out of Sync. The Challenge of Growing Innovations, Research Report; URL: https://youngfoundation.org/publications/in-and-out-of-sync-the-challenge-of-growing-social-innovations, [Zugriff: 01.11.2017].

Müller, S. / Lurtz, K. / Rüede, D. / Kopf, H. / Russo, R. (2013): Mechanismen Sozialer Innovationen I: Entstehung, Entwicklung und Verbreitung, Oestrich-Winkel: World Vision Center for Social Innovation.

Müller-Stewens, G. / Lechner, C. (2011): Strategisches Management. Wie strategische Initiativen zum Wandel führen, 4. Auflage, Stuttgart.

Nonaka, I. / Takeuchi, H. (1995): The knowledge-creating company, New York.

Pol, E. / Ville, S. (2009): Social innovation: Buzz word or enduring term? In: The Journal of Socio-Economic, Vol. 38, No. 6, S. 878–885.

Porter, M. E. (1996): What is Strategy? In: Harvard Business Review, Vol. 74, No. 6, S. 61–78.

Porter, M. E. (2013): Wettbewerbsstrategie. Methoden zur Analyse von Branchen und Konkurrenten, 12. Auflage, Frankfurt am Main.

Repp, L. (2013): Soziale Wirkungsmessung im Social Entrepreneurship, Wiesbaden.

Rogers, M. (2003): Diffusion of innovations, 5. Auflage, New York.

Salamon, L. M. (1997): Holding the Center: America's Nonprofit Sector at a Crossroads, New York: Nathan Cummings Foundation.

Schumpeter, J. (1912): Theorie der wirtschaftlichen Entwicklung, Nachdruck der 1. Auflage von 1912, Berlin 2006.

Skloot, E. (1983): Should not-for-profits go into business? In: Harvard Business Review, Vol. 61, No. 1, S. 20–27.

Strebel, H. (2003): Innovations- und Technologiemanagement, Wiesbaden.

Teece, D. J. / Pisano, G. / Shuen, A. (1997): Dynamic Capabilities and Strategic Management, in: Strategic Management Journal, Vol. 18, No. 7, S. 509–533.

Weisbrod, B. A. (1998): To Profit or Not to Profit – The Commercial Transformation of the Nonprofit Sector, Cambridge.

Weymann, A. (1998): Sozialer Wandel: Theorien zur Dynamik der modernen Gesellschaft, München.

Zapf, W. (1992): Entwicklung und Zukunft moderner Gesellschaften seit den 70er Jahren, Einführung in Hauptbegriffe der Soziologie, in: Korte, H. / Schäfers, B. (Hrsg.): Einführung in Hauptbegriffe der Soziologie, Wiesbaden.

Zimmer, A. / Priller, E. / Hallmann, T. (2003): Zur Entwicklung des Non Profit Sektors und zu den Auswirkungen auf das Personalmanagement seiner Organisation, in: von Eckardstein, D. / Ridder, H. G. (Hrsg.): Personalmanagement als Gestaltungsaufgabe im Nonprofit und Public Management, München.

III. Innovationsstrategische Handlungsbedingungen

Axel Faix, Jan-Philipp Büchler

FH Dortmund,
Forschungsgruppe Innovationsexzellenz

Wettbewerbsdifferenzierung durch systematisches Innovationsmanagement – Analysen und Ergebnisse des IHK-InnoMonitor

1 Einleitung

Die Forschungsgruppe Innovationsexzellenz der Fachhochschule Dortmund untersucht in regelmäßigen Abständen im Rahmen der empirischen Studien des IHK-InnoMonitor, ob und inwieweit die Unternehmen im Westfälischen Ruhrgebiet mit ihren Innovationsstrategien erfolgreich sind und hierbei von günstigen internen und externen Bedingungen profitieren können bzw. diese selbst aktiv gestalten.

Der vorliegende Beitrag zu ausgewählten Ergebnissen des *IHK-InnoMonitor 2015* konzentriert sich auf die Frage, welche Faktoren für den Erfolg innovierender Unternehmen in der angesprochenen Region verantwortlich sind. Es bietet sich insbesondere an, die erfolgswirksamen Faktoren in den Mittelpunkt der Gestaltungsüberlegungen zu einem Innovationsmanagement zu rücken, durch das Unternehmen eine deutliche Differenzierung im Wettbewerb erreichen können. Diese Arbeit knüpft an die Vorgehensweisen und Ergebnisse ihrer Vorgänger an.[1]

2 Kennzeichnung der Stichprobe und methodische Fragen

An der Datengewinnung im Rahmen des IHK-InnoMonitor 2015 zu den Strategien und Einflussfaktoren des Innovationsmanagements beteiligten sich insgesamt 166 Unternehmen im Wege einer Online-Erhebung im Zeitraum zwischen März und Mai 2015. Die Angaben von 157 Unternehmen waren vollständig und konnten den nachfolgend behandelten Analysen zugrunde gelegt werden.

---

1 Eine ausführliche Darstellung der Resultate des vorlaufenden IHK-InnoMonitor 2014 findet sich in Büchler/Faix (2015a).

Der InnoMonitor 2015 schließt insgesamt 57 Fragen (Items) ein, die systematisch die Ebenen des House of Innovation Excellence (Innovationserfolg, Innovationsprozess und Innovationsbedingungen) als konzeptionelle Basis zur Erklärung von Innovationserfolgen von Unternehmen aufgreifen.[2]

Die Antworten sehen in der Regel Angaben zur Zustimmung oder Ablehnung der Auskunftspersonen zu einem Item auf einer fünfstufigen Ratingskala (1 = „gar nicht"; 2 = „in geringem Ausmaß"; 3 = „in mittlerem Ausmaß"; 4 = „in hohem Ausmaß"; 5 = „in sehr hohem Ausmaß". Zudem: 6 = „keine Angabe möglich") vor.[3]

Die Auskunft gebenden Unternehmen gehören unterschiedlichen *Größenklassen* an, nähere Informationen dazu bietet Tabelle 1.

Tabelle 1: Größenverteilung der Unternehmen des InnoMonitor 2015.

Größenklasse	Häufigkeit	Prozent	Kumulative Prozent
Kleinstunternehmen	71	45,2	45,2
Kleines Unternehmen	49	31,2	76,4
Mittleres Unternehmen	25	15,9	92,4
Großunternehmen	12	7,6	100,0
Gesamtsumme	157	100,0	

Die in der Tabelle gezeigte Einordnung der Unternehmen basiert auf den Empfehlungen der EU-Kommission zur Größenbestimmung von Unternehmen.[4]

In *branchenbezogener Hinsicht* wird die Stichprobe des IHK-InnoMonitor 2015 durch die folgende Zuordnung der Unternehmen zu Branchen beschrieben: Dienstleistungen (64 Unternehmen); Verarbeitendes Gewerbe (43); Handel (21); Medien, Telekommunikation und Informationstechnologie (15); Gastgewerbe, Transport und Verkehr (8); Kredit- und Versicherungsgewerbe (6). Diese

2 Vgl. hierzu näher Büchler/Faix (2015b).

3 Die weiteren Analysen basieren auf der begründeten Annahme, dass metrisches Skalenniveau vorliegt.

4 „Kleinstunternehmen" verfügen über weniger als zehn Mitarbeiter und einen Jahresumsatz von weniger als zwei Mio. €. Ein „kleines Unternehmen" beschäftigt mindestens zehn, aber weniger als 50 Mitarbeiter, der Jahresumsatz der Unternehmen dieser Klasse liegt zwischen zwei und neun Mio. €. „Mittlere Unternehmen" weisen mindestens 50 und weniger als 250 Mitarbeiter auf und setzen pro Jahr zwischen 10 und 49 Mio. € um. „Großunternehmen" haben 250 oder mehr Mitarbeiter und erreichen einen Jahresumsatz von mindestens 50 Mio. €. Vgl. EU-Kommission (2003), S. 36 ff.

Stichprobenzusammensetzung spiegelt die Unternehmenslandschaft in der Untersuchungsregion wider.

Die folgende Abbildung zeigt die relative Verteilung der Unternehmen in Bezug auf ihre Branchenherkunft (vgl. Abbildung 1):

Abbildung 1: Verteilung der Unternehmen des IHK-InnoMonitor 2015 nach Branchen.

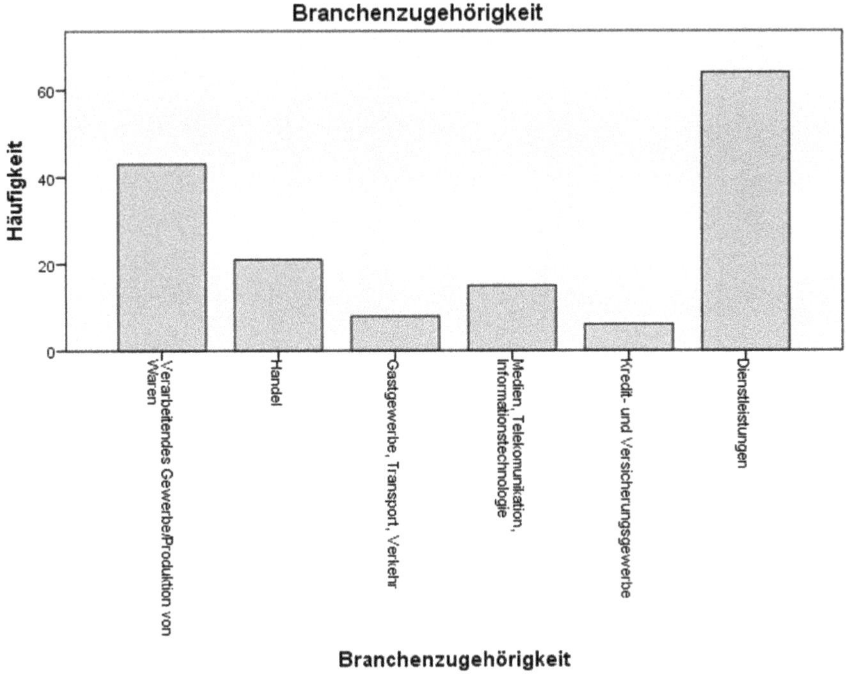

Es ist bei größenbezogenen Interpretationen der Ergebnisse zu beachten, dass die Größen- und die Branchenverteilung der Stichprobenunternehmen nicht voneinander unabhängig sind. So sind etwa die Unternehmen aus den Bereichen Dienstleistungen oder auch Medien, Telekommunikation und Informationstechnologie eher Kleinst- und kleine Unternehmen, während die aus dem Verarbeitenden Gewerbe in stärkerem Maße mittlere und große Unternehmen umfassen. Ein Chi-Quadrat-Test der Hypothese der Unabhängigkeit der Verteilungen bietet deutliche Unterstützung für die Abhängigkeitsüberlegung (Signifikanzniveau (Sig.) = 0,002; Kontingenzkoeffizient = 0,429).

Die folgende Abbildung unterstreicht die Zusammenhänge zwischen den Verteilungen nach Größen und Branchen (vgl. Abbildung 2):

Abbildung 2: Verteilung der Unternehmen des IHK-InnoMonitor 2015 nach Branchen und Unternehmensgrößen.

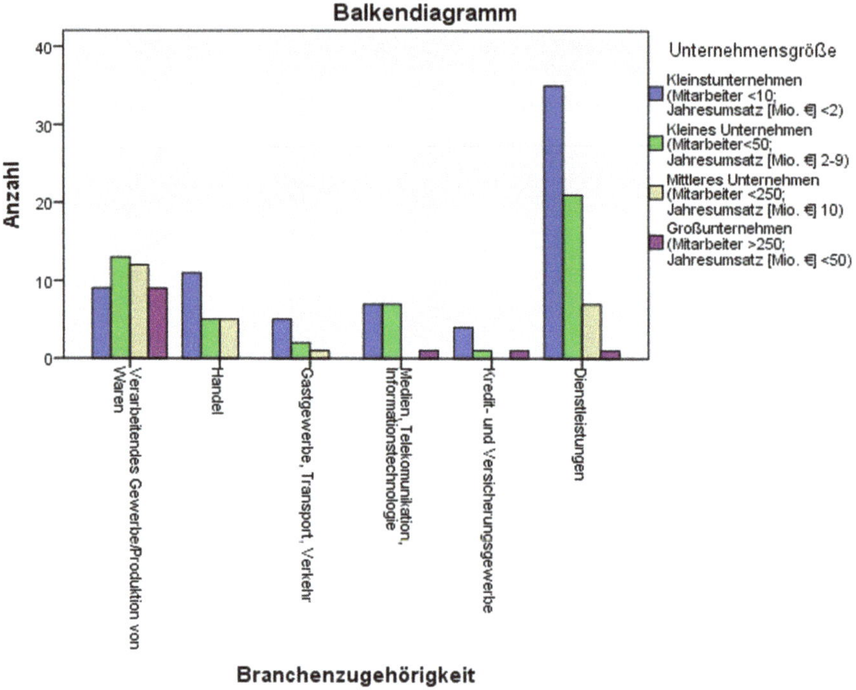

Wie eingangs angeführt, richtet sich das Kernanliegen der empirischen Analysen zum IHK-InnoMonitor 2015, die diesem Beitrag zugrunde liegen, auf die Bestimmung und Begründung der *innovationsrelevanten Erfolgseinflüsse* der Unternehmen. Die Forschungsfrage lautet demnach: Was unterscheidet erfolgreich innovierende Unternehmen von den weniger oder gar nicht erfolgreich Innovierenden (und sollte demnach bei der Gestaltung des Innovationsmanagements vorrangig beachtet werden)?

Die Differenzierung der Unternehmen in die beiden angeführten Gruppen basiert auf einer *Clusteranalyse*, die auf vier Variablen Bezug nimmt: (1) Zielerreichung der Unternehmen im Hinblick auf die Anzahl der realisierten Innovationen, (2) Innovationsrate (Umsatzanteil auf Basis von Innovationen, die höchstens drei Jahre alt sind), (3) Zufriedenheit der Unternehmen mit der Erreichung der finanziellen Innovationsziele und (4) Zielerreichung mit der Profitabilität des Gesamtunternehmens. Die folgende Tabelle vermittelt die Ausprägungen der bei der Trennung verwendeten Variablen (vgl. Tabelle 2):

Tabelle 2: Unterscheidung der erfolgreichen und nicht erfolgreichen Innovatoren.

Variable	**Cluster nicht erfolgreiche Innovatoren (n = 80)**	**Cluster erfolgreiche Innovatoren (n = 49)**
Zielerreichung bezüglich der Anzahl der Innovationen (Skalenwerte)	2,80	4,24
Innovationsrate (Angaben in %)	13,6	36,5
Zufriedenheit bezüglich finanzieller Innovationsziele (Skalenwerte)	2,73	3,61
Zielerreichung bezüglich Profitabilität des Gesamtunternehmens (Skalenwerte)	3,03	3,69

Diese Informationen unterstreichen, dass die Gruppen unter Ziel- und Maßnahmenaspekten systematisch differenziert werden können. Eine nähere (varianzanalytische) Untersuchung der beiden Unternehmensgruppen in Bezug auf die angeführten Variablen erbringt, dass alle Merkmalsunterschiede statistisch hochsignifikant[5] sind.

Was unterscheidet die beschriebenen Unternehmensgruppen im Hinblick auf ihre Verhaltensweisen sowie internen und externen Handlungsbedingungen im Innovationsmanagement? Hierzu werden im Folgenden Ausprägungen von Schlüsselvariablen des Innovationsgeschehens – orientiert an den Kategorien des House of Innovation Excellence – für beide Gruppen untersucht, um auf diese Weise Hinweise zur erfolgsorientierten Gestaltung des Innovationsmanagements geben zu können.[6]

5 Im Weiteren wird eine Aussage mit einem Signifikanzniveau von höchstens 1 % als „hochsignifikant" bezeichnet. Signifikanzniveaus von höchstens 5 % führen zu „signifikanten" und solche von bis zu 10 % zu „schwach signifikanten" Aussagen.

6 Die Untersuchung erfolgt durch multivariate Datenanalysemethoden, insbesondere die bereits angesprochene Varianzanalyse. Varianzanalysen untersuchen Beziehungen zwischen metrischen Kriteriumsvariablen (z.B. Marktanteile von Unternehmen, Intensität des Einsatzes bestimmter Maßnahmen) und einer oder mehrerer nominaler Prädiktorvariablen (z.B. Unternehmenstypen, Branchen). Vgl. im Einzelnen hierzu z.B. Böhler (2004), S. 194 ff.

3 Erfolgsorientierte Gestaltung des Innovationsmanagements

3.1 Ideenmanagement, Innovationsentwicklung und -vermarktung

Als wesentliche Elemente von *Innovationsprozessen* werden Aktivitäten der Suche und Findung von Ideen (Ideenmanagement), Schritte der Entwicklung einer marktfähigen Innovation sowie die Erarbeitung von Strategien und Maßnahmen zur erfolgreichen Innovationsvermarktung unterschieden.

Das *Ideenmanagement* umfasst alle Aktivitäten zur systematischen Findung (Suche nach bereits vorhandenen Produktideen sowie Erzeugung gänzlich neuer Ideen) und Speicherung von Ideen für neue Produkte bzw. Leistungen des Unternehmens.[7]

Im Hinblick auf die einschlägigen Aktivitäten zeigt sich, dass erfolgreiche Unternehmen in stärkerem Umfang *Mitarbeiter aus F&E sowie Marketing als Ideenlieferanten* einsetzen (Skalenmittelwerte 3,67 [erfolgreiche Unternehmen] und 3,00 [weniger/nicht erfolgreiche Unternehmen]; Sig. = 0,001) und damit gegenüber weniger erfolgreichen Innovatoren über eine bessere Informationsgrundlage verfügen, um mit Neuprodukten technologische und marktliche Vorteile zugleich zu erreichen.[8] Neben der breiteren internen Wissensbasis kennzeichnet erfolgreiche Innovatoren eine engere Beziehung zur Nachfrage, da sie eine intensivere *Erfassung der Innovationsanregungen von Kunden* betreiben und günstigere Voraussetzungen für die überlegene Erfüllung von Kundenbedürfnissen aufweisen (Skalenmittelwerte 3,88 und 3,25; Sig. = 0,002). Entsprechend setzen erfolgreiche Innovatoren stärker auf eine umfassende Informationsgewinnung, die *interne und externe Quellen auswertet* und eine überlegene Basis zur Realisierung weitreichender Erfolgspotenziale bietet (Skalenmittelwerte 3,55 und 3,05; Sig. = 0,018). Da die somit breiter angelegten, ergänzenden Vorkehrungen ein umfassenderes und auf Schlüsselfaktoren des Innovationserfolges fokussiertes „Radar" aufspannen, ist es plausibel, dass erfolgreiche Innovatoren *Marktveränderungen frühzeitiger erkennen* als die weniger erfolgreichen Unternehmen (Skalenmittelwerte 4,06 und 3,68; Sig. = 0,011). Wie die in den Klammern mitangegebenen Signifikanzniveaus verdeutlichen, sind praktisch alle der angeführten inhaltlichen Unterschiede statistisch hochsignifikant.

---

7 Vgl. ausführlich Faix (1998), S. 320 ff. Vorkehrungen zur Speicherung erarbeiteter oder gefundener Ideen wurden allerdings nicht empirisch untersucht.

8 Cooper (1984), S. 151 ff., identifiziert in einer empirischen Studie als erfolgreichstes Unternehmenscluster die "Balanced Strategy Firm", die im Konkurrenzvergleich qualitativ überlegene Innovationen erzeugte, die – unter anderem – eine Kombination technologischer Vorteile und starker Marktorientierung aufweisen.

Nach der Ideengewinnung geht es in der *Innovationsentwicklung* um die Ausarbeitung und Überführung der Produktideen in marktreife Produkte. Hierzu gehören z.B. (weitere) F&E-Aktivitäten zur technischen Ausreifung von Erfindungen und der Entwurf einer marktgerichteten Konzeption für ein Neuprodukt, um dessen Positionierung in den Wahrnehmungsräumen der Verwender zu definieren und die Entscheidungen zur Innovationsstrategie vorzustrukturieren.

Die erfolgreichen Innovatoren im Westfälischen Ruhrgebiet setzen zur Steuerung des innovationsgerichteten Vorgehens im Vergleich zu den weniger Erfolgreichen stärker auf ein bewährtes, *verbindliches Prozessmodell*, das es ihnen erlaubt, ganzheitlich (unter Beachtung technischer, betriebswirtschaftlicher und marktbezogener Faktoren) fundierte, flexible Entscheidungen zur Innovationsentwicklung vor dem Hintergrund klar definierter Meilensteine zu treffen (Skalenmittelwerte 3,10 und 2,53; Sig. = 0,007). Zudem ist die Innovationsentwicklung konsequenter auf die nachdrückliche *Erzielung von Wettbewerbsvorteilen* – verstanden als von Nachfragern wertgeschätzte Überlegenheit der Produktlösung im Konkurrenzvergleich – ausgerichtet (Skalenmittelwerte 3,94 und 3,46; Sig. = 0,015). Die Beachtung dieser Schlüsselgröße ist wichtig, da auch noch so ausgefeilte technische Vorteile ökonomisch irrelevant bleiben, wenn sie kein relevantes Bedürfnis (und keine Preisbereitschaft) der Nachfrager treffen. Dazu passt das Ergebnis der Untersuchung, dass die erfolgreichen Innovatoren stärker eine systematische *Integration der Kunden in die Innovationsentwicklung* (die z.B. eine begleitende Prüfung und Bewertung von ausgearbeiteten Neuproduktentwürfen auf Basis unterschiedlicher Tests vorsieht) betreiben und somit die Voraussetzungen für die Schaffung einer von Nachfragern akzeptierten, marktgerechten Produktkonzeption weiter verbessern (Skalenmittelwerte 3,53 und 2,89; Sig. = 0,003).

Die erfolgreichen Unternehmen unterscheiden sich von den weniger Erfolgreichen zudem durch eine konsequentere Berücksichtigung von Methoden, um einzelne Schritte der Innovationsentwicklung abzusichern und den Rationalitätsanforderungen besser zu entsprechen.[9] So werden *Kreativitätstechniken* – wie z.B. Suchfeldanalysen oder Brainstorming – stärker verwendet, um hiermit etwa Suchräume für die Innovationsplanung im Einklang mit der Unternehmensstrategie abzustecken und eine passgenaue, fokussierte Ideenfindung zu unterstützen (Skalenmittelwerte 2,57 und 2,14; Sig. = 0,031). Eine *systematische Bewertung von Innovationsideen* durch vorab festgelegte Ansätze und Kriterien

9 Der hohe Stellenwert eines derartigen Vorgehens wird insbesondere in jüngeren empirischen Arbeiten zu den Erfolgsfaktoren der Innovation betont, siehe z.B. Ernst (2002), S. 31 ff.; Sammerl (2006), S. 197 ff.

(z.B. empirisch begründete Erfolgsfaktoren der Innovation) trägt zur treffsicheren Auswahl erfolgversprechender Innovationsprojekte und zur effektiven Nutzung der Unternehmensressourcen bei (Skalenmittelwerte 2,69 und 2,21; Sig. = 0,019). Zudem zeichnen sich die erfolgreichen Unternehmen im Gegensatz zu den weniger erfolgreichen Einheiten (allerdings nur mit einem noch schwach signifikanten Unterschied) dadurch aus, dass *marktorientierte Analysen* (z.B. SWOT-, Branchenstrukturanalysen) stärker genutzt werden und somit eine profundere Kenntnis der Chancen und Risiken der Unternehmensumwelt als Grundlage der Innovationsplanung bestehen sollte (Skalenmittelwerte 2,90 und 2,55; Sig. = 0,111).

Die *Innovationsvermarktung* setzt an der Konzeptionsentwicklung an und richtet sich zunächst auf die Planung und Umsetzung einer wirksamen Einführung der Innovation in den Markt durch eine angemessene Ausgestaltung der Instrumente des Marketing-Mix. Zudem steht die längerfristige Durchsetzung des Neuproduktes im Fokus, die Anpassungen der Produktkonzeption und Marktpositionierung an veränderte Markt- bzw. Wettbewerbsbedingungen (geänderte Kundenbedürfnisse, Erwartungen von Handelspartnern, Reaktionen von Wettbewerbern etc.) im Zeitablauf (vor dem Hintergrund fortwährend zu aktualisierender Informationsgrundlagen) bedeuten kann.

Die erfolgreichen Unternehmen der Untersuchung zeichnen sich im Hinblick auf die Planung und Realisierung der Innovationsvermarktung insgesamt durch eine konsequente Marktorientierung aus. Sie gehen in ihrer *Planung* intensiver auf die *Zielgruppen und ihre Bedürfnisse* ein (Skalenmittelwerte 3,54 und 2,94; Sig. = 0,001) und sind zudem nachdrücklicher um *Prognosen von Konkurrenzreaktionen* auf Innovationen – und gegebenenfalls die Erarbeitung von Kontingenzplänen – bemüht (Skalenmittelwerte 3,34 und 2,95; Sig. = 0,049). Zur Verbesserung der marktorientierten Informationsbasis trägt ebenso bei, dass die *Ermittlung von Marktpotenzialen und -volumina* für Innovationen durch die angesprochene Unternehmensgruppe intensiver erfolgt (Skalenmittelwerte 3,15 und 2,63; Sig. = 0,008).

Bezogen auf die *Ausprägungen der Marketing-Mix-Instrumente* existieren im Grundsatz vielfältige unterschiedliche Muster, mit denen Anbieter Innovationen im Markt durchsetzen können. Unter dem Aspekt des Timing von Innovationen setzen die erfolgreichen Innovatoren unseres Samples eher auf eine *First-to-Market-Strategie* (die eine rasche Erringung von Pioniervorteilen bezweckt).[10] Ansätze, die verzögerte Marktzutritte im Rahmen von Folgerstrategien vorsehen (um im Sinne von

---

10 Vgl. Müller/Görres (2009), S. 66 ff.

Second-Mover-Advantages z.B. aus den Fehlern eines Pioniers zu lernen), werden von ihnen weniger bevorzugt (Skalenmittelwerte 3,65 und 2,96; Sig. = 0,001). Zudem streben sie mit ihren Neuprodukten in hohem Maße *überlegene Qualitätspositionen* (Skalenmittelwerte 4,29 und 3,74; Sig. = 0,004) und eine größere *Zahl von Produktvarianten* für ihre Kunden (Skalenmittelwerte 3,11 und 2,56; Sig. = 0,010) an. Es passt zu den angeführten Befunden, dass die erfolgreichen Innovatoren eine *Vermarktung von Innovationen zu relativ hohen Preisen* vornehmen (Skalenmittelwerte 3,09 und 2,59; Sig. = 0,010) – ein Indiz für die überlegene Fähigkeit der Erfolgreichen, die Preispolitik im Sinne des Innovations- und Unternehmenserfolges einzusetzen. Bemerkenswerterweise unterscheiden sich beide Unternehmensgruppen aber nicht signifikant in der Intensität, mit der die *Markenpolitik für die Innovationsvermarktung* eingesetzt wird (Skalenmittelwerte 2,60 und 2,65; Sig. = 0,864). Der absolut niedrige Skalenwert für dieses Item in beiden Unternehmensgruppen deutet auf eine kritische (Fehl-)Einschätzung von Unternehmen hin, dass eine Markierung von Innovationen eher geringe Bedeutung habe. Dabei liegt gerade im Branding von Innovationen bzw. innovativen Technologien eine starke Differenzierungsquelle gegenüber Wettbewerbern.[11]

Im Zuge der Innovationsvermarktung untersuchen Unternehmen mit diversen Formen von (labor- oder feldbezogenen) *Markttests* proaktiv die Akzeptanz ihrer Neuprodukte bei Verwendern und Handelspartnern, eventuell auch Reaktionen relevanter Wettbewerber, um Schlüsse für die Auswahl der Innovationsalternativen und deren Gestaltung zu ziehen. Die erfolgreichen Unternehmen der Untersuchung nutzen Markttests intensiver (Skalenmittelwerte 2,09 und 1,74; Sig. = 0,037). Auch ein umfassendes *Marktcontrolling*, das eine begleitende Analyse und Auswertung von Erfolgsgrößen, strategischen und operativen Maßnahmen zur marktgerichteten Innovationssteuerung erlaubt, wird von den erfolgreichen Innovatoren (auf absolut deutlich höheren Aktionsniveaus) stärker realisiert (Skalenmittelwerte 2,96 und 2,49; Sig. = 0,039) und verbessert die Informationsgrundlage für eine ganzheitliche, vorausschauende Sicherung des Innovationserfolges. Allerdings befinden sich die Skalenmittelwerte für die Items Marktcontrolling und Markttests insgesamt auf eher niedrigen Levels; dieser Befund deutet auf ein Verbesserungspotenzial im marktorientierten Innovationscontrolling hin.

3.2 Organisation, Führung und Kultur als interne Situationsfaktoren

Abgesehen von außerhalb des Unternehmens liegenden Einflüssen können Intensität und Qualität der Aktivitäten des Innovationsprozesses auf verschiedene

---

11 Vgl. Aaker (2007), S. 10 ff.

interne Situationsbedingungen des Unternehmens (Organisation, Unternehmenskultur, Führungsmerkmale) zurückgeführt werden. Diese bestimmen einerseits die Möglichkeiten und andererseits die Bereitschaften der Mitarbeiter zu innovativen Handlungen und damit die Voraussetzungen für innovationsrelevante Erfolge des Unternehmens.[12]

Die *Organisation* richtet sich als System von Regeln auf die Koordination der Aktivitäten in einer arbeitsteiligen Einheit, um hierdurch die Erreichung der Gesamtziele zu unterstützen. Die weiteren Ausführungen fokussieren unter dem Blickwinkel der Förderung von Innovationen innovationsspezifische und auch allgemeinere aufbauorganisatorische Regelungen.

Der IHK-InnoMonitor 2015 zeigt, dass die erfolgreichen Innovatoren im Gegensatz zu den weniger erfolgreichen Unternehmen nachdrücklicher auf eine *leistungsfähige Projektorganisation zur Verankerung der Innovationsaktivitäten* setzen (Skalenmittelwerte 2,98 und 2,19; Sig. = 0,000). Die Einrichtung gesonderter organisatorischer Zuständigkeiten hat den Vorteil, dass Ressourcen und Kompetenzen für Innovationsprojekte besser zielorientiert gebündelt und abgestimmt werden können. Die erfolgreichen Unternehmen nutzen in stärkerem Maße *Projektmanager, die als „Motor" des Innovationsprozesses* auftreten (Skalenmittelwerte 3,60 und 3,09; Sig. = 0,020). Diese übernehmen vor allem die Rollen von Promotoren (Macht-, Fach-, Beziehungspromotoren usw.), die Fähigkeits- und Willensbarrieren der am Innovationsprojekt Beteiligten überwinden und Beziehungen inner- und außerhalb des Unternehmens herstellen.[13] Der angeführte Befund korrespondiert mit dem Ergebnis der Erhebung, nachdem die Vertreter der erfolgreichen Unternehmensgruppe im Vergleich zu den weniger erfolgreichen Unternehmen nachdrücklicher regelmäßige *funktionsübergreifende Abstimmungen zwischen den von Innovationen berührten Funktionen* (insbesondere F&E und Marketing) realisieren, z.B. im Rahmen von funktionsübergreifend gebildeten Teams oder Workshops (Skalenmittelwerte 3,29 und 2,66; Sig. = 0,008). Zusammengefasst kann festgehalten werden, dass die erfolgreichen Unternehmen Innovationsaufgaben in stärkerem Maße organisatorisch integrieren.

Unter diesem Blickwinkel kann sich auch die stärkere *Konzentration von Entscheidungsbefugnissen* positiv auswirken, durch die sich die erfolgreich innovierenden Unternehmen von den weniger erfolgreichen Unternehmen – allerdings nur schwach signifikant – abheben (Skalenmittelwerte 4,29 und 3,89;

12 Siehe zur Auswahl und Konzeptualisierung einschlägiger Einflussgrößen von Innovationsaktivitäten z.B. Lawson/Samson (2001) und Terziovski (2007).

13 Vgl. Büchler (2014), S. 220 ff.

Sig. = 0,065). Dies deutet das Wirken sog. Machtpromotoren an, die für die entschlossene Durchsetzung von Innovationen (die nicht selten die Überwindung erheblicher unternehmensinterner Widerstände bedeutet) häufig eine bedeutende Rolle spielen und auch Konsequenzen für die Rolle der Unternehmensleitung haben. Zudem zeichnen sich erfolgreiche Unternehmen durch eine relativ höhere *Spezialisierung der Mitarbeiter* aus (Skalenmittelwerte 3,43 und 3,04; Sig. = 0,021). Dies kann als Indiz dafür gewertet werden, dass die Innovationsaktivitäten der Unternehmen weniger von einer umfassenden, generellen Problemlösungskapazität der Mitarbeiter, sondern eher von einem tief greifenden Spezialwissen in den betrieblichen Funktionen profitieren.

Die in einem Unternehmen herrschende *Kultur* (Organisations-, Unternehmenskultur) beeinflusst als (kurzfristig nur schwierig zu veränderndes) Geflecht von Grundannahmen, Werten, Normen und Artefakten die Denk- und Verhaltensweisen der Angehörigen des Unternehmens im Regelfall sehr nachdrücklich. Sofern Unternehmen über eine starke, prägnante und auf die Hervorbringung von Innovationen gerichtete Kultur verfügen, bedeutet dies für die Erzielung überdurchschnittlicher Innovationserfolge eine bedeutende Weichenstellung.[14]

Die erfolgreichen Innovatoren unterscheiden sich von den weniger erfolgreichen Unternehmen durch eine deutlicher an der *Schaffung von Neuheiten für Kunden* orientierte Grundhaltung. So ergeben sich in Bezug auf das Item „In unserem Unternehmen wissen alle, dass wir langfristig nur Erfolg haben können, wenn wir regelmäßig Innovationen für unsere Kunden schaffen und im Markt durchsetzen“ bei der erstgenannten Unternehmensgruppe signifikant höhere Skalenwerte (Skalenmittelwerte 4,06 und 3,68; Sig. = 0,040). Im Einklang mit den stärker funktionsübergreifenden Organisationsregeln (siehe oben) zeichnet sich die Kultur der erfolgreichen Unternehmen durch einen besonderen *konstruktiven Austausch zwischen Funktionen und Bereichen* (Skalenmittelwerte 4,06 und 3,72; Sig. = 0,058) aus, sodass günstige Bedingungen für ein enges Verzahnen der Fähigkeiten und Ideen der innovationsorientierten Mitarbeiter im Unternehmen bestehen.

Im Hinblick auf die Umstände, unter denen Individuen im Unternehmen innovative Initiativen entfalten, ist festzuhalten, dass sich zwischen erfolgreichen und weniger erfolgreichen Innovatoren keine signifikanten Unterschiede in Bezug auf die den *Mitarbeitern gewährten Freiräumen für neue Ideen* (um jenseits von Tagesgeschäft und Routinen neue Ideen zu entwickeln und ihnen nachzugehen; Skalenmittelwerte 3,98 und 3,96; Sig. = 0,919) und das Ausmaß der *Fehlertoleranz*

14 Siehe z.B. die Ergebnisse bei Lawson/Samson (2001), S. 394 ff.; Ernst (2003), S. 31 ff.

beim Beschreiten neuer Wege (Akzeptanz eines Scheiterns, wenn neuartige Ansätze verfolgt werden; Skalenmittelwerte 3,83 und 3,75; Sig. = 0,586) zeigen. Die Begründung für die fehlenden Unterschiede ist indes in den jeweils bereits recht hohen Skalenausprägungen in der weniger erfolgreichen Vergleichsgruppe zu sehen, die kaum noch zu differenzieren sind – es wäre also falsch, diese Einflüsse für irrelevant in Bezug auf den Innovationserfolg zu halten.

Mit der stärkeren Betonung der Innovation als Wert verbindet sich im Unternehmen potenziell ein Arbeits- und Betriebsklima, das Mitarbeitern Freude an der Entwicklung neuer Ideen vermittelt und eine hohe Innovationsbereitschaft der Mitarbeiter fördert. In erfolgreich innovierenden Unternehmen werden *neue Ideen mit größerem Nachdruck gerne ausprobiert* als in weniger erfolgreichen Einheiten (Skalenmittelwerte 3,96 und 3,53; Sig. = 0,009). Es kann in die Überlegungen zum Einsatz von Promotoren und den bewirkten günstigen (Langfrist-) Wirkungen auf den Innovationserfolg eingeordnet werden, dass in erfolgreichen Unternehmen die *Leitung die Bedeutung von Innovationen* in stärkerem Maße herausstreicht (Skalenmittelwerte 3,87 und 3,39; Sig. = 0,017). Alles in allem liegen die Befunde zur Unternehmenskultur damit deutlich auf der Linie der in anderen Studien gewonnenen Erkenntnisse zur innovationsorientierten Kulturgestaltung.[15]

Führung stellt einen Prozess sozialer Einflussnahme dar, durch den Menschen auf andere Menschen einwirken, um sie zu einer bestimmten Tätigkeit zu veranlassen. Ein Kennzeichen der Führung ist die Machtdifferenz zwischen den Partnern der Führungssituation, zwischen denen eine unmittelbare Beziehung besteht.[16] Führungsmaßnahmen sind eng mit *personalpolitischen Instrumenten* (z.B. Personalentwicklung, Durchführen von Fort- und Weiterbildungsmaßnahmen) abzustimmen, die sich ebenso unmittelbar auf die Individuen und ihr Handeln (sowie die Voraussetzungen hierzu) im Unternehmen richten. Beiden Aktivitätskomplexen kommt ein hoher Stellenwert für das Realisieren eines erfolgreichen Innovationsmanagements zu.[17]

Im Hinblick auf die Führung sind die erfolgreichen Unternehmen im Vergleich zu den weniger erfolgreichen Einheiten stärker darauf aus, für die einzelnen *Etappen des Innovationsprozesses verbindliche, messbare Vorgaben* zu formulieren (Skalenmittelwerte 3,35 und 2,74; Sig. = 0,001) und ihre *Erreichung regelmäßig zu überprüfen* (Skalenmittelwerte 3,23 und 2,70; Sig. = 0,007), z.B. auch anhand

15 Vgl. Stern/Jaberg (2010).
16 Siehe hierzu grundlegend Malik (2006), S. 20 ff.
17 Vgl. Stern/Jaberg (2007), S. 24.

von Früherkennungsindikatoren, die zeitig Informationen über Zielverfehlungen liefern.[18] Hierdurch wird die Gefahr eingedämmt, dass Projekte ohne Erfolgsaussichten (zu lange) verfolgt und knappe Ressourcen des Unternehmens verschwendet werden. Im Vergleich zu den Aussagen zum Marktcontrolling scheinen die Unternehmen den Schwerpunkt ihrer Steuerungsaufgaben tendenziell im projektbezogenen Controlling von Innovations- bzw. Entwicklungsprojekten zu sehen.

Die hohe Relevanz der Unternehmensleitung für das erfolgreiche Initiieren und Durchsetzen von Innovationen kann – wie oben angeführt – unterschiedliche Rollenerfüllungen von Promotoren (Macht-, Fachpromotoren usw.) betreffen; insbesondere das Agieren von Machtpromotoren, die für den Rückhalt des Innovationsprojekts sorgen und Ressourcen zur Verfügung stellen, wird als Erfolgsbedingung betont.[19] In den erfolgreichen Unternehmen ist die Leitung stärker damit befasst, die *Innovationsentwicklung regelmäßig zu fördern* (Skalenmittelwerte 4,19 und 3,70; Sig. = 0,014). Kein signifikanter Unterschied ergibt sich im Hinblick auf das Ausmaß der *Ansprechbarkeit der Unternehmensleitung durch die Mitarbeiter*, das in beiden Vergleichsgruppen allerdings recht hoch ausgeprägt vorliegt (Skalenmittelwerte 4,44 und 4,42; Sig. = 0,885).

Ebenso findet sich kein erheblicher Unterschied zwischen erfolgreichen und weniger erfolgreichen Unternehmen im Hinblick auf die Intensität, mit der (materielle oder immaterielle) *Innovationsanreize* gesetzt werden, um Mitarbeiter möglichst zahlreich zur Förderung von Innovationen zu animieren (Skalenmittelwerte 2,60 und 2,43; Sig. = 0,472). Die absolut eher niedrigen Skalenmittelwerte in beiden Unternehmensgruppen deuten auf ein personalpolitisches Verbesserungspotenzial zur Stärkung der Motivationsbasis für das Innovationsmanagement hin. In erfolgreichen Unternehmen werden *Fort- und Weiterbildungsmaßnahmen mit Bezug auf Innovationsthemen* (z.B. Schulungen im Umgang mit Kreativitätstechniken oder zur Nutzung innovationsorientierter Datenbanken) stärker zur Erhöhung der einschlägigen Qualifikationen der Mitarbeiter und damit zur Verbesserung der innovationsrelevanten Fähigkeiten genutzt (Skalenmittelwerte 3,77 und 3,16; Sig. = 0,001). Insgesamt finden sich im Hinblick auf die innovationsgerichtete Führungs- und Personalpolitik der Unternehmen demnach uneinheitliche, mal eher günstige, mal eher weniger günstige Ergebnisse.

---

18 Siehe bereits die Ergebnisse in Kapitel 3.1 zur Nutzung verbindlicher Prozessmodelle.

19 Vgl. Stern/Jaberg (2010), S. 24 ff.

3.3 Zur externen Bedingungslage der Unternehmen

Neben den untersuchten internen Faktoren beeinflussen *Merkmale der externen Situation* die Anreize und Möglichkeiten zu innovativen Verhaltensweisen der Unternehmen. Das vorliegende Kapitel konzentriert sich auf Analysen zur Verfügbarkeit von Arbeitskräften sowie zu den – häufig extern zur Verfügung gestellten – F&E-Ressourcen der Unternehmen, zur Markt- bzw. Branchenumwelt (Anforderungen der Kunden etc.) sowie zu Kooperationsintensitäten.

Für die Hervorbringung von Innovation ist die Verfügbarkeit ausreichender *Ressourcen* – vor allem Mitarbeiter, aber auch Sachmittel wie z.B. Forschungsanlagen – in quantitativer und qualitativer Hinsicht unabdingbar. Die Untersuchung ergibt, dass erfolgreich innovierende Unternehmen im Gegensatz zu weniger erfolgreichen Einheiten in stärkerem Maße der Aussage zustimmen, dass für *innovative Aktivitäten ausreichend F&E-Ressourcen zur Verfügung* gestellt werden (Skalenmittelwerte 2,88 und 2,48; Sig. = 0,035). Außerdem stehen – allerdings mit einem nur schwach signifikanten Unterschied – in stärkerem Umfang *ausreichend qualifizierte Arbeitskräfte* zur Realisierung von Innovationen bereit (Skalenmittelwerte 2,87 und 2,58; Sig. = 0,093). Der in der öffentlichen Diskussion häufig behandelte Fachkräftemangel wirkt sich demnach teilweise auch in den Innovationsaktivitäten bei den Unternehmen im Westfälischen Ruhrgebiet aus.

Unter dem Blickwinkel der innovationsrelevanten *Marktkonstellationen* zeigt sich, dass erfolgreiche Unternehmen verglichen mit den weniger erfolgreichen Innovatoren in stärkerem Maße einem Nachfragesog ihrer Kunden ausgesetzt sind (sog. "market pull"). Sie stimmen der Aussage, dass *Kunden neue Produktangebote verlangen*, in stärkerem Umfang zu (Skalenmittelwerte 3,43 und 2,68; Sig. = 0,000). Der Befund, dass „fordernde" Abnehmer und die bewirkten Anreize zur fortwährenden „Vitalisierung" ihrer Kundenbeziehungen letztlich vorteilhaft für innovierende Unternehmen sind, findet sich auch in anderen Studien. Die Unterschiede zwischen beiden Unternehmensgruppen im Hinblick auf die *Intensität des Innovationswettbewerbs* sind zwar nur noch schwach signifikant, unterstützen aber zumindest in der Tendenz die geführte Argumentation (Skalenmittelwerte der Zustimmung zur Existenz eines starken Innovationswettbewerbs: 3,19 und 2,86; Sig. = 0,114). Die erfolgreichen Unternehmen weisen zudem *Geschäftsmodellinnovationen* einen größeren Stellenwert zu (Skalenmittelwerte 3,60 und 2,93; Sig. = 0,000) und beurteilen die *Digitalisierung von Prozessen in stärkerem Maße als wichtige Quelle von Innovationen* (Skalenmittelwerte 3,85 und 2,96; Sig. = 0,000). Insgesamt kann aus Sicht der erfolgreichen Innovatoren demnach eine komplexere Marktsituation mit weitreichenden Einflüssen identifiziert werden.

In der Regel begründen schwierige Umweltbedingungen (z.B. hohe Änderungsdynamik von Märkten und Technologien) für Unternehmen erhebliche Anreize, um (neben intensivierten eigenen Bemühungen) auf Basis von *Innovationskooperationen* (z.B. mit universitären oder außeruniversitären Forschungseinrichtungen, anderen Unternehmen, speziellen Technologietransfereinrichtungen) die eigene Innovationsfähigkeit zu verbessern. Derartige kooperative Arrangements sind für Innovationserfolge von Unternehmen oft bedeutend, da sie z.B. Zugang zu komplementärem Wissen bieten oder gemeinsame Forschungsprojekte Wissen risikoärmer und kostengünstiger erzeugen können.

In Bezug auf die untersuchten möglichen Kooperationspartner (außeruniversitäre Forschungseinrichtungen, Forschungseinrichtungen von Hochschulen sowie wirtschaftsnahe (Transfer-) Institutionen wie etwa Stellen der IHK oder der Wirtschaftsförderung) finden sich zwischen erfolgreichen und weniger erfolgreichen Innovatoren jedoch allesamt keine signifikanten Unterschiede (wie auch insgesamt nur relativ niedrige Skalenwerte, die auf erhebliche „Hebel" zur Verbesserung in diesem Zusammenhang deuten). Im Einzelnen ergeben sich für *Kooperationen mit außeruniversitären Forschungseinrichtungen* Skalenmittelwerte von 2,00 und 2,00 (Sig. = 1,000), für solche mit *Forschungseinrichtungen von Hochschulen* Werte von 2,31 und 2,17 (Sig. = 0,581) sowie für Zusammenarbeiten mit *wirtschaftsnahen Institutionen* Werte von 2,13 und 2,00 (Sig. = 0,514). Das insgesamt eher niedrige Niveau der Skalenmittelwerte lässt grundsätzlich ein Verbesserungspotenzial im Bereich der Öffnung von Innovationsaktivitäten durch Netzwerke, Partnerschaften und Kooperationen vor allem im regionalen Umfeld vermuten.

4 Fazit

Der Artikel erörterte und interpretierte unter Bezugnahme auf die Kategorien des House of Innovation Excellence die wesentlichen Unterschiede zwischen den erfolgreichen und den weniger erfolgreichen Innovatoren im Westfälischen Ruhrgebiet auf Basis der empirischen Erhebung des IHK-InnoMonitor 2015. Die folgende Abbildung zeigt die behandelten Faktoren noch einmal in der Übersicht (vgl. Abbildung 3):

Abbildung 3: Zusammenfassende Darstellung der untersuchten Unternehmensgruppen.

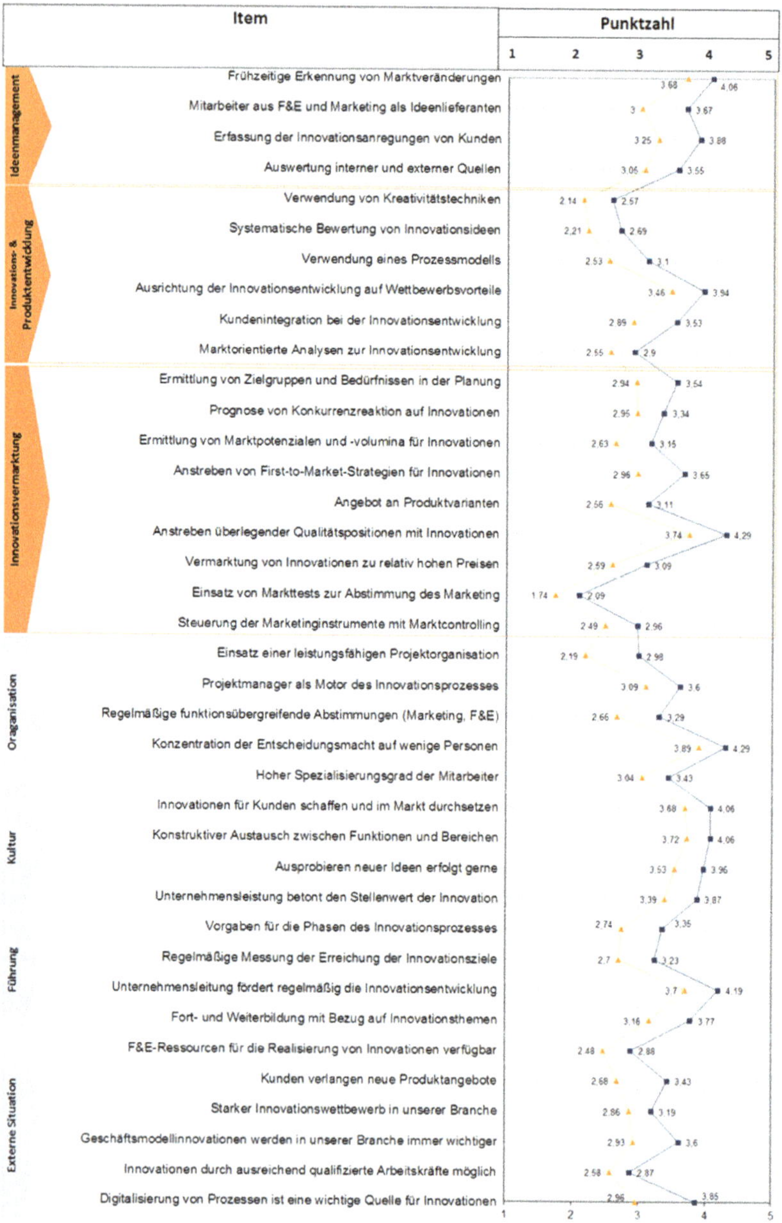

Legende: hellgrüne Line = nicht erfolgreiche Unternehmen (n=80) ; dunkelblaue Linie = erfolgreiche Unternehmen (n=49)

Die erkannten Differenzen betreffen insbesondere die konsequente Ausgestaltung eines kunden- bzw. marktgerichteten Vorgehens bei der Ideengewinnung, Innovationsentwicklung und -vermarktung; ein derart systematisch auf die Erfüllung von Kunden- und Wettbewerbserfordernissen gerichtetes Innovationsverhalten kann ohne Zweifel als strategischer Hebel des Innovationserfolges verstanden werden. Zudem sollte die methodische Stringenz bei der Innovationsentstehung (durch Nutzung geeigneter Prozessmodelle und ihre Steuerung sowie die zweckmäßige methodische Unterstützung der Einzelaktivitäten, z.B. durch Markttests) für viele der untersuchten Unternehmen deutlicher im Mittelpunkt stehen. In diesem Zusammenhang könnte auch die Markierung von Innovationen durch den Aufbau von Marken ein wichtiger Hebel im Rahmen einer wettbewerbsorientierten Differenzierung in der Innovationsvermarktung sein.

Im Hinblick auf die internen Innovationsbedingungen erwiesen sich eine leistungsstarke Projektorganisation unter Einbeziehung der (intern und extern) von Innovationsaktivitäten Betroffenen im Zusammenspiel mit einer innovationsorientierten, die konstruktive Zusammenarbeit begünstigenden Unternehmenskultur sowie gezielten Führungs- und Personalmaßnahmen als geeignetes Fundament für nachhaltige Innovationserfolge. In Bezug auf die externe Unternehmensumwelt sollten schwierige, komplexe Marktsituationen verstärkt als Chancen zur Herbeiführung von Differenzierungen im Wettbewerb verstanden werden, die gegebenenfalls in Kooperationen mit externen Forschungs- und Transfereinrichtungen zu nutzen sind.

Literaturverzeichnis

Aaker, D. (2007): Innovation: Brand It or Lose It, in: California Management Review, Vol. 50, No. 1, S. 8–24.

Böhler, H. (2004): Marktforschung, 3. Auflage, Stuttgart.

Büchler, J.-P. (2014): Strategie entwickeln, umsetzen und optimieren, München/ Hallbergmoos.

Büchler, J.-P. / Faix, A. (2015a): Erfolgsfaktor Innovationsmanagement – Ergebnisse des IHK-InnoMonitor 2014, in: Büchler, J.-P. / Faix, A. (Hrsg.): Innovationserfolg. Management und Ressourcen systematisch gestalten, Frankfurt am Main, S. 27–57.

Büchler, J.-P. / Faix, A. (2015b): House of Innovation Excellence als Bezugsrahmen zur systematischen Analyse und Steuerung des Innovationserfolges von Unternehmen, in: Büchler, J.-P. / Faix, A. (Hrsg.): Innovationserfolg. Management und Ressourcen systematisch gestalten, Frankfurt am Main, S. 13–26.

Cooper, R. G. (1984): New Product Strategies: What Distinguishes the Top Performers, in: Journal of Product Innovation Management, Vol. 1, No. 3, S. 151–164.

Ernst, H. (2002): Success factors of new product development: a review of the empirical literature, in: International Journal of Management Reviews, Vol. 4, No. 1, S. 1–40.

Ernst, H. (2003): Unternehmenskultur und Innovationserfolg – Eine empirische Analyse, in: Zeitschrift für betriebswirtschaftliche Forschung (ZfbF), Jg. 55, Nr. 1, S. 23–44.

EU-Kommission (2003) (Hrsg.): Empfehlung der Kommission vom 6. Mai 2003 betreffend die Definition der Kleinstunternehmen sowie der kleinen und mittleren Unternehmen (2003/361/EG), S. 36–41; URL: http://eur-lex.europa.eu/legal-content/DE/TXT/PDF/?uri=uriserv:OJ.L_.2003.124.01.0036.01.DEU, [Zugriff: 07.07.2017].

Faix, A. (1998): Patente im strategischen Marketing. Sicherung der Wettbewerbsfähigkeit durch systematische Patentanalyse und Patentnutzung, Berlin.

Lawson, B. / Samson, D. (2001): Developing Innovation Capability in Organisations: A Dynamic Capabilities Approach, in: International Journal of Innovation Management, Vol. 5, No. 3, S. 377–400.

Malik, F. (2006): Führen, Leisten, Leben. Wirksames Management für eine neue Zeit, Frankfurt am Main.

Müller, W. / Görres, D. (2009): Innovationsstrategien – Konzeption und Best-Marketing Practices, Reihe Forschungspapier, Band 19, Dortmund.

Sammerl, N. (2006): Innovationsfähigkeit und nachhaltiger Wettbewerbsvorteil, Wiesbaden.

Stern, T. / Jaber, H. (2007): Erfolgreiches Innovationsmanagement, 3. Auflage, Wiesbaden.

Stern, T. / Jaberg, H. (2010): Erfolgreiches Innovationsmanagement, 4. Auflage, Wiesbaden.

Terziovski, M. (2007): Building Innovation Capability in Organizations: An International Cross-Case Perspective, Imperial College Press.

Axel Faix

FH Dortmund,
Forschungsgruppe Innovationsexzellenz

Zielgerichtete Stärkung des unternehmerischen Innovationsmanagements – Beitrag des IHK-InnoMonitor

1 Einleitung

In der Regel sind Unternehmen in vielen Branchen aus Wettbewerbsgründen gezwungen, ihr Produktangebot von Zeit zu Zeit durch Innovationen zu erneuern und an veränderte Kundenwünsche oder Handlungsbedingungen anzupassen. Eine wesentliche Voraussetzung hierfür ist ein leistungsfähiges Innovationsmanagement der Unternehmen, das sicherstellt, dass die notwendigen Entscheidungen systematisch und mit angemessener methodischer Unterstützung getroffen werden.[1] Im Zeichen geänderter Bedingungslagen ist das Innovationsmanagement in den Unternehmen selbst regelmäßig daraufhin zu überprüfen, ob die richtigen Maßnahmen und Aktivitäten mit den richtigen Prioritäten vollzogen und unterstützt werden oder ob nicht etwa zu wenig Wert auf die Förderung der tatsächlich erfolgskritischen Aktionsbereiche gelegt wird. Unter diesem Gesichtspunkt werden seit geraumer Zeit Innovationsaudits entworfen und diskutiert.

Der vorliegende Beitrag erörtert, wie im Rahmen der einschlägigen Analysen empirische Informationen auf Basis des IHK-InnoMonitor – erläutert an Beispielen aus der Erhebung 2015 – sinnvoll in die Überlegungen einbezogen werden können.

2 Datenbasis des IHK-InnoMonitor

Die Forschungsgruppe Innovationsexzellenz der Fachhochschule Dortmund untersucht in regelmäßigen Abständen im Rahmen der empirischen Studien des *IHK-InnoMonitor*, ob und inwieweit die Unternehmen im Westfälischen

---

1 Grundsätzlich beinhaltet das Innovationsmanagement „alle Planungs-, Entscheidungs-, Organisations- und Kontrollaufgaben im Hinblick auf die Generierung und die Umsetzung von neuen Ideen in marktfähige Leistungen", Vahs/Brem (2013), S. 28; im Orig. hervorgehoben.

Ruhrgebiet mit ihren Innovationsstrategien erfolgreich sind und hierbei von günstigen internen und externen Bedingungen profitieren können bzw. diese selbst aktiv im Sinne ihrer Zielsetzungen gestalten.

Die konzeptionelle Basis für die Erhebungen und Analysen ist das ganzheitlich angelegte *House of Innovation Excellence*, das den von Unternehmen beeinflussbaren Anteil des Innovationserfolges auf Aktivitäten im Bereich des Ideenmanagements, der Innovationsentwicklung und Innovationsvermarktung (die insgesamt einem Innovationsprozess folgen) zurückführt, die in ihrer Qualität maßgeblich von den unternehmensinternen Vorkehrungen im Bereich der Organisation, Unternehmenskultur, Führung und Personalwesen abhängen. Die mittel- und unmittelbaren Wirkungen der innovationsgerichteten Maßnahmen werden zudem durch Faktoren der globalen und marktlichen Umwelt (z.B. technologische Entwicklungen, Wettbewerbsverhalten) beeinflusst.[2]

An der Datengewinnung im Rahmen des IHK-InnoMonitor 2015 beteiligten sich insgesamt 166 Unternehmen im Wege einer Online-Erhebung im Zeitraum zwischen März und Mai 2015. Die Erhebung beinhaltete insgesamt 57 Fragen (Items), die systematisch die Ebenen des angesprochenen House of Innovation Excellence aufgreifen.[3] Die Angaben von 157 Unternehmen waren vollständig und konnten den weiteren Überlegungen und Analysen zugrunde gelegt werden.

Die Auskunft gebenden Unternehmen besetzen unterschiedliche *Größenklassen*, vgl. hierzu Tabelle 1.

Tabelle 1: Größenverteilung der Unternehmen des InnoMonitor 2015.

Größenklasse	Häufigkeit	Prozent	Kumulative Prozent
Kleinstunternehmen	71	45,2	45,2
Kleines Unternehmen	49	31,2	76,4
Mittleres Unternehmen	25	15,9	92,4
Großunternehmen	12	7,6	100,0
Gesamtsumme	157	100,0	

2 Vgl. hierzu näher Büchler/Faix (2015).

3 Die Antworten sehen in der Regel Angaben zur Zustimmung oder Ablehnung der Auskunftspersonen zu einem Item auf einer fünfstufigen Ratingskala (1 = „gar nicht"; 2 = „in geringem Ausmaß"; 3 = „in mittlerem Ausmaß"; 4 = „in hohem Ausmaß"; 5 = „in sehr hohem Ausmaß". Zudem: 6 = „keine Angabe möglich") vor. Die weiteren Analysen basieren auf der begründeten Annahme, dass metrisches Skalenniveau vorliegt.

In *branchenbezogener Hinsicht* wird die Stichprobe des IHK-InnoMonitor 2015 durch die folgende Zuordnung der Unternehmen zu Branchen charakterisiert: Dienstleistungen (64 Unternehmen); Verarbeitendes Gewerbe (43); Handel (21); Medien, Telekommunikation und Informationstechnologie (15); Gastgewerbe, Transport und Verkehr (8); Kredit- und Versicherungsgewerbe (6).[4]

Die weiteren Erwägungen zur *systematischen Überprüfung und Verbesserung des Innovationsmanagements von Unternehmen* betreffen unterschiedliche (ausgewählte) qualitative und quantitative Ansatzpunkte, die sich grundsätzlich dem Anliegen zuordnen lassen, das mit *Innovationsaudits* verfolgt wird. Ein Innovationsaudit kann „als eine Methode oder ein Instrument zur Bewertung der Maßnahmen, Prozesse und Strukturen des Innovationsmanagements eines Unternehmens oder eines seiner Subsysteme (z.B. des Innovationsprozesses, der frühen Phasen des Innovationsprozesses oder auch eines einzelnen Innovationsprojektes) bezeichnet werden."[5] Es verbindet sich grundsätzlich mit dem Anspruch, Probleme und Schwachstellen aufzuspüren, bevor sich diese (allzu) negativ in den Ergebnissen des Unternehmens bemerkbar machen.

3 Ansatzpunkte zur systematischen Überprüfung des Innovationsmanagements

3.1 Diagnose von Unternehmensprofilen

Die an einem IHK-InnoMonitor teilnehmenden Unternehmen erhalten im Anschluss an die jährliche Befragung regelmäßig (1) einen allgemeinen, unternehmensübergreifenden *Untersuchungsbericht*, der zu allen gestellten Untersuchungsfragen die Antworten aller Teilnehmer berichtet und in einen größeren Sachzusammenhang einordnet und (2) eine *unternehmensindividuelle Auswertung*, die in Bezug auf erfolgskritische Variablen des Innovationsgeschehens zeigt, wie das *betreffende Unternehmen* im Vergleich zu der Gruppe von Unternehmen zu sehen ist, die in der Untersuchung als *erfolgreich innovierend* klassifiziert wurde.

Die maßgebliche Unterscheidung zwischen *erfolgreich innovierenden* und *nicht* (oder wenig) *erfolgreich innovierenden Unternehmen* basiert auf einer Clusteranalyse, die vier Variablen einbezieht: (1) Zielerreichung der Unternehmen im Hinblick auf die Anzahl der realisierten Innovationen, (2) Innovationsrate (Umsatzanteil auf Basis von Innovationen, die höchstens drei Jahre alt sind),

4 Diese Stichprobenzusammensetzung spiegelt die Unternehmenslandschaft in der Untersuchungsregion wider.

5 Herstatt et al. (2007), S. 4.

(3) Zufriedenheit der Unternehmen mit den erreichten finanziellen Innovationszielen und (4) Zielerreichung mit der Profitabilität des Gesamtunternehmens. Die folgende Tabelle veranschaulicht die Ausprägungen der bei der Trennung verwendeten Variablen (vgl. Tabelle 2):

Tabelle 2: Unterscheidung der erfolgreichen und nicht erfolgreichen Innovatoren.

Zielgröße	**Cluster nicht erfolgreiche Unternehmen (n = 80)**	**Cluster erfolgreiche Unternehmen (n = 49)**
Zielerreichung bezüglich der Anzahl der Innovationen (Skalenwerte)	2,80	4,24
Innovationsrate (Angaben in %)	13,6	36,5
Zufriedenheit bezüglich finanzieller Innovationsziele (Skalenwerte)	2,73	3,61
Zielerreichung bezüglich Profitabilität des Gesamtunternehmens (Skalenwerte)	3,03	3,69

Es zeigt sich, dass die erfolgreichen Unternehmen in stärkerem Umfang ihre Ziele bei der Hervorbringung von Innovationen erreichen, höhere Innovationsraten aufweisen und günstigere Werte bei der Realisierung finanzieller Innovationsziele und in Bezug auf die Gesamtprofitabilität erzielen.[6] Hierzu stellt sich die Frage, welche Unterschiede zwischen den Unternehmen beider Gruppen im Hinblick auf die *Maßnahmenbereiche* und die internen und externen *Handlungsbedingungen* des Innovationsmanagements existieren.[7]

Die oben angesprochenen unternehmensindividuellen Auswertungen zeigen jeweils in einer Profildarstellung die *Merkmalsausprägungen eines Unternehmens* relativ zum Profilzug der *erfolgreichen Unternehmen*, die in diesem Fall als „Benchmark“ fungieren. Gehört das individuell gekennzeichnete Unternehmen selbst der Gruppe der Erfolgreichen an, sind die Diskrepanzen zwischen den Linienzügen gering oder nicht vorhanden.

---

6 Alle Merkmalsunterschiede zwischen den beiden Unternehmensgruppen sind statistisch hochsignifikant. Dabei wird eine Aussage mit einem Signifikanzniveau von höchstens 1 % als „hochsignifikant“ bezeichnet. Signifikanzniveaus von höchstens 5 % führen zu „signifikanten“ und solche von bis zu 10 % zu „schwach signifikanten“ Aussagen.

7 Siehe hierzu die ausführliche Diskussion im Beitrag von Faix/Büchler (2018): Wettbewerbsdifferenzierung durch systematisches Innovationsmanagement – Analysen und Ergebnisse des IHK-InnoMonitor (in diesem Band).

Ein reales – aber anonymisiertes – Beispiel für eine unternehmensindividuelle Auswertung auf Basis der Erhebung 2015 bietet Abbildung 1.

Abbildung 1: Individuelle Auswertung für ein IHK-InnoMonitor-Unternehmen.

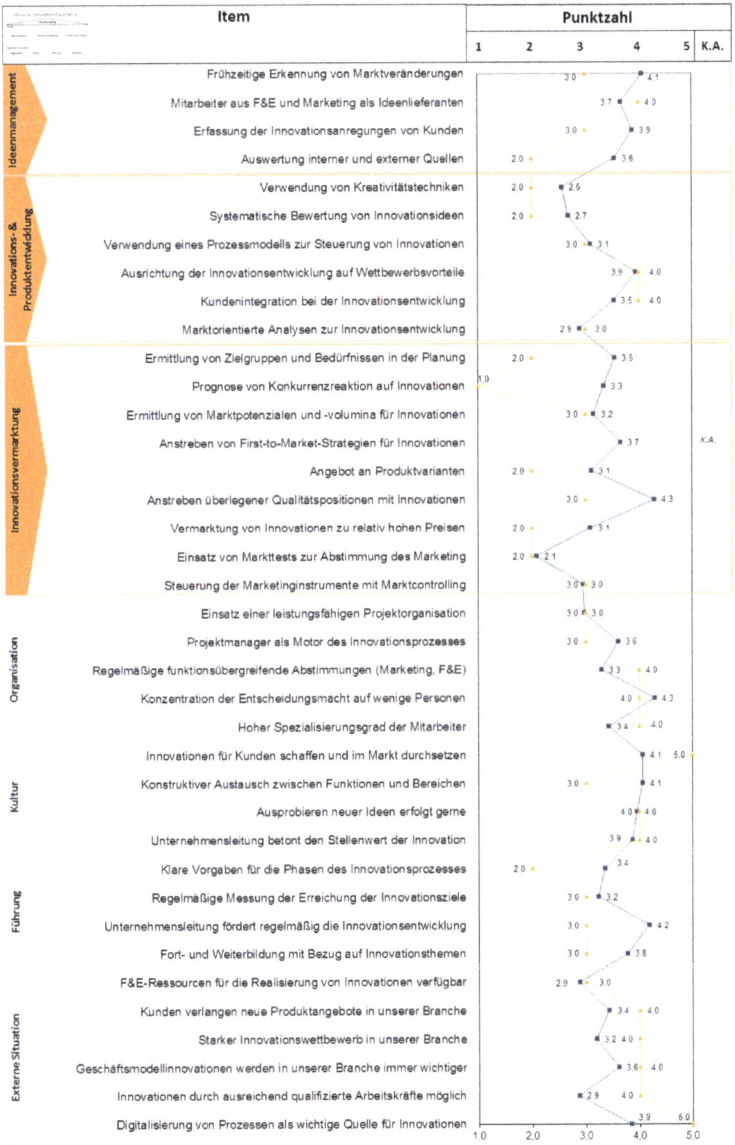

Während der grüne Linienzug das Profil für das Einzelunternehmen darstellt, bedeutet der blaue Linienzug die Merkmalsausprägungen der erfolgreich innovierenden Unternehmen.

Im vorliegenden Fall weist das analysierte Unternehmen gegenüber der Referenzgruppe zunächst Defizite im Bereich der *marktorientierten Informationsgewinnung und Innovationsentwicklung* auf. Dies signalisiert die geringe Intensität der Nutzung interner und externer Quellen, die schwächere Orientierung an Kundenanregungen sowie kunden- und marktbezogenen Informationen im Rahmen der Planung. Das so erzeugte Bild ist durchaus „stimmig", da es kaum verwundert, wenn bei einer schwächeren Ausrichtung von Informationsaktivitäten auf Märkte und Marktteilnehmer lediglich wenige Kenntnisse über Zielgruppen und ihre Bedürfnisse oder Prognosen über das Konkurrenzverhalten in die Innovationsgestaltung einfließen. Es liegt auf der Hand, dass hiermit noch kein „perfekter" Nährboden für im Markt erfolgreiche Innovationen geschaffen wird.

Zudem wird durch die Profilbetrachtung ersichtlich, dass das Unternehmen gegenüber dem Vergleichsmaßstab in *organisatorischer Hinsicht* durchaus ansprechend zu bewerten ist, aber die Projektmanager als Antreiber des Innovationsprozesses schwächer agieren und der konstruktive Austausch zwischen Funktionen und Bereichen relativ zurückbleibt. Damit korrespondieren Probleme im Bereich der *Führung*, da weniger klare Vorgaben für die Phasen des Innovationsprozesses gesetzt werden (was womöglich auch den schwächeren Wert für die systematische Bewertung von Innovationsideen erklären hilft, die ja an der Erreichung definierter Zielvorgaben anknüpfen muss). Die Interpretation ist plausibel, dass die Wirkungen dieser Konstellation die Ursachen für die weiter oben angeführten Defizite darstellen, da eine systematisch-marktorientierte Informations- und Entwicklungsarbeit im Innovationskontext in der Regel Defizite aufweist, wenn z.B. das Projektmanagement weniger kraftvoll und führungsstark agiert. Zu bemerken ist weiter, dass die Unternehmensleitung verglichen mit der Referenzgruppe in etwa gleichem Umfang den Stellenwert der Innovation betont, dann bei der regelmäßigen Förderung der Innovationsentwicklung deutlich zurückbleibt.

In der Darstellung der Abbildung 1 sind ebenfalls günstige Merkmalsausprägungen zu erkennen, etwa in Bezug auf die Einbeziehung von Mitarbeitern aus Marketing und F&E als Ideengeber, die Ausrichtung der Innovationsentwicklung auf die Erzielung von Wettbewerbsvorteilen oder die Verankerung der Überzeugung, dass das Schaffen und Durchsetzen von Innovationen wesentlich für den langfristigen Erfolg des Unternehmens ist. Die Orientierung an Wettbewerbsvorteilen bei der Innovationsentwicklung ist von zentraler Bedeutung, da selbst nachdrückliche technische Vorteile ökonomisch keine Rolle spielen, wenn sie kein relevantes Bedürfnis (und keine Preisbereitschaft) der Kunden berühren; diese Orientierung benötigt im Regelfall eine im ganzen Unternehmen verankerte Überzeugung (als Ausdruck einer innovationsgerichteten Unternehmenskultur).[8]

Zu bemerken ist schließlich, dass das Unternehmen im Bereich der Entwicklung von Innovationen nicht über zu wenig F&E-Ressourcen berichtet – diese Situation wird in den F&E-orientierten Abteilungen von nicht wenigen Unternehmen beklagt.

Insbesondere die Abweichungen von der Charakteristik der erfolgreichen Innovatoren liefern vielfältige Anregungen über Schwachstellen und Möglichkeiten, das Innovationsmanagement eines Unternehmens zu verbessern. Jedoch ist zu berücksichtigen, dass eine Ermittlung von Diskrepanzen zwischen Merkmalsausprägungen eines Unternehmens und einer Vergleichsgruppe noch keine Aussage über die *Ursachen* dieser Unterschiede beinhaltet: Warum verzichtet ein Unternehmen im Rahmen der Innovationsentwicklung und -vermarktung möglicherweise auf Markttests? Sind hierfür negative Erfahrungen mit Testergebnissen in der Vergangenheit oder auch die nicht unbeträchtlichen Kosten für Testprozeduren verantwortlich oder handelt es sich um eine „Unterlassungssünde" in einem vielleicht allzu technisch geprägten Unternehmen? Oder: Warum existiert keine institutionalisierte funktionsübergreifende Abstimmung zwischen den an Innovationen beteiligten Einheiten, etwa durch ein eingerichtetes Schnittstellenmanagement, das z.B. in einer Reihe von Unternehmen durch sogenannte Liaison-Manager erfolgt? Ist diese organisatorische Abstimmung vielleicht angesichts einer vitalen informalen Zusammenarbeit entbehrlich oder befindet sich das Unternehmen gegebenenfalls in einer Phase des Übergangs, in der organisatorische Regeln verändert werden, was aber aus dem Diagramm nicht deutlich werden kann? Mit anderen Worten: Es ist sinnvoll, die Diagnostik der Leistungsstärke des Innovationsmanagements vor dem Hintergrund der *Gründe* der aktuellen Merkmalsausprägungen und der Zustände zu führen, die – im Rahmen definierter Innovationsziele und strategischer Konzeptionen – *gewünscht* werden. Die im Weiteren vorzustellende *InnoMonitor-Matrix* geht unter anderem auf die Soll-Ausprägungen der Merkmale des Innovationsmanagements ein.

8 Vgl. hierzu näher Ernst (2003).

3.2 Nutzung der InnoMonitor-Matrix

3.2.1 Kennzeichnung

Die InnoMonitor-Matrix ist ein zweidimensionales *Raster zur Beurteilung der Aktivitäten und Vorkehrungen des Innovationsmanagements* in einem Unternehmen (oder einem Teil davon) unter dem Blickwinkel der (1) angestrebten Ausprägungen wie auch der (2) gegenwärtig realisierten Zustände der relevanten Faktoren. Die prinzipiell ganzheitlich angelegte Matrix visualisiert sowohl vorhandene Übereinstimmungen als auch Abweichungen zwischen Soll- und Ist-Ausprägungen des Innovationsmanagements und erlaubt eine vertiefte Analyse und Diskussion der Gründe der vorgefundenen Konstellationen wie auch die Ableitung von prioritätengerechten Maßnahmenplänen zur Herbeiführung von Übereinstimmungen.

Der Einsatz der Matrix kann im Unternehmen in „Eigenregie" erfolgen oder durch externe Experten vollzogen bzw. unterstützt werden, die z.B. einen Workshop mit Vertretern des Unternehmens (Geschäftsführung, Marketing- und Vertriebsverantwortliche, F&E-Leiter bzw. unmittelbar für das Innovationsgeschehen Verantwortliche etc.) durchführen. In jedem Fall ergibt sich ein mehrstufiges Vorgehen, das im Weiteren näher dargestellt wird.

3.2.2 Konzeptioneller Ansatz

Die Nutzung der InnoMonitor-Matrix setzt voraus, dass die maßgeblichen *Aktivitäten und Vorkehrungen des Innovationsmanagements des Unternehmens* bestimmt werden und über deren Inhalte Einigkeit herbeigeführt wird. So ist z.B. bei der *Einbeziehung der Ausrichtung der Innovationsentwicklung auf die Erzielung von Wettbewerbsvorteilen* sicherzustellen, dass unter Wettbewerbsvorteilen einheitlich überlegene Leistungen im Konkurrenzvergleich verstanden werden, die tatsächlich in den Augen der Nachfrager existieren. Bezugspunkte für die Auswahl von Elementen des Innovationsmanagements für eine Untersuchung können die im oben gezeigten Unternehmensprofil enthaltenen Aufgaben und Bedingungen sein, die durch das *House of Innovation Excellence* begründet werden.[9] Ebenso

9 Es existiert eine Reihe ähnlich angelegter Konzeptionen, die z.T. allerdings einen vergröberten Ansatz verwenden. So erfassen z.B. *Vahs et al.* als wesentliche Aufgaben des Innovationsmanagements die Festlegung von Innovationszielen und -strategien, die Gestaltung des Forschungs- und Entwicklungsprogramms, die Steuerung einzelner Innovationsprojekte und -prozesse sowie die Gestaltung innovationsfördernder Organisationsstrukturen, Kulturen und Informationssysteme (einschließlich Innovationscontrolling), vgl. Vahs/Brem (2013), S. 28.

besteht die Möglichkeit für Unternehmen, eine eigene Definition und Auswahl unter Berücksichtigung der unternehmensspezifischen Ziele und Maßnahmen vorzunehmen, die z.B. auch nur Teilfelder des Innovationsmanagements (interne Handlungsbedingungen, Informationsaktivitäten etc.) einbezieht.

Aus Gründen der Übersichtlichkeit werden für das nachfolgende Beispiel lediglich die folgenden *informationsbezogenen Aktivitäten* näher betrachtet:

- Einsatz von Mitarbeitern aus F&E und Marketing als Ideenlieferanten,
- Erfassung der Innovationsanregungen von Kunden,
- Auswertung interner und externer Quellen,
- Verwendung von Kreativitätstechniken,
- Systematische Bewertung von Innovationsideen,
- Nutzung marktorientierter Entwicklungsmethoden zur Innovationsentwicklung (z.B. SWOT- oder Branchenstrukturanalysen),
- Nutzung marktorientierter Analysen zur Innovationsentwicklung (z.B. Target Costing),
- Einsatz von Markttests zur Abstimmung des Marketing-Mix.

Bei der Erhebung der Situation des Innovationsmanagements sind zu jeder Aktivität bzw. Vorkehrung unter Vorgabe geeigneter Antwortabstufungen *zwei Fragen* zu beantworten: (1) Welche Ausprägung wird für das fragliche Element angestrebt (Soll-Ausprägung)? (2) Welche Ausprägung der Aktivität ist gegenwärtig gegeben (Ist-Ausprägung)?

Die Antworten auf die erste Frage hängen maßgeblich von der *Bedeutung* der Aktivitäten bzw. Vorkehrungen für die gegebene oder intendierte Innovationsstrategie und den Innovationserfolg des Unternehmens ab. Die Antworten auf die zweite Frage reflektieren die *Intensitäten*, mit denen gegenwärtig Aktivitäten (z.B. Erfassen von Kundenanregungen für innovative Produkte) betrieben bzw. Vorkehrungen gegeben sind.

Mit dem Fokus auf *Aktivitäten* (siehe die obige Eingrenzung der zu behandelnden Elemente) können zu beiden Fragen Antwortskalen vorgegeben werden, die z.B. von 1 bis 10 reichen und im Falle der ersten Frage: 1 = keine Bedeutung für den Innovationserfolg des Unternehmens; 10 = sehr hohe Bedeutung, und im Falle der zweiten Frage: 1 = keine Realisierung der Aktivität; 10 = Aktivität wird mit maximaler Intensität betrieben, lauten können. Einfachere Antwortskalen, die auch die Beurteilungsaufgabe vereinfachen, lassen sich z.B. durch einen lediglich dreistufigen Ansatz bilden („niedrig", „mittel" und „hoch" oder „keine Durchführung", „Durchführung mit mittlerer Intensität", „Durchführung mit maximaler Intensität").

Nach der Erhebung der Antworten zu den beiden Fragen je Aktivität sind (gegebenenfalls nach Durchschnittsbildung je Frage über mehrere Antwortgeber hinweg) die einzelnen Aktivitäten in die *InnoMonitor-Matrix* einzuordnen, die durch die Achsen „Angestrebte Ausprägung“ und „Realisierte Ausprägung“ aufgespannt wird; die Unterteilung der Achsen knüpft an die oben angeführten vereinfachten Antwortskalen an. Die folgende Abbildung 2 gibt hierzu ein abstraktes Beispiel.

Abbildung 2: InnoMonitor-Matrix.

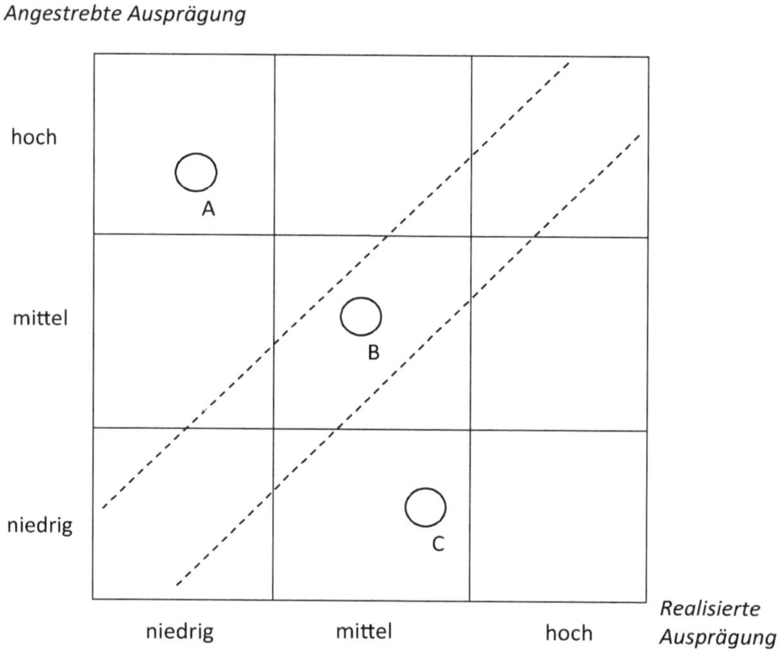

Im Idealfall sind alle Aktivitäten des Innovationsmanagements *innerhalb* des durch die gestrichelten Linien gekennzeichneten Korridors positioniert (siehe Aktivität B), sodass die angestrebte Ausprägung bzw. der Beitrag zum Innovationserfolg der Intensität entsprechen, mit der die Aktivität betrieben wird (also wichtige Aktivitäten tatsächlich mit hoher Intensität durchgeführt werden und vice versa). Aktivitäten, die (wie Aktivität A) oberhalb des Korridors eingeordnet werden, bedeuten, dass die Intensität der Durchführung mit der Bedeutung der Aktivitäten nicht Schritt hält, sodass eine Verstärkung der Aktivität angezeigt ist. Bei Aktivitäten unterhalb des Korridors (siehe Aktivität C) gilt entgegengesetzt, dass die „übermäßig“ realisierten Ausprägungen gegebenenfalls zurückzuführen sind.

Vor dem Hintergrund der vorgenommenen Einordnungen und Feststellung der aktuellen und künftigen Anforderungen an das Innovationsmanagement sind (vor dem Hintergrund quantitativer und qualitativer Informationsinputs) schließlich etwaige *Handlungsempfehlungen* auszuarbeiten und zu priorisieren.

3.2.3 Bewertung einbezogener Elemente und Ableitung von Handlungsempfehlungen

Die Einordnung und Bewertung der Aktivitäten des Innovationsmanagements erfordert eine Konkretisierung der Achsenpositionen auf Basis definierter Skalierungen.

Auf welche Weisen lassen sich die *Soll-Ausprägungen* der Aktivitäten des Innovationsmanagements bestimmen? Eine erste Möglichkeit hierzu besteht in der möglichst tiefgreifenden, fallstudienartigen *Durchleuchtung* des Unternehmens mit seiner *Innovationsstrategie* und den damit verbundenen (Sub-) Zielen. Sieht die innovationsstrategische Konzeption des Unternehmens z.B. aus Konkurrenzgründen vor, Innovationen mit deutlich überlegenen Qualitätspositionen in recht großer Zahl in kurzen Zeitabständen zu entwickeln und jeweils hochpreisig in den Markt einzuführen, so erlangen – neben der engen Zusammenarbeit mit Kunden – die Nutzung und Auswertung von unternehmensinternen wie -externen Quellen und der Einsatz von Mitarbeitern aus F&E und Marketing als Ideenquellen besonders hohe Relevanz, um eine breite, qualitativ gehaltvolle Informationsbasis für Innovationen zu schaffen, die technologische und marktliche Vorteile zugleich aufweisen.[10] Auch eine systematische Bewertung von Innovationen, die dem Unternehmen entlang definierter Phasen des Innovationsprozesses Gelegenheit gibt, in kurzen Abständen erfolgsträchtige von wenig aussichtsreichen Projekten zu unterscheiden (und Ressourcen stets in die besten Verwendungen zu lenken), gewinnt an Bedeutung. Dagegen ist der Einsatz von Kreativitätstechniken zur Erarbeitung von Produktideen in der beschriebenen Situation eventuell nur eingeschränkt wichtig, z.B. angesichts ohnehin gegebener engmaschiger Informationsaktivitäten zur Erfassung von Kundenanregungen und einer tief greifenden Integration von Abnehmern in die Innovationsentwicklung.

Eine weitere Option zur Ableitung von Soll-Ausprägungen besteht in der Verwendung breiter angelegter *empirischer Informationen* über Innovationsmaßnahmen von Unternehmen und ihre Erfolgseffekte, die in stärkerem Maße objektiviert werden können. Bei der Auswertung der Datenbasis des IHK-InnoMonitor wird z.B. regelmäßig mit *Diskriminanzanalysen* untersucht, inwieweit bestimmte – metrische – Variablen des Innovationsmanagements geeignet sind, die Zugehörigkeit von Unternehmen zu unter Erfolgsgesichtspunkten

10 Siehe Cooper (1984), S. 151 ff.

gebildeten Clustern zu erklären und auf diese Weise die *relative Bedeutung der Einflüsse verschiedener Gestaltungsfaktoren des Innovationsmanagements* aufzuzeigen.[11]

Im IHK-InnoMonitor 2015 ergibt sich für die in Bezug auf die oben gezeigten informationsbezogenen Aktivitäten des Innovationsmanagements aufgestellte *Diskriminanzfunktion* ein Eigenwert von 0,187 sowie ein Wilks Lambda von 0,843 (Sig. = 0,026).[12] Die angestrebte Kernaussage zur (multivariat ermittelten) diskriminatorischen Bedeutung der Aktivitäten für die Einteilung in erfolgreiche und nicht bzw. weniger erfolgreiche Innovatoren leitet sich aus den so genannten *Strukturkoeffizienten* (Korrelationen der einzelnen Variablen mit zuvor bestimmten standardisierten Diskriminanzkoeffizienten) ab. Die folgende Tabelle 3 zeigt die Ausprägungen der Strukturkoeffizienten für die einbezogenen Variablen („Strukturmatrix").

Tabelle 3: Strukturkoeffizienten der Diskriminanzanalyse für informationsbezogene Aktivitäten des Innovationsmanagements.[13]

Aktivität des Innovationsmanagements	**Funktion**
	1
Mitarbeiter aus F&E und Marketing als Ideenlieferanten	0,797
Erfassung der Innovationsanregungen von Kunden	0,707
Auswertung interner und externer Quellen	0,586
Systematische Bewertung von Innovationsideen	0,508
Verwendung von Kreativitätstechniken	0,453
Marktorientierte Analysen zur Innovationsentwicklung	0,394
Einsatz von Markttests zur Abstimmung des Marketings	0,385
Marktorientierte Entwicklungsmethoden zur Innovationsentwicklung	0,262

11 Vgl. zur näheren Kennzeichnung der Diskriminanzanalyse z.B. Böhler (2004), S. 214 ff. Mit der gleichen Intention können verschiedene weitere multivariate Techniken der Datenanalyse eingesetzt werden (z.B. regressionsrechnerische Ermittlung der Beiträge von Aktivitäten des Innovationsmanagements auf innovationsbezogene Zielsetzungen anhand der Höhe der partiellen Regressionskoeffizienten).

12 Ferner lassen sich auf Basis der ermittelten Diskriminanzfunktion 63,9 % der ursprünglichen gruppierten Fälle ordnungsgemäß klassifizieren.

13 Der Gruppenunterschied in Bezug auf die Variable Marktorientierte Entwicklungsmethoden zur Innovationsentwicklung ist nicht signifikant.

Die nach absoluter Größe der Korrelationen geordneten Variablen repräsentieren die absteigenden diskriminatorischen Bedeutungen für die angeführten Gruppenzugehörigkeiten. Hiernach ist der Beitrag zur Erklärung, warum ein Unternehmen in die Gruppe der erfolgreichen oder der nicht erfolgreichen Innovatoren eingeordnet wird, der Einbeziehung von Mitarbeitern aus F&E sowie Marketing, der Erfassung der Innovationsanregungen von Kunden und der Nutzung einer breiten Informationsbasis durch interne und externe Quellen deutlich stärker als der Beitrag, der auf die Verwendung marktorientierter Analyse- und Entwicklungsmethoden zur Innovationsentwicklung und den Einsatz von Markttests zurückgeht.

Im Rahmen einer qualitativen Betrachtung können die Ausprägungen der Strukturkoeffizienten näher erörtert und auf ihre unternehmens- oder branchenspezifische Stichhaltigkeit hin untersucht werden.[14] Um die spezifischen Umstände einzelner Unternehmen besser zu berücksichtigen, ließen sich zudem enger gefasste Diskriminanzanalysen z.B. für bestimmte Branchen und/oder Unternehmenstypen (etwa nach Größe unterschieden) berechnen, deren Anspruch auf allgemeinere Gültigkeit gleichwohl abnehmen würde. Die gesamthafte Ableitung der Soll-Anforderungen an die Elemente des Innovationsmanagements kann zweckmäßig im Rahmen eines Workshops erfolgen, an dem Angehörige aus verschiedenen Bereichen und Funktionen des Unternehmens und eventuell externe Berater bzw. Branchenexperten teilnehmen und ihre Perspektiven abwägen.

Im Anschluss können die oben gezeigten Strukturkoeffizienten – eventuell mit begründeten Anpassungen – in eine geeignete *Skala zur Operationalisierung* der Achse „Angestrebte Ausprägung" der InnoMonitor-Matrix überführt werden. Die folgende Tabelle zeigt die Ausprägungen der umgerechneten Koeffizienten, die nunmehr um den Durchschnitt von 1,00 streuen und daher leichter interpretierbar sind (vgl. Tabelle 4).

---

14 So ist z.B. zu beachten, dass der Beitrag zur Gruppentrennung, der auf den Einsatz von Markttests zur Abstimmung des Marketings zurückgeführt wird, z.T. auch deswegen gering ist, weil diese in *beiden* Clustern einen vergleichsweise geringen Stellenwert haben; womöglich kann eine stärkere Nutzung einschlägiger Testverfahren unter den passenden Umständen gleichwohl eine geeignete Maßnahme für Unternehmen des untersuchten Samples sein.

Tabelle 4: Skalenwerte der Achse „Angestrebte Ausprägung" der InnoMonitor-Matrix.

Aktivität des Innovationsmanagements	Skalenwert
Mitarbeiter aus F&E und Marketing als Ideenlieferanten	1,558
Erfassung der Innovationsanregungen von Kunden	1,382
Auswertung interner und externer Quellen	1,146
Systematische Bewertung von Innovationsideen	0,993
Verwendung von Kreativitätstechniken	0,886
Marktorientierte Analysen zur Innovationsentwicklung	0,770
Einsatz von Markttests zur Abstimmung des Marketings	0,752
Marktorientierte Entwicklungsmethoden zur Innovationsentwicklung	0,512

Die Ermittlung der *gegenwärtig realisierten Ausprägungen* als Grundlage für die Operationalisierung der weiteren Achse der Matrix setzt an Befragungen geeigneter Unternehmensmitglieder an. Zur Illustration einer vollständigen InnoMonitor-Matrix und Ableitung von Schlussfolgerungen orientiert sich das folgende Beispiel an den Einschätzungen, die zu den fraglichen Variablen im obigen Unternehmensbeispiel – vgl. hierzu Tabelle 5 – gemacht wurden (ohne hierbei eine Gewichtung am durchschnittlichen Wert vorzunehmen).[15] Die sich ergebenden Skalenwerte zeigt Tabelle 5.

Tabelle 5: Skalenwerte der Achse „Realisierte Ausprägung" der InnoMonitor-Matrix im Unternehmensbeispiel.

Aktivität des Innovationsmanagements	Skalenwert
Mitarbeiter aus F&E und Marketing als Ideenlieferanten	4,0
Erfassung der Innovationsanregungen von Kunden	3,0
Auswertung interner und externer Quellen	2,0
Systematische Bewertung von Innovationsideen	2,0
Verwendung von Kreativitätstechniken	2,0
Marktorientierte Analysen zur Innovationsentwicklung	3,0
Einsatz von Markttests zur Abstimmung des Marketings	2,0
Marktorientierte Entwicklungsmethoden zur Innovationsentwicklung	-

15 Da die Variable „Marktorientierte Entwicklungsmethoden zur Innovationsentwicklung" keinen signifikanten Beitrag zur Gruppentrennung leistet, wird sie bei der Betrachtung der gegenwärtigen Ausprägungen (und auch nachfolgend) nicht berücksichtigt.

Mit den ermittelten Achsenwerten sind die Grundlagen für die Erzeugung der für die gewählten Aktivitäten des Innovationsmanagements vollständigen Inno-Monitor-Matrix geschaffen (vgl. Abbildung 3).

Die erstellte Matrix kann zur kritischen Analyse der Innovationsstrategie des Unternehmens und seiner Vorkehrungen im Innovationsmanagement verwendet werden, die zu Entscheidungen über das Vorgehen bezüglich der eingeordneten Elemente führen. Grundsätzlich ist zu beachten, dass sich veränderte Einschätzungen über die Bedeutung einzelner Aktivitäten in vertikaler Richtung auswirken (z.B. führt ein abgeschwächter Stellenwert einer Aktivität zu einer Bewegung nach Süden). Eine veränderte Intensität der Realisation einer Aktivität bedeutet dagegen eine horizontale Bewegung des zugeordneten Symbols (z.B. führt ein Ausbau einer Aktivität zu einer Bewegung nach Osten).

Abbildung 3: InnoMonitor-Matrix im Anwendungsbeispiel.

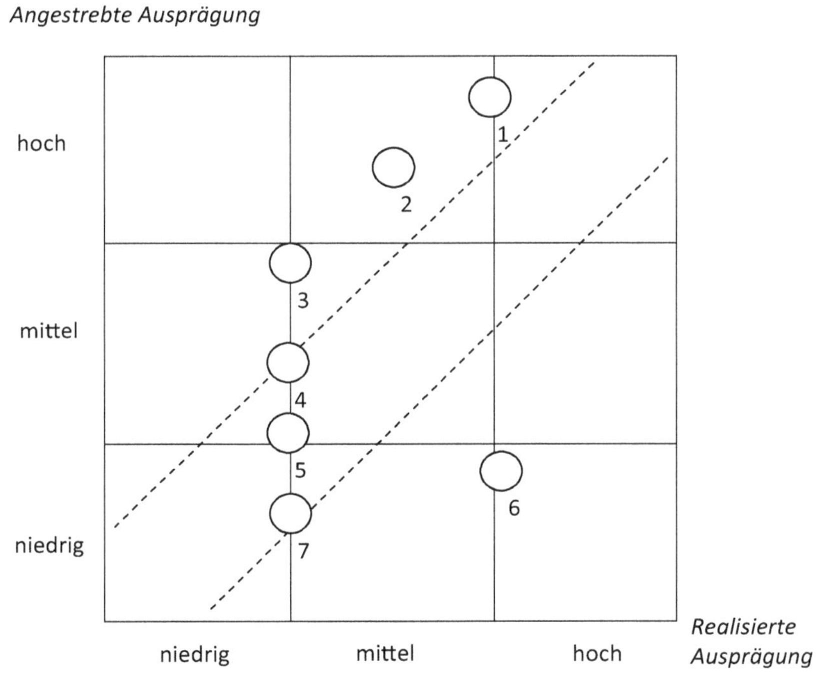

Legende: 1 = Mitarbeiter aus F&E und Marketing als Ideenlieferanten; 2 = Erfassung der Innovationsanregungen von Kunden; 3 = Auswertung interner und externer Quellen; 4 = Systematische Bewertung von Innovationsideen; 5 = Verwendung von Kreativitätstechniken; 6 = Marktorientierte Analysen zur Innovationsentwicklung; 7 = Einsatz von Markttests zur Abstimmung des Marketings.

Im gezeigten Beispiel zeigt sich, dass das Unternehmen seine Prioritäten im Großen und Ganzen recht gut setzt. So könnten zwar die Aktivitäten 1 bis 3 (Nutzung von Mitarbeitern aus F&E und Marketing als Ideenlieferanten; Erfassung der Innovationsanregungen von Kunden; Auswertung interner und externer Quellen) durchaus mit etwas größerer Intensität betrieben werden, gleichwohl ist deren relatives Verhältnis zueinander grundsätzlich passend. Allein die Durchführung marktorientierter Analysen zur Innovationsentwicklung wäre vor dem Hintergrund der gewählten Operationalisierung des Stellenwertes weniger aufwändig zu betreiben.

4 Fazit

Der vorliegende Beitrag behandelte zwei Ansätze, die am IHK-InnoMonitor teilnehmenden Unternehmen unter dem Blickwinkel von *Innovationsaudits* zur Verfügung stehen, um ihr Innovationsmanagement systematisch zu überprüfen und gegebenenfalls prioritätengerechte Veränderungen vorzunehmen.

Während die eingehende Inspektion der umfänglich konzipierten *Unternehmensprofile* (auf Basis des *House of Innovation Excellence*) vor dem Hintergrund des gelieferten Benchmarks zum vollständigen Nachdenken über die vielfältigen Einzelfaktoren und Zusammenhänge des Innovationsmanagement (auch unter dem Aspekt der möglichen Ursachen von erkannten Problemen) anregt, bietet die *InnoMonitor-Matrix* eine zweidimensionale Perspektive auf die Elemente des Innovationsmanagements, das gegebenenfalls auch nur in Ausschnitten betrachtet wird. Eine Besonderheit der InnoMonitor-Matrix ist der Ansatz, zur Bestimmung der Soll-Ausprägungen von Elementen des Innovationsmanagements nach Möglichkeit *objektivierbare Informationen* zu verwenden (im Beispiel die Strukturkoeffizienten aus der Diskriminanzanalyse, welche die relative Eignung von Aktivitäten des Innovationsmanagements zur Gruppentrennung der Unternehmen – Zuordnung zur Gruppe der erfolgreichen oder nicht erfolgreichen Innovatoren – verdeutlichen).

Der matrixbasierte Ansatz ist insbesondere im *Zusammenspiel* mit dem Unternehmensprofil prinzipiell als leistungsstarke Heuristik zu verstehen, die in diesem Sinne zwar keine „perfekten" Antworten liefert, aber als Diagnose- und Entscheidungsunterstützungsinstrument für ein (eventuell auch heterogen besetztes) Gremium von Entscheidern im Unternehmen dazu dient, Fragen aufzuwerfen und Unsicherheiten über bestehende Positionierungen deutlich werden zu lassen, noch bevor sich negative Effekte in den Ergebnissen des Unternehmens niederschlagen. Insofern ist die InnoMonitor-Matrix als auditorientiertes Instrument eines vorausschauenden Innovationscontrollings zu verstehen, das regelmäßige

Anregungen und Hinweise zur Verbesserung des Innovationsmanagements mit größerem zeitlichem Vorlauf liefern kann.

Literaturverzeichnis

Böhler, H. (2004): Marktforschung, 3. Auflage, Stuttgart.

Büchler, J.-P. / Faix, A. (2015): House of Innovation Excellence als Bezugsrahmen zur systematischen Analyse und Steuerung des Innovationserfolges von Unternehmen, in: Büchler, J.-P. / Faix, A. (Hrsg.): Innovationserfolg. Management und Ressourcen systematisch gestalten, Frankfurt am Main, S. 13–26.

Cooper, R. G. (1984): New Product Strategies: What Distinguishes the Top Performers, in: Journal of Product Innovation Management, Vol. 1, No. 3, S. 151–164.

Ernst, H. (2003): Unternehmenskultur und Innovationserfolg – Eine empirische Analyse, in: Zeitschrift für betriebswirtschaftliche Forschung, Jg. 55, S. 23–44.

Faix, A. / Büchler, J.-P. (2018): Wettbewerbsdifferenzierung durch systematisches Innovationsmanagement – Analysen und Ergebnisse des IHK-InnoMonitor, in: Faix, A. / Büchler, J.-P. (Hrsg.): Innovationsstrategien – Grundlagen, Gestaltungsansätze und Handlungsbedingungen, Frankfurt am Main (in diesem Band).

Herstatt, C. / Buse, S. / Trapp, S. / Stockstrom, C. (2007): Leistungsmerkmale eines KMU-gerechten Innovationsaudits, Hamburg.

Vahs, D. / Brem, A. (2013): Innovationsmanagement, 4. Auflage, Stuttgart.

Axel Faix

FH Dortmund,
Forschungsgruppe Innovationsexzellenz

Der Beitrag der Organisation zur Ausrichtung des Innovationsmanagements auf die Erzielung von Wettbewerbsvorteilen – Empirische Analysen auf Basis der Erhebungen des IHK-InnoMonitor

1 Einleitung

Die Hervorbringung und Durchsetzung von Innovationen (insbesondere neue Produkte und Verfahren) stellt für Unternehmen eine wichtige Aufgabe dar, um den Verbleib im Markt und die Erzielung von Erfolgen dauerhaft zu sichern. Die Erfahrung zeigt, dass der Erfolg von Produktinnovationen für Unternehmen in hohem Maße davon abhängt, ob bzw. inwieweit die Neuheit für den Abnehmer mit erkennbaren Vorteilen gegenüber existierenden Angeboten verbunden ist, also *Wettbewerbsvorteile* existieren.[1]

Die Ausrichtung der Innovationsentwicklung auf die Erzielung von Wettbewerbsvorteilen stellt eine Anforderung dar, an der grundsätzlich viele Aktionsfelder des Managements (z.B. Personalführung, strategische Planung, Informationsbereitstellung durch Marktforschung) beteiligt sind. Der folgende Beitrag erörtert aus prinzipiell explorativer Sicht die Rolle der *Organisation* bei der Ausrichtung des Innovationsmanagements auf die Erzielung von Wettbewerbsvorteilen. Die empirischen Analysen stützen sich auf Erhebungsergebnisse des IHK-InnoMonitor 2015.

2 IHK-InnoMonitor – Datengewinnung und Stichprobe

Die *Forschungsgruppe Innovationsexzellenz* der Fachhochschule Dortmund untersucht in Kooperation mit der *IHK zu Dortmund* bei den Unternehmen im Westfälischen Ruhrgebiet im Rahmen einer regelmäßigen (jährlichen) Erhebung

---

1 Vgl. z.B. Cooper (1984), S. 151 ff.

(„IHK-InnoMonitor“) Strategien, Maßnahmen und Bedingungsfaktoren des Innovationsmanagements, um hieraus Schlussfolgerungen und Empfehlungen für die Unternehmen abzuleiten.

An der Datengewinnung im Rahmen des IHK-InnoMonitor 2015 beteiligten sich insgesamt 166 Unternehmen im Wege einer Online-Erhebung zwischen März und Mai 2015. Die Angaben von 157 Unternehmen waren vollständig und konnten den nachfolgend dargestellten Analysen zugrunde gelegt werden.[2]

Der IHK-InnoMonitor 2015 schließt insgesamt 57 Fragen (Items) ein, die systematisch die Ebenen des *House of Innovation Excellence* (Innovationserfolg, Innovationsprozess und Innovationsbedingungen) als konzeptionelle Basis zur Erklärung von Innovationserfolgen von Unternehmen aufgreifen.[3] Die Antworten sehen in der Regel Angaben zur Zustimmung oder Ablehnung der Auskunftspersonen zu einem Item auf einer fünfstufigen Ratingskala (1 = „gar nicht“; = „in geringem Ausmaß“; 3 = „in mittlerem Ausmaß“; 4 = „in hohem Ausmaß“; 5 = „in sehr hohem Ausmaß“. Zudem: 6 = „keine Angabe möglich“) vor.

Die Auskunft gebenden Unternehmen gehören unterschiedlichen *Größenklassen* an, nähere Informationen dazu enthält Tabelle 1.

Tabelle 1: Größenverteilung der Unternehmen des InnoMonitor 2015.

Größenklasse	Häufigkeit	Prozent	Kumulative Prozent
Kleinstunternehmen	71	45,2	45,2
Kleines Unternehmen	49	31,2	76,4
Mittleres Unternehmen	25	15,9	92,4
Großunternehmen	12	7,6	100,0
Gesamtsumme	157	100,0	

Die in der Tabelle 1 gezeigte Einordnung der Unternehmen basiert auf den Empfehlungen der EU-Kommission zur Größenbestimmung von Unternehmen.[4]

2 Vgl. im Einzelnen Faix/Büchler (2018), in diesem Band.

3 Vgl. eingehend dazu Büchler/Faix (2015).

4 „Kleinstunternehmen“ verfügen über weniger als zehn Mitarbeiter und einen Jahresumsatz von weniger als zwei Mio. €. Ein „kleines Unternehmen“ beschäftigt mindestens zehn, aber weniger als 50 Mitarbeiter, der Jahresumsatz der Unternehmen dieser Klasse liegt zwischen zwei und neun Mio. €. „Mittlere Unternehmen“ weisen mindestens 50 und weniger als 250 Mitarbeiter auf und setzen pro Jahr zwischen 10 und 49 Mio. € um. „Großunternehmen“ haben 250 oder mehr Mitarbeiter und erreichen einen Jahresumsatz von mindestens 50 Mio. €. Vgl. EU-Kommission (2003), S. 36 ff.

In *branchenbezogener* Hinsicht wird die Stichprobe des IHK-InnoMonitor 2015 durch die folgende Zuordnung der Unternehmen zu Branchen beschrieben: Dienstleistungen (64 Unternehmen); Verarbeitendes Gewerbe (43); Handel (21); Medien, Telekommunikation und Informationstechnologie (15); Gastgewerbe, Transport und Verkehr (8); Kredit- und Versicherungsgewerbe (6). Diese Stichprobenzusammensetzung spiegelt die Unternehmenslandschaft in der Untersuchungsregion wider.

3 Grundlagen zur organisatorischen Gestaltung im Kontext der Erzielung von Wettbewerbsvorteilen

Die Erzielung von *Wettbewerbsvorteilen* bildet eine wesentliche Zielgröße des (strategischen) Managements. Materiell werden Wettbewerbsvorteile auf Basis niedriger Kosten und durch überlegene Leistungsangebote unterschieden.[5] Ihre Existenz entspricht einem aus *Abnehmersicht* überlegenen Preis-Leistungs-Verhältnis bezüglich eines Produktes (Sachgut oder Dienstleistung) des Unternehmens. Die systematische Verknüpfung marktbezogener und technologischer Faktoren im Unternehmen stellt in der Regel eine zentrale Voraussetzung für die Erzielung von Wettbewerbsvorteilen dar.[6]

"Organisation" wird als System von Regeln zur zielentsprechenden Erfüllung von Aufgaben und zur Steuerung des Leistungsprozesses von Unternehmen verstanden.[7] Die Regeln können verschiedenartige Sachverhalte betreffen, z.B. Zuständigkeiten für bestimmte Aufgaben, Informationsverpflichtungen, Richtlinien für die Bearbeitung von Vorgängen, Entscheidungs- und Weisungsbefugnisse usw.

Die Gestaltung einer Unternehmensorganisation, die konsequent den strategischen Erfordernissen genügt und nachdrücklich den Erfolg von Unternehmen begünstigt, spielt in Wissenschaft und Unternehmenspraxis mittlerweile eine gewichtige Rolle: „Die planvolle Gestaltung der betrieblichen Strukturen und Abläufe ist für alle Führungsebenen zu einer Aufgabe geworden, deren zielgerichtete Bewältigung einen wesentlichen Erfolgsfaktor darstellt.“[8] Hierbei sind mit der

5 Vgl. ausführlich Porter (1999).

6 Cooper (1984), S. 151 ff., identifiziert in einer empirischen Studie als erfolgreichstes Unternehmenscluster die "Balanced Strategy Firm", die im Konkurrenzvergleich qualitativ überlegene Innovationen erzeugte, die – unter anderem – eine Kombination technologischer Vorteile und starker Marktorientierung aufweisen.

7 Vgl. Grochla (1982), S. 1.

8 Vahs (2015), S. 1. *Frese/v. Werder* (1994) bemerken unter dem Aspekt der Erzielung von Wettbewerbsvorteilen, dass „Organisationsinnovationen ... einen strategischen

Koordinations- und der Orientierungsfunktion zwei inhaltlich eng verbundene, aber prinzipiell trennbare Funktionen der Organisation zu unterscheiden.

Die *Koordinationsfunktion* beinhaltet die Aufgabe organisatorischer Regeln, arbeitsteilige Aktivitäten im Unternehmen möglichst konsequent auf übergreifende Ziele bzw. zu realisierende Strategien (auch im Rahmen operativer Handlungsebenen) hin auszurichten. Weil hierbei das Hauptaugenmerk *gegebenen* Zielen gilt, steht die *Effizienz* ihrer Durchsetzung im Mittelpunkt. Diese profitiert potenziell z.B. von einer einheitlichen Willensbildung im Unternehmen, die die unterschiedlichen (oft unternehmensweit zu erbringenden) Leistungsbeiträge zur Erzielung von Wettbewerbsvorteilen koordiniert. Unter dem Aspekt des Verhältnisses zwischen Umwelt und Unternehmen soll ein „Fit" zwischen den Anforderungen der Umwelt und der Organisation (z.B. durch passende Spezialisierungen) hergestellt werden.[9]

Die *Orientierungsfunktion* der Organisation betrifft das Problem, wie in einer dynamischen, mehrdeutigen Umwelt zunächst die Wahrnehmung von Chancen und Risiken und die Definition von Umweltanforderungen durch Individuen oder Gruppen im Unternehmen erfolgen und Wissensaktivitäten im Unternehmen betrieben werden. Da mögliche Ziele und Handlungsoptionen zunächst nicht bekannt sind, müssen diese – unter dem Blickwinkel der *Effektivität* des Unternehmensverhaltens – gemeinsam entwickelt werden.[10] Weil je nach Organisationslösung z.B. unterschiedliche Umweltsegmente für die Akteure im Unternehmen „relevant" sind, ist die Organisation für die Erkennung und Bewertung spezifischer Chancen und Risiken unter Umständen sehr gut oder auch gar nicht geeignet.

Die Organisation eines Unternehmens kann in Bezug auf ihre Möglichkeiten zur Generierung von Wettbewerbsvorteilen als *Ressource* oder – spezifischer – als *Kernkompetenz* verstanden werden, die unter anderem das *organisatorische Lernen* beeinflusst.[11] Das *adaptive Lernen* ("Single-Loop-Learning") ist hierbei ein

---

Hebel (bilden), der die Wettbewerbsbedingungen verändern kann. Noch nie war der Stellenwert der Fähigkeit, Organisationskonzepte entwickeln und erfolgreich umsetzen zu können, beim Aufbau und bei der Sicherung von Wettbewerbsvorteilen so hoch wie heute" (Frese/v. Werder (1994), S. 4). Siehe näher hierzu die Diskussion bei Barth (2002), S. 24 ff., die im Kern ressourcentheoretisch basiert ist.

9 Vgl. Frost (1997), S. 2.

10 Vgl. Frost (1997), S. 2.

11 Generell wird „(d)ie Fähigkeit von Unternehmen, Wissen zu generieren, ausgehend hiervon neue Einsichten zu entwickeln und diese in Verhaltensänderungen umzusetzen, … als organisationales Lernen bezeichnet (Jenner (1999), S. 152; im Original z.T. hervorgehoben). Die hierfür bedeutsame "Absorptive Capacity" – verstanden als "ability of a firm to recognize the value of new, external information, assimilate it, and apply it

Anpassungslernen innerhalb der im Unternehmen etablierten Wahrnehmungs-, Denk- und Handlungsmuster.[12] Die Orientierung an tradierten Mustern führt im Regelfall zu graduellen Verbesserungen der realisierten Maßnahmen und Prinzipien, die selbst nicht grundlegend in Frage gestellt werden. Außerhalb der "Learning Boundary" liegende Optionen werden nicht oder nur kaum beachtet. Das *generative Lernen* ("Double-Loop-Learning") ist dagegen ein Änderungslernen, das etablierte Denk- und Handlungsbahnen in Frage stellt und aufgrund neuer Sichtweisen verlässt: "Generative learning ... occurs when the organization is willing to question long-held assumptions about its mission, customers, capabilities, or strategy. It requires the development of a new way of looking at the world based on an understanding of the systems and relationships that link key issues and events."[13]

Während die Orientierungsfunktion die Wirkungen organisatorischer Regelungen auf die grundsätzliche Ausrichtung des Unternehmens akzentuiert (das im günstigsten Falle mittels geeigneter Informations- und Entscheidungsaktivitäten flexibel auf Gelegenheiten und Bedrohungen in der Unternehmensumwelt eingeht und in diesem Sinne *wandlungsfähig* ist),[14] fokussiert die Koordinationsfunktion leistungsstarke Abstimmungsmechanismen als wesentliche Voraussetzung für die Bildung von Wettbewerbsvorteilen in einem – mehr oder weniger – vorgegebenen Denk- und Handlungsrahmen. Die Verbindung der beiden Perspektiven erlaubt eine integrierende, umfassende Betrachtung der Organisation, die vor allem bei der Erzeugung und Durchsetzung von Innovationen bedeutsam wird.[15]

Unter *Innovationen* werden grundsätzlich Neuheiten verstanden.[16] Diese können unterschiedliche Gegenstände verschiedener Akteure und Institutionen betreffen (Produkte, Organisationsformen, gesellschaftliche Leitbilder, mathematische

---

to commercial ends" (Cohen/Levinthal (1990), S. 128) – wird als kritische Komponente in Innovationsprozessen aufgefasst, siehe Cohen/Levinthal (1990), S. 128 ff.

12 Maßgeblich ist die "Learning Boundary", welche die Annahmen des Unternehmens über sich und seine Stellung in der Umwelt reflektiert, siehe hierzu Slater/Narver (1995), S. 64 ff.

13 Slater/Narver (1995), S. 64. Das adaptive und das generative Lernen sollten in einem Unternehmen in einem bestimmten Gleichgewicht stehen, denn "too much reliance on the former is unlikely to lead to generative learning, whereas too much reliance on the latter is expensive and may produce too many underdeveloped concepts and ideas" (Slater/Narver (1995), S. 64).

14 Vgl. Löw (2012).

15 Vgl. allgemein hierzu Ayers/Dahlstrom/Skinner (1997).

16 Siehe ausführlich zur Begriffsbestimmung Hauschildt/Salomo (2011), S. 3 ff.

Prinzipien etc.).[17] Im Mittelpunkt des hier zugrunde liegenden Verständnisses stehen Innovationen von Unternehmen, die aus betriebswirtschaftlichen Erwägungen neue Produkte (Produktinnovationen) und/oder neue Verfahren (Verfahrensinnovationen) gestalten und durchsetzen, d.h. im Markt und/oder im Unternehmen einführen und dazu eventuell organisatorische oder personelle Anpassungen an die Innovation vornehmen müssen.

Die Gestaltung und Durchsetzung von Innovationen ist ein *Prozess*, der – mit Blick auf *Produktneuheiten* – die Suche nach und/oder Schaffung von Ideen, ihre Entwicklung zu vermarktungsfähigen Neuheiten und ihre Einführung und Durchsetzung im Markt bedeutet und sich grundsätzlich unter Unsicherheit vollzieht. Die einzelnen Schritte dieses Prozesses, der in weiten Zügen ein *Lern- und Entdeckungsverfahren* ist, werden in der Regel nicht linear vollzogen, sondern sind – z.T. als Ausdruck des Umgangs mit technologischen und marktlichen Risiken – durch vielfältige Vor- und Rücksprünge, Iterationen, Überlappungen etc. gekennzeichnet.[18] Das Innovationsmanagement hat die Aufgabe, einen zielorientierten Ablauf des Prozesses zu gewährleisten und passende Rahmenbedingungen hierfür – siehe die Konzeption des *House of Innovation Excellence* – zu gestalten.

Es stellt sich die Frage, ob bzw. inwieweit organisatorische Regelungen gezielt die Entstehung und Durchsetzung von Innovationen fördern können, die nachdrückliche Wettbewerbsvorteile aufweisen.[19] Hierbei sind einerseits Regelungen zu beachten, die *dauerhaft* zu bearbeitende Aufgaben im Unternehmen betreffen (Marktforschung, Produktion etc.). Andererseits werden größere Innovationsvorhaben in Unternehmen oftmals als *Projekte*[20] bearbeitet, die besondere organisatorische Vorkehrungen im Rahmen einer – von der Stammorganisation mehr oder weniger abgelösten – *Projektorganisation* erfordern.

---

17 Bei der Beurteilung der Neuheit von Gegenständen ist zwischen einer subjektiven und einer objektiven Sicht zu trennen. So kann ein Gegenstand für bestimmte Individuen neu sein, obgleich er an anderer Stelle bereits verwendet wird, vgl. Staudt (1985), S. 486. Zudem ist bei der Einschätzung der Neuheit von Gegenständen in der Regel geboten, ein graduelles Verständnis anzuwenden.

18 Vgl. hierzu auch Büchler (2015), S. 59 ff.

19 Vgl. auch Smith et al. (2008), S. 666. Lertpachin/Wingwon/Noithonglek (2013), S. 325 ff., zeigen anhand von Befragungsergebnissen bei ISO 9000-zertifizierten Unternehmen einen Einfluss der lernenden Organisation auf Wettbewerbsvorteile.

20 Projekte beinhalten Aufgaben, die zeitlich befristet, im Prinzip neu und komplex sind; ihre Bearbeitung verbindet sich im Vergleich zu Daueraufgaben mit einem höheren Grad an Unsicherheit.

Projekte sind als befristete Vorhaben *instabile* Elemente in prinzipiell auf Dauer angelegten Systemen. Bei der Gestaltung ist zwischen organisatorischen Lösungen abzuwägen, die den Projektanforderungen entsprechen (und eine effiziente Projektabwicklung begünstigen) oder eine Projektbearbeitung auf Basis der bestehenden organisatorischen Regelungen vorsehen (und somit, tendenziell zu Lasten der Projekteffizienz, auf deren stabilisierende Wirkung setzen).[21] Die im Weiteren zu betrachtenden organisatorischen Variablen betreffen beide angesprochenen organisatorischen Ebenen.

4 Charakterisierung der organisatorischen Gestaltungsvariablen

Die für die vorliegende Thematik bedeutsamen organisatorischen Gestaltungsvariablen betreffen zum einen mit der Spezialisierung, der Zahl der Hierarchieebenen, der Konzentration von Entscheidungskompetenzen verschiedene Eigenschaften der *auf Dauer angelegten Gesamtorganisation* des Unternehmens. Weiter werden mit einem engeren Fokus mit der Nutzung der Projektorganisation, dem Einsatz von Projektmanagern, der funktionsübergreifende Zusammenarbeit zwischen Marketing und F&E sowie den im Rahmen der Innovationsentwicklung und -vermarktung verwendeten Prozessmodellen Merkmale *vorübergehender, innovationsbezogener Organisationsregelungen* untersucht.

Abbildung 1 zeigt zunächst zusammenfassend die Antwortmuster der Auskunftspersonen (als Reaktionen auf die Items, die zur Messung der Variablen eingesetzt wurden).[22]

---

21 Da die Bearbeitung von Projekten oft die Mitarbeit verschiedenster Bereiche des Unternehmens verlangt, verbindet sich mit den Projektaktivitäten trotz separierender organisatorischer Vorkehrungen nicht selten eine beachtliche „Breitenwirkung", vgl. Frese (2005), S. 512 f.

22 Siehe zu den Antwortkategorien, die den Auskunftspersonen im Rahmen des IHK-InnoMonitors angeboten werden, bereits die Hinweise in Kapitel 2 dieses Beitrags. Die konkreten Itemformulierungen für die Variablen werden im weiteren Verlauf der Diskussion vorgestellt.

Abbildung 1: Antwortverteilungen im Rahmen der Messung organisatorischer Variablen.

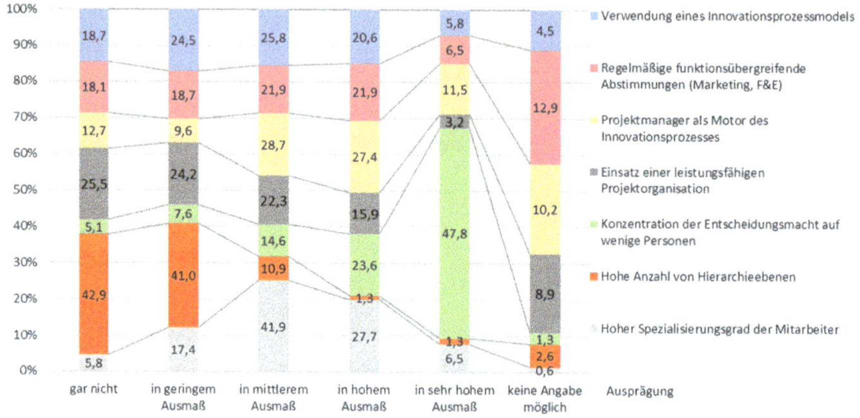

Die *Spezialisierung* betrifft die Auswahl und Anwendung der Prinzipien, nach denen die Aufgaben in einer arbeitsteiligen Einheit zerlegt und zu bearbeitbaren Aufgabenkomplexen zusammengefasst und verdichtet werden (Bildung von Stellen, Zusammenführung zu Abteilungen, Geschäftsbereichen etc.). Durch spezialisierte Akteure und Teileinheiten im Unternehmen sollen Lern- und Übungseffekte bewirkt werden, die die Effizienz der Aufgabenerfüllung verbessern.

Für die erfolgreiche Entwicklung von Innovationen ist es prinzipiell günstig, wenn die Intensität der Spezialisierung im Unternehmen nicht zu hoch ist, da andernfalls die vielfach gebotene ganzheitliche, zusammenfassende Sicht (Verknüpfung markt- und technologiebezogener Faktoren als Bezugspunkte für Wettbewerbsvorteile) verloren geht, die vor allem bei Projekten mit hoher Neuheit und Unsicherheit bedeutsam sein kann.[23] Weil die Hervorbringung und Durchsetzung von Innovationen gleichwohl spezialisierte Aufgabenerfüllungen (z.B. in der Produktentwicklung oder der Umsetzung eines Markteinführungsplans) verlangen, kann sich in diesem Zusammenhang – zumindest partiell – ein Spannungsverhältnis ergeben.

In der Erhebung wurde die Spezialisierung mit Blick auf die allgemeine Unternehmensorganisation durch Reaktionen auf das Item „In unserem Unternehmen haben die Mitarbeiter sehr spezialisierte Aufgabenbereiche" gemessen. Abbildung 1 zeigt, dass die Intensität der Mitarbeiterspezialisierung in der Stichprobe recht

23 Eine hochspezialisierte Aufgabenverteilung steht potenziell insbesondere einem generativen Lernen entgegen, kann aber das enger gefasst adaptive Lernen begünstigen.

ausgewogen verteilt ist. Bei den Antworten dominiert die mittlere Ausprägung (von knapp 42 % der Unternehmen angegeben).

Die Festlegung der *hierarchischen Beziehungen* im Unternehmen (Ausdruck der organisatorischen Konfiguration) behandelt in erster Linie die Verteilung von Weisungs- und Entscheidungsbefugnissen und -beziehungen im Unternehmen. Je nach Ausprägungen ergeben sich höhere oder niedrigere *Zahlen von Hierarchieebenen*, die die Geschwindigkeit und Qualität der (vertikalen) Kommunikation hemmen oder begünstigen können.

Unter dem Aspekt der (unternehmensweiten) Gewinnung von Anregungen für Innovationen und ihrer Durchsetzung im Markt und Unternehmen ist grundsätzlich anzustreben, dass nicht zu viele Hierarchieebenen zu überwinden sind, damit Marktimpulse (z.B. Informationen über Kundenwünsche, Analysen von Wettbewerberprodukten) rasch übermittelt und Konzeptionen entschlossen und ohne größere Reibungsverluste durchgesetzt werden.

Um unternehmensindividuelle Kontingenzen besser zu erfassen, wird die Zahl der Hierarchieebenen im IHK-InnoMonitor prinzipiell nicht durch Angabe absoluter Werte, sondern durch die Einschätzungen der Auskunftspersonen zum Statement: „Wir haben eine relativ hohe Anzahl an Hierarchieebenen im Unternehmen" erfasst. Abbildung 1 verdeutlicht, dass knapp 84 % der Unternehmen aus ihrer Sicht keine hohe Anzahl von Hierarchieebenen aufweisen (Zustimmung zur entsprechenden Aussage im Fragebogen allenfalls in geringem Umfang).[24] Dieses – für das Innovationsmanagement prinzipiell günstige – Ergebnis korrespondiert mit dem größeren Anteil kleinerer und mittlerer Unternehmen in der Stichprobe, die ja eher „flache" Unternehmensstrukturen kennzeichnen.[25]

Unter dem Aspekt der umfangmäßigen Verteilung von Entscheidungskompetenzen ist die *Entscheidungsdelegation* zu sehen. Sie bedeutet eine Zuordnung von Entscheidungsbefugnissen auf Stellen unterer Hierarchieebenen, wodurch die *Dezentralisierung* des Unternehmens ansteigt. Hingegen charakterisiert eine starke Konzentration von Befugnissen an der Unternehmensspitze ein *zentralisiertes* Unternehmen. Delegation und Dezentralisierung stehen seit geraumer Zeit im Fokus des Managements, das die Reaktionsfähigkeit des Unternehmens unter schwierigen, turbulenten Umweltbedingungen zu bewahren oder fördern sucht.

24 Siehe hierzu auch den Mittelwertvergleich über alle Variablen in Tabelle 2.

25 Ein Vergleich der hierarchiebezogenen Werte nach Unternehmensgrößen (Kleinstunternehmen, kleine Unternehmen etc.; vgl. Kapitel 2) zeigt, dass die Mittelwerte je Klasse mit aufsteigenden Unternehmensgrößen systematisch zunehmen (was die Validität der Messung untermauert): Kleinstunternehmen: 1,54; kleine Unternehmen: 1,80; mittlere Unternehmen: 1,84 und Großunternehmen: 2,50.

Eine ausgeprägte Dezentralisierung ist im Falle von Wettbewerbsvorteilen, die auf der Fähigkeit zu schnellen, flexiblen Reaktionen auf Änderungen in der Unternehmensumwelt (veränderte Kundenwünsche, Wettbewerbermaßnahmen etc.) basieren, günstig, da diese durch Stellen „vor Ort" ohne langwierige Koordination erfolgen kann. Für die Entstehung von Wettbewerbsvorteilen im Innovationskontext ist eine (übermäßige) Dezentralisierung aber hinderlich, wenn die „Fliehkräfte" im Unternehmen zu groß werden und auf ganzheitlichen Abstimmungen beruhende Wettbewerbsvorteile nicht zustande kommen können.

In der Studie wurde die Verteilung der Entscheidungsmacht im Unternehmen durchzustimmende oder ablehnende Antworten der Auskunftspersonen zum Statement: „Die Macht ist bei uns im Unternehmen auf wenige Entscheidungsträger konzentriert" erfasst. Abbildung 1 zeigt, dass über 70 % der Unternehmen die Entscheidungsmacht im Unternehmen auf wenige Personen (Zustimmung zur entsprechenden Aussage des Fragebogens in einem hohen oder sehr hohen Ausmaß) beschränken. Diese Eigenschaft ist insbesondere für die zügige, entschlossene Durchsetzung von Innovationen (im Unternehmen) von zentraler Bedeutung, kann aber die Initiierung von Innovationsprozessen behindern.

Insbesondere größere Projektvorhaben verlangen in der Regel gesonderte Vorkehrungen durch Einrichtung einer *Projektorganisation*, da diese komplexen Vorhaben nicht mehr angemessen im Rahmen bestehender Zuständigkeiten und Verantwortungen in der Stammorganisation koordiniert werden können. Die Einrichtung einer Projektorganisation bietet die Gelegenheit, durch Zusammenführung der passenden materiellen Ressourcen, Kompetenzen und Erfahrungen für bestmögliche Umstände zur Erzielung von Innovationen mit leistungsfähigen Wettbewerbsvorteilen zu sorgen. Allerdings ist auf eine angemessene Regelung der Schnittstellenbeziehungen zur Stammorganisation zu achten.

Die Messung dieser Variable erfolgte auf Basis des Items: „Bei uns wird für jedes Innovationsvorhaben eine leistungsfähige Projektorganisation eingerichtet". Während 1/4 der antwortenden Unternehmen im Falle eines Innovationsvorhabens auf die Einrichtung einer Projektorganisation verzichtet, stimmen knapp 20 % von ihnen der Frage nach einer leistungsfähigen Projektorganisation in hohem oder sehr hohem Ausmaß zu (vgl. Abbildung 1). Dieses Ergebnis kann den unterschiedlichen Stellenwert reflektieren, den Innovationsvorhaben in verschiedenen Unternehmen aufweisen.

Im Regelfall zahlt es sich für den Erfolg von Innovationen aus, wenn die Bearbeitung der komplexen Aufgaben im Innovationskontext durch *Promotoren* unterstützt wird, die Fähigkeits- und Willensbarrieren überwinden helfen und Verbindungen innerhalb und außerhalb des Unternehmens herstellen.

Insbesondere *Projektmanager* können sich diesen Aufgaben konzentriert widmen, wobei für ihre Leistungsfähigkeit entscheidend ist, in welchem Ausmaß sie über Machtoptionen und/oder Fähigkeiten und Kenntnisse verfügen, um z.B. als Experten oder "Gatekeeper" aufzutreten. Bei entsprechender Ausrichtung und Verfügbarkeiten ist zu erwarten, dass ihr Einsatz die Entstehung von Wettbewerbsvorteilen begünstigt.

Der IHK-InnoMonitor 2015 erbringt, dass der Einsatz von Projektmanagern bei den Unternehmen in stärkerem Umfang und ausgewogener verbreitet ist. Wie Abbildung 1 vermittelt, stimmen fast 39 % der Aussage, dass der Projektmanager der Motor des Innovationsprozesses sei, zumindest in hohem Ausmaß zu.

Für den Erfolg von Innovationsprojekten ist es günstig, wenn sich die *Funktionen, die im Unternehmen hierbei zusammenarbeiten* müssen (vor allem Marketing und Vertrieb, F&E), durch geeignete organisatorische Maßnahmen (z.B. funktionsübergreifende Teams, Workshops) regelmäßig abstimmen, um Innovationsprobleme unter mehrdimensionalem Blickwinkel bearbeiten und ausbalancierte Entscheidungen treffen zu können.[26] Da auf diese Weise die Realisierung einer ausgewogen angelegten, auf technischen und marktlichen Vorteilen zugleich basierenden Produktinnovation – mit der das Unternehmen eventuell auch etablierte Handlungsbahnen verlässt – unterstützt werden kann, ist von einer Förderung für die Erzielung von Wettbewerbsvorteilen auszugehen, die auf mehreren „Treibern" beruht.[27]

Im IHK-InnoMonitor 2015 berichteten fast 37 % der Unternehmen in Bezug auf das Statement: „Wir führen im Ablauf der Innovationsentwicklung regelmäßig funktionsübergreifende Abstimmungen mit Marketing/Vertrieb sowie Forschung und Entwicklung durch", solche funktionsübergreifenden Abstimmungen höchstens in einem geringen Umfang zu betreiben; etwa 13 % der Unternehmen konnten dazu keine Angabe machen (vgl. Abbildung 1).

---

26 Vgl. hierzu allgemein z.B. Griffin/Hauser (1996), S. 191 ff.; Gupta/Raj/Wilemon (1987), S. 38 ff.; Kahn/Mentzer (1998), S. 53 ff.

27 So erbringt eine Auswertung des IHK-InnoMonitor 2014 u.a., dass Unternehmen mit einer intensiven funktionsübergreifenden Abstimmung Veränderungen auf ihren Absatzmärkten frühzeitiger als Unternehmen erkennen, die nur eine geringe Abstimmungsintensität aufweisen. Ebenso werden interne und externe Quellen bei der Suche nach Innovationsideen nachdrücklicher genutzt, Zielgruppen für eine Produktinnovation und ihre Bedürfnisse intensiver ermittelt und Reaktionen der Wettbewerber auf die Einführung der Produktinnovation besser vorhergesehen, siehe ausführlich Faix (2015), S. 233 ff.

Um ganzheitlich fundierte, hinreichend flexible Entscheidungen zur Innovationsentwicklung treffen zu können, ist ein umfassendes *Prozessmodell* anzuwenden, das technische, betriebswirtschaftliche und marktbezogene Faktoren des Innovationsgeschehens berücksichtigt und die Prozessetappen mit klaren Meilensteinen versieht. Es wird angenommen, dass ein solches Prozessmodell auch eine klare Zuordnung von Zuständigkeiten, Abstimmungsregeln und Entscheidungsbefugnissen aufweist und daher den Kern der *Ablauforganisation* im Innovationskontext repräsentiert. *Kohlbacher/Reijers* (2013) ermitteln, dass Unternehmen vielfach prozessorientierte Organisationsformen wählen, um *Wettbewerbsvorteile* zu realisieren: "The empirical findings suggest that process performance measurement, a process-oriented organizational structure, the application of continuous process improvement methods, and a culture that is in line with a process management approach, are significantly and positively associated with organizational performance."[28] Erfahrungen aus den InnoMonitor-Studien zeigen, dass erfolgreiche Unternehmen das innovative Vorgehen und die Erringung von Wettbewerbsvorteilen in hohem Maße durch ein klar definiertes, verbindliches Prozessmodell steuern.[29]

Der IHK-InnoMonitor 2015 erbringt, dass die Verwendung von Prozessmodellen – die als Reaktionen auf das Item: „Wenn wir Innovationen in unserem Unternehmen entwickeln, verwenden wir ein bewährtes Prozessmodell (Ablaufschema) zur Steuerung des Innovationsvorhabens“ erfasst wird – in den verschiedenen Ausprägungen (abgesehen vom Fall einer sehr hohen Zustimmung von 5,8 %) in vergleichbarem Ausmaß betrieben wird – die Werte in den ersten vier Stufen streuen recht eng um die 22 %-Marke. Allerdings wenden knapp 19 % der Unternehmen kein Prozessmodell an (vgl. Abbildung 1).

Um eine bessere vergleichende Einschätzung der diskutierten Variablen zu ermöglichen, zeigt die folgende Übersicht zusammenfassend die Mittelwerte und Standardabweichungen der erörterten organisatorischen Gestaltungsfaktoren (vgl. Tabelle 2).

28 Kohlbacher/Reijers (2013), S. 256. Dombrowski et al. (2015), S. 63 ff., berichten empirische Ergebnisse zur Ausrichtung der Organisation an Prozessen (und dabei auftretende Barrieren) bei deutschen Unternehmen. Weitlaner/Kohlbacher (2015), S. 44 ff., diskutieren in diesem Zusammenhang auf empirischer Grundlage Unterschiede zwischen Unternehmen verschiedener Branchen und Größen. Binner (2010), S. 126 ff., arbeitet den allgemein hohen Stellenwert einer prozessorientierten Organisationsgestaltung heraus.

29 Siehe hierzu näher Faix/Büchler (2018), in diesem Band.

Tabelle 2: Deskriptive Charakteristik organisatorischer Variablen.

Variable	Mittelwert	Standardabweichung	N
Hoher Spezialisierungsgrad der Mitarbeiter	3,12	0,970	154
Hohe Anzahl von Hierarchieebenen	1,74	0,812	152
Konzentration der Entscheidungsmacht auf wenige Personen	4,03	1,190	155
Einsatz einer leistungsfähigen Projektorganisation	2,42	1,171	143
Projektmanager als Motor des Innovationsprozesses	3,17	1,213	141
Regelmäßige funktionsübergreifende Abstimmungen (Marketing, F&E)	2,77	1,246	135
Verwendung eines Prozessmodells zur Innovation	2,69	1,189	148

Zur Beurteilung der *Konsequenzen* organisatorischer Regelungen sind geeignete Zielgrößen in die Analyse aufzunehmen. Unter dem Blickwinkel des Innovationserfolges interessiert, ob bzw. inwieweit bei der *Entwicklung von Innovationen eine Orientierung an der Erzielung von Wettbewerbsvorteilen* herrscht. Das fragliche Item[30] berücksichtigt dezidiert, dass – vermeintlich – überlegene Produktmerkmale ökonomisch irrelevant sind, solange sie nicht von Abnehmern wahrgenommen und positiv bewertet werden. In der Erhebung stimmte ein großer Teil der Unternehmen (fast 57 %) der angeführten Aussage zumindest in hohem Ausmaß zu. Der Mittelwert beträgt 3,53 und die Standardabweichung 1,143.

Unter dem Aspekt der Ergebnisorientierung des Unternehmens ist zu untersuchen, inwieweit ein Zusammenhang zwischen der bezeichneten Ausrichtung und der Erreichung *finanzieller Innovationsziele* besteht. Zum Item: „Wir sind mit den finanziellen Erfolgen unserer Innovationen aus den letzten drei Jahren zufrieden" äußerten über 27 % der Unternehmen der Stichprobe eine Zustimmung in einem hohen oder sehr hohen Maße, in knapp 10 % der Fälle war den Befragten jedoch keine Aussage über diesen Sachverhalt möglich. Der Mittelwert der Variable liegt bei 3,07 und die Standardabweichung bei 0,904.

30 „Bei der Innovationsentwicklung streben alle Beteiligten klar definierte Wettbewerbsvorteile (Vorteile gegenüber Konkurrenten, die aus *Sicht der Kunden* bestehen) an".

5 Empirische Analyse der Zusammenhänge zwischen Organisation und Wettbewerbsvorteilen im Innovationskontext

Im Folgenden werden die Zusammenhänge zwischen den Organisationsfaktoren und der Ausrichtung der Innovationsentwicklung auf die Erzielung von Wettbewerbsvorteilen anhand der im IHK-InnoMonitor 2015 erhobenen Daten mittels einer *Kausalanalyse* näher untersucht. Um eine gesamthafte Vorstellung von den Beziehungen zwischen den organisatorischen Variablen zu erhalten, werden zunächst die *Korrelationen* zwischen ihnen berechnet (vgl. Tabelle 3 mit der vollständigen *Korrelationsmatrix*).

Tabelle 3: Korrelationsmatrix organisatorischer Variablen.

		Einsatz einer leistungsfähigen Projektorganisation	**Projektmanager als Motor des Innovationsprozesses**	**Regelmäßige funktionsübergreifende Abstimmungen (Marketing, F&E)**	**Konzentration der Entscheidungsmacht auf wenige Personen**	**Hohe Anzahl von Hierarchieebenen**	**Hoher Spezialisierungsgrad der Mitarbeiter**	**Verwendung eines Prozessmodells zur Innovation**
Einsatz einer leistungsfähigen Projektorganisation	Pearson-Korr.	1						
	Sig. (2-seitig)							
	N	143						
Projektmanager als Motor des Innovationsprozesses	Pearson-Korr.	**0,445****	1					
	Sig. (2-seitig)	0,000						
	N	138	141					
Regelmäßige funktionsübergreifende Abstimmungen	Pearson-Korr.	**0,555****	**0,629****	1				
	Sig. (2-seitig)	0,000	0,000					
	N	134	130	135				
Konzentration der Entscheidungsmacht auf wenige Personen	Pearson-Korr.	-0,068	0,078	0,097	1			
	Sig. (2-seitig)	0,423	0,361	0,263				
	N	142	140	134	155			
Hohe Anzahl von Hierarchieebenen	Pearson-Korr.	0,209*	-0,088	0,066	-0,135	1		
	Sig. (2-seitig)	0,014	0,304	0,454	0,099			
	N	139	137	132	151	152		
Hoher Spezialisierungsgrad der Mitarbeiter	Pearson-Korr.	0,185*	0,137	0,156	0,139	0,216**	1	
	Sig. (2-seitig)	0,028	0,107	0,073	0,086	0,008		
	N	141	139	133	153	150	154	
Verwendung eines Prozessmodells zur Innovation	Pearson-Korr.	**0,551****	**0,250****	**0,367****	-0,051	**0,261****	0,239**	1
	Sig. (2-seitig)	0,000	0,003	0,000	0,539	0,002	0,004	
	N	139	136	132	146	143	145	148

*Legende: ** = Korrelation ist bei Niveau 0,01 signifikant (zweiseitig). * = Korrelation ist bei Niveau 0,05 signifikant (zweiseitig); Korrelationen ≥ 0,250 zur besseren Verdeutlichung hervorgehoben.*

Die Korrelationsmatrix vermittelt zunächst, dass innerhalb der *projektbezogenen organisatorischen Variablen* (Nutzung einer Projektorganisation, Einsatz von Projektmanagern im Rahmen des Innovationsprozesses sowie funktionsübergreifende Zusammenarbeit zwischen Marketing und F&E – als „typischer" projektbezogener Aufgabe im Innovationskontext) enge positive, hochsignifikante Beziehungen herrschen. Die hiermit unter anderem zum Ausdruck gebrachte wechselseitige Verbundenheit zwischen der Rolle des Projektmanagers und der Leistungsfähigkeit der Projektorganisation kann z.B. damit begründet werden, dass nachdrücklich agierende Projektzuständige die Wirksamkeit der projektorganisatorischen Lösungen zu stärken suchen und von dieser wiederum bei der Erfüllung ihrer Aufgaben profitieren.

Weiter ist auch die *ablauforganisatorische Variable* (Verwendung eines Prozessmodells) eng gleichgerichtet und hochsignifikant mit den strukturellen Variablen der Projektorganisation verbunden. Dies deutet darauf hin, dass Projektmanager und -organisation wesentlich auf wirkungsvolle Abläufe der Innovationsentwicklung und -vermarktung abgestimmt sind, die dann auf die Struktur rückwirken. Zudem fällt die hochsignifikante und positive Korrelation der *Zahl der Hierarchieebenen* mit der Nutzung innovationsbezogener Prozessmodelle ins Auge, die potenziell unterstreicht, dass in komplexen Organisationen zunehmend integrierende Wirkungen querschnittsgerichteter Abläufe nötig werden.[31] Schließlich zeigt die Korrelationsmatrix, dass zwischen den Merkmalen der *Gesamtorganisation* einerseits und den *Projektvariablen* andererseits nur vergleichsweise schwache Beziehungen herrschen, die auf gestalterische Freiheitsgrade deuten.[32]

Vor dem Hintergrund der erarbeiteten Befunde wird eine *Kausalanalyse* verwendet, um die Rollen der organisatorischen Variablen für die Entstehung von Wettbewerbsvorteilen im Innovationskontext (und ihren Einfluss auf den finanziellen

31 Siehe ähnlich die signifikante Korrelation zwischen der Hierarchievariable und der Nutzung der Projektorganisation, auf die eine analoge Begründung zutreffen mag.

32 Ein korrespondierendes Ergebnis erbringt eine *Faktorenanalyse* (mittels Hauptkomponentenmethode sowie Varimax-Rotation mit Kaiser-Normalisierung), die zu drei Faktoren (Komponenten) mit Eigenwerten > 1 führt, die insgesamt über 72 % der Gesamtvarianz erklären (Kaiser-Meyer-Olkin = 0,659): Während die erste Komponente mit dem Einsatz einer Projektorganisation, dem Auftreten von Projektmanagern, der funktionsübergreifenden Zusammenarbeit sowie den im Innovationskontext verwendeten Prozessmodellen prinzipiell den *projektorganisatorischen Zusammenhang* erfasst, besteht die zweite aus der *Zahl der Hierarchieebenen*; die dritte Komponente umfasst die Entscheidungskonzentration und den Spezialisierungsgrad als *gesamtorganisatorische Faktoren*.

Innovationserfolg) unter Beachtung von Wechselwirkungen differenziert zu untersuchen.[33] Das im Folgenden vorgestellte (Struktur-) *Modell* (berechnet mit AMOS 22; Parameterschätzungen mittels Maximum Likelihood) greift die in Kapitel 4 entwickelten Grundüberlegungen zur Wirkungen organisatorischer Variablen auf die Entwicklung von Wettbewerbsvorteilen auf und berücksichtigt zudem die ermittelten Korrelationen zwischen den Organisationsfaktoren (vgl. Abbildung 2).

Abbildung 2: Kausalanalyse zum Zusammenhang zwischen der Organisation und der Entstehung von Wettbewerbsvorteilen.

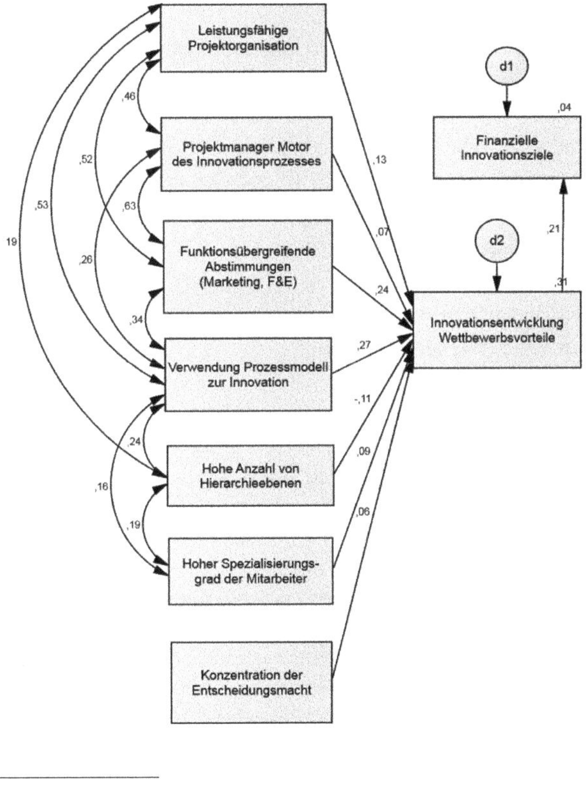

33 Die Kausalanalyse stellt – wie z.B. die multiple Regressionsanalyse – eine Methode zur Erfassung und Analyse gerichteter Abhängigkeiten dar, die allerdings mehrere Restriktionen einer Regression überwindet. So können Korrelationen zwischen unabhängigen Variablen explizit berücksichtigt werden, sodass das Problem der Multikollinearität, das die Regressionsanalyse potenziell beeinträchtigt, besser gelöst werden kann, vgl. im Einzelnen z.B. Homburg/Baumgartner (1995), S. 1091 ff.; Homburg/Giering (1996), S. 5 ff.

Die Abbildung 2 zeigt zu den Pfeilen, welche die organisationalen Variablen und die Berücksichtigung von Wettbewerbsvorteilen bei der Innovationsentwicklung verbinden, jeweils die *standardisierten Regressionsfaktoren* als Ausdruck der Stärke der organisatorischen Einflüsse. Zwischen einigen organisatorischen Größen werden ihre *Korrelationen* (siehe die Doppelpfeile) angegeben (die aus rechnerischen Gründen z.T. von denen in Tabelle 3 abweichen).

Die *Güte* eines kausalanalytischen Modells wird in der Regel anhand einer Reihe unterschiedlicher Gütemaße beurteilt.[34] Zur Einschätzung des gezeigten Strukturmodells eignen sich *globale* und *relative Gütekriterien*, die insgesamt zufriedenstellende Werte aufweisen.[35]

Die Betrachtung der standardisierten Regressionsfaktoren verdeutlicht, dass die *Verwendung eines Prozessmodells* (0,271) und die *funktionsübergreifende Zusammenarbeit zwischen Marketing und F&E* (0,239) bei der Ausrichtung des Innovationsmanagements auf die Erzielung von Wettbewerbsvorteilen klar herausragen. Die Einflüsse der *Projektmanager* (0,070) und der *strukturellen Projektorganisation* (0,131) fallen hierbei deutlich geringer aus. Alle weiteren, im Grundsatz eher *allgemeineren organisatorischen Faktoren* (Spezialisierung, Konzentration der Entscheidungsmacht, hierarchische Struktur[36]) leisten in dieser Hinsicht keine nennenswerten Beiträge (woraus allerdings nicht auf ihre allgemeine „Wirkungslosigkeit" geschlossen werden darf).

---

34 Vgl. z.B. in der Übersicht Homburg/Giering (1996), S. 9 ff.

35 So beträgt *Chi-Quadrat* (globales Maß zur Beurteilung der Güte der Reproduktion der empirischen Korrelations- bzw. Kovarianzmatrix durch den modelltheoretischen Ansatz) im vorliegenden Fall 35,235. Die Division des Wertes durch die Zahl der Freiheitsgrade (18) erbringt 1,96 (sodass die Forderung nach einer Größe < 3 erfüllt ist). Für RMSEA (*Root Mean Square Error Approximation*, die die fehlende Güte ("Lack of Fit") des Modells relativ zu einem „perfekten" Modell ausdrückt) wird ein Wert von 0,078 erzielt, sodass angesichts des Grenzwertes von 0,08 von einer noch akzeptablen Modellausprägung ausgegangen werden kann. Für die Ausrichtung der Innovationsentwicklung auf die Erzielung von Wettbewerbsvorteilen wird eine *Squared Multiple Correlation* von 0,314 bestimmt, sodass durch die herangezogenen organisatorischen Variablen knapp 1/3 der Varianz dieser Größe erklärt wird. Das (signifikante) standardisierte Regressionsgewicht in Bezug auf die Erreichung finanzieller Innovationsziele beträgt 0,21. Allerdings beträgt die *Squared Multiple Correlation* dieser Zielvariablen nur 4,2 %, sodass zahlreiche Einflüsse auf den (wahrgenommenen) finanziellen Innovationserfolg im vorgelegten Modell nicht erfasst werden.

36 In Bezug auf die Zahl der Hierarchieebenen ist ein *negativer* (aber nicht signifikanter) Einfluss auf die Wettbewerbsvorteile zu beachten, welcher die in Kapitel 2 angestellte Vermutung grundsätzlich unterstützt.

Neben Höhe und Vorzeichen der Regressionsfaktoren ist bei der Einschätzung der organisatorischen Wirkungen zu beachten, ob bzw. inwieweit die verschiedenen Einflüsse *Signifikanz* beanspruchen können.[37] Unter den angeführten Variablen sind alleine die *Verwendung eines Prozessmodells* (C.R. = 3,719 (Sig. = 0,001)) sowie die *funktionsübergreifende Zusammenarbeit zwischen Marketing und F&E* (C.R. = 2,412 (Sig. = 0,016)) als Faktoren einzustufen, die sich in diesem Sinne nachdrücklich auf die Entstehung von Wettbewerbsvorteilen auswirken. Die weiteren Projektfaktoren schlagen sich schwächer nieder und bewegen sich allesamt nicht auf dem 5 %-Signifikanzniveau. Dies legt den Schluss nahe, dass die *entscheidenden organisatorischen Weichenstellungen für konsequent auf die Erzielung von Wettbewerbsvorteilen konzentrierte Innovationsaktivitäten aus der engen, integrativen Abstimmung unterschiedlicher funktionaler Beiträge für die einzelnen Teilschritte entlang eines lenkenden Prozesses erfolgen (müssen).*

6 Fazit

Die vorgelegte Analyse zum Beitrag der Organisation auf die Ausrichtung des Innovationsmanagements auf die Erzielung von Wettbewerbsvorteilen erbringt ein differenziertes Bild der verschiedenen organisatorischen Variablen, die hiernach eine „Arbeitsteilung“ aufweisen.

Während die im engeren Sinne prozessbezogenen und auf die Integration unterschiedlicher Leistungsbeiträge aus dem Unternehmen gerichteten Organisationsfaktoren, zu deren „Kerngeschäft“ sicherlich die Lenkung der Innovationsbemühungen auf die Erzielung nachdrücklicher Wettbewerbsvorteile gehört, starke und signifikante Einflüsse ausüben, bilden die weiteren Projektfaktoren einen Rahmen, innerhalb dessen die konkreten innovationsgerichteten Arbeitsprozesse ablaufen; in diesem Kontext ist der Einfluss des Projektmanagers wiederum schwächer als der der strukturellen Projektorganisation. Einsichten aus der näheren Betrachtung von *Einzelfällen* lassen die Interpretation zu, dass die *beträchtliche Wirkung der prozessual-integrativen Faktoren* auf der leistungsstarken *Kombination ihrer Beiträge* zur Koordinations- *und* zur Orientierungsfunktion der Organisation basiert, bei der eine veränderte inhaltliche Orientierung im Innovationsprozess (z.B. aufgrund neuer technologischer Möglichkeiten, die

37 Zur Beurteilung der Signifikanz eines Faktors bietet AMOS mit der *Critical Ratio* (Quotient des unstandardisierten Regressionskoeffizienten und des Standardfehlers) eine Prüfgröße an. Liegt die Critical Ratio (C.R.) über 1,96, so ist dies ein Hinweis, dass ein gewichtiger Beitrag zur Erklärung der abhängigen Größe geleistet wird.

adaptives oder generatives Lernen anstoßen) unmittelbar die notwendigen koordinativen Konsequenzen auslöst.[38]

Die allgemeineren Organisationsfaktoren stellen sich in gestalterischer Hinsicht recht unabhängig von den diskutierten Einflüssen dar, sodass hierbei andere Kontingenzfaktoren (z.B. Größe und Diversifikationsgrad des Unternehmens, technologische und wettbewerbliche Dynamik der Unternehmensumwelt) maßgeblich sind.

Die abgeleiteten Schlüsse bieten für die Unternehmenspraxis vielfältige Anknüpfungspunkte, um konkrete (projekt-) organisatorische Maßnahmen zur stärkeren Ausrichtung des Innovationsmanagements auf Wettbewerbsvorteile zu realisieren. Weitere Arbeiten im vorliegenden Kontext sollten – in dieser Untersuchung aus Platzgründen nicht näher betrachtete – interne Einfluss- (z.B. Führung, Unternehmenskultur) und Gestaltungsgrößen (z.B. organisatorische Maßnahmen in Bezug auf Kooperationen und Netzwerke des Unternehmens)[39] sowie externe Einflussfaktoren (z.B. Wettbewerbsintensität) in die Analyse einbeziehen.

Literaturverzeichnis

Ayers, D. / Dahlstrom, R. / Skinner, S. (1997): An Exploratory Investigation of Organizational Antecedents to New Product Success, in: Journal of Marketing Research, Vol. 34, No. 1, S. 107–116.

Barth, C. (2002): Einfluß der Organisationsstruktur auf den außerordentlich hohen und dauerhaften Wettbewerbsvorteil eines Unternehmens, München.

Binner, H. F. (2010): Organisatoren und Qualitätsmanager. Ein neues Anforderungsprofil, in: Zeitschrift Führung + Organisation, Jg. 79, Nr. 2, S. 126–134.

Büchler, J.-P. (2015): Agile und resiliente Innovationsprozesse – Anforderungen an das Innovationsmanagement in einem dynamischen Marktumfeld, in: Büchler, J.-P. / Faix, A. (Hrsg.): Innovationserfolg. Management und Ressourcen systematisch gestalten, Frankfurt am Main, S. 59–84.

Büchler, J.-P. / Faix, A. (2015): House of Innovation Excellence als Bezugsrahmen zur systematischen Analyse und Steuerung des Innovationserfolges von Unternehmen, in: Büchler, J.-P. / Faix, A. (Hrsg.): Innovationserfolg. Management und Ressourcen systematisch gestalten, Frankfurt am Main, S. 13–26.

Cohen, W. M. / Levinthal, D. A. (1990): Absorptive Capacity: A New Perspective on Learning and Innovation, in: Administrative Science Quarterly, Vol. 35, No. 1, Special Issue: Technology, Organizations, and Innovation, S. 128–152.

38 Vgl. Faix/Frese (2018); Faix (2017).

39 Siehe z.B. Knödler (2011).

Cooper, R. G. (1984): New Product Strategies: What Distinguishes the Top Performers, in: Journal of Product Innovation Management, Vol. 1, No. 3, S. 151–164.

Dombrowski, U. / Grundei, J. / Melcher, P. R. / Schmidtchen, K. (2015): Prozessorganisation in deutschen Unternehmen. Eine Studie zum aktuellen Stand der Umsetzung, in: Zeitschrift Führung + Organisation, Jg. 84, Nr. 1, S. 63–69.

EU-Kommission (2003): Empfehlung der Kommission vom 6. Mai 2003 betreffend die Definition der Kleinstunternehmen sowie der kleinen und mittleren Unternehmen (2003/361/EG), S. 36–41; URL: http://eur-lex.europa.eu/legal-content/DE/TXT/PDF/?uri=uriserv:OJ.L_.2003.124.01.0036.01.DEU, [Zugriff: 07.07.2017].

Faix, A. (2015): Koordination zwischen Marketing und F&E – Empirische Analyse auf Basis der Erhebungen des IHK-InnoMonitor 2014, in: Büchler, J.-P. / Faix, A. (Hrsg.): Innovationserfolg. Management und Ressourcen systematisch gestalten, Frankfurt am Main, S. 223–240.

Faix, A. (2017): Befähigung zur Innovation. Grundlagen und Ergebnisse des Projekts "Enabling Innovation" als Ansatz zur Stärkung der Innovationsfähigkeit außeruniversitärer Forschungseinrichtungen, Frankfurt am Main.

Faix, A. / Büchler, J.-P. (2018): Wettbewerbsdifferenzierung durch systematisches Innovationsmanagement – Analysen und Ergebnisse des IHK-InnoMonitor, in: Faix, A. / Büchler, J.-P. (Hrsg.): Innovationsstrategien – Grundlagen, Gestaltungsansätze und Handlungsbedingungen, Frankfurt am Main (in diesem Band).

Faix, A. / Frese, W. (2018): BioGenius GmbH: Flexibilität als Handlungsgrundlage, in: Büchler, J.-P. (Hrsg.): Fallstudienkompendium Hidden Champions in NRW, S. 91–109.

Frese, E. (2005): Grundlagen der Organisation, 9. Auflage, Wiesbaden.

Frese, E. / Werder, A. v. (1994): Organisation als strategischer Wettbewerbsfaktor: Organisationstheoretische Analyse gegenwärtiger Umstrukturierungen, in: Frese, E. / Maly, W. (Hrsg.): Organisationsstrategien zur Sicherung der Wettbewerbsfähigkeit – Lösungen deutscher Unternehmen, Zeitschrift für betriebswirtschaftliche Forschung, Sonderheft 33, Düsseldorf, Frankfurt am Main, S. 1–27.

Frost, J. (1997): Die Koordinations- und Orientierungsfunktion der Organisation, Diss., Bern, Stuttgart, Wien.

Griffin, A. / Hauser, J. R. (1996): Integrating R&D and Marketing: A Review and Analysis of the Literature, in: Journal of Product Innovation Management, Vol. 13, No. 2, S. 191–215.

Grochla, E. (1982): Grundlagen der organisatorischen Gestaltung, Stuttgart.

Gupta, A. K. / Raj, S. P. / Wilemon, D. (1987): Managing the R&D-Marketing Interface, in: Research Management, Vol. 30, No. 2, S. 38–43.

Hauschildt, J. / Salomo, S. (2011): Innovationsmanagement, 5. Auflage, München.

Homburg, C. / Baumgartner, H. (1995): Die Kausalanalyse als Instrument der Marketingforschung, in: Zeitschrift für Betriebswirtschaft, Jg. 65, Nr. 10, S. 1091–1108.

Homburg, C. / Giering, A. (1996): Konzeptualisierung und Operationalisierung komplexer Konstrukte, in: Marketing ZFP, Jg. 18, Nr. 1, S. 5–25.

Jenner, T. (1999): Überlegungen zum strategischen Wandel in der Markenführung, in: Marketing ZFP, Jg. 21, Nr. 2, S. 149–160.

Kahn, K. B. / Mentzer, J. T. (1998): Marketing's Integration with Other Departments, in: Journal of Business Research, Vol. 42, No. 1, S. 53–62.

Knödler, D. (2011): Einflussfaktoren auf die Innovationsleistung von Netzwerken, Dresden Discussion Papers on Organization Research, No. 2/2011, Dresden.

Kohlbacher, M. / Reijers, H. A. (2013): The effects of process-oriented organizational design on firm performance, in: Business Process Management Journal, Vol. 19, No. 2, S. 245–262.

Lertpachin, C. / Wingwon, B. / Noithonglek, T. (2013): The effect of marketing focus, innovation and learning organization on the building of competitive advantages: empirical evidence from ISO 9000 certified companies, in: Journal of Strategic Marketing, Vol. 21, No. 4, S. 323–331.

Löw, N. (2012): Organisatorische Wandlungsfähigkeit als Wettbewerbsvorteil und Erfolgsfaktor: eine empirische Untersuchung, Köln.

Porter, M. E. (1999): Wettbewerbsstrategie, 10. Auflage, Frankfurt am Main, New York.

Smith, M. / Busi, M. / Ball, P. / Van der Meer, R. (2008): Factors Influencing an Organisation's Ability to Manage Innovation: A Structured Literature Review and Conceptual Model, in: International Journal of Innovation Management, Vol. 12, No. 4, S. 655–676.

Slater, S. F. / Narver, John C. (1995): Market Orientation and the Learning Organization, in: Journal of Marketing, Vol. 59, No. 3, S. 63–74.

Staudt, E. (1985): Innovation, in: Die Betriebswirtschaft, Jg. 45, Nr. 4, S. 486–487.

Vahs, D. (2015): Organisation, 9. Auflage, Stuttgart.

Weitlaner, D. / Kohlbacher, M. (2015): Process management practices: organizational (dis-) similarities, in: The Service Industries Journal, Vol. 35, No. 1–2, S. 44–61.

Rüdiger Hamm, Fabian Kreutzer

HS Niederrhein, Niederrhein Institut für Regional- und Strukturforschung (NIERS)

Standortanforderungen innovativer und wissensintensiver Unternehmen

1 Einleitung

Zwischen Unternehmen und ihrem Standort besteht ein interdependenter Zusammenhang: Einerseits sind die Standortgegebenheiten einer Region mitbestimmend für die unternehmerischen Umsätze, Kosten und Gewinne und damit insgesamt für die wirtschaftliche Lage der Unternehmen. Auf der anderen Seite ist die wirtschaftliche Lage der Unternehmen ein entscheidender Bestimmungsgrund des ökonomischen Erfolgs einer Region und damit auch für den Wohlstand der Menschen, die in dieser Region leben. Dies gilt einerseits in einem ganz direkten Zusammenhang, weil die Unternehmen zur Entstehung des regionalen Einkommens beitragen und Beschäftigungsmöglichkeiten bereitstellen; andererseits gibt es indirekte, über die Einkommensverausgabung und regionale Lieferketten angestoßene Zusammenhänge. Und schließlich hängen die regionalen Steuereinnahmen vom ökonomischen Erfolg ab; diese Steuereinnahmen wiederum beeinflussen aber z.B. durch infrastrukturelle Verbesserungen die Möglichkeiten von Regionen die regionalen Standortgegebenheiten aufzuwerten.

Die skizzierten Wirkungszusammenhänge dürften eine Erklärung für das besondere Interesse liefern, das Unternehmen, regionale Entscheidungsträger und nicht zuletzt die Wissenschaft an der Wichtigkeit und Qualität regionaler Standortgegebenheiten haben: Je besser der Kenntnisstand regionaler Entscheidungsträger über die Standortbedingungen ihrer Region ist, umso leichter wird es gelingen, die regionalen Standortstärken zu vermarkten, und umso effektiver können knappe finanzielle Mittel verwendet werden, um regionale Standortschwächen zu beseitigen.

2 Bestimmungsgründe der Standortwahl – Standortfaktoren

Definitionen des Begriffs „Standortfaktor" greifen zumeist auf Alfred Weber zurück; er versteht unter einem Standortfaktor „einen seiner Art nach scharf abgegrenzten Vorteil, der für eine wirtschaftliche Tätigkeit dann eintritt, wenn sie sich an einem bestimmten Ort … vollzieht. Man versteht darunter einen Vorteil, d.h. eine Ersparnis an Kosten und … eine Möglichkeit, dort ein bestimmtes Produkt mit weniger Kostenaufwand als an anderen Plätzen herzustellen“[1]. Auch die von *Maier und Tödtling*[2] verwendete Definition, nach der man von regionalen Standortfaktoren spricht, wenn…

- … sich ein Faktor auf die Kosten oder Erlöse der Unternehmen auswirkt und
- … der Faktor hinsichtlich Verfügbarkeit, Qualität und/oder Preis räumliche Unterschiede aufweist,

geht in dieser Formulierung zunächst von der Annahme aus, dass die unternehmerische Standortentscheidung von Kostenminimierungs- und Gewinnmaximierungskalkülen bestimmt ist.[3] Bei *Maier und Tödtling* wird diese eher traditionelle Sicht auf die regionalen Standortfaktoren allerdings durch den Zusatz, dass „einerseits auch nicht-monetäre Kosten wie Zeitkosten, Unannehmlichkeit etc. gemeint sind, andererseits auch mittel- und langfristige Auswirkungen etwa aufgrund beeinträchtigter Innovationsfähigkeit“[4] erheblich ausgeweitet. *Berlemann und Tilgner*[5] unterscheiden bei den für die regionale Standortwahl relevanten Faktoren zwischen

- Determinanten der Produktionsbedingungen (Input); zu ihnen gehört die regionale Ausstattung mit den Produktionsfaktoren Arbeitskraft, (privates und öffentliches) Kapital und Boden / Flächen. Innerhalb dieser Gruppen sind jeweils quantitative, qualitative und preisliche Aspekte zu unterscheiden.
- Determinanten der Markterschließung (Output); hierbei spielen die Größe der regionsinternen und regionsexternen Absatzmärkte sowie deren Entfernung und Erreichbarkeit eine bedeutsame Rolle.
- Politische, rechtliche und soziale Rahmenbedingungen; hierzu gehört z.B. die Wirtschaftsfreundlichkeit der Verwaltung, das allgemeine wirtschaftliche Klima, oder spezielle, auf der lokalen Ebene erhobene Steuern und Gebühren.

3 Wirtschaftliche Relevanz der Wissenswirtschaft

Der Begriff „Wissenswirtschaft“ dient als Sammelbegriff für Forschungs- und Entwicklungs- (F&E) -intensive Industriesektoren und wissensintensive Dienstleistungen. Detaillierte Abgrenzungen sowie die Zuordnung einzelner

---

1 Weber (1909), S. 16, zitiert nach Seidel (2016), S. 93.
2 Vgl. Maier/Tödtling (2012), S. 20.
3 Vgl. Döring/Aigner (2009), S. 5.
4 Maier/Tödtling (2012), S. 20.
5 Vgl. Berlemann/Tilgner (2006), S. 17.

Sektoren orientieren sich zumeist an einer vom Niedersächsischen Institut für Wirtschaftsforschung (NIW) in Hannover und dem Fraunhofer Institut für System- und Innovationsforschung (ISI) gemeinsam entwickelten Systematik.[6] Dabei setzen sich die innovativen bzw. forschungsintensiven Industrien aus den spitzentechnologischen Sektoren und den Sektoren der hochwertigen Technologien zusammen. Die Abgrenzung erfolgt über den Anteil der internen F&E-Aufwendungen am Umsatz: Güter werden als Spitzentechnologie klassifiziert, wenn der Anteil der internen F&E-Aufwendungen am Umsatz mehr als 7 % beträgt; eine Klassifizierung als hochwertige Technologie erfolgt dann, wenn dieser Anteil zwischen 2,5 und 7 % liegt. Aus diesen Kriterien ergibt sich, dass die Pharmaindustrie, die EDV, die Nachrichtentechnik, die Medizin- und Messtechnik und die Luft- und Raumfahrt den spitzentechnologischen Sektoren zugeordnet werden; die Chemie, der Maschinenbau, Elektrogeräte, der Kraftfahrzeugbau sowie der sonstige Fahrzeugbau werden zu den hochtechnologischen Sektoren gerechnet.

Anders als im industriellen Bereich erfolgt die Abgrenzung in den Dienstleistungssektoren über den Anteil der hochqualifizierten Beschäftigten. Sektoren, in denen mehr als 11 % der Erwerbstätigen über einen Hochschulabschluss verfügen und außerdem mehr als 4,5 % der Erwerbstätigen Naturwissenschaftler und Ingenieure sind, zählen zu den wissensintensiven Dienstleistungssektoren. Diese umfassen dann das Verlags- und Druckgewerbe, die Nachrichtenübermittlung, das Kredit- und Versicherungsgewerbe, die Datenverarbeitung, Forschung und Entwicklung, die unternehmensorientierten Dienste und die Bereiche Gesundheit/Soziales sowie Kultur, Unterhaltung und Sport.

Die Bedeutung der Wissenswirtschaft – von innovativen, forschungsintensiven Industrien und wissensintensiven Dienstleistungen – für die wirtschaftliche Entwicklung hochentwickelter Volkswirtschaften ist mittlerweile wenig umstritten. Deutschland nimmt bei vielen forschungsintensiven Industriesektoren eine herausgehobene Stellung ein und behauptet eine Spitzenposition im Export forschungsintensiver Güter. Bei wissensintensiven Dienstleistungen konnte Deutschland in der jüngeren Vergangenheit deutliche Fortschritte erzielen, auch wenn im Dienstleistungsbereich durchaus noch Entwicklungspotenziale gesehen werden.[7] Eine im Jahr 2013 gemeinsam vom Deutschen Institut für Wirtschaftsforschung (DIW) in Berlin und dem NIW vorgelegte Studie[8] belegt anhand von Wertschöpfungs-, Außenhandels- und Beschäftigungsdaten die hervorzuhebende Rolle, die

6 Zum Folgenden vgl. Gehrke et al. (2013) und insbesondere Gornig/Mölders/Schiersch (2013), S. 8.

7 Vgl. Gehrke/Schiersch (2013), S. 2.

8 Vgl. Gehrke/Schiersch (2013), S. 2 ff.

die wissensintensive Wirtschaft und hierunter insbesondere die forschungsintensiven Industrien für die deutsche Volkswirtschaft einnimmt.

Globalisierung, freie Waren- und Kapitalströme, verbunden mit der Internationalisierung der Beschaffungs- und Absatzmärkte und einer zunehmenden internationalen Arbeitsteilung haben in den letzten Jahrzehnten die internationale Standortmobilität von Unternehmen erhöht. Technologische Innovationen wie die weitergehende Digitalisierung oder Industrie 4.0 lassen eine Fortsetzung dieses Prozesses erwarten. Mit der gestiegenen Unternehmensmobilität geht eine Intensivierung des regionalen Standortwettbewerbs einher; denn die Sicherung des Unternehmensbestands bedeutet für eine Region gleichzeitig eine Stabilisierung von Arbeitsplätzen und Wohlstand, Erfolge bei der Ansiedlung weiterer Unternehmen versprechen sogar Wohlstandsgewinne.

Innovative und wissensintensive Unternehmen spielen in diesem Zusammenhang eine besondere Rolle für die regionalwirtschaftliche Entwicklung. Durch ihre Forschungs- und Entwicklungsaktivitäten und durch die Verwendung neuer Technologien beschleunigen diese Unternehmen direkt den technologischen Fortschritt im Bereich Prozess- und Produktentwicklung. Sie besitzen somit ein hohes Potenzial, um Innovationen anzustoßen, Wertschöpfung zu generieren und letztlich Beschäftigungsmöglichkeiten zu sichern und zu schaffen. Diese regionalen Wertschöpfungs- und Beschäftigungsbeiträge werden darüber hinaus durch Ausstrahleffekte aufgrund von Lieferverflechtungen mit der Region und dem übrigen Inland verstärkt. Schließlich profitieren von den Innovationsimpulsen indirekt auch andere Wirtschaftszweige.[9]

Aus Sicht der regionalen Entscheidungsträger stellt sich daher nicht allein die Frage, welche Standortfaktoren für Unternehmen besonders relevant sind und vorrangig (in guter Qualität) vorhanden sein sollten, um den vorhandenen Unternehmensbestand zu sichern und Unternehmensansiedlungen zu attrahieren. Von besonderer Bedeutung ist vielmehr die Frage, ob die an Gewicht zunehmende Wissenswirtschaft besondere Anforderungen an die regionalen Standortgegebenheiten stellt, welche Anforderungen dies (im Falle eine Bejahung) sind und wie die eigene Region diesbezüglich aufgestellt ist. Im folgenden Teil des Beitrags sollen deshalb die speziellen Standortanforderungen von innovativen Industrieunternehmen und wissensintensiven Dienstleistern zunächst logisch-deduktiv hergeleitet und anschließend empirisch-induktiv überprüft werden.

9 Vgl. z.B. Nusser (2010), S. 24.

4 Regionale Standortanforderungen der Wissenswirtschaft

4.1 Deduktive Vorüberlegungen

Um wettbewerbsfähig zu sein, müssen die Unternehmen der Wissenswirtschaft ihre Produkte und Dienstleistungen innovativ gestalten und die dementsprechenden Herstellungsverfahren entwickeln und zum Einsatz bringen. All diejenigen Potenziale eines Wirtschaftsraums, die den Unternehmen dies erleichtern, dürften demnach als Standortgegebenheiten für innovative Industrieunternehmen und wissensintensive Dienstleister eine überdurchschnittliche Relevanz haben. Logisch-deduktive Überlegungen lassen erwarten, dass eine solche Beurteilung für die folgenden Standortbedingungen zutreffen könnte:

- Für die Entstehung und räumlicher Ausbreitung von Wissen wird die Existenz von regionalen Kooperations- und Innovationsnetzwerken[10] als besonders wichtig hervorgehoben. Das Zusammenspiel und die Vernetzung leistungsstarker Teilsysteme und ihrer Akteure sind entscheidend für die regionale Innovationskraft. Aus den Netzwerken heraus können sich Kooperationsmöglichkeiten mit anderen Netzwerkakteuren ergeben, was sich innovationssteigernd auswirken kann. Dies gilt insbesondere für kleine und mittlere Unternehmen, wenn sie durch die Kooperation im Netzwerk ihr Leistungsportfolio erweitern können. Daher sind solche Netzwerke im Hinblick auf den Unternehmenserfolg von zentraler Wichtigkeit.[11]
- Innovative und wissensintensive Unternehmen zeichnen sich durch einen hohen Anteil an hochqualifiziertem Personal aus; der Anteil der Akademiker in Relation zu der Gesamtbeschäftigtenzahl ist in diesen Unternehmen höher als bei weniger innovativen Unternehmen.[12] Dies dürfte für die Wissenswirtschaft in einer höheren Bedeutung der Qualifikation von Arbeitskräften am gewählten Standort zum Ausdruck kommen.[13] Um Mitarbeiter mit einem Hochschulabschluss für das eigene Unternehmen zu gewinnen, ist aber auch das Vorhandensein einer Hochschule in der näheren Umgebung von großer Bedeutung.
- Innovative und wissensintensive Unternehmen zeichnen sich durch hohe Forschungsaktivitäten und F&E-Ausgaben aus. In ihrer Forschungsaktivität profitieren sie von der räumlichen Nähe zu Hochschulen und externen Forschungseinrichtungen, von einem verbesserten Wissenstransfer zwischen

---

10 Vgl. Döring/Aigner (2009), S. 11.
11 Vgl. Nusser (2010), S. 26.
12 Vgl. Wildemann (2005), S. 28.
13 Vgl. Döring/Aigner (2009), S. 16.

Hochschulen und Wirtschaft, aber auch von entsprechenden Technologieberatungsangeboten.[14]

- Da innovative und wissensintensive Unternehmen hohe Anforderungen an die Qualifikation von Arbeitskräften stellen und da diese bei der Wahl des Wohn- und Arbeitsortes hohen Wert auf die regionale Ausstattung mit weichen Standortfaktoren legen, dürften über diesen indirekten Zusammenhang schließlich auch die weichen Standortfaktoren eine höhere Relevanz haben. Hierzu werden einerseits personenbezogene Faktoren wie Wohnen und Wohnumfeld, die lokale Umweltqualität, der Freizeitwert und Reiz einer Stadt ebenso wie die Kulturangebote gezählt. Zu ihnen zählen andererseits aber auch unternehmensbezogene Faktoren wie die Effektivität und Effizienz der kommunalen Verwaltung, das Image der Region und ein wirtschaftsfreundliches Klima.[15]

Um die unternehmensinterne Zusammenarbeit, aber auch die Kooperation mit anderen Unternehmen effizient zu gestalten, ist eine gut ausgebaute Informations- und Kommunikationsinfrastruktur unerlässlich. Innovative und wissensintensive Unternehmen stellen demensprechend hohe Anforderungen an gut funktionierende Informations- und Kommunikationstechniken (I&K).

4.2 Empirische Prüfung

4.2.1 Vorgehensweise

Das Niederrhein Institut für Regional- und Strukturforschung der Hochschule Niederrhein hat in der Vergangenheit mehrfach die Standortgegebenheiten am Mittleren Niederrhein[16] im Auftrag der IHK Mittlerer Niederrhein analysiert.[17] Dabei wurde stets dasselbe Vorgehen gewählt: Es wurden umfangreiche schriftliche Unternehmensbefragungen im IHK-Bezirk Mittlerer Niederrhein durchgeführt. Dabei wurde den befragten Unternehmen eine Liste von etwa 60 Standortfaktoren vorgelegt, die sich allesamt aus der oben erläuterten Standortfaktorsystematik herleiten lassen. Die Unternehmen mussten diese Standortfaktoren zum einen hinsichtlich ihrer Wichtigkeit im Kontext der unternehmerischen Standortentscheidungen beurteilen; zum anderen mussten sie die Qualität dieser

---

14 Vgl. Döring/Aigner (2009), S. 16.

15 Vgl. Döring/Aigner (2009), S. 13 f.

16 Der Mittlere Niederrhein besteht aus den beiden kreisfreien Städten Krefeld und Mönchengladbach, dem Kreis Viersen sowie dem Rhein-Kreis Neuss.

17 Derartige Untersuchungen wurden in den Jahren 2003, 2008 und 2013 erstellt; vgl. Hamm et al. (2013); Goebel/Hamm/Wenke (2009) sowie Hamm/Wenke (2003).

Standortfaktoren am Unternehmensstandort bewerten. Beide Beurteilungen wurden mithilfe vierstufiger Rating-Skalen vorgenommen – mit 1 = sehr wichtig/sehr gut, 2 = wichtig/gut, 3 = weniger wichtig/weniger gut und 4 = unwichtig/schlecht.

Die letzte, im Jahr 2012 durchgeführte Befragung, an der sich mehr als 1.300 Unternehmen beteiligten, bildet die Grundlage der nachfolgenden empirischen Analyse, die sich ausschließlich auf die Bedeutung der Standortfaktoren fokussiert. Dabei wird von der Annahme ausgegangen, dass die Befragung – auch wenn sie ausschließlich Unternehmen am Niederrhein adressiert – durchaus auf Deutschland insgesamt übertragbare, verallgemeinerungsfähige Aussagen zur Wichtigkeit von Standortfaktoren liefert: Während die Qualitätsrankings von Region zu Region entsprechend der jeweiligen regionalen Stärken und Schwächen differieren werden, dürften die Aussagen zum Bedeutungsranking überall in Deutschland dieselben sein.

Aufgrund der hohen Anzahl antwortender Unternehmen bietet der bei der Befragung generierte Datensatz Möglichkeiten, nach Branchen differenzierte Auswertungen zur Wichtigkeit von Standortanforderungen vorzunehmen.[18] Da die Branchenzugehörigkeit der befragten Unternehmen jeweils bekannt ist, ist es möglich, die Rückläufe – entsprechend der von NIW/ISI entwickelten und oben beschriebenen Systematik – den folgenden Branchengruppen zuzuordnen:

- Innovative Industrien
- Sonstige Industrien
- Wissensintensive Dienstleistungen
- Sonstige Dienstleistungen.

Tabelle 1: Zusammensetzung der Stichprobe.

	Innovativ bzw. wissensintensiv	**Sonstige**	**Gesamt**
Industrie	113	250	363
Dienstleistungen	245	705	950
Gesamt	358	955	1313

Durch die Zusammenfassung von innovativen Industrien und wissensintensiven Dienstleistungen auf der einen und aller anderen Unternehmen auf der anderen Seite wurde schließlich auch ein Vergleich der Wissenswirtschaft mit der übrigen Wirtschaft möglich.

18 Vgl. Tabelle 1 zur Struktur des Datensatzes.

Für die somit insgesamt sechs Gruppen von Unternehmen – und für das gesamte Sample – wurden in einem ersten Arbeitsschritt für alle abgefragten Standortfaktoren die durchschnittlichen Wichtigkeitsbeurteilungen (Mittelwerte) ermittelt. Die errechneten Mittelwerte wurden für die jeweiligen „Paare“ von Unternehmensgruppen miteinander verglichen und die jeweils signifikanten Abweichungen herausgearbeitet. Darüber hinaus wurde ein besonderes Augenmerk auf die jeweils zehn wichtigsten Standortanforderungen der sechs Gruppen gerichtet.

4.2.2 Ergebnisse

In Tabelle 2 sind für die innovativen Industrien auf der einen und die sonstigen Industrien auf der anderen Seite all diejenigen Standortfaktoren zusammengestellt, bei denen sich die durchschnittlichen Anforderungen an Standortfaktoren signifikant unterscheiden; dabei richtet sich die Sortierung nach der Höhe der Abweichung.

Dabei lassen sich die Standortbedingungen, die die innovativen Unternehmen für wichtiger halten als die sonstigen Industriebranchen, zu drei Gruppen zusammenfassen:

- Es entspricht den zuvor geäußerten Erwartungen, dass innovative Unternehmen – die durch eine hohe Forschungsaktivität gekennzeichnet sind – Forschungs- und Entwicklungseinrichtungen und die Nähe zu einer Hochschule als Partner für F&E-Kooperationen und Technologieberatungsstellen als wichtiger ansehen.
- Darüber hinaus ist ganz offenbar eine gute Verkehrsanbindung für die innovativen Industrieunternehmen besonders bedeutsam. Dies fällt in erster Linie bei der Flughafenanbindung auf. Offenbar ist es für diese – vermutlich stark in globale Verflechtungen eingebundenen – Unternehmen sehr wichtig, dass sie ihre nationalen und internationalen Geschäftspartner leicht und rasch erreichen können. Dass innovative Unternehmen auch die Anbindung an das nationale und regionale (ÖPNV) Schienennetz und selbst die Straßen- und Autobahnanbindung für wichtiger halten, könnte ebenfalls mit der besseren Erreichbarkeit von Geschäfts- und Kooperationspartnern erklärt werden.
- Dass innovativen Unternehmen die Verfügbarkeit von qualifizierten Arbeitskräften besonders wichtig ist, war ebenfalls vorab vermutet worden. Die Ergebnisse bestätigen dies; die überdurchschnittliche Relevanz der Faktoren „lokale Verfügbarkeit von Arbeitskräften“ und „Qualifikation von lokalen Arbeitskräften“ sowie die Nähe zu einer Hochschule als Ausbildungsstätte eben dieser Arbeitskräfte sind Ausdruck hierfür.

Tabelle 2: Unterschiede in der Bedeutung von Standortfaktoren – Innovative und sonstige Industrien (mit 1 = sehr wichtig bis 4 = unwichtig).

	Sonstige Industrien	**Innovative Industrien**	**Mittelwert-differenz**	
Anbindung an den Luftverkehr	3,15	2,50	0,654	***
Forschungs- und Entwicklungseinrichtungen	2,89	2,55	0,340	***
Hochschule Niederrhein als Partner für F&E	2,93	2,60	0,330	***
Hochschule Niederrhein als Ausbildungsstätte	2,61	2,32	0,289	***
Schienenanbindung	3,34	3,13	0,207	**
Qualifikation der lokalen Arbeitskräfte	1,83	1,64	0,194	**
Technologieberatungsstellen	2,91	2,72	0,182	**
ÖPNV-Anbindung	2,73	2,55	0,175	*
Lokale Verfügbarkeit von Arbeitskräften	1,86	1,71	0,146	*
Straßen- und Autobahnanbindung	1,68	1,54	0,140	**
Kulturelles Angebot	2,77	2,93	-0,167	*
I&K-Infrastruktur	1,79	1,95	-0,168	*
Haushaltsbezogene Dienste	2,71	2,88	-0,174	*
Erreichbarkeit der Behörden	2,38	2,56	-0,176	**
Regionales Standortmarketing	2,60	2,78	-0,181	*
Stadtbild	2,39	2,57	-0,182	*
Citymarketing	2,90	3,09	-0,183	*
Finanzierungsberatung	2,51	2,72	-0,218	*
Parkplatzangebot	2,44	2,69	-0,247	**
Innerstädtische Verkehrsverhältnisse	2,46	2,71	-0,250	**
Kundennähe	2,13	2,65	-0,518	***

Quelle: Eigene Berechnungen.

Während diese Resultate weitgehend den zuvor formulierten Erwartungen entsprechen, enthält die Auflistung derjenigen Faktoren, die die innovativen Unternehmen als weniger wichtig einstufen, doch einige Überraschungen. Dies gilt in erster Linie für die Anbindung an die I&K-Infrastruktur, dies gilt aber auch für Faktoren, die man im weitesten Sinne den weichen Standortfaktoren zurechnen kann, wie z.B. das Kulturangebot, das regionale Standortmarketing, das Stadtbild oder das Citymarketing. Nach der hohen Bedeutungsbewertung von „Erreichbarkeitsfaktoren" ist es hingegen weniger überraschend, dass die Kundennähe für weniger wichtig gehalten wird als bei den sonstigen Industrien.

In Tabelle 3 sind – wie zuvor für die beiden Bereiche der Industrie – die signifikanten Unterschiede der Bedeutungsbewertungen zwischen den wissensintensiven und den übrigen Dienstleistungsbereichen dargestellt.

Tabelle 3: Unterschiede in der Bedeutung von Standortfaktoren – Wissensintensive und sonstige Dienste (mit 1 = sehr wichtig bis 4 = unwichtig).

	Sonstige Dienste	Wissens-intensive Dienste	Mittelwert-differenz	
Anbindung an den Luftverkehr	3,11	2,82	0,286	***
Hochschule Niederrhein als Partner für F&E	3,12	2,92	0,197	***
Forschungs- und Entwicklungseinrichtungen	3,12	2,92	0,193	***
Veranstaltungsräumlichkeiten	3,13	2,96	0,164	**
I&K-Infrastruktur	1,84	1,69	0,143	**
Vereinbarkeit Beruf/Pflege für Angehörige	2,63	2,49	0,136	*
Straßen- und Autobahnanbindung	1,62	1,73	-0,110	*
Miet- und Pachtpreise	2,21	2,32	-0,119	*
Regionales Standortmarketing	2,47	2,60	-0,128	*
Behördliche Reaktionszeiten	2,20	2,33	-0,133	*
Haushaltsbezogene Dienste	2,57	2,70	-0,135	*
Sicherheit in der Innenstadt	2,06	2,20	-0,143	*
Unterstützung bei Grundstückssuche	2,99	3,13	-0,145	**
Grundstückspreise	2,72	2,87	-0,148	*
Standortimage	2,18	2,34	-0,157	**
Lieferantennähe	2,69	2,86	-0,167	**
Bestandspflege von Betrieben	2,31	2,48	-0,176	**
Gewerbesteuerhebesatz	1,72	1,91	-0,190	***
Citymarketing	2,64	2,84	-0,201	***
Umweltberatung	2,71	2,92	-0,208	***
Dauer von Genehmigungsverfahren	2,53	2,75	-0,221	***
Öffentliche Gebühren	1,87	2,11	-0,235	***
Energieeffizienzberatung	2,47	2,70	-0,236	***
Kostenbewusstsein der Kommunalverwaltung	1,96	2,22	-0,262	***
Grundsteuerhebesatz	1,92	2,22	-0,292	***
Energiekosten	1,68	1,99	-0,314	***
Kosten der Abfallbeseitigung	1,98	2,35	-0,371	***
Wasser- und Abwassergebühren	2,04	2,43	-0,392	***

Quelle: Eigene Berechnungen.

Dabei fällt zunächst auf, dass es offenbar nur wenige Standortfaktoren gibt, denen die wissensintensiven Dienste eine höhere Bedeutung beimessen als andere Dienstleister; die wenigen festzustellenden Abweichungen sind allerdings weitgehend plausibel. Dies gilt – wie schon bei den innovativen Industrien – für die F&E-Einrichtungen und die Hochschule als Partner für Kooperationen im Bereich Forschung und Entwicklung. Es gilt auch für eine gute Anbindung an die Informations- und Kommunikationsinfrastruktur. Ebenso ist die Flughafenanbindung den wissensintensiven Diensten weitaus wichtiger als den übrigen Dienstleistungsunternehmen. Es leuchtet ebenfalls ein, dass wissensintensive Dienstleistungsunternehmen, z.B. für die Durchführung von Meetings, einen höheren Bedarf an geeigneten Veranstaltungsräumlichkeiten haben.

Deutlich weniger wichtig als anderen Dienstleistungsunternehmen sind den wissensintensiven Dienstleistern ganz offenbar kostenseitige Standortgegebenheiten – die Bedeutungsbewertungen der Wasser- und Abwassergebühren, der Kosten der Abfallbeseitigung, der Energiekosten, der Grundsteuer, der öffentlichen Gebühren und auch des Gewerbesteuerhebesatz lassen dies erkennen. Auffällig ist daneben, dass Faktoren, die mit Leistungen einer Kommunalverwaltung oder auch der kommunalen Wirtschaftsförderung in Verbindung gebracht werden können – regionales Standortmarketing, Unterstützung bei der Grundstücksuche, behördliche Reaktionszeiten, Standortimage, Bestandspflege von Betrieben, Citymarketing, Dauer von Genehmigungsverfahren und eine kostenbewusste Kommunalverwaltung – von den wissensintensiven Dienstleistungsunternehmen als unbedeutender eingeschätzt werden als von den sonstigen Dienstleistern, die demzufolge ein höheres Niveau an Unterstützung durch die öffentlichen Dienstleistungsangebote erwarten.

Wie zuvor für Industrie und Dienstleistungen stellt Tabelle 4 die signifikant unterschiedlichen Bedeutungsbewertungen von Standortfaktoren durch die Wissenswirtschaft gegenüber der restlichen Wirtschaft dar. Nach den zuvor für die innovativen Industrien und die wissensintensiven Dienste festgestellten Abweichungen kann das Ergebnis – für die aus diesen beiden Teilbereichen der Wirtschaft „zusammengesetzten" Wissenswirtschaft – kaum mehr überraschen; demnach werden die folgenden Gruppen von Standortfaktoren von der Wissenswirtschaft als überdurchschnittlich bedeutsam eingestuft:

- Der deutlichste Unterschied ist bei der Beurteilung der Flughafenanbindung auszumachen. Die gute Erreichbarkeit auch weit entfernt gelegener Ziele mit dem Flugzeug ist im Zeitalter der Globalisierung den Unternehmen der Wissensökonomie ganz offenbar erheblich wichtiger als den übrigen Unternehmen. Man kann davon ausgehen, dass die Schienenanbindung aus demselben

Blickwinkel – und weniger als Transportachse für Waren – für die Wissenswirtschaft überdurchschnittlich wichtig ist.
- Wissenswirtschaft braucht die Nähe zu möglichen Forschungspartnern. Dies kommt darin zum Ausdruck, dass Forschungs- und Entwicklungseinrichtungen, eine Hochschule als Partner für F&E und auch Technologieberatungsstellen der Wissenswirtschaft erkennbar wichtiger eingestuft werden als von den sonstigen Unternehmen.
- Und schließlich braucht die Wissenswirtschaft besonders gut qualifizierte Arbeitskräfte und somit auch Einrichtungen in ihrer Nähe, an denen diese Arbeitskräfte qualifiziert werden, d.h. eine nahegelegene Hochschule als Ausbildungsstätte. Die Bedeutung beider Standortfaktoren wird von den Unternehmen der Wissenswirtschaft höher bewertet als von den übrigen Unternehmen.

Umgekehrt wurden vier Gruppen von Standortfaktoren identifiziert, denen die Wissenswirtschaft offenbar nur eine unterdurchschnittliche Bedeutung beimisst:

- Auch Unternehmen der Wissenswirtschaft stehen offenbar weniger unter Kosten- als unter Innovationsdruck. Grundsteuerhebesatz, Energiekosten, Wasser- und Abwassergebühren, Kosten der Abfallbeseitigung, Gewerbesteuerhebesatz und öffentliche Gebühren sind als Standortfaktoren für sie weniger wichtig als für die übrigen Unternehmen.
- Einige der kommunalen Leistungen für Unternehmen – eine rasche Reaktion der Behörden, gute Erreichbarkeit der Behörden, Aktivitäten im Bereich der Bestandspflege von Betrieben, rasche Genehmigungsverfahren, ein hohes Kostenbewusstsein der Kommunalverwaltung, aber auch Aktivitäten im City- und Regionalmarketing – werden von der Wissenswirtschaft ebenfalls als weniger wichtig eingestuft als von der sonstigen Wirtschaft.
- Es überrascht ein wenig, dass die Unternehmen der Wissensökonomie eine Reihe von weichen Standortfaktoren für sich offenbar als nur gering bedeutsam ansehen; hierzu zählen das Parkplatzangebot, die Höhe der Parkgebühren, die Einkaufsmöglichkeiten und der Branchenmix, das Standortimage, das Stadtbild, die Sicherheit in der Innenstadt, die Verfügbarkeit haushaltsbezogener Dienste und die innerstädtischen Verkehrsverhältnisse. Auch die Wichtigkeit aller übrigen weichen Standortfaktoren wird von der Wissenswirtschaft – anders als erwartet – nicht signifikant anders als von den sonstigen Unternehmen bewertet.
- Schließlich sind Kunden- und Lieferantennähe für die Wissenswirtschaft weniger wichtig als für die übrigen Unternehmen – ein Resultat, das möglicherweise

mit der starken Technologieorientierung dieser Unternehmen erklärt werden kann und das zumindest mit der Erkenntnis kompatibel ist, dass der Wissenswirtschaft eine gute Erreichbarkeit (mit Flugzeug und Bahn) überdurchschnittlich wichtig ist.

Tabelle 4: Unterschiede in der Bedeutung von Standortfaktoren – Wissenswirtschaft und übrige Wirtschaft (mit 1 = sehr wichtig bis 4 = unwichtig).

	Wissens-wirtschaft	**Übrige Wirtschaft**	**Mittelwert-differenz**	
Anbindung an den Luftverkehr	2,72	3,12	0,400	***
Forschungs- und Entwicklungseinrichtungen	2,80	3,06	0,253	***
Hochschule Niederrhein als Partner für F&E	2,82	3,07	0,250	***
Hochschule Niederrhein als Ausbildungsstätte	2,49	2,65	0,160	**
Technologieberatungsstellen	2,93	3,07	0,146	***
Vereinbarkeit Beruf/Pflege für Angehörige	2,52	2,66	0,137	**
Schienenanbindung	3,14	3,27	0,129	**
Qualifikation der lokalen Arbeitskräfte	1,76	1,87	0,103	**
Veranstaltungsräumlichkeiten	3,06	3,15	0,095	*
Parkplatzangebot	2,29	2,18	-0,112	*
Behördliche Reaktionszeiten	2,30	2,19	-0,114	**
Höhe der Parkgebühren	2,61	2,49	-0,115	*
Grundstückspreise	2,86	2,74	-0,117	*
Finanzierungsberatung	2,58	2,47	-0,118	*
Einkaufsmöglichkeiten/Branchenmix	2,43	2,31	-0,119	**
Standortimage	2,37	2,25	-0,120	*
Erreichbarkeit der Behörden	2,53	2,41	-0,121	**
Stadtbild	2,35	2,23	-0,122	**
Lieferantennähe	2,71	2,59	-0,124	**
Gewerbesteuerhebesatz	1,84	1,71	-0,127	***
Bestandspflege von Betrieben	2,44	2,30	-0,132	**
Dauer von Genehmigungsverfahren	2,61	2,47	-0,142	**
Sicherheit in der Innenstadt	2,27	2,13	-0,144	**
Umweltberatung	2,84	2,69	-0,152	***
Regionales Standortmarketing	2,66	2,50	-0,152	***
Haushaltsbezogene Dienste	2,76	2,61	-0,155	***
Öffentliche Gebühren	2,04	1,87	-0,167	***
Innerstädtische Verkehrsverhältnisse	2,47	2,30	-0,170	***
Kundennähe	2,28	2,11	-0,176	***

	Wissens-wirtschaft	Übrige Wirtschaft	Mittelwert-differenz	
Kostenbewusstsein der Kommunalverwaltung	2,14	1,96	-0,182	***
Grundsteuerhebesatz	2,11	1,91	-0,197	***
Energieeffizienzberatung	2,63	2,43	-0,198	***
Energiekosten	1,85	1,65	-0,200	***
Citymarketing	2,92	2,71	-0,209	***
Wasser- und Abwassergebühren	2,24	2,00	-0,240	***
Kosten der Abfallbeseitigung	2,23	1,96	-0,268	***

Quelle: Eigene Berechnungen.

Die bisherigen Ergebnisbeschreibungen haben sich darauf konzentriert, unterschiedliche Standortbewertungen zwischen innovativen Industrien, wissensintensiven Diensten und der Wissenswirtschaft auf der einen und den sonstigen Industrie-, Dienstleistungs- sowie Wirtschaftsbereichen auf der anderen Seite aufzuzeigen. Die Frage, welche der insgesamt 60 Standortfaktoren für die einzelnen Branchengruppen die höchste Priorität besitzen, wurde hingegen bislang noch nicht behandelt. Tabelle 5 stellt deshalb für die im Rahmen der Analyse betrachteten (sechs) Branchengruppen jeweils die zehn von den Unternehmen als am wichtigsten eingestuften Standortfaktoren dar.

Vergleicht man zunächst die Ergebnisse der Wissenswirtschaft mit der übrigen Wirtschaft, so fällt auf, dass neun der zehn für die sonstige Wirtschaft wichtigsten Standortfaktoren auch bei der Wissenswirtschaft auf den vorderen zehn Plätzen auftauchen. Einzig das „Kostenbewusstsein der Kommunalverwaltung" taucht bei den Unternehmen der Wissenswirtschaft auf dem zehnten Platz anstelle der Kosten der Abfallbeseitigung auf. Auch wenn es sicherlich leichte Differenzierungen bei den Bewertungen und Verschiebungen in der Rangfolge gibt, so ist dies doch ein Zeichen dafür, dass sich alle Unternehmen hinsichtlich der wichtigsten Voraussetzungen, die ein Unternehmensstandort erfüllen muss, recht einig sind: Die Verkehrsanbindung muss stimmen, und zwar über Straße und Autobahn als auch über die Datenautobahn, Arbeitskräfte – insbesondere die gut qualifizierten – müssen zu akzeptablen Entlohnungsbedingungen verfügbar sein, die Belastung mit Steuern und öffentlichen Gebühren sollte stimmen und letztlich wären auch niedrige Energiekosten von Vorteil.

Tabelle 5: Die zehn wichtigsten Standortfaktoren – Differenzierte Betrachtung nach Branchengruppen.

Wissenswirtschaft		**Übrige Wirtschaft**	
Straßen- und Autobahnanbindung	1,67	Straßen- und Autobahnanbindung	1,64
Qualifikation der lokalen Arbeitskräfte	1,76	Energiekosten	1,65
I&K-Infrastruktur	1,77	Gewerbesteuerhebesatz	1,71
Gewerbesteuerhebesatz	1,84	I&K-Infrastruktur	1,82
Energiekosten	1,85	Qualifikation der lokalen Arbeitskräfte	1,87
Lokale Verfügbarkeit von Arbeitskräften	1,87	Öffentliche Gebühren	1,87
Lohnhöhe	1,92	Lohnhöhe	1,87
Öffentliche Gebühren	2,04	Grundsteuerhebesatz	1,91
Grundsteuerhebesatz	2,11	Lokale Verfügbarkeit von Arbeitskräften	1,93
Kostenbewusstsein der Kommunalverwaltung	2,14	Kosten der Abfallbeseitigung	1,96
Innovative Industrien		**Sonstige Industrien**	
Straßen- und Autobahnanbindung	1,54	Energiekosten	1,59
Energiekosten	1,56	Straßen- und Autobahnanbindung	1,68
Qualifikation der lokalen Arbeitskräfte	1,64	Gewerbesteuerhebesatz	1,69
Gewerbesteuerhebesatz	1,69	I&K-Infrastruktur	1,79
Lokale Verfügbarkeit von Arbeitskräften	1,71	Lohnhöhe	1,80
Lohnhöhe	1,80	Qualifikation der lokalen Arbeitskräfte	1,83
Wasser- und Abwassergebühren	1,84	Lokale Verfügbarkeit von Arbeitskräften	1,86
Grundsteuerhebesatz	1,88	Öffentliche Gebühren	1,87
Öffentliche Gebühren	1,90	Grundsteuerhebesatz	1,88
Kosten der Abfallbeseitigung	1,95	Kosten der Abfallbeseitigung	1,89

Wissensintensive Dienste		Sonstige Dienste	
I&K-Infrastruktur	1,69	Straßen- und Autobahnanbindung	1,62
Straßen- und Autobahnanbindung	1,73	Energiekosten	1,68
Qualifikation der lokalen Arbeitskräfte	1,82	Gewerbesteuerhebesatz	1,72
Gewerbesteuerhebesatz	1,91	I&K-Infrastruktur	1,84
Lokale Verfügbarkeit von Arbeitskräften	1,95	Öffentliche Gebühren	1,87
Lohnhöhe	1,98	Qualifikation der lokalen Arbeitskräfte	1,88
Energiekosten	1,99	Lohnhöhe	1,90
Öffentliche Gebühren	2,11	Grundsteuerhebesatz	1,92
Parkplatzangebot	2,11	Kostenbewusstsein der Kommunalverwaltung	1,96
Kundennähe	2,11	Lokale Verfügbarkeit von Arbeitskräften	1,96

Quelle: Eigene Berechnungen.

Wird derselbe Vergleich für die innovativen und sonstigen Industrien angewandt, ergibt sich ein ähnliches Bild. Neun der zehn für die innovativen Industrien wichtigsten Standortfaktoren belegen auch bei den sonstigen Industrien einen der zehn vordersten Plätze. Überraschend ist, dass ausgerechnet die I&K-Infrastruktur bei den sonstigen, nicht aber bei den innovativen Industrien einen der zehn ersten Plätze belegt. Ansonsten könnte der Ergebnissatz des vorigen Abschnitts nahezu wörtlich übernehmen werden: Es gibt leichte Differenzierungen bei den Bewertungen und Verschiebungen in der Rangfolge, aber wiederum sind sich die Industrieunternehmen über die an Standorte gerichteten Anforderungen einig. Und: Inhaltlich unterscheiden sich diese Faktoren auch nicht von denen, die zuvor für die Wissensökonomie identifiziert wurden.

Abschließend sollen die Standortanforderungen der wissensintensiven Dienstleister mit denen der sonstigen Dienstleister verglichen werden. Es fällt rasch auf – und erscheint auch plausibel –, dass die wissensintensiven Dienstleister die regionale Ausstattung mit I&K-Infrastruktur für wichtiger halten als die Anbindung an das Fernstraßennetz. Aber ansonsten ist kaum mehr zu sagen als bei den beiden zuvor betrachteten Branchenpaaren: Wiederum sind die Straßenanbindung, die I&K-Infrastruktur, die Qualifikation, Verfügbarkeit und Entlohnung von Arbeitskräften, die Abgabebelastung und die Energiekosten Standortfaktoren, die für wissensintensive und andere Dienstleistungsunternehmen von größter Bedeutung sind.

5 Zusammenfassung und Folgerungen

Der vorliegende Beitrag behandelt die Fragen, ob und wie sich die Standortanforderungen von Unternehmen der Wissenswirtschaft von denen der übrigen Wirtschaft unterscheiden und über welche Standortgegebenheiten Regionen verfügen müssen, wenn sie für innovative Industrieunternehmen und wissensintensive Dienstleister attraktiv sein wollen.

Wie in den deduktiven Überlegungen vermutet,

- … halten Unternehmen der Wissenswirtschaft die Nähe zu Forschungs- und Entwicklungseinrichtungen, zu einer Hochschule, die Partner in F&E-Kooperationen sein kann, und zu Technologieberatungsstellen für wichtiger als die übrigen Unternehmen.
- … halten Unternehmen der Wissenswirtschaft die Verfügbarkeit von Arbeitskräften generell, aber insbesondere von qualifizierten Arbeitskräften für besonders wichtig; das schließt auch Einrichtungen ein, an denen diese Arbeitskräfte qualifiziert werden.

Darüber hinaus ist es für Unternehmen der Wissenswirtschaft, die häufig international agieren, offenbar besonders wichtig, dass sie ihre nationalen und internationalen Geschäftspartner leicht und rasch erreichen können; denn sie schätzen die Flughafenanbindung, die Anbindung an das Schienennetz und auch die Fernstraßenanbindung wichtiger ein, als die übrigen Unternehmen dies tun.

Umgekehrt gibt es Gruppen von Standortfaktoren, denen die Wissenswirtschaft offenbar nur eine geringere Bedeutung als die übrigen Unternehmen beimisst:

- Es überrascht, dass die Befragungsergebnisse keine Belege für die Vermutung eine überdurchschnittliche Relevanz von „weichen Standortfaktoren“ liefert, sondern dass die Wissenswirtschaft im Gegenteil einige dieser weichen Standortfaktoren sogar als weniger bedeutsam ansieht. Dieses, auf den Angaben von Unternehmen basierende Resultat widerspricht der von *Florida*[19] über die kreativen Arbeitskräfte postulierten, indirekten Relevanz von „weichen Standortfaktoren“ (und deren Diversität).

19 Vgl. Florida (2002).

- Die Tatsache, dass die Unternehmen der Wissenswirtschaft viele der kostenrelevanten Standortfaktoren als weniger wichtig einstufen als die übrigen Unternehmen, könnte ein Hinweis darauf sein, dass diese Unternehmen weniger unter Kosten- als unter Innovationsdruck stehen.
- Auch eine Reihe von kommunalen Leistungen für Unternehmen wird von der Wissenswirtschaft als weniger wichtig eingestuft als von der übrigen Wirtschaft.
- Dass dies auch für die Kunden- und Lieferantennähe gilt, ergänzt sich mit der Erkenntnis, dass eine gute Erreichbarkeit mit den unterschiedlichen Verkehrsträgern den Unternehmen der Wissenswirtschaft überdurchschnittlich wichtig ist.

Ganz ähnliche Feststellungen erhält man, wenn die Anforderungen von innovativen Industrieunternehmen bzw. wissensintensiven Dienstleistern denen der sonstigen Industrien bzw. Dienstleister gegenüberstellt werden.

Trotz der festgestellten Spezifika der Wissensökonomie bei den Standortanforderungen hat die Analyse aber auch etwas anderes gezeigt. Fragt man nämlich, welche die zehn wichtigsten der 60 untersuchten Standortgegebenheiten sind, stellt man fest, dass diese für alle hier differenzierten Branchengruppen – seien sie als innovativ bzw. wissensintensiv eingestuft oder nicht – nahezu identisch sind. Wird davon einmal abgesehen, dass sich die Rankings und genauen Bewertungen leicht unterscheiden, so kann man festhalten, dass die Verkehrsanbindung über Straße und Autobahn, der Zugang zur I&K-Infrastruktur, die Belastung mit Steuern und öffentlichen Gebühren und die Energiekosten zu diesen für alle Branchengruppen wichtigsten Standortfaktoren gehören.

Welche Botschaften lassen sich aus diesen Ergebnissen nun für die kommunalen und regionalen Wirtschaftsförderungseinrichtungen ableiten?

- Die erste Botschaft ist eher traditionell und konservativ: Städte und Regionen können Unternehmen – seien sie mehr oder weniger wissensintensiv – nur dann attrahieren oder an sich binden, wenn sie über eine gute Ausstattung mit harten Standortfaktoren wie Verkehrsinfrastruktur, ein angemessenes Niveau an lokalen Steuern und Abgaben und ein gutes Angebot an (qualifizierten) Arbeitskräften verfügen.
- Diese erste Anforderung ist jedoch nur notwendig, aber keinesfalls hinreichend mit Blick auf innovative Industrien und wissensintensive Dienstleistungen. Will man sich als Standort der Wissenswirtschaft profilieren, so bedarf es – und dies ist die zweite Botschaft – weiterer Voraussetzungen:
    - Da ist zunächst die räumliche Nähe zu solchen Einrichtungen zu nennen, die sich „als eine Art Zulieferer für die unternehmerische Innovationstätigkeit

interpretieren lassen"[20]. Damit sind Hochschulen, Forschungsinstitute und kompetente Technologieberatungseinrichtungen gemeint.

- o Des Weiteren ist ein überdurchschnittlich hohes Potenzial an qualifizierten Arbeitskräften erforderlich, am besten verknüpft mit Einrichtungen (Universitäten und Fachhochschulen), in denen diese Arbeitskräfte qualifiziert werden. Trotz aller Zweifel, die die vorliegende Analyse aufkommen lässt, steht auch zu vermuten, dass „weiche Standortfaktoren" in diesem Zusammenhang relevant sind, denn diese Arbeitskräfte stellen hohe Anforderungen an die Lebensqualität ihrer Wohnstandorte.
- o Und schließlich deuten die Ergebnisse dieser Analyse darauf hin, dass auch die rasche Erreichbarkeit nationaler und internationaler Geschäftspartner über eine dafür geeignete Infrastruktur (z.B. Flughäfen) zu diesen Voraussetzungen zu rechnen ist.

Die genaue Betrachtung der notwendigen und (vielleicht) hinreichenden Anforderungen für einen Standort der Wissenswirtschaft lässt erkennen, dass nicht alle genannten Aspekte von kommunaler Seite gestaltbar sind. Dieser Tatbestand sollte – und das ist dann die dritte Botschaft an die Wirtschaftsförderer – nicht als „Freibrief" für ein niedriges kommunales Aktivitätsniveau missbraucht werden, sondern als eine Herausforderung, die notwendigen Signale an die zuständige Landespolitik weiterzugeben.

Literaturverzeichnis

Berlemann, M. / Tilgner, J. (2006): Determinanten der Standortwahl von Unternehmen – ein Literaturüberblick, in: „ifo Dresden berichtet", 6/2006, S. 14–22.

Blume, L. (2012): Ökonomische Rahmenbedingungen und Herausforderungen des Standortwettbewerbs, in: Kauffmann, A. / Rosenfeld, M. T. W. (Hrsg.): Städte und Regionen im Standortwettbewerb: Neue Tendenzen, Auswirkungen und Folgerungen für die Politik, Hannover, S. 14–31.

Döring, T. / Aigner, B. (2009): Standortwettbewerb, unternehmerische Standortentscheidungen und lokale Wirtschaftsförderung – Zum Stand der theoretischen und empirischen Forschung aus ökonomischer Sicht, isma Discussion Paper Series, 04–2009, Villach.

Florida, R. (2002): The rise of the creative class and how it's transforming work, leisure, community and everyday life, New York.

20 Döring/Aigner (2009), S. 11.

Gehrke, B. / Neuhäusler, P. / Rammer, C. / Leidmann, M. (2013): Neuabgrenzung forschungsintensiver Industrien und Güter, NIW/ISI/ZEW-Listen 2012, Berlin.

Gehrke, B. / Schiersch, A. (2013): FuE-intensive Industrien und wissensintensive Dienstleistungen im internationalen Vergleich – Zusammenfassung, in: Gehrke, B. / Schiersch, A. (Hrsg.): FuE-intensive Industrien und wissensintensive Dienstleistungen im internationalen Vergleich. Studien zum deutschen Innovationssystem, Nr. 7–2013, Berlin, S. 2–6.

Goebel, C. / Hamm, R. / Wenke, M. (2009): Region Mittlerer Niederrhein: Wirtschaftsstruktur und Standortqualität, IHK Schriftenreihe – Ausgabe Nr. 118/2009, Krefeld.

Gornig, M. / Mölders, F. / Schiersch, A. (2013): Bedeutung der Wissenswirtschaft im Euroraum und in anderen Industrienationen, in: Gehrke, B. / Schiersch, A. (Hrsg.): FuE-intensive Industrien und wissensintensive Dienstleistungen im internationalen Vergleich. Studien zum deutschen Innovationssystem, Nr. 7–2013, Berlin, S. 7–40.

Hamm, R. / Wenke, M. (2003): Standortanalyse Mittlerer Niederrhein. Gutachten im Auftrag der Industrie- und Handelskammer Mittlerer Niederrhein, Teil II. Ergebnisse einer Unternehmensbefragung zu den Standortbedingungen am Mittleren Niederrhein, Mönchengladbach.

Hamm, R. / Wenke, M. / Növer, R. / Werkle, G. (2013): Wirtschaftliche Strukturen und Entwicklungen im IHK-Bezirk Mittlerer Niederrhein, IHK-Schriftenreihe – Ausgabe 135/2013, Krefeld.

Maier, G. / Tödtling, F. (2012): Regional- und Stadtökonomik I, Standorttheorie und Raumstruktur, 5. Auflage, Wien/New York.

Nusser, M. (2010): Erfolgskritische Standortfaktoren und Wettbewerbsstrategien in F&E- und wissensintensiven Branchen; URL: http://f4.hshannover.de/filead min/media/doc/f4/Aktivitaeten/Veroeffentlichungen/2010/Nusser_Standort faktoren_DZKF_2010.pdf, [Zugriff: 01.01.2017].

Seidel, M. A. (2016): Regionalmarketing als räumliches Steuerungs- und Entwicklungsinstrument. Grundlagen – Konzepte – Fallbeispiele, Wiesbaden.

Weber, A. (1909): Über den Standort der Industrien. Erster Teil: Reine Theorie des Standorts, Tübingen.

Wildemann, H. (2005): Unternehmensstandort Deutschland. Wege zu einer wettbewerbsfähigen Wertschöpfungsgestaltung, TCW Transfer-Centrum, München.

Guido Baranowski

TechnologieZentrumDortmund GmbH

Regionale Innovationsstrategien – Impulse durch Kompetenzzentren für den Innovationsstandort Dortmund

1 Den Strukturwandel der Region gestalten

Den Strukturwandel gestalten! Das war die Herausforderung, Vision und Kernaufgabe, die die Gründer des TechnologieZentrumsDortmund (TZDO) fest in dessen Gründungskonzept verankerten. Im Jahr 1985 in der Hochphase des Niedergangs der ehemaligen Montanregion als Inkubator des Strukturwandels gestartet, haben das TZDO und seine technologiespezifisch ausgerichteten Kompetenzzentren viele sichtbare Spuren in der Gründungs-, Transfer-, Innovations- und Unternehmenslandschaften des Innovationsstandortes Dortmund hinterlassen.

Die Gründerväter haben in dieser Zeit der tiefgreifenden technologischen, wirtschaftlichen und gesellschaftlichen Umbrüche die wissenschaftlich/technischen und wirtschaftlichen Konstellationen erkannt und auf die Zukunftsfähigkeit der industriellen Stärken der Region gesetzt. Der tiefgreifende Wandel der heute sogenannten 3. Industriellen Revolution umfasste nicht nur die technologische Entwicklung, sondern stellte einen Paradigmenwechsel dar, der weit über die Montanindustrie hinaus die Unternehmensstrukturen, Geschäftsmodelle und Branchengrenzen veränderte.

1.1 Das Konzept des TechnologieZentrumsDortmund

Die Eckpunkte der damals ausgearbeiteten Konzeption sind bis heute richtungsweisend geblieben. Ihre konsequente marktorientierte Ausrichtung findet ihren Ausdruck in einer nachfrageorientierten Investitionstätigkeit, einer an wirtschaftlichen Gesichtspunkten ausgerichteten Vermietung der technischen Infrastruktur und Flächen sowie in der Vermarktung des integrierten Dienstleistungsangebots. Kennzeichnend war und ist die Kombination bestehender und erfahrener Unternehmen, ausgelagerter F&E-Abteilungen mit jungen innovativen Unternehmen sowie Spin-offs aus der Wissenschaft. Hinzu kam die Konzentration auf die Stärken der Region in wichtigen zukunftsstarken Technologiefeldern. Die Potenziale der starken Technologietrends wurden frühzeitig erkannt und mit Hilfe des marktorientierten Leistungsangebots in Wachstum und Beschäftigung umgesetzt. Die Weiterentwicklung dieser Schwerpunktfelder zu starken Kompetenzfeldern wurde zum Markenzeichen des TechnologieZentrums und seiner im Laufe dieser Entwicklung gewachsenen Kompetenzzentren.

Die marktorientierten Alleinstellungsmerkmale des Handlungskonzepts mit ihren hohen Anforderungen an die wirtschaftliche Tragfähigkeit des Leistungsangebots heben die Zentren deutlich von anderen Einrichtungen ab. Mit den vier Funktionsbereichen ihres Dienstleistungsspektrums – Innovation, Infrastruktur, Beratung und Kapital – haben sie sich als Promotoren des Innovationsstandortes etabliert. Die Zentren konnten als Instrument der Wirtschaftsentwicklung fungieren und neue technologieorientierte Kompetenzfelder aufbauen.[1]

Der Funktionsbereich Innovationen kooperiert eng mit den Partnern aus Wirtschaft und Wissenschaft. Er stimuliert Innovationsbereitschaft und Kreativität. Die Zentren initiieren und managen F&E-Projekte, in denen Partner aus der Wissenschaft und Wirtschaft mit Gründern zusammenarbeiten. Auf ihren Informations- und Dialogplattformen verdichten sie diese Kooperationen zu starken Kompetenznetzen, die einen starken Fluss von weiteren Projekten erzeugen. Im Funktionsbereich Infrastruktur finden die Partner die passgenau auf die Anforderungen des Kompetenzfeldes zugeschnittene räumliche und technische Infrastruktur. Mit den Dienstleistungen des Funktionsbereichs Beratung stehen sie Gründern und etablierten Unternehmen in allen Fragen der Unternehmensführung und des Technologietransfers zur Verfügung. Die Beratungsangebote des Funktionsbereichs Kapital adressieren die Finanzierung der Projekte und sind auch auf das Wachstum der Unternehmen zugeschnitten.

Diese Leistungsangebote waren wichtige Bausteine auf dem Weg zu einer facettenreichen, mittelständisch geprägten Wirtschaft, die an die Stelle der einst dominierenden Großbetriebe getreten ist. In den noch frühen Phasen der starken Technologietrends wurden die Weichen hin zu den Erfolgsfaktoren der zukunftsstarken Kompetenzfelder gelegt:

- Stärkung der Wissenschaft mit dem Ziel der interdisziplinären Erforschung der Herausforderungen der Technologietrends und ausgewählter Anwendungen in den Zukunftsmärkten der Region.
- Intensivierung des Transfers aussichtsreicher Forschungsergebnisse in Gründungen, Start-Ups oder bestehende Unternehmen.
- Bereitstellung der für die zügige Entwicklung und Vermarktung der Forschungsergebnisse erforderlichen Infrastruktur.

---

1 Vgl. Baranowski (2005), S. 50 ff.

- Mobilisierung von Wagniskapital für die Entwicklung und Vermarktung der Forschungsergebnisse sowie die Gründung und das Wachstum der dazu erforderlichen Wirtschaftsunternehmen.
- Verfügbarkeit von qualifizierten Arbeitskräften.[2]

1.2 Die Entwicklung der Kompetenzzentren

Schnell haben sich das mitten in dem 210 Hektar großen Wissenschafts- und Technologiecampus gelegene TZDO und der umliegende Technologiepark zu einer international renommierten Adresse für technologieorientierte Unternehmen, Existenzgründer und Start-Ups entwickelt. Auf 40 Hektar bietet der Technologiepark Dortmund genügend Fläche für derzeit 340 Unternehmen mit über 10.000 Beschäftigten, die hier – teils in Kooperation mit der benachbarten Wissenschaft – ihre Forschungs- und Entwicklungsideen in marktfähige Produkte transferieren. Wichtige Standortfaktoren für Gründer, Start-Ups und etablierte Unternehmen sind die enge Anbindung an den Wissenschaftscampus und die auf ihre Anforderungen ausgerichteten Studiengänge und Forschungsbereiche.

Mit über 50.000 Studierenden an sechs Hochschulen ist Dortmund einer der größten Hochschulstandorte in Deutschland. Darüber hinaus wird an 19 wissenschaftlichen Einrichtungen außerhalb der Hochschulen geforscht und entwickelt. Etwa 5.000 Absolventinnen und Absolventen verlassen die Hochschulen jedes Jahr, viele davon bleiben in der Region.

Keimzelle des Technologieparks Dortmund sind das TZDO und seine Kompetenzzentren. Hier sind in den letzten 30 Jahren auf über 120.000m² Inkubatorfläche tausende hochqualifizierte Arbeitsplätze entstanden. Damit gehören das TZDO und seine Kompetenzzentren zu den führenden Einrichtungen in Europa.

Aktuell sind in den Kompetenzzentren 190 Unternehmen tätig. Seit ihrer Gründung haben sie 578 Unternehmen betreut. Nach der Startphase in den Zentren und der Nutzung ihres breiten Infrastrukturangebots ziehen viele Existenzgründer und junge Unternehmen in den Technologiepark Dortmund. Mit der Bereitstellung von hochschulnahen Büro-, Entwicklungs- und Produktionsflächen bietet er den Unternehmen ideale Voraussetzungen, um sich zu etablieren und weiter zu wachsen.

---

2 Die Boston Consulting Group hat diese Aspekte in einer später erstellten Studie als unverzichtbare Erfolgsvoraussetzungen für die Etablierung von Biotechnologie-Clustern identifiziert, vgl. Steiner/Heinemann (2001), S. 5 f.

2 Das Profil des Innovationsstandortes prägen

Die strukturpolitisch prägenden Wirkungen der Kompetenzzentren und des Technologieparks auf den Innovationsstandort Dortmund sind deutlich spürbar. Die Akteure haben die industriellen Stärken der Montanindustrie und somit die Chancen der großen Technologietrends der 3. Industriellen Revolution: Entwicklung von Elektronik und Informationstechnologie zur Automatisierung der Produktion und Logistik sowie der Informatik genutzt und zu starken Kompetenzfeldern ausgebaut.

2.1 Die Chancen des technologischen Wandels nutzen

Ihre damalige Weichenstellung hin zur Konzentration auf die Technologiefelder Produktion mit klaren Alleinstellungsmerkmalen im Maschinenbau (Robotik, Werkstofftechnologie, Qualitätssicherung), Logistik und Materialfluss, Elektronik (Elektromagnetische Verträglichkeit, Mikrosystemtechnologie), Informationstechnologie (Software, Telekommunikation, Multimedia) prägen heute zusammen mit der Querschnittstechnologie Biomedizin, die an der Schnittstelle von Biotechnologie, Mikrosystemtechnik und Bio- und Medizininformatik angesiedelt ist, das Profil des Innovationsstandortes Dortmund und seiner Kompetenzzentren.

Seine hochwertigen infrastrukturellen Rahmenbedingungen sowie Flexibilität, Qualität und Stabilität in der Forschung, Entwicklung und Produktion innovativer Produkte und Dienstleistungen sichern die wirtschaftliche Basis der Region. Die Dienstleistungs- und Infrastrukturangebote des BioMedizinZentrums Dortmund, des Zentrums für Produktionstechnologie, der MST.factory dortmund und des e-port-dortmund als Kompetenzzentrum für Logistik und Informationstechnologie sind exakt auf die Entfaltung der Innovations- und Wachstumskräfte dieser Technologie- und Kompetenzfelder zugeschnitten.

2.2 Kompetenzfelder entwickeln

Positioniert an der Schnittstelle zwischen Wissenschaft und Wirtschaft haben die Kompetenzzentren mit ihren in der Initiierung und Betreuung von Unternehmensgründungen, Innovationstransfer und Wirtschaftsförderung liegenden Kernkompetenzen gezielt die Entwicklung der neuen Kompetenzfelder vorangetrieben.[3]

Das von ihnen entwickelte Kompetenzfeld-Modell rückt Innovationskraft, technischen Fortschritt und erfolgreiche Innovationen als Triebfedern des

---

3 Vgl. Baranowski (2002), S. 68 ff.; Baranowski (2005), S. 53 ff.

wirtschaftlichen Wachstums und des strukturellen Wandels in den Vordergrund der Strukturpolitik. Es beruht auf der wissenschaftlichen Erkenntnis, dass moderne Volkswirtschaften im globalen Wettbewerb ihre wirtschaftlichen Erfolge letztlich nur durch Innovationen erzielen und auf Dauer halten können. In seinen 1957 veröffentlichen Studien wies der Begründer der modernen Wachstumstheorie und Nobelpreisträger Robert Solow nach, dass fast 88 % des amerikanischen Wirtschaftswachstums der ersten Hälfte des 20. Jahrhundert auf dem technischen Fortschritt beruhen.[4]

Der Innovationsprozess bildet die Grundlage dieses strukturpolitischen Handlungskonzeptes. Es fördert die Durchlässigkeit zwischen Wirtschaft und Wissenschaft und beschleunigt die Umsetzung wissenschaftlicher Erkenntnisse in erfolgreiche Produkte und Anwendungen. Hier findet eine moderne Strukturpolitik ihren Ansatz, die die Entwicklung von Kompetenzfeldern in den Mittelpunkt stellt und den Kompetenzzentren dabei eine strategische Rolle zuweist.

Das Kompetenzfeld-Modell verknüpft die Innovationskraft der neuen Technologien zu neuen Produktfamilien, die konsequent auf den Bedarf ihrer Anwendungsmärkte ausgerichtet sind. Die herkömmliche Technologiepolitik – die den technologischen Fortschritt in den Mittelpunkt stellt – ergänzend, steuert die kompetenzfeldorientierte Strukturpolitik die von ihm getriebene Neuformierung der Wertschöpfungsketten der Kompetenzfelder nach den Anforderungen der Anwender.

Diese strikte Anwendungs- und Marktorientierung rückt das Strukturprinzip der Wertschöpfungskette in den Mittelpunkt dieses Ansatzes. Er bemisst den Stellenwert jedes Partners der Wertschöpfungskette an dem Beitrag, den er zur Wettbewerbsfähigkeit der Gesamtleistung der Wertschöpfungskette leistet. Die eingebundenen Bestandsunternehmen partizipieren ebenso von der Innovationskraft des technischen Fortschritts wie die ihn treibenden High-Tech-Unternehmen.

Das Kompetenzfeld wird damit durch die gleiche anwendungsspezifische Ausrichtung von Unternehmen, wissenschaftlichen Einrichtungen, Zulieferern, Dienstleistern und Infrastruktureinrichtungen sowie entsprechend qualifizierten Arbeitskräften beschrieben. Aus den gleichen Interessen der Wertschöpfungspartner sowie ihrer thematischen und räumlichen Nähe erwächst die kommunikationsintensive Standortgemeinschaft des entstehenden neuen Kompetenzfeldes. Ihre Mitglieder lernen voneinander, inspirieren und motivieren sich gegenseitig. Dieses innovative Milieu erzeugt eine hohe Interaktion zwischen wissenschaftlichen Ideen und wirtschaftlichen Interessen. Wenn die hieraus gewonnenen

4 Vgl. Solow (1956), S. 65–94.

Erkenntnisse nicht von etablierten Unternehmen übernommen werden, erfolgt deren Fortentwicklung und Vermarktung in neu gegründeten Unternehmen.

Sobald die Kompetenzfelder eine kritische Masse erreichen, werden sie zum Attraktionspunkt, der eine sich selbst verstärkende Anziehungskraft auf die Ansiedlung von externen Unternehmen und Einrichtungen ausübt. In dieser Phase geht das Kompetenzfeld in einen Cluster mit einer eigenständigen Wachstumsdynamik über. Die Kombinationsmöglichkeit verschiedener Wissenschaften, Technologien und Unternehmensglieder verschiedenster Wertschöpfungsketten zu neuen Kompetenzfeldern verleiht diesem Modell eine neue Gestaltungsvielfalt, die die Grenzen der herkömmlichen Branchenzugehörigkeiten überschreitet.

Das hinter der Gestaltungsvielfalt liegende Grundprinzip lässt sich beispielsweise aus der Entwicklung der Biotechnologie und der großen Biotechnologiecluster ableiten. Wie viele andere Technologien auch, ist sie quasi aus einer „Sammlung" von Querschnitttechnologien im Spektrum von Anwendungen entstanden. Die Partner aus der Wissenschaft und der Industrie haben gemeinsam mit den Anwendern an den Schnittstellen der verschiedenen Disziplinen der Medizin, Ingenieur-, Natur- und Wirtschaftswissenschaften neue innovative Produkte und Verfahren zur Lösung der Probleme der Anwender entwickelt. Aufgabe der kompetenzfeldorientierten Strukturpolitik ist es, diese Prozesse durch die Gestaltung der Rahmenbedingungen zu beschleunigen.

Ende der 90er Jahre zeichnete sich ab, dass die bevorstehende Entschlüsselung des menschlichen Genoms der Biomedizin einen starken Schub geben würde. Die Akteure des TZDO haben frühzeitig diese Chancen erkannt und genutzt. Angestoßen von dem Max-Planck-Institut für Molekulare Physiologie haben sie gemeinsam mit der TU Dortmund, dem Leibniz-Institut für Analytische Wissenschaften (ISAS), dem Leibniz-Institut für Arbeitsforschung (IfADo) und Unternehmen aus den neuen Kompetenzfeldern der Mikro-Systemtechnik und Produktionstechnik die Konzeption des BioMedizinZentrumDortmund (BMZ) entwickelt und in Abstimmung mit den regionalen Akteuren realisiert.

Gleichwohl war die Realisation der Vision damals von kritischen Stimmen begleitet. Die Kritik äußerte sich insbesondere in den vermeintlichen Schwächen des Standorts in der medizinischen Forschung, die im Gegensatz zur TU Dortmund zu den Kernkompetenzen der benachbarten Ruhr-Universität Bochum, der Universität Duisburg-Essen und der Universität Münster gehören. Andere verwiesen auf die Kompetenz des Pharmastandortes Bergkamen.

Diese Kritik vernachlässigte die international ausgewiesenen Stärken des Innovationsstandortes Dortmund in der molekularen Biomedizin sowie die weiteren in der Abbildung 1 dargestellten Technologiefelder. Ihre neue Zusammenführung deckt die Wertschöpfungsketten des Kompetenzfeldes Biomedizin von der Molekularmedizin über die Medizintechnik bis zu ihren Anwendungsmärkten ab. Vor der Gründung des BioMedizinZentrums bestanden zwischen diesen Bereichen nur sporadische Kooperations- und Interaktionsbeziehungen.

In den letzten zehn Jahren hat das BMZ seine Strukturen professionalisiert und mit zahlreichen Projekten belegt. Von Beginn an lag ein zentraler Themenschwerpunkt des BMZ im Transfer der beeindruckenden Erkenntnisse der biochemischen Grundlagenforschung in hoch innovative pharmazeutische Wirkstoffe.

Abbildung 1: Entwicklung des Kompetenzfeldes Biomedizin an der Schnittstelle zu dessen Technologieplattformen.

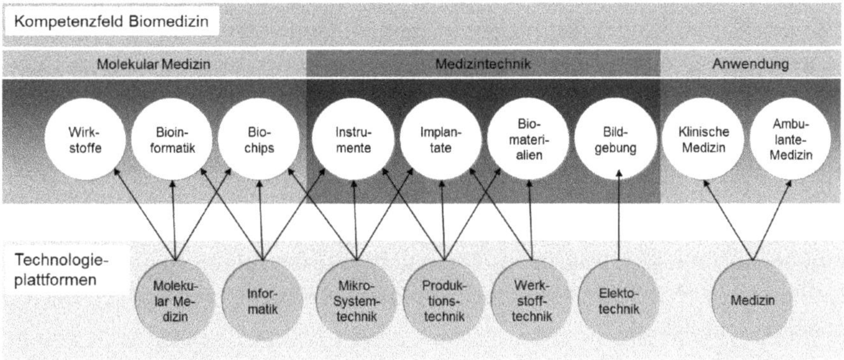

Quelle: Baranowski (2005), S. 57.

3 Die Effizienz des Technologietransfers stärken

Wissenschaftlicher Fortschritt und die Innovationskraft der Unternehmen bestimmen im globalen Wettbewerb die Konkurrenzfähigkeit der Nationen. Deutschland ist im globalen Wettbewerb sehr gut aufgestellt. Das Land ist Technologiemotor in Europa und weltweit mitführend im Export von Technologiegütern. Allerdings werden im Vergleich zu anderen Ländern von den vielen guten Ideen und wissenschaftlichen Erkenntnissen zu wenige in marktfähige Produkte und Dienstleistungen umgesetzt.[5]

Als Partner der Wissenschaft auf der einen Seite und der Wirtschaft auf der anderen Seite sind die Kompetenzzentren zukünftig noch mehr als bisher gefordert ihre Brückenfunktion im Technologietransfer weiter auszubauen. Aus ihrer praktischen Erfahrung heraus haben sie die rasche Umsetzung wissenschaftlicher

5 Vgl. Baranowski (2008), S. 61 ff.

Erkenntnisse in wirtschaftliche Anwendungen als starken Hebel für mehr Wachstum und Beschäftigung identifiziert. Die Akteure des Innovationsstandortes weisen seit vielen Jahren der Aktivierung des Wissens- und Technologietransfers eine hohe Priorität zu.

3.1 Forschungs- und Marktkompetenz verbinden

Die ausgewiesenen Kompetenzen der TU Dortmund und der weiteren außeruniversitären Einrichtungen des Innovationsstandortes beruhen nicht zuletzt auf dem Privileg der Wissenschaft, Erkenntnisse schaffen zu dürfen, ohne Anwendungen direkt mitliefern zu müssen. Auf der anderen Seite stand und steht der Innovationsstandort im internationalen Wettbewerb vor der Herausforderung, die wissenschaftlichen Erkenntnisse in einer immer kürzeren "Time-to-Market" in innovative Produkte, Verfahren und Dienstleistungen zu überführen. Gerade bei marktfähigen Produkten der Hochtechnologie bleiben heute oft nur ein bis zwei Jahre, um wissenschaftliche Erkenntnisse in Innovationen umzusetzen. Gelingt dieser Transfer nicht, wächst die Gefahr, dass die Ergebnisse der aus öffentlichen Mitteln finanzierten wissenschaftlichen Forschung im internationalen Standortwettbewerb ohne Gegenleistung konkurrierenden Standorten und Unternehmen zufließen. Defizite im Technologietransfer führen zu einer Fehlallokation wissenschaftlicher Ressourcen, die Wettbewerber stärken und den eigenen Standort schwächt.

Damit sind nicht nur die Hochschulen und wissenschaftlichen Einrichtungen als Schrittmacher des wissensgeleiteten Fortschritts angesprochen. Vielmehr wird in der wissensbasierten Volkswirtschaft die wirtschaftliche Entwicklung vom wissenschaftlichen Fortschritt gepuscht ("Tech-Push") und von der Nachfrage der Anwender gezogen ("Market-Pull-Effekte"). Der Technologietransfer bewegt sich nicht nur auf einer Einbahnstraße von der Wissenschaft in die Wirtschaft. Vielmehr entstehen marktstarke Innovationen zunehmend aus dem Wechselspiel der Kompetenzen der Wissenschaft mit dem Anwendungswissen der Wirtschaft.[6]

3.2 Marktorientierung stärken

Die Bewusstmachung dieser Symbiose richtet den Blick auf die gemeinsamen Interessen der Wirtschaft und Wissenschaft. Sie zeigt den Partnern den Weg zu einer gemeinsamen starken Win-Win-Situation. Die frühzeitige Einbindung des Anwenderwissens geht mit einer entsprechenden Marktorientierung einher.

6 Vgl. Baranowski (2009), S. 148 ff.

Die Anforderungen bzw. Akzeptanz des Marktes steuert über alle Wertschöpfungsstufen hinweg von Beginn an den Dialog und die Zusammenarbeit der Partner aus den beteiligten wissenschaftlichen Disziplinen mit den entwickelnden, produzierenden und vermarktenden Unternehmen.

Die Prüfung der Marktfähigkeit wird zum immanenten Bestandteil aller Schritte des Innovationsprozesses. Sie schafft reibungslose Übergänge an den Schnittstellen von der wissenschaftlichen Forschung zur industriellen Entwicklung, Produktion und Vermarktung, reduziert Fehlentwicklung, beschleunigt die Time-to-Market und sichert den Wettbewerbsvorsprung der Innovatoren. Die praktizierte Marktorientierung verdichtet sich zu einer Innovationskultur, die den Dialog der Wertschöpfungspartner in den Mittelpunkt stellt und die hierzu notwendigen Allianzen, Organisationsstrukturen, Prozesse und Infrastrukturangebote schafft.

3.3 Win-Win-Situationen schaffen

Exzellente Forschungsergebnisse sind eine elementare Voraussetzung für den Transfer aus den wissenschaftlichen Einrichtungen in die Wirtschaft. Eine zielgerichtete und effektive Förderung der Forschung ist daher die Basis des Wissens- und Technologietransfers.

Die von den Kompetenzzentren praktizierte dialogorientierte, pragmatische Form der arbeitsteiligen Zusammenarbeit in den gemeinsam entwickelten Projekten erzeugt eine Win-Win-Situation, die Wirtschaft und Wissenschaft enger zusammenführt und die Neuausrichtung des Technologietransfers befördert. Diese Kultur der Kooperation, gemeinsamen Interessen und umfangreichen Kooperationen entfaltet ihre integrative Kraft allerdings nur dann, wenn es den Akteuren des Innovationsstandortes gelingt, die Kompetenzen der kooperierenden Unternehmen und wissenschaftlichen Disziplinen zu einem Synergieverbund zu verknüpfen.

In der Praxis des Technologietransfers funktioniert dieser, wenn die Innovationskraft der Unternehmen und wissenschaftlichen Einrichtungen wächst, die Unternehmen ihre Wettbewerbsfähigkeit steigern, die Wissenschaftler gemeinsam mit Unternehmen zusätzliche Drittmittel einwerben, ihre Reputation verbessern und im Wettbewerb um die besten Talente die Hochschulen ihre Position stärken.

3.4 Kompetenznetze schmieden

Kompetenznetze und F&E-Verbundprojekte sind wichtige Instrumente, mit denen die Kompetenzzentren den Transfer der wissenschaftlichen Forschung und wirtschaftlichen Entwicklung beschleunigen. Der von ihnen gestärkte Trend hin zur gemeinsamen Erarbeitung neuer Forschungsergebnisse in Verbundprojekten löst tendenziell den Transfer der innerhalb der Wissenschaft erarbeiteten Erkenntnisse über ihre Transfereinrichtungen ab. Aus dem intensiven Dialog auf den Informations- und Kommunikationsplattformen der Kompetenzzentren sowie der engen Zusammenarbeit in gemeinsamen Projekten und Maßnahmen entsteht eine Kultur der Kooperation, in der der Wissens- und Technologietransfer zum selbstverständlichen Ergebnis des Handelns der Akteure aus Wirtschaft und Wissenschaft wird.[7]

Die Zusammenführung der direkten Kooperationspartner aus Wirtschaft und Wissenschaft beginnt nicht erst bei der Vermarktung der abgeschlossenen Forschungsergebnisse, sondern setzt auf Dialog, Erfahrungsaustausch und die Erarbeitung der Forschungsergebnisse in gemeinsamen F&E-Projekten. Der Technologietransfer erwächst aus den in der Zusammenarbeit gewonnenen Kenntnissen über die Wissenschafts- und Anwendungskompetenzen, Herausforderungen, Denkhaltungen, Strukturen und Personen der jeweils anderen Seite. Auf diesem Wege entstehen marktorientierte Innovationen, die im Sinne der Push-and-Pull-Strategie vom wissenschaftlichen Fortschritt getrieben und von den Anforderungen der Anwender in den Markt gezogen werden.

3.5 Schlüsselpersonen gewinnen

Sowohl die praktischen Erfahrungen der Kompetenzzentren als auch die der aktiv im Technologietransfer engagierten Wissenschaftler untermauern die von ihnen betriebene Neuausrichtung des Technologietransfers. Als schnell und erfolgreich haben sich Transferprozesse herausgestellt, die aus persönlichen Kontakten von Unternehmern und Wissenschaftlern entstanden sind. Der von den Kompetenzzentren praktizierte Ansatz bringt daher die wesentlichen Informationsträger und Verantwortlichen aus Wissenschaft und beruflicher Praxis als Schlüsselpersonen des Technologietransfers in den direkten Informations- und Erfahrungsaustausch.

Der Austausch sowie die konkrete Zusammenarbeit in den Projekten vertiefen die Kenntnisse der Schlüsselpersonen über die Strukturen, die handelnden Personen und die sachlichen Probleme der Partner in den jeweils anderen Bereichen. Dieses Wissen tragen sie als Multiplikatoren in ihre eigenen Bereiche hinein. Das wachsende Verständnis für die Situation des Anderen bricht bestehende

7 Vgl. Baranowski (2009), S. 154 ff.

Kommunikations- und Kooperationsbarrieren, schafft Vertrauen, stärkt die Kreativität und die Innovationskraft beider Seiten.[8]

3.6 Barrieren der unterschiedlichen Innovationskulturen überwinden

Selbstverständnis, Aufgaben, Struktur und Organisation von Wissenschaft und Unternehmenspraxis sind grundverschieden. Die Kultur und das Verhalten der Unternehmen, ihre Visionen und Strategien, alle Strukturen und Prozesse, Anreizsysteme und Kennzahlen sind konsequent auf die Vermarktung ihrer Produkte und Dienstleistungen abgestimmt. Die Ausrichtung jedes Handlungsschrittes auf den Markterfolg entscheidet über Gewinne oder Verluste und letztlich über die Existenz des Unternehmens.

Entsprechend werden alle Aktivitäten der Unternehmen und die Karrierewege der Beschäftigten von den Marktbedingungen gesteuert. Der Erfolgszwang drückt sich in eindeutig messbaren monetären Größen aus: Erlöse und Kosten, Gewinne und Verluste, Kapital und Liquidität, Wachstum und Beschäftigung. Gewinnchancen und die permanente Existenzgefahr steuern den Informations-, Wissens- und Leistungsaustausch innerhalb des Unternehmens und der Wertschöpfungskette. Im Spannungsfeld von Wettbewerb und dem Zwang zur arbeitsteiligen Zusammenarbeit entsteht eine Kultur, die trotz aller Widersprüche von Kooperationen sowie vom Informations- und Erfahrungsaustausch lebt.

In der Kultur der Wissenschaft ist aus den guten Gründen der Freiheit von Forschung und Lehre der prozessimmanente Zwang zur Kooperation, Informations- und Erfahrungsaustausch nicht in dieser zwingenden Form verankert. Ihre Leistung ist in der Regel monetär nur sehr schwer zu erfassen. Die Hochschule gibt dem einzelnen Hochschullehrer große persönliche Freiheiten in der Wahl seiner Forschungsthemen und der inneren Organisation seines Arbeitsbereichs. Individualität, persönlicher Ehrgeiz und Leistungswille des einzelnen Hochschullehrers werden als die wesentlichen Quellen der Gesamtleistung und der Reputation der Hochschulen empfunden.

Das vorherrschende Selbstverständnis der Professoren ist daher primär darauf ausgerichtet, gute Lehrer und Forscher zu sein, gute Publikationen in anerkannten Zeitschriften und auf Kongressen zu veröffentlichen und in der internationalen Forschungsgemeinschaft anerkannt zu sein. Die vorherrschenden Rekrutierungs- und Karrieresysteme der Hochschulen unterliegen diesem Anreizsystem. Obwohl die Ingenieur- und Wirtschaftswissenschaften stärker mit der wirtschaftlichen

8 Vgl. te Kaat (2007), S. 18 ff.

Praxis vertraut sind, greifen dort im Wesentlichen die gleichen Mechanismen. Ein systemimmanentes, sanktionsfähiges Anreizsystem, das eine zugkräftige Motivation für ein kooperatives Engagement im Wissens- und Technologietransfer schafft, den Blick auf die kommunikative Gestaltung des Ganzen richtet und als steuernde Größe sanktioniert, ist im System der Hochschulen noch nicht prozessimmanent verankert.

3.7 Fachübergreifende Profilbereiche aufbauen

Angesichts der Tatsache, dass heute die Innovationssprünge in den Grenzbereichen der wissenschaftlichen Disziplinen im Zusammenspiel mit dem Anwendungswissen entstehen, die Bedeutung der Drittmittel wächst und deren Vergabe zunehmend an die Bildung interdisziplinärer Konsortien gebunden wird, stößt diese Individualität zunehmend an ihre Grenzen. Dieser Trend ändert die Organisation und den Ablauf von Forschungsprojekten.[9]

Wenn die Hochschulen ihre Spitzenforschung weiter ausbauen wollen, dann müssen sie ihre Forschungsanstrengungen deutlich konzentrieren. Sie reagieren auf diese Entwicklungen, indem sie fach- und fakultätsübergreifende Profilbereiche schaffen. Die Integration des Anwendungswissens über F&E-Projekte gibt den in den Profilbereichen kooperierenden Fach- und Querschnittswissenschaften neue Anregungen, die diese aufgreifen und in Innovationsschübe umsetzen.

Seit Jahren sind in vielen Forschungsbereichen weltweite Kooperationen in großen, mit immensem technischen Aufwand betriebenen Projekten selbstverständliche Praxis. In den besonders innovationsdynamischen Themenfeldern, denen eine besondere Bedeutung im internationalem Wettbewerb zugemessen wird, wie z.B. Life Science, Biotechnologie, Energieforschung, werden zunehmend nationale und internationale Forschungsprogramme aufgelegt, die nur in interdisziplinären Forschungsverbünden zu realisieren sind. Die Projekte erfordern eine hohe interdisziplinäre Zusammenarbeit und sind nur mit einem professionellen Management durchzuführen.

9 Vgl. Baranowski (2007), S. 72 ff.

Abbildung 2: Die Effizienz des Technologietransfers stärken.

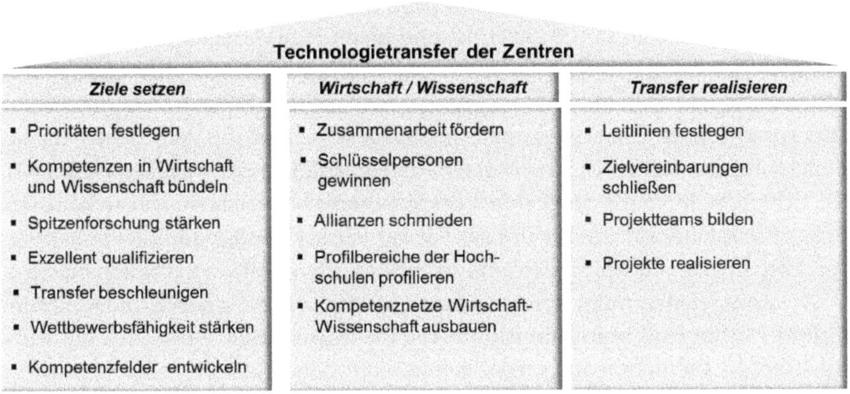

Quelle: Baranowski (2005) S. 57.

Zusammenfassend erfolgt der Technologietransfer der Kompetenzzentren in drei Schritten: gemeinsame Ziele setzen, Ressourcen bündeln und Ziele in gemeinsamen Projekten realisieren (vgl. Abbildung 2).

4 Gründungen fördern

Seit ihrer Gründung stehen das TZDO und seine Kompetenzzentren an der Seite der Gründer, Start-Ups, Jungunternehmen sowie der innovativen kleinen und mittelständischen Unternehmen. Positioniert an der Schnittstelle zwischen Wirtschaft und Wissenschaft übernehmen sie eine Schlüsselposition für die Sicherung der Zukunftsfähigkeit des Innovationsstandortes Dortmund. In der heutigen Zeit der disruptiven Technologien sind diese systemischen Garanten des Gründertums und Technologietransfers für die Erneuerung der Unternehmen und die Erhaltung ihrer Wettbewerbsfähigkeit wichtiger denn je.

Nur mit Innovationen sind die globalen Herausforderungen der Zukunft zu meistern. Das gilt ebenso für die Sicherung der Rohstoff- und Energieversorgung, Gesundheit und Ernährung sowie die modernen Mobilitäts- und Kommunikationsanforderungen und nicht zuletzt für die großen Herausforderungen der digitalen Transformation. Diese kurze Aufzählung der neu entstehenden Tätigkeitsfelder für Innovatoren macht gleichzeitig die Größe der zu lösenden Aufgaben und die Weite der Aufgabengebiete deutlich. Sie zeigt aber auch, wie groß die Chancen für Innovatoren sind, sich mit ihren Innovationen an der

Lösung dieser Herausforderungen zu beteiligen und erfolgreiche Unternehmer zu werden.[10]

Diesen Prozess zu unterstützen ist und bleibt eine wesentliche Funktion der Kompetenzzentren. Als Brutstätten für innovationsbasierte Gründungen werden die Zentren weiterhin mit großem Engagement die Entfaltung des Gründungsklimas vorantreiben. Dabei geht es darum, die gesellschaftliche Wahrnehmung des Unternehmers wesentlich zu verbessern und eine Kultur des Wagens zu gestalten, die sich nicht durch die Möglichkeit des Scheiterns beirren lässt. Nur so kann der Wirtschaftsstandort Deutschland das Niveau seines Gründungsklimas vom unteren Mittelfeld an die Spitze der innovationsbasierten Volkswirtschaften bringen.

Die Kompetenzzentren werden auf diesem Weg vorneweg gehen und weiterhin Gründerkultur und Innovationskraft eine Plattform geben. Aber auch die wirtschaftlichen Rahmenbedingungen gehören auf den Prüfstand. Hierzu gehören qualifizierte und motivierte Mitarbeiter, bedarfsgerechte Infrastrukturangebote, moderne Finanzierungsinstrumente und Förderprogramme, Bürokratieabbau und Transferunterstützung.

In einer Zeit, in der vom technologischen Fortschritt getriebener Strukturwandel im Grunde zum „Normalzustand" geworden ist, werden die Kompetenzzentren gemeinsam mit ihren regionalen Partnern aus Wirtschaft, Wissenschaft, Politik, Verwaltung und begleitender Infrastruktur vieles vorantreiben, damit der Innovationsstandort langfristig zukunftsfähig bleibt.

5 Kompetenzzentren der Generation 2.0 entwickeln

Mit gleichem Engagement werden die Kompetenzzentren ihre Weiterentwicklung vorantreiben und die kontinuierliche Erneuerung ihrer Inkubatoren und Transfereinrichtungen an die neue Dynamik des technologischen Wandels anpassen. Technische Innovationen haben schon immer die Wirtschaftsstrukturen verändert. Neu ist jedoch die Dynamik, mit der eine disruptive Innovation nach der anderen ganze Branchen durch neue Wirtschaftsstrukturen substituieren.[11] Der österreichische Ökonom Joseph Schumpeter nannte diesen Typ des Wandels „Schöpferische Zerstörung". Damit formulierte er das Grundgesetz des Wandels, wie es auch in der natürlichen Evolution herrscht. Dies überträgt Schumpeter auf den Unternehmer als Entrepreneur. Etwas zu gestalten, über das Bestehende hinauszugehen und zu

10 Vgl. Baranowski (2013), S. 12.

11 Vgl. www.ruhrvalley.de/about-us [Zugriff: 14.11.2016].

innovieren – dies betrachtet Schumpeter als die eigentliche Aufgabe des Unternehmers, den er vom ‚bloßen' Kapitalisten ausdrücklich abgrenzt.[12]

In der heutigen Welt der disruptiven Innovationen werden sich diejenigen Unternehmen behaupten, die ihre Geschäftsmodelle am effektivsten an die neue Dynamik des Umbruchs anpassen. Es sind diejenigen Unternehmen, die ihre eigenen Geschäftsmodelle in Frage stellen und konsequent revolutionieren. In ihrer Eigenschaft als Entrepreneure stehen die etablierten Unternehmen und Gründer gemeinsam vor der Herausforderung, die Chancen des Transfers des wissenschaftlichen Fortschritts in Innovationen zu nutzen und in immer kürzerer Zeit die für deren Markteinführung erforderlichen Prozesse und Strukturen aufzubauen. Die Kompetenzzentren bringen diese beiden Welten noch enger zusammen.

Im Umfeld des transformationalen Wandels gewinnen Gründung und Wissenstransfer ein neues Gewicht. Noch ist das Potenzial für innovative Gründungs- und Transferideen im Hochschulbereich in Deutschland bei weitem nicht ausgeschöpft.

Aufgabe der Kompetenzzentren der Generation 2.0 ist es, Gründung und Technologietransfer aus dem Status temporärer und inhaltlich begrenzter Projekte in eine strategische Daueraufgabe zu überführen. Zu diesem Zweck schließen sich die Kompetenzzentren der Generation 2.0 dichter zusammen und rücken enger an die Hochschulen und außeruniversitären Einrichtungen der Region heran. Auch hier haben die Kompetenzzentren des TZDO gemeinsam mit den Hochschulen des Innovationsstandortes Dortmund eine Vorreiterrolle übernommen.

Dies gilt sowohl für das Konzept der Gründungshochschule der TU Dortmund als auch für das von der Fachhochschule Dortmund gemeinsam mit der Hochschule Bochum und der Westfälischen Hochschule Gelsenkirchen entwickelte Transferkonzept „RuhrValley – Mobility and Energy for Metropolitan Change." Beide Konzepte wurden im Rahmen der High-Tech-Offensive der Bundesregierung ausgezeichnet. Mit dem fest in ihren Strukturen verankerten Konzept der Gründungshochschule und den alle Entwicklungsschritte des Gründungsprozesses abdeckenden Ansatzes tu-startup unterstützt die TU Dortmund im Schulterschluss mit den Kompetenzzentren des TZDO und dem Gründungswettbewerb start2grow der Wirtschaftsförderung Dortmund Studierende, Absolventen und wissenschaftliche Mitarbeiter bei der Planung, Konkretisierung und Umsetzung ihrer Geschäftsideen.

12 Vgl Malik (2015), S. 38 f.

Das Projekt RuhrValley[13] gehört zu den Siegern der von der Bundesregierung ausgeschriebenen Fördermaßnahme „Starke Fachhochschulen – Impulse für die Region (FH-Impuls)“ des Programms „Forschung an Fachhochschulen“. Allgemein wird diese Fördermaßnahme als kleine Exzellenzinitiative für Fachhochschulen bezeichnet. Die anwendungs- und umsetzungsorientiert forschenden Hochschulen bringen in das Projekt die Kompetenzen ihrer Profilbereiche Elektromobilität und Geothermie (Hochschule Bochum), Internetsicherheit und interdisziplinäre Energieforschung (Westfälische Hochschule Gelsenkirchen) und Digitalisierung sowie Informations- und Kommunikationstechnik (Fachhochschule Dortmund) ein und verbinden sie mit den Kreisläufen der beteiligten Unternehmen.

Die innovativen Lösungen des Innovationsverbundes erzeugen ein hohes Potenzial, das über die Wertschöpfungsketten der RuhrValley-Unternehmen mit hohen wirtschaftlichen Effekten in die Breite der Wertschöpfungsketten und in die Tiefe der Region fließt. Rund um die Zukunftsthemen Energie und Mobilität konzentrieren sich die Partner auf ihre Profilbereiche Energie und Elektromobilität sowie die Vernetzung und Digitalisierung von Produkten und Dienstleistungen.

Die Kompetenzzentren der Generation 2.0 des TZDO unterstützen diese Best Practice für Gründung und Technologietransfer. In ihren Projekten arbeiten etablierte Unternehmen, Gründer und Start-Ups unter einem Dach mit den Partnern aus den Hochschulen zusammen. Der Kooperationsverbund reicht von der Grundlagenforschung über die ganzheitliche und möglichst gleichzeitige Entwicklung der Innovationen, ihrer Fertigungstechnik und Prozesse bis hin zum Proof of Concept.

Etablierte Unternehmen, die ihre Forschungs- und Innovationsdepartments außerhalb der Routinen des Tagesgeschäftes auf dem Stand der wissenschaftlichen Entwicklung und Ausbildung halten wollen, nehmen sich die Freiheit quer zu denken und erleben Kreativität, Dynamik und Offenheit der Gründer für Neues. Gründer partizipieren von der Erfahrung der etablierten Unternehmen und lernen die Vorteile ihrer funktionierenden Prozesse für Produktqualität, Stabilität und Wirtschaftlichkeit kennen.

Die Kompetenzzentren 2.0 initiieren die Zusammenarbeit der Partner, entwickeln Projekte, übernehmen die Projektträgerschaft und das Projektmanagement. Die Hochschulen bündeln das zur Bearbeitung der Forschungsfelder benötigte Know-how in ihren Profilbereichen und bringen dieses in die Forschungs- und Entwicklungsfelder der Kompetenzzentren ein. Gemeinsam erschließen sie mit

---

13 Vgl. www.ruhrvalley.de/news [Zugriff: 14.11.2016].

einer mittel- bis langfristigen Perspektive neue komplexe Forschungs- und Entwicklungsfelder.

Die Inkubatoren der Kompetenzzentren 2.0 liefern im Schulterschluss mit den Best Practice der Hochschulen den optimalen Nährboden für die Entfaltung einer Gründungskultur, die heute an vielen Hochschulen immer noch nicht gelebt wird. Gründer, Start-Ups und weitere Entrepreneure aus etablierten Unternehmen nutzen die auf ihren Bedarf zugeschnittene räumliche und technologische Infrastruktur der Kompetenzzentren 2.0. Hier greifen sie auf die unternehmerische Erfahrung ihrer Mentoren zurück, finden Fach-Know-how, Beratung und Betreuung.[14]

Zusammen mit den Hochschulen, der Wirtschaftsförderung und den Kammern identifizieren die Kompetenzzentren 2.0 Gründer, Jungunternehmen und weitere Entrepreneure, vernetzen sie untereinander, mobilisieren Mentoren und bieten den Gründerteams individuelle Workshops und Coachings zur Weiterentwicklung ihrer Vorhaben an. Sie engagieren sich in der Lehre und den gründungsspezifischen Akademieprogrammen der Hochschulen.

Um Dortmund zu einem Modellstandort für Gründungen aus der Wissenschaft zu entwickeln, haben die TU Dortmund, die Stadt Dortmund und das TZDO unter dem Dach der Dortmund-Stiftung die tu-startup Stiftung gegründet. Diese unterstützt die Finanzierung der zukunftsweisenden Forschungs-, Lehr- und Transferangebote, führt die Inhalte der Projekte weiter und schafft so optimale Startbedingungen für Spin-Offs aus der Wissenschaft.

6 Regionalwirtschaftliche Effekte

Eine vom Institut für Siedlungs- und Wohnungswesen der Universität Münster erstellte Studie belegt die hohen regionalwirtschaftlichen Effekte des TZDO und TechnologieParks Dortmund.[15] Mit über 340 Unternehmen und Institutionen sowie rund 10.100 Beschäftigten haben sich die Kompetenzzentren des TZDO und der Technologiepark (TZDO-Unternehmen) zu einer zentralen Einrichtung der Forschungs- und Entwicklungslandschaft des Innovationsstandortes entwickelt. Sie produzieren, beziehen Produkte und Dienstleistungen aus den vorgelagerten Wertschöpfungsstufen, schaffen zusätzliche Arbeitsplätze und Einkommen, zahlen Steuern, verbessern das Wissen der Unternehmen und ihrer Beschäftigten, erhöhen die Technologieintensität, Produktivität und Wettbewerbsfähigkeit des Innovationsstandortes.

---

14 Vgl. Baranowski (2013), S. 14 f.
15 Vgl. Peters/Michels (2016).

Auf der Basis eigener Unternehmensbefragungen und sekundärstatistischer Auswertungen wurden im Rahmen der Studie diese Angebots- und Nachfrageeffekte sowie die fiskalischen Effekte der TZDO-Unternehmen ermittelt.

Nachfrageeffekte umfassen alle von den originären Impulsen der wirtschaftlichen Aktivitäten der TZDO-Unternehmen angestoßen Wertschöpfungs-, Beschäftigungs- und Einkommenseffekte. Hierbei ist zwischen eigenen, indirekten und induzierten Effekten zu unterscheiden:

- Eigene Effekte bezeichnen die unmittelbare wirtschaftliche Tätigkeit der TZDO-Unternehmen.
- Indirekte Effekte entstehen auf den vorgelagerten Wertschöpfungsstufen, auf denen die TZDO-Unternehmen Investitions- und Vorleistungsgüter kaufen und so Produktion, Beschäftigung und Einkommen der dort tätigen Unternehmen und Mitarbeiter erhöhen.
- Induzierte Effekte entstehen bei den Produzenten von Konsumgütern und deren Lieferanten dadurch, dass die Beschäftigten der TZDO-Unternehmen, Investitions- und Vorleistungsgüterproduzenten einen Teil ihres Einkommens konsumieren und so die Produktion, die Beschäftigung und das Einkommen in der Konsumgüterindustrie, der Freizeitwirtschaft, im Handel usw. erhöhen.
- Fiskalische Effekte bezeichnen die regionalen Steuereffekte auf sämtlichen Produktionsebenen der Nachfrageeffekte.
- Angebotseffekte erhöhen über die verbesserte Humankapitalausstattung und die gestiegene Technologieintensität die Leistungs- und Wettbewerbsfähigkeit des Produktionspotenzials des Innovationsstandortes.

Die als Keimzellen für Existenz- und Unternehmensgründungen gestarteten Kompetenzzentren haben eine neue Phase der wirtschaftlichen Entwicklung des Innovationsstandortes eingeleitet. Ihre Start-Up-Kultur hat sich zu einem starken Innovationsmotor entwickelt. Die TZDO-Unternehmen sind als Produzenten von Waren und Dienstleistungen und als Nachfrager von Investitionen, Vorleistungs- und (über ihre Mitarbeiter) Konsumgütern von großer regionaler und überregionaler Bedeutung.

Zusammenfassend kommt die Studie zu folgenden Ergebnissen:

- Vom Betrieb der TZDO-Unternehmen sind gut 23.000 Arbeitsplätze abhängig, davon rund 14.000 in der Region.
- Die TZDO-Unternehmen erwirtschaften bundesweit eine Bruttowertschöpfung von gut 1,7 Mrd. €, davon entfallen rund 1,2 Mrd. € auf die Region.

- Die jährliche Bruttolohn- und -gehaltsumme aller von den TZDO-Unternehmen abhängigen Erwerbstätigen beträgt bundesweit rund 768 Mio. € und regional knapp 514 Mio. €.
- Die eigenen und ausgelösten wirtschaftlichen Aktivitäten der TZDO-Unternehmen führen jährlich in der Region zu kommunalen Steuereinnahmen von fast 40 Mio. €.
- Das TZDO erhöht das Innovationspotenzial der Region. Der F&E-Anteil am Gesamtumsatz beträgt im Mittel 19,3 %. Durchschnittlich arbeiten 38,3 % der unmittelbar Erwerbstätigen im F&E-Bereich. Nicht zuletzt dadurch können durchschnittlich 42,9 % der Betriebe Schutzrechte anmelden. Mit einem Umsatzanteil von 29,9 % erreichen sie eine beachtliche Exportquote.
- Die hohe Akademikerquote von annähernd 57 % der unmittelbar Beschäftigten unterstreicht die Wirkungen des TZDO auf die Humankapitalausstattung der Region.
- Gefördert durch das TZDO und von ihm initiierten Veranstaltungen sind Kooperationen und Netzwerke entstanden, die die Technologiediffusion, das Zusammenwirken von Praxis und Wissenschaft in langfristigen F&E-Kooperationen ermöglichen und erleichtern.

Literaturverzeichnis

Baranowski, G. (2002): Innovationszentren in Deutschland – Entwicklung von Technologieclustern durch Inkubatoren, in: Baranowski, G. / Dressel, B. / Heukeroth, U. (Hrsg.): Innovationszentren in Deutschland 2002/03, Berlin, S. 68–97.

Baranowski, G. (2005): Positionierung der Zentren in einer modernen Strukturpolitik, in: Baranowski, G. / Dressel, B. / Glaser, A. (Hrsg.): Innovationszentren in Deutschland 2005/06, Berlin, S. 49–91.

Baranowski, G. (2008): Technologietransfer der Zukunft: Herausforderungen für die Innovationszentren, in: Baranowski, G. / Dressel, B. / Glaser, A. (Hrsg.): Innovationszentren in Deutschland 2007/08, Berlin, S. 61–92.

Baranowski, G. (2009): Technologietransfer der Zukunft: Herausforderungen für die Innovationszentren, in: Schmid, J. / Heinze, R. / Beck, R. (Hrsg.): Strategische Wirtschaftsförderung und die Gestaltung von High-Tech Clustern, Baden-Baden, S. 147–160.

Baranowski, G. (2013): TGZ 2020, Festschrift des Bundesverbands Deutscher Innovations-, Technologie- und Gründerzentren, 25 Jahre ADT.

Malik, F. (2015): Navigieren in Zeiten des Umbruchs, Frankfurt/New York.

Peters, F. / Michels, W. (2016): Regionalwirtschaftliche Effekte von Technologie-Zentrum und TechnologiePark Dortmund, Münster.

Solow, R. M. (1956): Contribution to the Theory of Economic Growth, in: Quarterly Journal of Economics, Vol. 70, No. 1, S. 65–94.

Steiner, S. / Heinemann, A. (2001): BCG Boston Consulting Group – Positionierung Deutscher Biotechnologie-Cluster im internationalen Vergleich (2001), o.O.

te Kaat, E. (2007): Leitbild Innovationskultur; URL: http://www.tudortmund.de/uni/Uni/Profil/Leitbild_Innovationskultur/) [26.10.2016].

Fabian Dittrich

FH Dortmund, Center for Applied Studies & Education in Management

Bestimmungsfaktoren und Methoden der Pre-Money-Valuation innovativer Start-Ups

1 Einleitung

Die Bewertung von Start-ups ist ein zentrales Problem zahlreicher Gründer und deren potenzieller Investoren. Insbesondere innovative Start-Ups sind betroffen. Damit sind solche Gründungen gemeint, die neuartige Technologien, Prozesse oder Geschäftsmodelle einsetzen, die auf Wachstum ausgerichtet sind und die unter erheblicher Unsicherheit arbeiten. Demgegenüber stehen traditionelle Start-Ups, die zur besseren Abgrenzung im Deutschen auch als Existenzgründungen bezeichnet werden können. Existenzgründungen bauen auf erprobte Geschäftsmodelle mit Fokus auf Beständigkeit und Sicherheit (nicht Wachstum) auf und können daher in der Regel über Kredite finanziert werden.[1] Innovative Start-Ups hingegen sind auf externes Eigenkapital und damit auf eine Unternehmensbewertung angewiesen. Ihr Wert besteht meistens in Wissen, Managementfähigkeiten und nicht-materiellen Vermögensgegenständen, welche nur schwer beurteilbar sind. Die Bewertung ist umso schwieriger, je höher der Grad der Unsicherheit ist. Bisweilen wird für Start-Ups sogar von Bewertung als Kunst anstatt als Wissenschaft gesprochen.[2] Dies betont die hohen Freiheitsgerade sowohl bei der Wahl der bewertungsrelevanten Faktoren als auch der verwendeten Bewertungsmethoden.

Auch der Investitionsprozess ist vielschichtig, Abbildung 1 zeigt eine Übersicht. Zunächst fallen wesentliche Vorbereitungsarbeiten auf Seiten des Start-Ups an.

---

1 In der Literatur werden Start-ups teilweise als innovativ versus imitierend klassifiziert, z.B. Nathusius (2001), S. 58 ff. Allerdings können sich auch imitierende Start-ups im Umfeld hoher Unsicherheit und damit von Innovation bewegen. Selbst wenn sie bereits an anderer Stelle erprobte Elemente einsetzen, kann beispielsweise das Marktumfeld oder der technische Fortschritt für beständige Unsicherheit und Innovationsdruck sorgen. Daher erscheint die Abgrenzung nach Unsicherheit und Wachstum anstatt nach imitierenden Elementen zweckmäßiger.

2 Vgl. Cornwall/Vang/Hartman (2013), S. 245.

Es muss einen umfassenden Businessplan inklusive benötigter Investitionen erstellen. Darauf aufbauend trifft das Start-Up für sich eine Bewertungsvorstellung. Auf Basis von Businessplan und Bewertungsvorstellung werden dann Investoren gesucht und kontaktiert. Die Investoren überprüfen die Investitionsgesuche anhand verschiedener Kriterien, ohne jedoch eine umfangreiche Bewertung zu erstellen (Screening). Sehen die Investoren Potenzial für ein Investment, so darf sich das Start-Up in einem Pitch persönlich präsentieren. Daraufhin trifft der Investor dann selbst eine Bewertung. Sehen die Beteiligten auf Basis der beiden Bewertungen die Möglichkeit für eine Einigung, geht es in Verhandlungen. Bei Erfolg steht am Ende die endgültige Bewertung inklusive der getroffenen Investition fest.

Abbildung 1: Prozess der Bewertung innovativer Start-Ups.

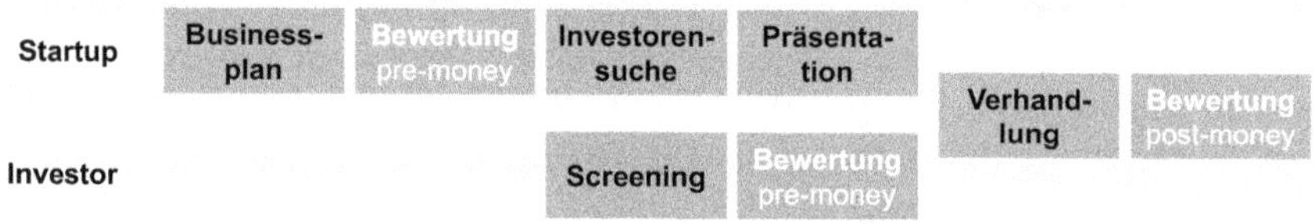

Quelle: Eigene Darstellung.

Die Bewertung taucht im Prozess mehrfach auf, was deren zentrale Bedeutung unterstreicht. Technisch wird zwischen *pre- und post-money* unterschieden. Zwar ist dies insbesondere eine formale Unterscheidung, doch ergeben sich daraus wichtige Implikationen, welche in Abschnitt 2 erläutert werden. Die Bewertung an sich fußt auf zwei Kernelementen: den Bestimmungsfaktoren des Unternehmenswertes und den Methoden, die zu einer systematischen Wertermittlung eingesetzt werden. Diese werden in den Abschnitten 3 und 4 behandelt. Abschnitt 5 schließt mit einem Fazit.

2 Pre- vs. Post-Money-Valuation

Es wird zwischen der Pre-Money- und der Post-Money-Valuation unterschieden. Pre-Money entspricht der Bewertung unmittelbar vor einem Investment.[3] Die Post-Money-Valuation bezeichnet entsprechend den Unternehmenswert nach dem Investment. Der Unterschied zwischen beiden entspricht ohne Beachtung weiterer Faktoren dem Investment. Typischerweise finden Verhandlungen mit Investoren auf Basis der Pre-Money-Valuation statt, während sich Verträge und

---

3 Vgl. Hübner (2009), S. 365.

der erworbene Eigenkapitalanteil auf die Post-Money-Valuation beziehen. Hier kommt es in der Praxis immer wieder zu Missverständnissen und teilweise sogar zu Rechtsstreitigkeiten. Abbildung 2 zeigt ein Beispiel. Der Unternehmenswert wurde vor der Investition mit 75 Geldeinheiten ermittelt. Ein Drittel dieses Wertes, nämlich 25, wird dem Unternehmen als Investition zugeführt. Der Investor hält damit 25 % am Unternehmen nach der Investition, was in diesem Fall auch der Verwässerung der Anteile des Eigentümers entspricht. Vertraglich festgehalten würde in diesem Beispiel die Bewertung von 100 und die Investitionshöhe von 25, also der Erhalt von 25 % der Anteile durch den Investor. Die Pre-Money-Valuation ist in der Regel nicht Bestandteil der Verträge, sondern ergibt sich lediglich implizit.

Abbildung 2: Pre- vs. Post-Money-Valuation.

Quelle: Eigene Darstellung.

Erfolgreiche Start-Ups durchlaufen typischerweise mehrere Finanzierungsrunden. Diese funktionieren nach dem gleichen Schema. Es wird eine Unternehmensbewertung erstellt (Pre-Money), zu welcher dann eine Investition erfolgt, aus der sich dann die Post-Money-Valuation ergibt. Wie das fortgeführte Beispiel in Abbildung 3 zeigt, ergibt sich jedoch eine andere Verwässerung, wenn ein weiterer Investor mit 25 Geldeinheiten einsteigt. Als Konvention wird die Verwässerung als absolute Reduktion der Beteiligung in Prozentpunkten ausgedrückt. Der Gründer hält nach der Finanzierungsrunde 15 %-Punkte weniger als vorher (75 % – 15 % = 60 %). Relativ verliert er entsprechend 20 % seiner Anteile (75 % * 0,2 = 60 %), was der Erhöhung des Werts der Firma durch die Investition im Vergleich zur neuen Post-Money-Valuation entspricht.

Abbildung 3: Bewertung in späteren Finanzierungsrunden.

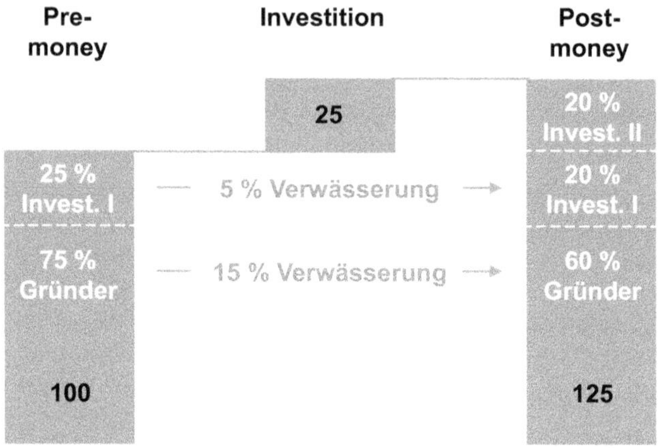

Quelle: Eigene Darstellung.

Neben der Verwässerung durch die Investition selbst, sind auch alle Effekte, welche zu einem späteren Zeitpunkt das Eigenkapital verändern können, zu berücksichtigen. Insbesondere sind dies hybride Finanzierungsinstrumente wie Wandelanleihen und Optionen.[4] Normalerweise werden diese zu ihrem Ausübungsbetrag in der Post-Money-Valuation dem Unternehmenswert hinzugerechnet. Dies entspricht der Logik, dass die Pre-Money-Valuation dem Unternehmenswert lediglich zum aktuellen Zeitpunkt entspricht, währen die Post-Money-Valuation alle zukünftigen Änderungen der Eigenkapitalstruktur mit einbezieht. Abbildung 4 führt das Beispiel fort. Der Investor besitzt eine Option zum Nennwert von 25, welche in der Post-Money-Valuation zu berücksichtigen ist. Dies führt bei den Investoren zu je gut 3,3 %-Punkten Verwässerung. Der Gründer gewinnt im Gegenzug diese knapp 6,7 %-Punkte an Anteilen hinzu. Während der ursprüngliche Unternehmenswert von 75 nun nur noch einem Anteil von 50 % entspricht, kommen durch die Ausübung der Option 16,7 % hinzu. Solche Effekte sind von Bedeutung, da die Anteilshöhe im Verlauf verschiedener Finanzierungsrunden ein wichtiges Kriterium für Investoren wie Gründer ist.

4 Vgl. Hübner (2009), S. 363.

Abbildung 4: Verwässerung durch Finanzinstrumente.

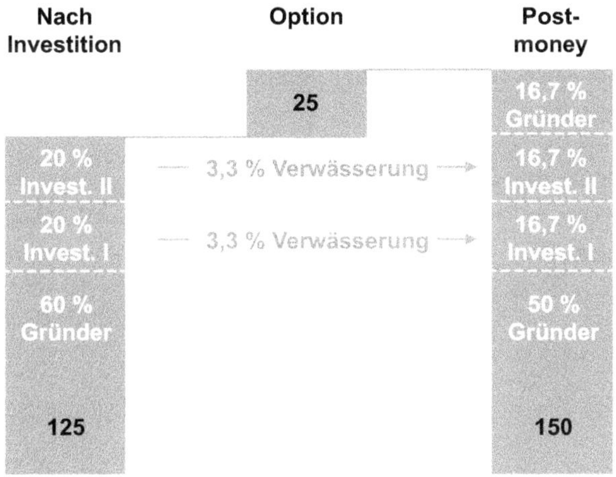

Quelle: Eigene Darstellung.

In der Praxis ebenfalls bedeutsam sind nicht-monetäre Bewertungseffekte, die investorenspezifisch sind.[5] Insofern ist im Falle von Start-Up-Investments Geld nicht gleich Geld. Häufig bringen Investoren wertvolle Kontakte zu potenziellen Kunden, Lieferanten oder sonstigen Partnern in das Unternehmen mit ein. Bekannte Investoren können das Unternehmen attraktiver für andere Investoren oder auch Geschäftspartner machen.[6] Teilweise werden auch unentgeltlich Leistungen in das Start-Up eingebracht, beispielsweise Unternehmensberatung oder mietfreie Büroräume. Abbildung 5 zeigt, wie sich solche Effekte auswirken. Zunächst findet eine neutrale Bewertung statt, die unabhängig von einer Investition getroffen wird – im Beispiel 100. Mit dieser Bewertung gehen Gründer typischerweise in Investorengespräche. In Investorengesprächen wird einerseits die Annahme der neutralen Bewertung diskutiert. Andererseits werden von Investorenseite die genannten nicht-monetären Einflüsse in die Verhandlung mit eingebracht – im Beispiel 25. Im Ergebnis ergibt sich dann eine Investoren-spezifische Pre-Money-Valuation – im Beispiel 75 auf deren Basis dann die Post-Money-Valuation stattfindet. Je nachdem wie groß die nicht-monetären Einflüsse sind, können sich Start-Ups auch für einen Investor entscheiden, der eine geringere Pre-Money-Valuation bietet als andere Investoren.[7] Allerdings steckt dahinter nicht tatsächlich eine geringere

5 Vgl. Anshuman/Martin/Titman (2012), S. 75.
6 Vgl. Hsu (2004), S. 1805.
7 Vgl. Smith (2001), S. 41.

Bewertung, sondern lediglich eine andere Aufteilung auf Investitionssumme und positive nicht-monetäre Einflüsse. In solchen Fällen müssen die Start-Ups jedoch genau die Anteilsverteilung im Blick haben. Bei identischer Summe aus Investition plus nicht-monetären Einflüssen, aber unterschiedlicher Aufteilung ergeben sich unterschiedliche Anteile des Investors.

Abbildung 5: Nicht-monetäre Bewertungseinflüsse.

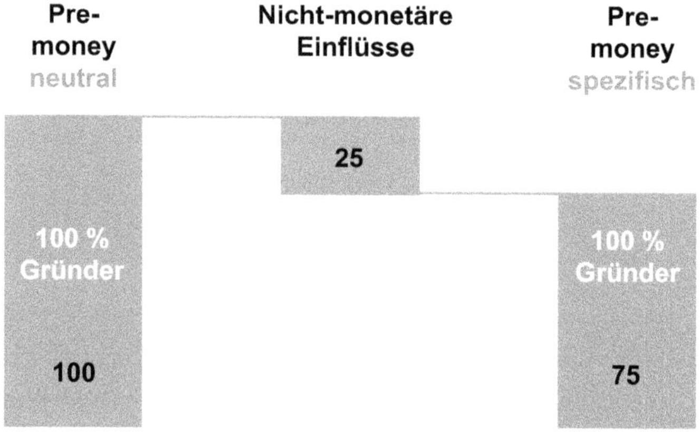

Quelle: Eigene Darstellung.

Die meisten nicht-monetären Einflüsse auf die Unternehmensbewertung sind schwierig zu quantifizieren. Oft wird daher lediglich über die Pre-Money-Valuation insgesamt verhandelt. In diese Verhandlung bringen die Investoren positive nicht-monetäre Einflüsse als qualitatives Argument ein. Meist weniger Beachtung finden im Investitionsprozess negative nicht-monetäre Einflüsse. So bedeuten externe Investoren fast in allen Fällen zusätzliche Arbeit durch Berichterstattung, was insbesondere im Crowdfunding einen erheblichen negativen Einfluss auf das Unternehmen haben kann.[8] Auch können Investoren teilweise Einfluss auf die operative Geschäftsführung nehmen, was in einzelnen Fällen negativ zu werten sein mag.

Wie man an den bisherigen Beispielen gesehen hat, stehen Pre- und Post-Money-Valuation in engem Zusammenhang. Tatsächlich basiert fast jede Pre-Money-Valuation auf der Annahme einer erfolgreichen Finanzierung. Denn erst durch die Investition erhält das Start-Up ein positives Cashflow-Profil und damit seinen Wert.

8 Vgl. Büchler/Dittrich/Faix (2016).

3 Bestimmungsfaktoren der Bewertung innovativer Start-Ups

Zahlreiche Studien haben sich empirisch mit Bestimmungsfaktoren der Bewertung innovativer Start-Ups beschäftigt.[9] Diese variieren je nach betrachteten Datensätzen in Bedeutung und Definition. Abbildung 6 zeigt eine Übersicht von Bestimmungsfaktoren, die mindestens in einigen empirischen Studien als wesentlich bestätigt wurden – die tendenziell wichtigsten Faktoren sind hervorgehoben.

Abbildung 6: Bestimmungsfaktoren der Bewertung innovativer Start-Ups.

Markt	Unternehmen	Investor	Investitionsumfeld
Wachstum	**Gründer**	**Typ des Investors**	**Exit Strategie**
Wettbewerbsintensität	**Management Team**	**Strat. Übereinstimmung**	**Anschlussfinanzierung**
Größe	**Finanzpläne**	**Erfahrungswissen**	Verfügb. Investitionsmittel
	Patente	**Reputation**	Vertragsgestaltung
	Produkt	Größe	
	Kosten und Umsätze	Verhandlungsposition	
		Persönlicher Hintergrund	

Quelle: Eigene Darstellung.

3.1 Marktbasierte Faktoren

Marktbasierte Bestimmungsfaktoren sind diejenigen Charakteristika des Marktes, die einen Einfluss auf die erzielbare Bewertung des Start-Ups haben. Sie bestehen unabhängig vom Start-Up und Investor. Verständlicherweise sind Marktfaktoren ein zentraler Einflussfaktor für die Bewertung innovativer Start-Ups. Nur wenn mit den geplanten Produkten und Dienstleistungen eine große Kundschaft mit ausreichender Preisbereitschaft und Verwendungsintensität erreicht wird, kann auch ein großes Geschäft entstehen. Folgerichtig werden von Investoren zahlreiche Marktfaktoren als wichtig für die Bewertung eingeschätzt, allerdings in vielen Variationen und ohne eine überragende Bedeutung einzunehmen.[10] Dies kann unter anderem daran liegen, dass Marktpotenziale nur sehr schwer abzuschätzen sind. Zudem ist bei vielen Start-Ups nicht einmal klar, in welchem Markt sie letztendlich tätig sein werden, da sich im Zeitablauf wesentliche Änderungen im Geschäftsmodell und somit Zielmarkt ergeben können.[11] Tatsächlich gibt es kaum

9 Siehe z.B. für eine Übersicht Van Osnabrugge/Robinson (2000), S. 115–142; Mason/Stark (2004), S. 229–234, Sudek (2006), S. 89–101; Miloud/Aspelund/Cabrol (2012), S. 151–159; Festel/Wuermseher/Cattaneo (2013), S. 217–220.

10 Vgl. Sudek (2006), S. 97.

11 Vgl. Ries (2011), S. 170.

empirische Studien, die sich quantitativ mit dem Thema marktbasierte Faktoren beschäftigen. Inhaltlich werden am häufigsten *Marktgröße* und *Wachstumspotenzial* sowie die *Wettbewerbsintensität*, insbesondere Markteintrittsbarrieren, als Faktoren betrachtet.[12] Bei innovativen Produkten ist auch der Nachweis der Werthypothese von zentraler Bedeutung, d.h. Bedarf und Zahlungsbereitschaft für das Produkt sind belegt. Ein solcher Proof of Concept ist zwar im Kern marktbezogen, also für alle Marktteilnehmer relevant, doch muss dieser auch immer Start-Up-spezifisch mit Blick auf das individuelle Produkt validiert werden.

3.2 Unternehmensbasierte Faktoren

Unternehmensbasierte Bestimmungsfaktoren sind diejenigen Charakteristika des Unternehmens, die einen Einfluss auf die erzielbare Bewertung des Start-Ups haben. Sie liegen alleine im Unternehmen begründet, unabhängig von markt- und investorbasierten Faktoren. Allerdings gibt es eine Wechselwirkung mit den Marktfaktoren, welche einen Rahmen für die Entfaltung der Unternehmenspotenziale und damit die Bewertung des Start-Ups darstellen. Zum Beispiel wird in einem sehr schlechten Markt auch das beste Start-Up keine hohe Bewertung erzielen können. In einem gegebenen Markt hingegen, der für alle Start-Ups die gleichen Marktfaktoren bietet, sind es dann die unternehmensbasierten Faktoren, die zu unterschiedlichen Bewertungen führen.

Das wohl wichtigste Einzelkriterium der unternehmensbasierten Faktoren ist der *Gründer* selbst. Nahezu alle Studien nennen mehrere auf den Gründer bezogene Faktoren als wesentlich für die Investitionsentscheidung und Bewertung. Besonders häufig werden der Enthusiasmus für das Start-Up, die Vertrauenswürdigkeit und die Expertise des Gründers genannt, sowohl in Hinsicht von Branchen- und Gründungserfahrung als auch Bildungsabschlüssen.[13] Auch der persönliche Eindruck in Verhandlungen spielt eine wichtige Rolle. Die zentrale Bedeutung der Gründerpersönlichkeit verwundert nicht, da innovative Start-Ups unter so hoher Unsicherheit arbeiten, dass die sichtbaren Eigenschaften des Gründers als vergleichsweise sicheres Signal für Investoren dienen. Gleiches gilt für das *Management Team*, welches neben dem Gründer gleichermaßen von Business Angels und Venture-Capital-Investoren als zentrales Kriterium genannt wird.[14] Eine hohe Qualität von Gründern und Management wird als wesentlicher Indikator für die Fähigkeit des Start-Ups sowohl Chancen auszunutzen als auch Risiken

12 Vgl. z.B. Mason/Stark (2004), S. 238.
13 Vgl. Hsu (2007), S. 722, Van Osnabrugge/Robinson (2000), S. 122 und S. 125.
14 Vgl. Dixon (1991), S. 339.

zu begrenzen gesehen.[15] Ebenfalls wirkt es sich positiv auf die Bewertung aus, wenn der Gründer mit eigenem Kapital an einer Finanzierungsrunde teilnimmt.[16]

Die *Finanzpläne* des Start-Ups über zukünftige Umsätze, Kosten und Cashflows sind in der Bewertung ein zweischneidiges Schwert. Einerseits sind die darin enthaltenen Kennzahlen zentraler Input für viele klassische Bewertungsmethoden – Banken z.B. basieren Kreditentscheidungen an Start-Ups hauptsächlich auf die Finanzpläne.[17] Andererseits sind die Pläne mit solch hoher Unsicherheit behaftet, dass sie häufig eher den Charakter einer Vision, bestenfalls eines konkreten Ziels haben. Der Einfluss der Finanzpläne auf die Bewertung wird in empirischen Studien entsprechend unterschiedlich bewertet – er reicht von „kaum relevant" bis „sehr wichtig".[18] Diejenigen Studien, welche den Finanzplänen ein hohes Gewicht zumessen, scheinen mit den Finanzplänen allerdings auch häufig Marktfaktoren zu bewerten. Zudem werden die Finanzpläne des Start-Ups als wichtiges Instrument, insbesondere im Zusammenhang mit der technischen Bewertung genannt. Sie dienen als Basis für eigene Berechnungen des Investors, insbesondere für Sensitivitätsanalysen.[19]

Traditionell spielen Vermögenswerte eine wichtige Rolle in der Unternehmensbewertung, sowohl als eigenständige Werte als auch als Basis zukünftigen Geschäfts. Start-Ups hingegen haben oft keine nennenswerten Vermögensgegenstände. Als ein relevanter Bewertungsfaktor wurden allerdings Patentanmeldungen und gewährte *Patente* identifiziert.[20] Diese sind ein Indikator für die Nachhaltigkeit der Investitionen und des Produktkonzeptes. Im besten Fall können Patente sogar ein Alleinstellungsmerkmal im Markt und damit verminderten Wettbewerbsdruck signalisieren.

Unabhängig von Patenten, nehmen die Details des *Produktes* bzw. der Geschäftsidee ebenfalls Einfluss auf die Bewertung. Allerdings geben die meisten Studien diesem Faktor nur ein mittleres bis geringes Gewicht.[21] Zwar ist das Produkt bzw. der Service das zentrale Element eines jeden Start-Ups, doch sind es abgeleitete Faktoren wie die Wettbewerbsposition sowie Marktgröße und -wachstum, die letztlich über den Erfolg entscheiden.

---

15 Vgl. Van Osnabrugge/Robinson (2000), S. 123–125.
16 Vgl. Van Osnabrugge/Robinson (2000), S. 127.
17 Vgl. Mason/Stark (2004), S. 229 f.
18 Vgl. Mason/Stark (2004), S. 232 f. und S. 242 f.
19 Vgl. Dixon (1991), S. 339.
20 Vgl. Armstrong/Davila/Foster (2006), S. 138 und S. 140.
21 Vgl. z.B. Van Osnabrugge/Robinson (2000), S. 122; Mason/Stark (2004), S. 239.

Haben Start-Ups bereits *Kosten und Umsätze* vorzuweisen, so erhöhen diese die Bewertung.[22] Kosten – egal ob für Produktion, Marketing/Vertrieb/Management oder Forschung und Entwicklung – werden von Investoren als Investition interpretiert, die zukünftig Rückflüsse bringen kann. Genauso wirken sich bereits vorhandene Umsätze positiv auf die Bewertung aus, da diese auf ein funktionsfähiges Geschäftsmodell schließen lassen. Im Fall sehr geringer Umsätze ist jedoch auch ein negativer Bewertungseffekt denkbar. Ohne Umsätze kann sich große Phantasie entwickeln, die bei den ersten kleinen Umsätzen schnell verfliegt – insbesondere dann, wenn sich kein schnelles anfängliches Wachstum einstellt.[23]

Wenig Bedeutung für die Bewertung innovativer Start-Ups wird zumeist den Arbeitsprozessen und dem Businessplan als Gesamtwerk zugeschrieben.[24] Die Arbeitsprozesse, bzw. englisch *operations*, können als Hygienefaktor verstanden werden. Sie sollten dem Geschäftsmodell angemessen sein, haben aber darüber hinaus keinen großen Effekt auf die Bewertung. Der Businessplan als Ganzes wiederum hat geringe Aussagekraft, da es auf die Details der einzelnen Themenblöcke ankommt. Je nach Perspektive kann man allerdings auch sagen, dass der Business Plan der zentrale Einflussfaktor auf die Bewertung ist, da er die Informationen für die meisten anderen Einflussfaktoren liefert.[25]

3.3 Investorenspezifische Faktoren

Investorenspezifische Einflüsse führen zu einer unterschiedlichen Bewertung, obwohl Markt- und Unternehmensfaktoren des Start-Ups von den betrachteten Investoren identisch eingeschätzt werden. Unter diese Definition fallen auch die in Abschnitt 2 angesprochenen *nicht-monetären Vorteile* für Start-Ups. Allerdings sind diese nicht ein klassischer Bewertungsfaktor, da sie erst in Interaktion mit dem Start-Up entstehen und von diesen wie eine zusätzliche Investition betrachtet werden können. Nicht-monetäre Vorteile ändern also letztendlich nichts an der Bewertung des Start-Ups, sondern lediglich an der Investitionssumme. Viele andere Faktoren haben jedoch einen Bewertungseinfluss.

Der *Typ des Investors*, z.B. Bank, Angel Investor oder Venture-Capital-Fonds, kann zu einer unterschiedlichen Gewichtung der verschiedenen Einflussfaktoren der Bewertung führen.[26] So legen beispielsweise Banken den mit Abstand größten

22 Vgl. Armstrong et al. (2006), S. 150.
23 Vgl. Ries (2011), S. 52.
24 Siehe z.B. Mason/Stark (2004), S. 239.
25 Vgl. Andreas (2016), S. 130.
26 Vgl. Zachary/Mishra (2013), S. 165.

Wert auf unternehmensspezifische Finanzpläne und Sicherheiten, während Venture-Capital-Fonds und Business Angels Marktfaktoren mit gleichem Gewicht in ihre Bewertungen einfließen lassen.[27] Auch werden den unterschiedlichen Investoren-Typen unterschiedliche Ziele zugeschrieben. Zwar verfolgen alle das gleiche Kernziel, nämlich eine hohe Rendite auf das eingesetzte Kapital (unter der Bedingung eines gegebenen Risikos), doch haben vor allem Business Angels noch weitere *Ziele*, oft aus dem persönlichen Bereich.[28]

Neben dem Typ ist auch die *strategische Übereinstimmung* zwischen Investor und bewertetem Start-Up von Relevanz. Investoren bieten mehr für die gleichen Unternehmensanteile, wenn diese zu deren Anlagestrategie passen. Gerade bei Business Angels ist dies relevant.[29] Aber auch bei Corporate Venture Funds ist ein solcher Effekt zu vermuten – etablierte Unternehmen zahlen demnach in den jeweils strategisch relevanten Bereichen systematisch mehr für Start-Ups als reine Finanzinvestoren. Die strategische Ausrichtung auf bestimmte Investitionen führt zu einer Spezialisierung des Investors, z.B. auf eine Branche. Je erfahrener ein Investor im spezifischen Gebiet des Start-Ups ist, desto besser kann er dessen Vorhaben einschätzen. Durch dieses *Erfahrungswissen* reduziert sich das Risiko des Investments, was tendenziell zu einer höheren Bewertung führt.[30] Die Spezialisierung führt zudem zu einer besseren Vernetzung, die sich wiederum in höheren nicht-monetären Vorteilen für die Start-Ups widerspiegelt.[31]

Gegenteilig verhält es sich mit der *Reputation* des Investors, die schon in Abschnitt 2 angesprochen wurde. Je besser der Ruf eines Investors, desto geringer die Bewertung, da das Start-Up von dieser Reputation profitieren kann, insbesondere in weiteren Finanzierungsrunden.[32] Es wurde zwar auch empirisch gezeigt, dass der Wechsel zu einem höher angesehenen Venture-Capital-Investor in späteren Finanzierungsrunden mit einer höheren Bewertung korreliert, doch scheint dies auf die besseren Geschäftsaussichten und verringerte Risiken zurückzuführen zu sein. Denn in anschließenden Finanzierungsrunden bei hoch angesehenen Investoren erfolgen nur geringere Bewertungsaufschläge als bei Start-Ups, die von weniger angesehenen Investoren finanziert werden.[33]

---

27 Vgl. Mason/Stark (2004), S. 238–241.
28 Vgl. Van Osnabrugge/Robinson (2000), S. 115 ff.
29 Vgl. Mason/Stark (2004), S. 239.
30 Vgl. Collewaert/Manigart (2016), S. 367.
31 Vgl. Festel/Wuermseher/Cattaneo (2013), S. 218.
32 Vgl. Hsu (2004), S. 1805.
33 Vgl. Cumming/Dai (2013), S. 1014.

Dem Reputationseffekt steht häufig ein *Größeneffekt* gegenüber. Erfolgreiche Investoren akquirieren hohe Investitionsbudgets, ohne proportional die eigenen Managementfähigkeiten, insbesondere Personal, aufzubauen. So können vergleichsweise weniger Investitionsmöglichkeiten geprüft werden, was zu höheren Bewertungen führt. Man kann also von einem Größennachteil für die Investoren sprechen.[34]

Auch die *Verhandlungsposition* des Investors im Vergleich zu anderen Kapitalgebern kann die Bewertung beeinflussen. So erzielen beispielsweise Venture-Capital-Gesellschaften von Universitäten bessere Bewertungen, da diese einen besseren Zugang zu universitären Start-Ups gegenüber Investoren von außen haben.[35]

Darüber hinaus spielt auch der *persönliche Hintergrund* des Investors eine Rolle bei der Bewertung, insbesondere durch eine unterschiedliche Gewichtung der verschiedenen Faktoren.[36] Investoren können Vorlieben haben, z.B. für eine hohe finanzielle Beteiligung des Unternehmers, oder sie sind durch ihre professionelle Erfahrung geprägt, z.B. wenn sich ein ehemaliger Marketing-Manager bei der Bewertung auf die Marketing-Strategie des Start-Ups fokussiert. Der persönliche Hintergrund des Investors hat aber nicht nur einen Einfluss auf die Gewichtung der Einflussfaktoren der Bewertung, sondern auch direkt auf die Bewertung selbst. Es konnten signifikante persönliche Vorlieben mit Bezug auf die Gründer und Management Teams nachgewiesen werden.[37] So steigt die Bewertung, wenn Gründer und Investor einen Bildungsabschluss der gleichen Fachrichtung haben und auch wenn die bisherige Berufserfahrung aus dem gleichen Bereich stammt.

3.4 Investitionsumfeldbasierte Faktoren

Einflussfaktoren aus dem Bereich des Investitionsumfelds hängen nicht vom Markt, dem Start-Up oder dem Investor ab. Es handelt sich hierbei um formale Faktoren im Zusammenhang mit der *Vertragsgestaltung*.[38] Ist das Start-Up beispielsweise bereit, Investoren in späteren Finanzierungsrunden durch ein Vorkaufsrecht einen vertraglichen Schutz vor Verwässerung ihres Anteils zu gewähren, so erhöht dies die Zahlungsbereitschaft.

34 Vgl. Cumming/Dai (2011), S. 14.
35 Vgl. Heughebaert/Manigart (2012), S. 525 f.
36 Vgl. Sudek (2006), S. 97.
37 Vgl. Franke et al. (2006), S. 821 f.
38 Vgl. Zachary/Mishra (2013), S. 166.

Mit jeder Investition stellt sich auch die Frage der späteren Rückflüsse. Entsprechend ist eine plausible *Exit Strategie* ein zentraler Faktor für die Bewertung. Ohne eine plausible Exit Strategie kann auch ein Start-Up mit nachweislich tragfähigem Geschäftsmodell bei der Investorensuche scheitern.[39] Da nur die wenigsten Start-Ups einen Börsengang schaffen werden, stellt sich insbesondere die Frage, welche Unternehmen oder Investoren das Start-Up später aus welchem Grund und zu welchem Preis kaufen könnten. Genauso bewertungsrelevant ist die Aussicht auf zwischenzeitliche *Anschlussfinanzierung*.[40] Besteht ein plausibler Plan für die Aufnahme weiterer Finanzmittel von anderen Investoren, z.B. für die Expansion des Geschäfts, so erhöht dies die Investitionsbereitschaft des ursprünglichen Investors.

Auch die Situation am Finanzmarkt spielt eine Rolle. Theoretisch sollte die Bewertung von Unternehmen zwar unabhängig vom Marktumfeld und den *verfügbaren Investitionsmitteln* sein, tatsächlich kann jedoch eine Abhängigkeit festgestellt werden. So wurde beobachtet, dass die Bewertung von Start-Ups steigt, wenn mehr Venture-Capital zur Verfügung steht.[41] Insbesondere im Bereich größerer Start-Ups ist die Anzahl möglicher Investments beschränkt, was bei gleichzeitig fixierten Investment-Statuten der Fonds zu diesem Effekt führt. Möglicherweise existiert sogar ein saisonal unterschiedlicher „Abschlussdruck“, beispielsweise, wenn zum Jahresende hin Investitionsziele eines Investors noch nicht erreicht sind und daher höhere Bewertungen in Kauf genommen werden.

4 Methoden der Bewertung innovativer Start-Ups

Die Analyse der Einflussfaktoren der Bewertung innovativer Start-Ups hat ein breites Spektrum ergeben. Entsprechend schwierig ist es, dieses in einen methodischen Bewertungsrahmen zu bringen. Am Ende geht es exakt um eine Zahl – die Pre-Money-Valuation. Der Fokus auf eine einzige Zahl scheint im Widerspruch zu zahlreichen der diskutierten qualitativen Einflussfaktoren, wie z.B. den Fähigkeiten des Gründers oder dem Proof of Concept, zu stehen. Denn auch solche qualitativen Faktoren müssen am Ende in der quantitativen Bewertung Ausdruck finden. Die klassischen bzw. allgemeinen Bewertungsmethoden bieten typischerweise nur geringen Raum für solche Faktoren. Allerdings finden diese Methoden auch bei der Bewertung von Start-Ups Anwendung, da sie sich über lange Zeit als eine effiziente Mischung aus theoretisch optimaler Bewertung und praktischer

39 Vgl. Sudek (2006), S. 96.
40 Vgl. Zachary/Mishra (2013), S. 166.
41 Vgl. Gompers/Lerner (2000), S. 281.

Umsetzbarkeit etabliert haben. Neben den allgemeinen Methoden kommen auch spezifische Methoden zum Einsatz, welche speziell auf die Bedürfnisse der Bewertung innovativer Start-Ups abgestimmt sind.[42] Diese Methoden treffen verschiedene Vereinfachungen und bieten mehr Raum für qualitative Überlegungen. Zwar sind sie weniger genau, doch dürfte dies in vielen Fällen den Umständen angemessen sein – denn exakte Berechnungen im Umfeld hoher Unsicherheit führen oft zu „Scheingenauigkeit", nicht zu einer besseren Erkenntnis. Abbildung 7 zeigt die wichtigsten allgemeinen und spezifischen Bewertungsmethoden und deren Orientierung, je nachdem ob sie sich mehr auf spezifische Eigenschaften des Start-Ups oder auf Marktwerte beziehen.

Abbildung 7: Ausgewählte Bewertungsmethoden.

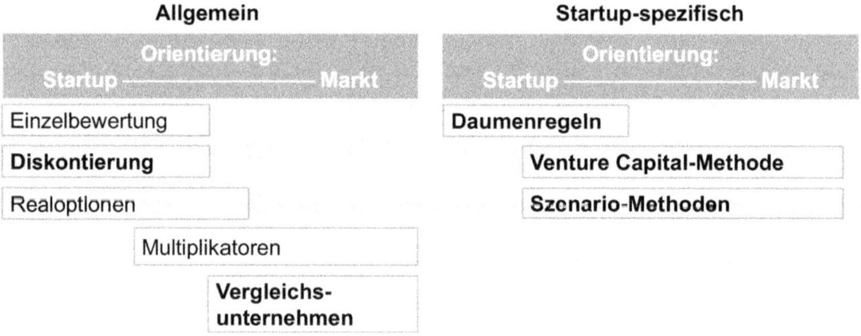

Quelle: Eigene Darstellung.

Aufgrund der hohen Unsicherheit bei den Einflussfaktoren und der unterschiedlichen Natur der Bewertungsansätze werden in der Praxis fast immer verschiedene Bewertungsmethoden angewendet und darüber ein Durchschnitt gebildet.[43] Insbesondere die in Abbildung 7 hervorgehobenen Methoden kommen häufig zum Einsatz. Regelmäßig werden auch Sensitivitätsanalysen bezüglich der Kernvariablen genutzt.[44] So ergeben sich typischerweise Bewertungsspannen, auf deren Basis über die letztendliche Bewertung zwischen Investor und Start-Up verhandelt wird.[45] Während man theoretisch, auch unter Unsicherheit, aus den

42 Vgl. Engel (2003), S. 243 f.
43 Vgl. Bell (2014), S. 62.
44 Vgl. Dixon (1991), S. 340.
45 Die Verhandlung basiert meist auf einem konkreten Vertragsentwurf und beinhaltet daher neben der Bewertung auch alle anderen relevanten Faktoren für eine

Bewertungsmodellen einen eindeutigen Unternehmenswert ableiten kann, ist es am Ende also eine qualitative Komponente, die entscheidet. Besteht wenig Abschlussdruck für das Start-Up, so können verschiedene Investoren gegeneinander ausgespielt werden, während umgekehrt, z.B. in einer Liquiditätskrise, Investoren das Start-Up in die Ecke drängen können.[46] Bisweilen bleibt dem Start-Up schlichtweg keine Zeit mehr noch weitere Investoren zu suchen und es muss eine geringe Bewertung akzeptiert werden, um zu überleben.

4.1 Allgemeine Bewertungsmethoden

Einzelbewertungsverfahren zerlegen ein Unternehmen in seine Teile und bewerten diese separat, z.B. anhand der einzelnen Bilanzpositionen. Die untere Wertgrenze bilden Liquidationserlöse, während die obere Grenze durch Neubeschaffungspreise gegeben ist. Hinzuzurechnen sind die Werte nicht-bilanziell erfassten Vermögens, wie beispielsweise Marken oder ein eingespieltes Management Team. Für die Bewertung innovativer Start-Ups ist diese Methode aufgrund fehlender Vermögenswerte allerdings meist nicht anwendbar. Es gibt jedoch eine wichtige Ausnahme. Wenn ein Start-Up wesentlich auf einem bestimmten Patent oder einem anderweitigen Schutzrecht basiert, kann die separate Bewertung des Rechts einen guten Anhaltspunkt für den Gesamtwert des Unternehmens darstellen.

Diskontierungsverfahren umgehen die Problematik ein Unternehmen in einzelne Komponenten zerlegen zu müssen, in dem sie das Unternehmen als Ganzes bewerten. Sie haben zwei Elemente: prognostizierte Cashflows und die Abzinsungsrate (Diskontfaktor). Die Cashflows spiegeln die Ertragskraft des Unternehmens in seinen Märkten wider; die Abzinsungsrate reflektiert insbesondere das Risiko, die Cashflows tatsächlich zu erzielen. Das wohl bekannteste Diskontierungsverfahren ist die Discounted Cashflow-Methode (DCF). Die Summe der abgezinsten Cashflows ergibt den Barwert, welcher theoretisch einer der besten Bewertungsindikatoren ist. Zwar funktionieren DCF-Verfahren entgegen den Einzelbewertungsverfahren wie beschrieben auch ohne eine wesentliche Unternehmensstruktur, doch sind sie mit anderen Problemen behaftet. Sowohl die Cashflows als auch die Abzinsungsrate sind für Start-Ups aufgrund der Unsicherheit nur schwierig zu schätzen. Zudem reagiert die Berechnung sensibel vor allem auf Änderungen der Diskontrate. In der Praxis sind im Bereich der Start-Up-Bewertung häufig hohe Diskontraten von 50 bis 100 % zu finden, vor allem da die

---

Einigung der Parteien – die Bewertung wird also als Teil eines Gesamtpakets verhandelt. Vgl. Andreas (2016), S. 95.

46 Vgl. Fairchild (2004), S. 483.

Cashflows von den Start-Ups regelmäßig unter sehr positiven Annahmen berechnet werden.[47] In späteren Finanzierungsrunden sinkt die Diskontrate in der Regel, z.B. aufgrund geringerer Risiken im Entwicklungsbereich oder der Bestätigung des Geschäftsmodells durch bereits erzielte Umsätze und Gewinne.[48] Auch wenn Diskontierungsverfahren unter der Problematik der unsicheren Annahmen leiden, werden sie in der Praxis regelmäßig eingesetzt, nicht zuletzt da sie ein gutes Werkzeug zur Diskussion der Annahmen darstellen. Elemente der Diskontierung werden zudem in den für Start-Ups spezifischen Bewertungsmethoden eingesetzt.

Eine Bewertungsmethode, die insbesondere den hohen Unsicherheiten bei der Start-Up-Bewertung Rechnung tragen kann, sind *Realoptionen.*[49] Entgegen den Diskontierungsansätzen wird nicht von festen Cashflows ausgegangen, sondern es werden verschiedene mögliche Entwicklungsoptionen betrachtet. Kernidee sind pfadabhängige Unternehmensentscheidungen, z.B. wird angenommen, Investitionen werden nur erhöht, wenn auch Markterfolg besteht. Den so generierten Szenarien werden Eintrittswahrscheinlichkeiten zugeordnet; mit Hilfe der Optionsbewertung wird dann der Wert des Start-Ups ermittelt. Theoretisch erscheinen Realoptionen damit ein gutes Bewertungsinstrument für Start-Ups zu sein. Allerdings ist die Methode so komplex, dass sie in der Praxis kaum anzutreffen ist. Die verwendeten Entscheidungsbäume hingegen können ein sinnvolles Instrument in den Verhandlungen zur Bewertung sein, da sie in strukturierter Weise Handlungsmöglichkeiten und Zukunftsszenarien – inklusive erfolgloser Szenarien – aufzeigen.[50]

Neben den auf das Start-Up fokussierten Bewertungsansätzen gibt es auch marktfokussierte Ansätze. Diese bauen weniger auf Unternehmensdaten, sondern leiten die Bewertung aus beobachtbaren Marktpreisen ab.[51] Konkret wird das Start-Up mit ähnlichen Unternehmen verglichen. Dadurch sind marktfokussierte Bewertungsansätze wesentlich schneller umzusetzen, führen allerdings meist zu einer weniger genauen Bewertung. Für die Start-Up-Bewertung erscheint dieser Trade-off (einfach, aber dafür weniger genau) attraktiv, da die Unsicherheit hoch und damit die Bewertungsgenauigkeit in jedem Verfahren ohnehin niedrig ist. Allerdings fehlen in vielen Fällen vergleichbare Unternehmen oder Transaktionen, was den Einsatz marktfokussierter Bewertungsansätze beschränkt. Am häufigsten wird in der Praxis anhand von *Vergleichsunternehmen* direkt bewertet.

47 Vgl. Anshuman/Martin/Titman (2012), S. 79.
48 Vgl. Berk/Green/Naik (2004), S. 28.
49 Vgl. Smith/Smith/Bliss (2011), S. 125 ff.
50 Vgl. Smith/Smith/Bliss (2011), S. 141 f.
51 Vgl. Pratt (2001), S. 1 f.

Ein Online-Lieferservice z.B., der mit ähnlichem Team in einem ähnlichen Markt wie ein anderer solcher Service startet, sollte auch eine ähnliche Bewertung haben. Als Datenquelle kommen sämtliche Transaktionen infrage, z.B. Venture-Capital Investment, Übernahme, Börsengang, etc., doch sind vor allem im Bereich der Venture-Capital Investments die Bewertungen nicht immer bekannt. Neben der direkten Bewertung anhand von Vergleichsunternehmen wird in der allgemeinen Bewertungspraxis vielfach auf *Multiplikatoren* zurückgegriffen. Multiplikatoren setzen meist Umsatz, Gewinn oder Cashflow in Relation zum Unternehmenswert. Dieses Verhältnis wird dann auf die entsprechenden Größen des Start-Ups angewendet, wodurch sich eine Bewertung ergibt. Hat das Vergleichsunternehmen z.B. den doppelten Umsatz, so würde das Start-Up anhand eines Umsatzmultiplikators halb so hoch bewertet. Multiplikatoren sind als Bewertungsinstrument flexibler als der Ansatz über direkte Vergleichsunternehmen. Allerdings haben diese neben dem Problem, vergleichbare Unternehmen finden zu müssen, zusätzlich die Herausforderung, dass die entsprechenden Indikatoren vorhanden sein müssen. Da Start-Ups typischerweise kaum Umsatz, Gewinn und Cashflow haben, kommen Multiplikatoren als direkte Bewertungsmethode nur selten infrage. Allerdings werden die Vorzüge der Multiplikatoren als Teil der Venture-Capital-Methode genutzt.

4.2 Start-Up-spezifische Bewertungsmethoden

Eine in der Praxis bei Investoren weit verbreitete Bewertungsmethode für Start-Ups sind *Daumenregeln*. Diese ermitteln den Unternehmenswert anhand einfachster Heuristiken, oft ist die Bewertung auf einem Bierdeckel ausführbar.[52] Standardregeln haben sich nicht etabliert, die meisten Investoren wenden Abwandlungen verschiedener Regeltypen an. Abbildung 8 zeigt einige dem Autor bekannte Regeln, welche in der Praxis Anwendung finden. Von akademischer Seite wird den Daumenregeln zumeist Kritik entgegengebracht.[53] Sie tragen den individuellen Gegebenheiten keine Rechnung und können sowohl zu falschen Bewertungen als auch zu Frustration im Verhandlungsprozess zwischen Start-Ups und Investoren führen. Trotz dieser Kritik aus theoretischer Sicht haben Daumenregeln als einfachste Bewertungsmethode ihren festen Platz in der Praxis und sind in fast jeder Verhandlung mit Investoren zu finden. Die Daumenregeln werden häufig als erster Anhaltspunkt für die Bewertung genommen und dienen damit als Basis in den Verhandlungen.

52 Vgl. Engel (2003), S. 267 f.

53 Vgl. Amis/Stevenson (2001), S. 149 ff.

Abbildung 8: Daumenregeln für die Start-Up-Bewertung.

Fixer Wert: jedes Startup ist 2 m€ wert

Range: jedes Startup ist 1-3 m€ wert

Gründer-Methode:

1 Gründer	1 m€
2 Gründer	2 m€
...	

Komponenten-Methode:

Gutes Gründerteam	1 m€	☐
Wachsender Markt	1 m€	☑
Geringe Wettbewerbsint.	1 m€	☑
Bereits operativ	0,5 m€	☑
Proof of Concept	0,5 m€	☐
Gesamtwert	2,5 m€	

Quelle: Eigene Darstellung.

Ebenso wie die Daumenregeln ist auch die *Venture-Capital-Methode* in der Praxis weit verbreitet.[54] Sie vereint zentrale Elemente der allgemeinen Bewertungsmethoden, Abbildung 9 gibt einen Überblick. Mithilfe von Szenario-Techniken, wie sie z.B. in der Entwicklung von Realoptionen eingesetzt werden, wird im ersten Schritt der Gewinn des Start-Ups in einem Erfolgs-Szenario ermittelt – häufig wird hier der Businessplan zugrunde gelegt. Als Zeithorizont wird typischerweise der vom Investor angepeilte Exit-Zeitpunkt gewählt. Auf den zukünftigen Gewinn oder eine abgeleitete Cashflow-Größe wie den EBITDA wird dann im zweiten Schritt ein Multiplikator angewendet, welcher aus aktuellen Markttransaktionen erfolgreicher ehemaliger Start-Ups ermittelt wird. Im dritten Schritt wird der Zukunftswert des Start-Ups dann auf den Investitionszeitpunkt abgezinst, meist mit Raten zwischen 35 und 100 %.[55] Die hohen Diskontierungsraten spiegeln insbesondere die geringe Eintrittswahrscheinlichkeit des angenommenen positiven Szenarios wider. Zudem berücksichtigen sie die Illiquidität des Investments. Bisweilen wird auch über die positiven nicht-monetären Einflüsse eines Investments für die Start-Ups argumentiert.[56] Analytisch korrekt sollten diese aber – wie in Abschnitt 3.3 diskutiert – nicht in die neutrale Pre-Money-Valuation einfließen, sondern als eigenständiger Faktor betrachtet werden.[57] Die Venture-Capital-Methode hat sich als guter Kompromiss bei der Unternehmensbewertung erwiesen, weil sie in der Anwendung einfach ist und zentrale Elemente der erprobten allgemeinen Bewertungstechniken erhält.

54 Vgl. King (2009), S. 509.
55 Vgl. Anshuman/Martin/Titman (2012), S. 76.
56 Vgl. Gompers (1999), S. 10.
57 Vgl. Anshuman/Martin/Titman (2012), S. 81.

Abbildung 9: Venture-Capital-Methode für die Start-Up-Bewertung.

Schritt 1:	Schritt 2:	Schritt 3:
Gewinnermittlung zum Exit-Zeitpunkt für Erfolgs-szenario	**Wertermittlung** zum **Exit**-Zeitpunkt	**Wertermittlung** zum **Investitions**-Zeitpunkt
Tool: **Szenarioanalyse**	Tool: **Multiplikatoren**	Tool: **Diskontierung**
Horizont: **~5 Jahre**	Typ: **Cashflow, Gewinn**	Rate: **35-100 %**

Quelle: Eigene Darstellung.

Häufig wird die Venture-Capital-Methode auch abgewandelt in Form von *Szenario-Methoden* angewendet. Diese modellieren nicht nur ein Erfolgs-Szenario, sondern explizit mehrere Szenarien, welche dafür mit geringeren Diskontraten abgezinst werden. Abbildung 10 zeigt als Beispiel die besonders verbreitete First-Chicago-Methode, die in den 1970er Jahren von der First-Chicago Bank entwickelt wurde.[58] Im ersten Schritt erfolgt die Gewinn- und Wahrscheinlichkeitsermittlung für mindestens drei Szenarien. Im zweiten Schritt wird aus diesem Gewinn per Kapitalisierung ein Wert pro Szenario ermittelt. Dabei wird die gleiche Diskontierungsrate auf alle Szenarien angewendet. Zum Beispiel führt bei einer Diskontierungsrate von 10 % ein Gewinn von 1 Mio. € zu einem Wert von 10 Mio. € (1 / 0,1). In anderen Szenario-Techniken werden Multiplikatoren eingesetzt. Im dritten Schritt werden die ermittelten Szenario-Werte zum Exit-Zeitpunkt auf den Investitions-Zeitpunkt diskontiert. Aus den Wahrscheinlichkeiten der Szenarien ergibt sich dann eine durchschnittliche Bewertung. Da das Risiko der Cashflows nun explizit über Szenarien und Wahrscheinlichkeiten modelliert ist, kommen wesentlich geringere Diskontierungsraten zum Einsatz. Die explizite Modellierung des Risikos ist auch der zentrale Vorzug der Szenario-Methoden im Vergleich zur Venture-Capital-Methode. Dem entgegen steht ein höherer Aufwand.

58 Vgl. Schumann (2006), S. 6–8.

Abbildung 10: First-Chicago Szenario-Methoden für die Start-Up-Bewertung.

Schritt 1:	Schritt 2:	Schritt 3:
Gewinnermittlung zum Exit-Zeitpunkt für Erfolgs-, Überlebens-, Misserfolgs-szenario; Ermittlung **Wahrscheinlichkeiten**	**Wertermittlung** zum **Exit**-Zeitpunkt für alle Szenarien	Ermittlung **Durchschnittswert** zum **Investitions**-Zeitpunkt
Tool: **Szenarioanalyse**	Tool: **Kapitalisierung**	Tool: **Diskontierung**
Horizont: **~5 Jahre**	Typ: **Gewinn**	Rate: **10-30 %**

Quelle: Eigene Darstellung.

5 Fazit

Die Bewertung innovativer Start-Ups ist komplex. Es gibt zahlreiche empirisch nachgewiesene Einflussfaktoren und mehrere in der Praxis verbreitete Bewertungsmethoden. Hinzu kommen technische Aspekte der Pre- versus Post-Money-Valuation. Eine Best-Practice für die Bewertung innovativer Start-Ups im Sinne bestimmter Faktoren oder Methoden hat sich in diesem vielfältigen Umfeld bisher nicht etabliert. Wohl aber findet sich in der Praxis ein bewährtes Vorgehensmodell, welches situationsbedingt Faktoren verschiedener Bereiche berücksichtigt und eine durchschnittliche Bewertung anhand verschiedener Methoden trifft. Ein tragbarer Ansatz scheint es auch zu sein, fast sämtliche Faktoren und einen breiten Satz von Bewertungsmethoden auf alle Start-Ups anzuwenden und lediglich die Gewichtung der einzelnen Elemente zu ändern. So hat es z.B. die Onlineplattform Worthworm geschafft, sich am Markt mit einer automatischen Start-Up-Bewertung auf Basis eines umfangreichen und in großen Teilen qualitativen Fragebogens zu etablieren.[59]

Entgegen der allgemeinen Unternehmensbewertung ist die Bewertung innovativer Start-Ups sehr Input-orientiert – insbesondere die Qualität des Gründers und des Management Teams haben ein hohes Gewicht. Implizit wird damit angenommen, ein gutes Start-Up Team hat eine hohe Chance ein gutes Geschäftsmodell (Output) zu erstellen. Mit diesem kann dann das prognostizierte Marktpotenzial abgeschöpft werden. In der Einleitung wurde gesagt, die Bewertung innovativer Start-Ups sei bisweilen mehr Kunst als Wissenschaft. Dies wird einerseits durch die Situationsabhängigkeit unterstrichen – in der Praxis werden

59 Vgl. Business Wire (2013).

für fast jede Bewertung andere Faktoren und teils auch Methoden eingesetzt. Für die Start-Ups bedeutet dies unter anderem, dass Businesspläne, mit Blick auf den möglichen Investor, verfasst oder zumindest abgeändert werden müssen, während der Tenor in der umfangreichen Businessplan-Literatur zu einem einheitlichen Vorgehen rät.[60] Andererseits wird der Charakter der Start-Up-Bewertung als Kunst durch die zentrale Bedeutung der Verhandlung zwischen Start-Up und Investoren deutlich. Die mathematischen Modelle hinter den Bewertungsmethoden dienen nicht primär dazu einen Unternehmenswert zu berechnen, sondern dienen als Grundlage für die Diskussion – es geht um Plausibilitäten, Erfahrung und Verhandlungsgeschick.

Literaturverzeichnis

Amis, D. / Stevenson, H. (2001): Winning Angels: The 7 Fundamentals of Early Stage Investing, London.

Andreas, J. G. (2016): Gründungsfinanzierung, in: Portisch, W. (Hrsg.): Finanzierung im Unternehmenslebenszyklus, 2. Auflage, Berlin, Boston, S. 79–148.

Anshuman, R. / Martin J. / Titman, S. (2012): An Entrepreneur's Guide to Understanding the Cost of Venture Capital, in: Journal of Applied Corporate Finance, Vol. 24, No. 3, S. 75–83.

Armstrong C. / Davila, A. / Foster, G. (2006): Venture-backed private equity valuation and financial statement information, in: Review of Accounting Studies, Vol. 11, No. 1, S. 119–154.

Bell, J. R. (2014): Angel Investor Sophistication: Increasing Application of Pre-Revenue Venture Valuation Methodologies, in: The Journal of Private Equity, Vol. 17, No. 4, S. 59–64.

Berk, J. / Green, R. C. / Naik, V. (2004): Valuation and Return Dynamics of New Ventures, in: The Review of Financial Studies, Vol. 17, No. 1, S. 1–35.

Büchler, J.-P. / Dittrich, F. / Faix, A. (2016): Crowdfunding – Benefits and Limits of Reward-based Crowdfunding as a Financing and Marketing Instrument – Empirical Evidence from the Lifestyle Consumer Goods Industry, Working Paper.

Business Wire (2013): Worthworm Launches First Web-Based Pre-Money Valuation System for Early Stage Ventures; URL: http://www.businesswire.com/news/home/20131024005234en/Worthworm-Launches-Web-Based-Pre-Money-Valuation-System-Early, [05.08.2017].

60 Vgl. Mason/Stark (2004), S. 241.

Collewaert, V. / Manigart, S. (2016): Valuation of Angel-Backed Companies: The Role of Investor Human Capital, in: Journal of Small Business Management, Vol. 54, No. 1, S. 356–372.

Cornwall, J. R. / Vang, D. O. / Hartman, J. M. (2013): Entrepreneurial Financial Management, An Applied Approach, 3rd edition, New York.

Cumming, D. / Dai, N. (2011): Fund size, limited attention and valuation of venture capital backed firms, in: Journal of Empirical Finance, Vol. 18, No. 1, S. 2–15.

Cumming, D. / Dai, N. (2013): Why Do Entrepreneurs Switch Lead Venture Capitalists? In: Entrepreneurship Theory and Practice, Vol. 37, No. 5, S. 999–1017.

Dixon, R. (1991): Venture Capitalists and the Appraisal of Investments, in: Omega, Vol. 19, No. 5, S. 333–344.

Engel, R. (2003): Seed-Finanzierung wachstumsorientierter Unternehmensgründungen, Sternenfels.

Fairchild, R. (2004): Financial Contracting between Managers and Venture Capitalists: The Role of Value-Added Services, Reputation Seeking, and Bargaining Power, in: Journal of Financial Research, Vol. 27, No. 4, S. 481–495.

Festel, G. / Wuermseher, M. / Cattaneo, G. (2013): Valuation of Early Stage High-Tech Start-up Companies, in: International Journal of Business, Vol. 18, No. 3, S. 216–231.

Franke, N. / Gruber, M. / Harhoff, D. / Henkel, J. (2006): What You Are Is What You Like – Similarity Biases in Venture Capitalists' Evaluations of Start-up Teams, in: Journal of Business Venturing, Vol. 21, No. 6, S. 802–826.

Gompers, P. (1999): A Note on valuation in entrepreneurial ventures, Harvard Business School, Case 9298082.

Gompers, P. / Lerner, J. (2000): Money chasing deals? The impact of fund inflows on private equity valuation, in: Journal of Financial Economics, Vol. 55, No. 2, S. 281–325.

Heughebaert, A. / Manigart, S. (2012): Firm Valuation in Venture Capital Financing Rounds: The Role of Investor Bargaining Power, in: Journal of Business Finance and Accounting, Vol. 39. No. 3/4, S. 500–530.

Hsu, D. H. (2004): What Do Entrepreneurs Pay for Venture Capital Affiliation? In: The Journal of Finance, Vol 59, No. 4, S. 1805–1844.

Hsu, D. H. (2007): Experienced entrepreneurial founders, organizational capital, and venture capital funding, in: Research Policy, Vol 36, No. 5, S. 722–741.

Hübner, G. (2009): Post-Money Valuation & Pre-Money Valuation, in: Gregoriou, G. N. (Hrsg.): Encyclopedia of Alternative Investments, Wiesbaden, S. 362–366.

King, B. (2009): Venture Capital Method, in: Gregoriou, G. N. (Hrsg.): Encyclopedia of Alternative Investments, Wiesbaden, S. 362–366.

Mason, C. M. / Stark, M. (2004): What Do Investors Look for in A Business Plan? In: International Small Business Journal, Vol. 22, No. 3, S. 227–248.

Miloud, T. / Aspelund, A. / Cabrol, M. (2012): Startup Valuation by Venture Capitalists: An Empirical Study, in: Venture Capital, Vol. 14, No. 2/3, S. 151–174.

Nathusius, K. (2001): Grundlagen der Gründungsfinanzierung, Instrumente – Prozesse – Beispiele, Wiesbaden.

Pratt, S. P. (2001): The Market Approach to Valuing Businesses, Hoboken.

Ries, E. (2011): The Lean Startup: How Today's Entrepreneurs Use Continuous Innovation to Create Radically Successful Businesses, New York.

Schumann, C. P. (2006): Improving Certainty in Valuations using the Discounted Cash Flow Method, in: Valuation Strategies Magazine, September/October 2006, S. 4–13.

Smith, D. G. (2001): How early stage entrepreneurs evaluate venture capitalists, in: The Journal of Private Equity, Vol. 4, No. 2, S. 33–46.

Smith, J. / Smith, R. / Bliss, R. (2011): Entrepreneurial Finance: Strategy, Valuation, and Deal Structure, Stanford.

Sudek, R. (2006): Angel Investment Criteria, in: Journal of Small Business Strategy, Vol. 17, No. 2, S. 89–104.

Van Osnabrugge, M. / Robinson, R. (2000): Angel Investing: Matching Start-up Funds With Start-up Companies, San Francisco.

Zachary, R. / Mishra, C. S. (2013): Research on Angel Investments: The Intersection of Equity Investments and Entrepreneurship, in: Entrepreneurship Research Journal, Vol. 3, No. 2, S. 160–170.

Autorenprofile

Guido Baranowski leitet seit 1985 das TechnologieZentrum Dortmund TZDO. Er konzipierte maßgeblich den Aufbau und qualitativen Ausbau des TechnologieZentrumDortmund sowie des angrenzenden TechnologieParkDortmund. Das TZDO zählt weltweit zu den renommierten Adressen für innovative technologieorientierte Unternehmen, es begleitet junge Unternehmen von der Gründung bis zur Etablierung am Markt. Auf mehr als 120.000 m^2 zählt das TechnologieZentrumDortmund mit seinen Kompetenzzentren für IT, Logistik, Produktionstechnologie, Mikrostrukturtechnik und Biomedizin heute zu den größten und erfolgreichsten High-Tech Inkubatoren Europas. Auf dem Wissenschafts- und Technologiecampus Dortmund studieren mehr als 50.000 Studierende, mehr als 20.000 Beschäftigte arbeiten in den Hochschulen und Instituten sowie in den mehr als 300 ansässigen High-Tech-Unternehmen. Guido Baranowski engagiert sich in vielen Ehren- und nebenamtlichen Tätigkeiten. Sein Engagement für den Technologie- und Wissenschaftsstandort Dortmund wurde mit zahlreichen Auszeichnungen gewürdigt – z.B. durch das Bundesverdienstkreuz oder durch den Cityring Dortmund.

Prof. Dr. Matthias Beenken hat seit 2010 die Professur BWL, insbes. Versicherungswirtschaft an der Fachhochschule Dortmund inne. Der gelernte Versicherungskaufmann verfügt über langjährige Berufspraxis als Führungskraft im Versicherungsaußendienst, als Verlagsleiter sowie als freier Fachjournalist. Berufsbegleitend absolvierte er zwei BWL-Studiengänge mit Abschlüssen als Diplom-Betriebswirt (FH) und als Diplom-Kaufmann und wurde an der Universität zu Köln mit einer Arbeit über den Markt der Versicherungsvermittlung unter veränderten rechtlichen Rahmenbedingungen promoviert. Lehr- und Forschungsschwerpunkt sind die ökonomischen Folgen der Regulierung des Vertriebs von Versicherungen.

Prof. Dr. Jan-Philipp Büchler verantwortet seit Herbst 2011 an der FH Dortmund die Lehrgebiete Unternehmensführung und Global Business Management. Er verfügt über eine langjährige Berufserfahrung in internationalen Positionen bei einem weltweit führenden Konsumgüterhersteller im Strategischen Controlling, Marketing und Business Development. Dabei hat er unter anderem die Weiterentwicklung und Optimierung des Innovationsprozesses mitverantwortet. Als akademischer Direktor des interdisziplinären Center for Applied Studies & Education in Management (CASEM) entwickelt er gemeinsam mit Partnern aus Wissenschaft und Unternehmenspraxis innovative didaktische Ansätze für die Managementausbildung und -weiterbildung im Bereich der Fallstudienmethodik und Business Simulation. Er ist Gründungsmitglied der Forschungsgruppe Innovationsexzellenz.

Jennifer Decker, M.Sc. ist Doktorandin auf dem Themengebiet des Social Entrepreneurship an der Leuphana Universität in Lüneburg in Kooperation mit der Fachhochschule Dortmund. Als wissenschaftliche Mitarbeiterin forschte sie von Mai 2015 bis Dezember 2017 an der Fachhochschule Dortmund am *Center for Applied Studies and Education in Management* (CASEM) und seit Januar 2018 am *Center for Sustainability Management* (CSM) der Leuphana Universität. Nach Ihrem Studium des Wirtschaftsrechts im Bereich der Corporate Governance an der Fachhochschule Frankfurt, absolvierte sie Ihr Masterstudium im Business Management mit den Schwerpunkten Finanzierung und Controlling an der Hochschule Koblenz.

Prof. Dr. Fabian Dittrich ist seit 2016 Professor für Entrepreneurship und Management an der FH Dortmund. Er ist Experte für Start-Up-Bewertung und Seed-Investments. Zudem ist er Unternehmer und als Business Angel bei zwei innovativen Start-Ups engagiert. Er verfügt über achtjährige Berufserfahrung in verschiedenen Managementpositionen bei einem führenden Konsumgüterhersteller in den

Bereichen Controlling, M&A und Business Intelligence. Zuvor promovierter er im Bereich Credit Rating und Finanzmarktregulierung an der Universität zu Köln. Fabian Dittrich ist im interdisziplinären Center for Applied Studies and Education in Management (CASEM) für den Bereich Entrepreneurial Management verantwortlich.

Mario Dompke, geboren 1956, ist Abteilungsleiter (Innovationsorientierung und Transfer) beim Projektträger des Deutschen Zentrums für Luft und Raumfahrt e.V. (PT-DLR). Nach seinem Maschinenbau-Studium an der Universität Hannover war er erstmals 1985 beim PT-DLR im Management der Projektförderung – speziell zur Humanisierung des Arbeitslebens – beschäftigt. Daran schlossen sich Tätigkeiten beim Bundesministerium für Bildung und Forschung an, wo er als Referent am Aufbau eines Datenbanksystems für die Projektförderung sowie an Konzeptentwicklung und Forschungsförderung zu Internetanwendungen mitwirkte. Nach der Projektleitung des Forschungsvorhabens „Nachhaltigkeit der Informations- und Kommunikationstechnik" ist Mario Dompke heute u.a. verantwortlich für den Förderbereich Innovationsorientierung der Forschung sowie für den Förderbereich go-innovation des Bundesministeriums für Wirtschaft und Energie.

Prof. Dr. Axel Faix ist seit Frühjahr 2011 an der FH Dortmund Professor für Unternehmensführung, Organisationslehre und Supply Chain Management. Er entwickelt seit Ende der 1990er Jahre in engem Kontakt mit Anwendern Planungs- und Analyseinstrumente für das Innovations- und Technologiemanagement, die von Unternehmen und Technologietransfereinrichtungen mit Erfolg eingesetzt werden. Professor Faix konnte in zahlreichen empirischen Projekten zum Innovations-, Technologie-, Patent- und Gründungsmanagement mit unterschiedlichsten Hintergründen einschlägige Erfahrungen sammeln. Er ist Gründungsmitglied der Forschungsgruppe Innovationsexzellenz.

Professor Dr. Tessa Flatten ist Inhaberin des Lehrstuhls für Technologiemanagement an der Technischen Universität Dortmund. Der Schwerpunkt ihrer Habilitation und Promotion an der RWTH Aachen in der TIME Research Area liegt auf operativen und dynamischen Innovations- und Marketingfähigkeiten insbesondere in technologieorientierten Unternehmen. Außerdem unterrichtet Tessa Flatten seit 2009 International Entrepreneurship an der Chulalongkorn University in Bangkok. Ihr Forschungsinteresse liegt im Bereich des internationalen Innovations- und Technologiemanagements sowie Entrepreneurship. Tessa Flatten ist Aufsichtsratsmitglied der Soptim AG und berät regelmäßig sowohl junge als auch etablierte Unternehmen.

Dr. Werner Frese ist selbständiger Managementberater und Hochschuldozent. Er studierte zunächst Wirtschafts- und Sozialwissenschaften an der TU-Dortmund und war dort anschließend als wissenschaftlicher Mitarbeiter über mehrere Jahre am Lehrstuhl für Unternehmensführung tätig. Neben seiner Lehr- und Forschungstätigkeit auf dem Gebiet des Strategischen Managements promovierte er im Bereich der Strategischen Planung. Nach seiner Zeit an der Universität war Dr. Werner Frese im Bereich des Turnaround-Managements für eine Unternehmensberatung aktiv und entschied sich 2013 für die Selbständigkeit. Den Kontakt zu Wissenschaft und Lehre hielt Dr. Frese auch während seiner hauptberuflichen Tätigkeit als Berater stets aufrecht. So ist er parallel zu seiner aktuellen Beratungstätigkeit regelmäßig an mehreren öffentlichen sowie privaten Hochschulen als Lehrbeauftragter tätig und kann dort seine beruflichen Erfahrungen in die Lehre einbringen.

Prof. Dr. Rüdiger Hamm ist seit 1995 Professor für Volkswirtschaftslehre mit dem Schwerpunkt „Regionale und sektorale Strukturpolitik" an der Hochschule Niederrhein. Seit 2009 leitet er auch eines der In-Institute dieser Hochschule, das Niederrhein Instittut für Regional- und Strukturforschung (NIERS). Beginnend mit seiner mehrjährigen Tätigkeit in der Arbeitsgruppe „Regionalwirtschaftliche Analysen"

des Rheinisch-Westfälischen Instituts für Wirtschaftsforschung (RWI) und fortgesetzt nach seiner Berufung zum Hochschullehrer hat er sich eine langjährige Erfahrung in der empirisch anwendungsorientierten Bearbeitung von regionalökonomischen Fragestellungen erworben und eine Vielzahl entsprechender Forschungsprojekte bearbeitet bzw. geleitet.

Dr. Myriam Jahn ist seit Mai 2017 Aufsichtsrat der SÜSS MicroTec AG und seit Juli 2016 Vorstandsmitglied der TiSC AG, einer Mehrheitsbeteiligung der ifm Unternehmensgruppe. Ihre langjährige Erfahrung in Strategie, Vertrieb und Automatisierungstechnnik verbindet sie mit einer umfassenden Kernkompetenz in den Themen Industrie 4.0 und IoT. Frau Dr. Jahn startete ihre berufliche Laufbahn bei The Boston Consulting Group und arbeitet seit 2003 in der ifm Gruppe, einem weltweit führenden Automatisierungsunternehmen. Dabei hat sie, seit 2005 in Geschäftsführungsverantwortung, die Verankerung von Industrie 4.0 im Konzern vorangetrieben. Ihr akademischer Hintergrund verknüpft entsprechende Kompetenzen: Sie studierte Informatik an der RWTH Aachen, BWL an der WHU Koblenz, Texas A&M und der Université Catholique de Louvain-la-Neuve und promovierte zu „Produktionsplanung und -steuerung in strategischen Netzen“ an der Universität Duisburg-Essen. Sie hält einen Master of Science in Elektrotechnik an der Hochschule Darmstadt. Unter den zahlreichen Publikationen von Frau Dr. Jahn erschien zuletzt „Industrie 4.0 konkret“ als praxisnaher Wegweiser zu IIoTf.

Dr. Gaby Kepper ist als Unternehmensberaterin bei FW-Consulting tätig. Sie promovierte an der Universität zu Köln am Seminar für ABWL, Marktforschung und Marketing über Qualitative Marktforschung. Ihr Werk wurde vom BVM – Berufsverband Deutscher Markt- und Sozialforscher e.V. – ausgezeichnet und liegt mittlerweile in zweiter Auflage vor (Nachdruck 2013). Nach Beratungsprojekten im Bereich Marktforschung und Marketing u.a. für das Imacon Köln und die St. Gallen Consulting Group beschäftigt Frau

Dr. Kepper sich heute bei der FWConsulting mit Analyse- und Marktforschungsprojekten im Bereich ITK.

Dr. Christoph Köller ist Mitgründer und geschäftsführender Gesellschafter der Wissenschaftsberatung Görgen & Köller GmbH (G & K). Er unterstützt Forschungseinrichtungen und KMU, die mit ihren Forschungsergebnissen einen sozialen Einfluss in Gesellschaft und Industrie anstreben. Dr. Köller hat verschiedene Projekte im Bereich Innovationsmanagement und Wissens- und Technologietransfer mit großen Forschungseinrichtungen der Fraunhofer-Gesellschaft, der Helmholtz-Gemeinschaft Deutscher Forschungszentren, der Leibniz-Gemeinschaft und Universitäten durchgeführt. Darüber hinaus gehört er zu mehreren Expertenpools und Gutachtern über den Wissenstransfer von Forschungsorganisationen, die sich auch auf den Transfer von Geistes- und Sozialwissenschaften bei der EU und auf die Wirtschaftskommission der Vereinten Nationen für Europa (UNECE) konzentrieren. Er ist Mitglied des Beirats des österreichischen Projektes "Knowledge Transfer Centers", Mitglied der Beiräte des finnischen Projektes „iScout", des EG-finanzierten Projektes „ACCOMPLISSH", von AS-TP-Proton (EUR), AUTM (USA), ISPIM (EUR) und TII (EUR).

Dr. Fabian Kreutzer arbeitet als wissenschaftlicher Mitarbeiter am Niederrhein Institut für Regional- und Strukturforschung. An der Fernuniversität Hagen wurde er zum Diplom-Volkswirt sowie zum Diplom-Kaufmann ausgebildet. Im Februar 2016 beendete er seine Promotion an der BTU Cottbus zum Dr. rer. pol. In seiner Promotion beschäftigte er sich mit den Effekten von Auslandsverlagerungen von KMU in Deutschland. Der Fokus lag dabei auf der Analyse der Produktivitäts- und Innovationseffekte der verlagernden Unternehmen. Fabian Kreutzer gibt Vorlesungen in Mikro- sowie Makroökonomie, Empirischer Ökonometrie, Volkswirtschaftspolitik sowie zum realen und monetären

Außenhandel an der Hochschule Niederrhein und der Dualen Hochschule Baden-Württemberg.

Michael Marhofer studierte an der Universität in Bochum und Lahr Betriebswirtschaft. Im Jahre 1997 stieg er ins Unternehmen ein und begann seine Laufbahn bei der ifm electronic. Er arbeitete in unterschiedlichen Bereichen des Produktmanagements, bevor er im Jahre 2001 die Geschäftsführung in Essen für die Bereiche Vertrieb und Finanzen übernahm. Mit 2.500 Mitarbeitern und 24 internationalen Standorten erwirtschaftete ifm zu diesem Zeitpunkt 264 Mio. Euro Umsatz. Heute zählt die in zweiter Generation familiengeführte ifm-Unternehmensgruppe mit mehr als 6.500 Beschäftigten in über 70 Ländern und einem Umsatz von rund 1 Mrd. Euro in 2017 zu den weltweiten Branchenführern.

Dr. Armin Tietjen, geboren 1969, ist Executive Vice President / Head of Product Engineering and Development bei der GEA Group AG in Düsseldorf. Dort ist er verantwortlich für die weltweite Produktentwicklung innerhalb des Geschäftsfeldes Equipment. Darüber hinaus verantwortet er GEAs Innovationsmanagement, einschließlich der Digitalisierungsinitiativen, das unternehmensinterne Neuerungen/Neuheiten von Produkten und/oder Dienstleistungen vorantreibt, die einen nachhaltigen innerbetrieblichen oder kundenbezogenen Wertbeitrag ermöglichen. Davor hat Armin Tietjen bei John Deere International und innerhalb der GEA bereits mehrere Führungspositionen innegehabt, zuletzt die Leitung der Geschäftseinheit "Dairy and Farm Equipment" des ehemaligen Segments Farm Technologies. Armin Tietjen hat ein abgeschlossenes landwirtschaftliches Studium sowie einen Doktortitel in Agrarwissenschaften der Universität Kiel, Schwerpunkt Agrarökonomie. Er ist verheiratet mit drei Kindern und lebt in der Nähe von Elmshorn.

Manfred Weidlich ist seit November 2007 bei der GEA Group und verantwortet dort das Technologie Management des Geschäftsbereichs Equipment. Er verfügt über eine langjährige Berufserfahrung in verschiedenen Managementpositionen im Maschinen- und Anlagenbau. Dabei führte er Produkt-entwicklungs- und Innovationsprozesse ein, die Technologiefrüherkennung und die Betrachtung technischer Systeme auf den Kunden ausrichten.

Dr. Frank Wermeyer ist Inhaber von FWConsulting und hat sich nach einer Promotion an der Universität zu Köln als Berater und im Rahmen verschiedener Managementfunktionen in Deutschland und der Schweiz mit der Entwicklung und Markteinführung von Innovationen auseinandergesetzt. Nach Beratungsprojekten im Bereich der Einführung neuer Telekommunikationsdienste für die St. Gallen Consulting Group wechselte Herr Dr. Wermeyer zur Deutschen Telekom, wo er lange Zeit für neue Businessprodukte in den Bereichen Mobilfunk und mobiles Internet zuständig war und darüber hinaus die Verantwortung für das Geschäftskundensegment der T-Mobile trug. In jüngster Zeit arbeitet Herr Dr. Wermeyer als Unternehmensberater und Interim-Manager für Anbieter innovativer ITK-Dienste.

Jennifer Wockenfuß ist seit 2013 bei G&K als Beraterin und Projektmanagerin tätig. Sie betreut dabei diverse Forschungsprojekte auf dem Gebiet des Wissens- und Technologietransfers für außeruniversitäre Forschungseinrichtungen und entwickelt Strategien und Methoden, um Forschungsergebnisse außerhalb der Wissenschaft in Gesellschaft und Wirtschaft anwenden zu können. Ein besonderer Schwerpunkt liegt hierbei auf der Entwicklung von Vermarktungskonzepten für Forschungsergebnisse, insbesondere aus den Geistes- und Sozialwissenschaften.

Frau Wockenfuß absolvierte ihr Studium der Betriebswirtschaftslehre mit dem Schwerpunkt auf Marketing & Innovation an der Universität Trier. Seit 2017 ist sie darüber hinaus geprüfte Trainerin.

Prof. Dr. Christoph Zacharias studierte Betriebswirtschaftslehre an der Universität zu Köln und promovierte anschließend an der Bergischen Gesamthochschule Universität Wuppertal. Dort konzipierte und gründete er 1998 den Lehrstuhl für Unternehmensgründung, den er bis 2001 innehielt. Seit 1999 ist er Professor im Bereich Betriebswirtschaftslehre mit Schwerpunkt Entrepreneurship und Unternehmensführung, zunächst an der Rheinischen Fachhochschule Köln, seit 2005 an der Hochschule Bonn-Rhein-Sieg. In den Jahren 2006 bis 2012 leitete er das „Institut für Existenzgründung und Mittelstandsförderung" (IfEM) an der Hochschule Bonn-Rhein-Sieg bis er dort im Juni 2012 das „Institut für Soziale Innovationen" (ISI) gründete und sich schwerpunktmäßig mit Forschung, Lehre und Beratung zu den Themen Social Innovation, Social Entrepreneurship, Social Business und CSR beschäftigt. Ehrenamtlich ist er seit Jahren Mitglied in verschiedenen Beiräten und Arbeitskreisen, u.a. NUK Köln, SocialLab Köln, Hochschulgründernetz Köln (hgnc), European School of Social Innovation (ESSI).

MARKT-MANAGEMENT

Herausgegeben von Prof. Dr. Axel Eggert †,
Prof. Dr. Wolfgang Müller, Prof. Dr. Jan-Philipp Büchler und Prof. Dr. Konrad Zerr

Band	1	Michael Langer: Service Quality in Tourism. 1997.
Band	2	Katja Bergmann: Angewandtes Kundenbindungs-Management. 1998.
Band	3	Axel Eggert: Kulanzmanagement in der Kfz-Industrie. 2002.
Band	4	Konrad Zerr / Brigitte Gaiser / Dominik Decker: Die Rolle des Marketing bei der Entwicklung und Vermarktung von Dienstleistungen. Ergebnisse einer empirischen Studie zur Untersuchung von Erfolgsfaktoren für Dienstleistungsinnovationen. 2003.
Band	5	Axel Eggert / Melanie Vockeroth: The Saxophone in Advertising. 2003.
Band	6	Karsten Grimmel: Wettbewerbsvorteilsmanagement durch kundenindividuelle Massenproduktion. 2007.
Band	7	Sven Reiß: Quantitative Marketing Modelle. 2008.
Band	8	Tobias Meffert: Strategisches Preismanagement. 2010.
Band	9	Susanna Wassel: Management von Luxusmarken. Konzeption und Best Practices. 2013.

MARKT- UND INNOVATIONSMANAGEMENT

Herausgegeben von Prof. Dr. Wolfgang Müller, Prof. Dr. Jan-Philipp Büchler und Prof. Dr. Axel Faix

Band	10	Jan-Philipp Büchler / Axel Faix (Hrsg.): Innovationserfolg. Management und Ressourcen systematisch gestalten. 2015.
Band	11	Axel Faix: Befähigung zur Innovation. Grundlagen und Ergebnisse des Projekts „Enabling Innovation" als Ansatz zur Stärkung der Innovationsfähigkeit außeruniversitärer Forschungseinrichtungen. 2017.
Band	12	Axel Faix / Jan-Philipp Büchler (Hrsg.): Innovationsstrategien. Grundlagen, Gestaltungsansätze und Handlungsbedingungen. 2018.

www.peterlang.com

www.ingramcontent.com/pod-product-compliance
Ingram Content Group UK Ltd.
Pitfield, Milton Keynes, MK11 3LW, UK
UKHW021821290926
8980IPUK00004B/192

9 783631 762226